"十二五"职业教育国家规划教材
经全国职业教育教材审定委员会审定

微课版

山东省社会科学规划青年研究专项资助项目(16CQSJ08)
山东省教育科学"十二五"规划资助项目(ZC15037)

微机原理及接口技术

新世纪高职高专教材编审委员会 组编

主 编 雷印胜

副主编 王鹏伟 罗东华 孙 兴

第五版

U0244850

大连理工大学出版社

图书在版编目(CIP)数据

微机原理及接口技术 / 雷印胜主编. — 5版. — 大连：大连理工大学出版社，2018.10(2020.8重印)
新世纪高职高专计算机应用技术专业系列规划教材
ISBN 978-7-5685-1738-6

Ⅰ．①微… Ⅱ．①雷… Ⅲ．①微型计算机－理论－高等职业教育－教材②微型计算机－接口技术－高等职业教育－教材 Ⅳ．①TP36

中国版本图书馆CIP数据核字(2018)第208646号

大连理工大学出版社出版
地址：大连市软件园路80号　邮政编码：116023
发行：0411-84708842　邮购：0411-84708943　传真：0411-84701466
E-mail：dutp@dutp.cn　URL：http://dutp.dlut.edu.cn
辽宁星海彩色印刷有限公司印刷　　大连理工大学出版社发行

幅面尺寸：185mm×260mm　　印张：20.75　　字数：531千字
2004年8月第1版　　　　　　　　　　2018年10月第5版
2020年8月第2次印刷

责任编辑：高智银　　　　　　　　　　责任校对：李　红
封面设计：张　莹

ISBN 978-7-5685-1738-6　　　　　　　　　　定　价：49.80元

本书如有印装质量问题,请与我社发行部联系更换。

我们已经进入了一个新的充满机遇与挑战的时代,我们已经跨入了21世纪的门槛。

20世纪与21世纪之交的中国,高等教育体制正经历着一场缓慢而深刻的革命,我们正在对传统的普通高等教育的培养目标与社会发展的现实需要不相适应的现状做历史性的反思与变革的尝试。

20世纪最后的几年里,高等职业教育的迅速崛起,是影响高等教育体制变革的一件大事。在短短的几年时间里,普通中专教育、普通高专教育全面转轨,以高等职业教育为主导的各种形式的培养应用型人才的教育发展到与普通高等教育等量齐观的地步,其来势之迅猛,发人深思。

无论是正在缓慢变革着的普通高等教育,还是迅速推进着的培养应用型人才的高职教育,都向我们提出了一个同样的严肃问题:中国的高等教育为谁服务,是为教育发展自身,还是为包括教育在内的大千社会? 答案肯定而且唯一,那就是教育也置身其中的现实社会。

由此又引发出高等教育的目的问题。既然教育必须服务于社会,它就必须按照不同领域的社会需要来完成自己的教育过程。换言之,教育资源必须按照社会划分的各个专业(行业)领域(岗位群)的需要实施配置,这就是我们长期以来明乎其理而疏于力行的学以致用问题,这就是我们长期以来未能给予足够关注的教育目的问题。

众所周知,整个社会由其发展所需要的不同部门构成,包括公共管理部门如国家机构、基础建设部门如教育研究机构和各种实业部门如工业部门、商业部门,等等。每一个部门又可做更为具体的划分,直至同它所需要的各种专门人才相对应。教育如果不能按照实际需要完成各种专门人才培养的目标,就不能很好地完成社会分工所赋予它的使命,而教育作为社会分工的一种独立存在就应受到质疑(在市场经济条件下尤其如此)。可以断言,按照社会的各种不同需要培养各种直接有用人才,是教育体制变革的终极目的。

随着教育体制变革的进一步深入，高等院校的设置是否会同社会对人才类型的不同需要一一对应，我们姑且不论，但高等教育走应用型人才培养的道路和走研究型（也是一种特殊应用）人才培养的道路，学生们根据自己的偏好各取所需，始终是一个理性运行的社会状态下高等教育正常发展的途径。

高等职业教育的崛起，既是高等教育体制变革的结果，也是高等教育体制变革的一个阶段性表征。它的进一步发展，必将极大地推进中国教育体制变革的进程。作为一种应用型人才培养的教育，它从专科层次起步，进而应用本科教育、应用硕士教育、应用博士教育……当应用型人才培养的渠道贯通之时，也许就是我们迎接中国教育体制变革的成功之日。从这一意义上说，高等职业教育的崛起，正是在为必然会取得最后成功的教育体制变革奠基。

高等职业教育才刚刚开始自己发展道路的探索过程，它要全面达到应用型人才培养的正常理性发展状态，直至可以和现存的（同时也正处在变革分化过程中的）研究型人才培养的教育并驾齐驱，还需假以时日；还需要政府教育主管部门的大力推进，需要人才需求市场的进一步完善，尤其需要高职高专教学单位及其直接相关部门肯于做长期的坚韧不拔的努力。新世纪高职高专教材编审委员会就是由全国100余所高职高专院校和出版单位组成的、旨在以推动高职高专教材建设来推进高等职业教育这一变革过程的联盟共同体。

在宏观层面上，这个联盟始终会以推动高职高专教材的特色建设为己任，始终会从高职高专教学单位实际教学需要出发，以其对高职教育发展的前瞻性的总体把握，以其纵览全国高职高专教材市场需求的广阔视野，以其创新的理念与创新的运作模式，通过不断深化的教材建设过程，总结高职高专教学成果，探索高职高专教材建设规律。

在微观层面上，我们将充分依托众多高职高专院校联盟的互补优势和丰裕的人才资源优势，从每一个专业领域、每一种教材入手，突破传统的片面追求理论体系严整性的意识限制，努力凸现高职教育职业能力培养的本质特征，在不断构建特色教材建设体系的过程中，逐步形成自己的品牌优势。

新世纪高职高专教材编审委员会在推进高职高专教材建设事业的过程中，始终得到了各级教育主管部门以及各相关院校相关部门的热忱支持和积极参与，对此我们谨致深深谢意；也希望一切关注、参与高职教育发展的同道朋友，在共同推动高职教育发展、进而推动高等教育体制变革的进程中，和我们携手并肩，共同担负起这一具有开拓性挑战意义的历史重任。

新世纪高职高专教材编审委员会

2001 年 8 月 18 日

前　言

　　《微机原理及接口技术》（第五版）是"十二五"职业教育国家规划教材，也是新世纪高职高专教材编审委员会组编的计算机应用技术专业系列规划教材之一。

　　随着信息科学、微电子技术及计算机技术的飞速进步，计算机应用发展到了一个崭新的领域，已经由前几年发展如火如荼的新信息技术、三网融合技术和物联网时代，逐步进入人工智能、大数据、神经网络和机器深度学习阶段。任何新技术的发展都需要计算机技术平台的支持，因此学好《微机原理及接口技术》是非常重要的。微型计算机的发展异常迅速，它体积小、重量轻、功耗低，并且结构灵活、价格便宜、可靠性高。目前，微型计算机的应用不仅深入到科学计算、信息处理、事务管理、仪器仪表制造、民用产品和家用电器等方面，而且在工业生产方面，有越来越多的微机检测、控制系统正为提高生产能力和产品质量做出不可估量的贡献。未来在能够感知和理解的计算机、机器人和自动驾驶汽车中发挥重大作用。接口技术是从事计算机系统开发、嵌入式技术应用等相关人员必须掌握的关键技术之一。对自有知识产权的产品研发，自有品牌的制造，提高自身产品的质量和产量，由中国制造向中国创造发展起着不可替代的作用。这就急需造就一大批从事设计、开发和使用各种微型计算机应用系统的高级专门人才，这正是我们编写本书的主要目的。

　　本版教材仍然保留了上一版的基本风格和基本框架，结合近年来对该课程的教学和应用开发的经验体会，在第四版的基础上进行增减、修改和完善，并在本书的开篇部分增加了引例"一个有特色的教学案例——基于汇编语言指令编写的音乐演奏源程序"，新增 GPU 图形处理器工作原理及应用，并依据教学特点进行精心编排，从而进一步方便教和学。本教材内容新颖、实用性强，不仅适合高职学生，也可以作为应用型本科学生和非计算机专业的研究生教材，对工程技术人员有参考价值。

　　本教材主要讲述微型计算机原理、指令系统及接口技术，并对 GPU 图形处理器工作原理及应用做了讲述，具体内容如下：

　　第 1 章讲述了微型计算机系统的组成和发展历程，重点讲解微型计算机的系统组成和工作过程，计算机指令的演变过程，CISC 和 RISC 指令的差异和应用平台。

第 2 章详细介绍了微型计算机的系统结构,着重介绍 8086/8088 微处理器的系统结构、工作模式、工作过程,重点讲解 8086/8088 CPU 内部寄存器和通用寄存器的隐含和替代使用方法,标志寄存器中各标志位所表示的具体意义和产生的条件。将 80286 CPU 的讲解内容删除,为便于学生更好地理解微型计算机的工作过程,增加了部分时序电路的内容。

第 3 章重点描述了存储器的基本概念、性能指标、分级结构、分类方法,存储器的扩展,高速缓冲存储器的工作原理、地址映射方式等。在保持原有体系不变的情况下,增删了部分内容,例如删除了 CD-ROM 的存储容量计算等。

第 4 章重点讨论了目前最常用的系统标准总线的基本概念、发展历程、串/并行总线的物理结构、工作原理、电器特性、传输特点及适用范围,主要性能指标和新技术发展动态。重点讲解不同结构类型总线宽度、时钟频率、定时协定、传输率和频带宽度的定义和计算方法,以及它们之间的相互对应关系。对 PC 系列微机系统总线中常用的 PC/XT、ISA、MCA、EISA、PCI、PCI-E、AGP、USB 等总线的各自性能特点和具体使用方法进行了详细阐述。删除了 SCSI 总线的相关内容。

第 5 章重点讲解 8086/8088 CPU 的寻址方式、8086/8088 CPU 指令系统及基本程序设计知识,同时给出了 DOS 中断调用的使用方法,它们是掌握汇编语言程序设计的基础,同时给出了某些指令的经典用法和案例等。

第 6 章重点讲解微型计算机接口技术及应用。通过对可编程 LSI 智能外围器件 8259A、8251A、8253-5、8255A、8237 的系统讲解,使读者能够重点掌握中断控制器技术、串行通信技术、定时器/计数器技术、并行接口技术和 DMA 控制技术的使用。并用一定的篇幅重点介绍了 D/A 和 A/D 的基本概念、工作原理和主要技术指标。着重讲解 8 位数/模 DAC0832、12 位数/模 AD567 转换芯片和 8 位模/数 ADC0809、12 位模/数 AD574A 转换芯片的引脚功能、内部结构和在微机系统的具体应用。书中给出了多种实际具体应用实例。

第 7 章为本书新增加的内容,讲述了 GPU 图形处理器工作原理及应用。GPU 具有非常强大的并行计算和图像处理能力,机器深度学习为现代人工智能(AI)这个新的计算时代带来了新动力,将在高档游戏开发和设计领域中绽放异彩。人工智能、大数据、神经网络和机器深度学习是未来的主要研究方向,GPU 在能够感知和理解的计算机、机器人和自动驾驶汽车等领域将发挥着大脑的作用,应用前景广阔。

本教材由雷印胜教授(工学博士,曾访学美国哥伦比亚大学,在浪潮集团从事计算机系统研发 10 余年,从事教学工作 19 余年)提出编写思路和拟订编写大纲,并得到山东大学控制科学与工程学院博士生导师孙同景教授以及原先在浪潮集团工作时的几位同事的大力支持和指导。

本教材由山东青年政治学院雷印胜任主编,山东传媒职业学院罗东华和山东青年政治学院孙兴任副主编。第 1、2、5、6、7 章及引例由雷印胜编写,第 3 章由孙兴编写,第 4 章由罗东华编写,全书由雷印胜统稿。胡晓鹏参与了书中插图的绘制,并做了大量的文字校对工作,在此深表感谢。

由于作者水平有限,书中难免有不妥之处,敬请广大读者批评指正。

编 者
2018 年 10 月

所有意见和建议请发往:dutpgz@163.com
欢迎访问职教数字化服务平台:http://sve.dutpbook.com
联系电话:0411-84706671 84707492

目　录

引例　一个有特色的教学案例——基于汇编语言指令编写的音乐演奏源程序 ………………… 1
第1章　微型计算机系统概述 …………………………………………………………… 4
　1.1　微型计算机系统简介 …………………………………………………………… 5
　　1.1.1　微型计算机发展史 ………………………………………………………… 5
　　1.1.2　微处理器的性能特点 ……………………………………………………… 6
　　1.1.3　计算机的发展趋势 ………………………………………………………… 8
　　1.1.4　微型计算机应用领域 ……………………………………………………… 10
　1.2　微型计算机系统基本组成 ……………………………………………………… 11
　　1.2.1　微型计算机软硬件概念 …………………………………………………… 12
　　1.2.2　微型计算机结构 …………………………………………………………… 14
　1.3　应用案例——Intel处理器及龙芯计算机的指令体系结构与特点 …………… 14
　习题与综合练习 ……………………………………………………………………… 15
第2章　微型计算机系统结构 …………………………………………………………… 17
　2.1　8086/8088微处理器 …………………………………………………………… 17
　　2.1.1　8086/8088的引脚介绍 …………………………………………………… 17
　　2.1.2　CPU结构 …………………………………………………………………… 21
　　2.1.3　寄存器结构 ………………………………………………………………… 23
　2.2　工作模式 ………………………………………………………………………… 27
　　2.2.1　最小工作模式和系统总线周期时序 ……………………………………… 27
　　2.2.2　最大工作模式 ……………………………………………………………… 30
　2.3　应用案例——CPU工作过程详解 ……………………………………………… 32
　习题与综合练习 ……………………………………………………………………… 34
第3章　存储器技术及其应用 …………………………………………………………… 35
　3.1　存储器概述 ……………………………………………………………………… 35
　　3.1.1　基本概念和术语 …………………………………………………………… 35
　　3.1.2　存储器的分类 ……………………………………………………………… 36
　　3.1.3　存储器的性能指标 ………………………………………………………… 38
　　3.1.4　存储器的分级结构 ………………………………………………………… 38
　3.2　随机读写存储器RAM …………………………………………………………… 39
　　3.2.1　RAM简介 …………………………………………………………………… 39
　　3.2.2　SRAM的内部结构及工作过程 …………………………………………… 40
　　3.2.3　DRAM存储器 ……………………………………………………………… 42
　3.3　只读存储器ROM ………………………………………………………………… 44
　　3.3.1　ROM简介 …………………………………………………………………… 44
　　3.3.2　只读存储器分类 …………………………………………………………… 44
　3.4　CPU与主存储器容量的扩展连接 ……………………………………………… 45

3.5　光盘存储设备 …………………………………………………………………… 47

3.6　应用案例——半导体存储器与 CPU 的实际连接 …………………………… 48

习题与综合练习 ……………………………………………………………………… 51

第 4 章　系统总线技术 ………………………………………………………… 52

4.1　概　述 ……………………………………………………………………… 52

4.1.1　总线上的信息传输方式 …………………………………………… 53

4.1.2　总线的分类 ………………………………………………………… 53

4.1.3　总线的标准化与总线规范 ………………………………………… 56

4.1.4　总线的性能指标 …………………………………………………… 56

4.2　总线判决和握手技术 ……………………………………………………… 57

4.2.1　总线的操作过程 …………………………………………………… 57

4.2.2　总线使用权的分配 ………………………………………………… 58

4.2.3　总线仲裁技术 ……………………………………………………… 59

4.2.4　总线传输握手技术 ………………………………………………… 62

4.3　PC 系列微机的系统总线 ………………………………………………… 65

4.3.1　PC/XT 总线 ………………………………………………………… 66

4.3.2　ISA 总线 …………………………………………………………… 67

4.3.3　MCA 总线与 EISA 总线 …………………………………………… 68

4.3.4　PCI 总线 …………………………………………………………… 70

4.3.5　PCI-E 总线 ………………………………………………………… 77

4.3.6　AGP 总线 …………………………………………………………… 83

4.3.7　ViX 总线 …………………………………………………………… 84

4.4　USB 总线接口技术 ………………………………………………………… 84

4.4.1　USB 基础 …………………………………………………………… 84

4.4.2　USB 体系结构 ……………………………………………………… 86

4.4.3　USB 物理接口 ……………………………………………………… 87

4.4.4　USB 3.0 性能特点及工作原理 …………………………………… 87

4.5　应用案例——USB 3.0 技术使用技巧 …………………………………… 88

习题与综合练习 ……………………………………………………………………… 88

第 5 章　8086/8088 的指令系统 …………………………………………… 91

5.1　寻址方式 …………………………………………………………………… 91

5.1.1　操作数类型 ………………………………………………………… 92

5.1.2　寻址方式 …………………………………………………………… 92

5.2　指令系统 …………………………………………………………………… 98

5.2.1　数据传输指令 ……………………………………………………… 98

5.2.2　算术运算指令 ……………………………………………………… 104

5.2.3　逻辑运算指令 ……………………………………………………… 113

5.2.4　移位指令 …………………………………………………………… 116

5.2.5　转移指令 …………………………………………………………… 119

5.2.6　字符串操作指令 …………………………………………………… 125

5.2.7　处理器控制指令 …………………………………………………… 130

5.2.8　输入/输出指令 …………………………………………………… 131

5.2.9　中断指令 …………………………………………………………… 132

5.3　8086/8088 指令系统 ·· 133
　5.3.1　汇编语言语句类型 ·· 133
　5.3.2　汇编语言伪指令 ·· 140
　5.3.3　汇编语言程序设计 ·· 146
　5.3.4　条件汇编与宏操作伪指令 ·································· 149
5.4　DOS 系统功能调用及程序设计 ·································· 154
　5.4.1　概　述 ··· 154
　5.4.2　DOS 功能调用分组 ·· 155
　5.4.3　常用的 DOS INT 21H 功能调用 ····························· 156
　5.4.4　磁盘文件管理 ·· 160
5.5　应用案例——某些汇编指令的经典用法 ························· 162
习题与综合练习 ·· 164

第 6 章　微型计算机接口技术及应用实例 ····························· 167
6.1　接口概述 ··· 167
　6.1.1　接口的功能 ·· 168
　6.1.2　CPU 与外设之间的数据传输方式 ··························· 169
6.2　中断系统与 8259A 芯片 ·· 173
　6.2.1　中断的引入 ·· 173
　6.2.2　中断基础 ·· 174
　6.2.3　中断的基本过程 ·· 174
　6.2.4　中断源 ·· 176
　6.2.5　中断类型 ·· 176
　6.2.6　中断系统的功能 ·· 177
　6.2.7　微机系统的中断处理过程 ·································· 178
　6.2.8　8259A 中断控制器 ·· 180
　6.2.9　8259A 的工作原理 ·· 184
　6.2.10　8259A 的工作方式 ······································· 185
　6.2.11　8259A 编程 ··· 190
6.3　应用案例——8259A 的几种经典用法 ···························· 197
6.4　串行通信技术 ··· 202
　6.4.1　串行通信的特点 ·· 202
　6.4.2　串行通信基础 ·· 203
　6.4.3　串行通信协议 ·· 203
　6.4.4　串行通信的物理标准 ······································ 212
　6.4.5　可编程串行通信控制器 8251A ······························ 216
6.5　应用案例——8251A 芯片的巧妙使用 ···························· 220
　6.5.1　8251A 芯片的控制字 ······································ 220
　6.5.2　8251A 芯片的初始化约定 ·································· 223
　6.5.3　8251A 的初始化举例 ······································ 223
　6.5.4　8251A 串行接口应用——双机通信 ·························· 224
6.6　计数器/定时器 ·· 228
　6.6.1　8253-5 的结构 ··· 228
　6.6.2　8253-5 的工作方式与初始化 ······························ 231

6.7　应用案例——8253-5 的几种综合用法 ……………………………………… 235

　　6.7.1　8253-5 的编程 ……………………………………………………………… 235

　　6.7.2　PC 机上的 8253-5 …………………………………………………………… 236

　　6.7.3　PC 系列发声应用 …………………………………………………………… 239

　　6.7.4　8253-5 的实际应用——监视生产流水线 ………………………………… 242

6.8　并行接口技术 ………………………………………………………………… 244

　　6.8.1　8255A 的引脚信号 …………………………………………………………… 244

　　6.8.2　8255A 的结构 ………………………………………………………………… 245

　　6.8.3　8255A 的控制字 ……………………………………………………………… 246

　　6.8.4　8255A 的工作方式详解 ……………………………………………………… 248

6.9　应用案例——并行接口应用设计 …………………………………………… 254

　　6.9.1　8255A 作为并行 I/O 的使用 ………………………………………………… 254

　　6.9.2　8255A 的编程举例——使 PC 机发声 ……………………………………… 257

　　6.9.3　8253-5、8255A 及 8259A 的综合应用实例 ………………………………… 259

6.10　DMA 技术 …………………………………………………………………… 261

　　6.10.1　DMA 基础 …………………………………………………………………… 261

　　6.10.2　8237 DMA 控制器 …………………………………………………………… 265

6.11　应用案例——8237 的编程 ………………………………………………… 273

　　6.11.1　8237 内部寄存器和编程地址 ……………………………………………… 273

　　6.11.2　8237 的编程步骤 …………………………………………………………… 275

　　6.11.3　编程举例 ……………………………………………………………………… 275

6.12　数/模和模/数转换 …………………………………………………………… 278

　　6.12.1　数据采集系统 ………………………………………………………………… 278

　　6.12.2　数/模（D/A）转换技术 ……………………………………………………… 280

　　6.12.3　12 位 AD567 ………………………………………………………………… 287

　　6.12.4　模/数（A/D）转换技术 ……………………………………………………… 290

　　6.12.5　8 位 ADC0809 ……………………………………………………………… 295

　　6.12.6　12 位 AD574A ……………………………………………………………… 297

6.13　应用案例——数/模和模/数转换在数据采集系统中的使用 ……………… 300

　　6.13.1　ADC0809——AD574A 在嵌入式系统开发中的应用 …………………… 300

　　6.13.2　12 位 AD574A 的应用 ……………………………………………………… 303

习题与综合练习 ………………………………………………………………………… 304

第 7 章　GPU 图形处理器工作原理及应用 ……………………………………… 308

7.1　GPU 处理器发展历程 ………………………………………………………… 309

　　7.1.1　GPU 技术的萌芽发展阶段 ………………………………………………… 309

　　7.1.2　GPU 技术的快速发展和普及应用 ………………………………………… 310

　　7.1.3　NVIDIA 公司的 GPU 技术和产品简介 …………………………………… 311

7.2　GPU 处理器的工作原理 ……………………………………………………… 314

　　7.2.1　GPU 擅长图像处理计算的特点 …………………………………………… 315

　　7.2.2　GPU 为可编程的图形处理器 ……………………………………………… 318

7.3　GPU 处理器的应用领域 ……………………………………………………… 319

参考文献 ………………………………………………………………………………… 322

微机原理及接口技术是集计算机软件指令编程和硬件设计于一身的综合体,它属于专业课程范畴。特别是用汇编语言指令编写源程序,会涉及硬件驱动部分,需要对许多智能接口芯片进行初始化,许多学生感到有一定的难度,甚至有的学生还没有开始学习就望而生畏,对学习该课程产生恐惧心理。依据笔者多年的教学经验,如果想让学生产生学习动力,最重要的是让学生产生学习课程的兴趣,只要产生内生动力,就没有学不会的知识。曾记得有位智者说过这样一句话,"没有教不会的学生,只有不会教的老师"。为提高学生的学习积极性,下面给出一个基于 8086/8088 汇编语言指令编写的音乐演奏源程序。该程序经过汇编和连接后生成的"∗.exe"可执行程序,可直接在高档个人计算机上运行,以体会汇编语言指令的向上兼容性。该源程序既有对智能接口芯片的初始化,也有对喇叭的驱动,还有对中断子程序的调用、输入和输出接口指令的使用。为了保持该程序的神秘感,笔者就不对源程序每行语句进行注释。有能力的学生如果对源程序中的某些接口芯片初始化参数有兴趣,可参看本书 6.2.9 等章节的内容。希望有能力的同学能读懂该音乐演奏程序,并对每行语句加以正确注释。源程序代码如下:

```
DATA SEGMENT
    MARY_FR      DW 330,294,262,294,3 DUP(330)
                 DW 294,294,294,330,392,392
                 DW 330,294,262,294,4 DUP(330)
                 DW 294,294,330,294,262,－1
    MARY_TIME    DW 6 DUP(2950),5900
                 DW 2 DUP(2950,2950,5900)
                 DW 12 DUP(2950),11800
    MUSIC        DB "The computer play music! $"
    MARY         DB "MARY Had a Little Lamb! $"
DATA ENDS
CODE SEGMENT
    ASSUME CS:CODE,DS:DATA
START:MOV AX,DATA
      MOV DS,AX
      MOV DX,OFFSET MUSIC
      MOV AH,09H
      INT 21H
      MOV AH,02H
      MOV DL,0DH
      INT 21H
      MOV DL,0AH
      INT 21H
```

```
        MOV AH,09H MOV DX,OFFSET MARY
        INT 21H
        MOV AH,02H
        MOV DL,0DH
        INT 21H
        MOV DL,0AH
        INT 21H
        MOV SI,OFFSET MARY_FR
        MOV BP,OFFSET MARY_TIME
FREQ:   MOV DI,[SI]
        CMP DI,-1
        JE ED
        MOV BX,DS:[BP]
        CALL GEN_SOD
        ADD SI,2
        INC BP
        JMP FREQ
ED:     MOV AH,02h
        MOV DL,' * '
        INT 21h
        MOV AX,4C00H
        INT 21H
GEN_SOD PROC NEAR
        PUSH AX
        PUSH CX
        PUSH DX
        PUSH DI
        MOV AL,0B6H
        OUT 43H,AL
        MOV DX,14H
        MOV AX,4f10H
        DIV DI
        OUT 42H,AL
        MOV AL,AH
        OUT 42H,AL
        IN AL,61H
        MOV AH,AL
        OR AL,3
        OUT 61H,AL
        MOV AL,CL
        CALL DELAY
        MOV AH,02h
        MOV DL,'!'
```

```
                INT 21h
                MOV AL,AH
                OUT 61H,AL
                POP DI
                POP DX
                POP CX
                POP AX
                RET
GEN_SOD ENDP
DELAY PROC NEAR
                PUSH AX
                PUSH BX
                PUSH CX
                PUSH DX
                MOV AH,02H
                MOV DL,41H
                INT 21H
WAIT2：MOV CX,0C000H
WAIT1：LOOP WAIT1
                DEC BX
                JNE WAIT2
                POP DX
                POP CX
                POP BX
                POP AX
                RET
DELAY ENDP
                CODE ENDS
                END START
```

编译和运行引例——音乐程序

第1章

微型计算机系统概述

物竞天择,适者生存

任务1:你了解中国龙芯处理器吗?

在1971年以前,世界上任何人都不会相信Intel公司会成为当今处理器的霸主。Intel公司最初是一家半导体存储器生产公司。1971年,一个名叫Bucicom的日本公司找到了Intel公司,希望Intel公司为他们的计算机设计一组芯片。当时负责这项工作的特德·霍夫看到日本人用那13枚芯片组成的复杂透顶的设计方案时,特德·霍夫干脆化繁为简,用一枚集成了内存和计算单元的微小芯片完成了设计任务,这个小芯片就是著名的Intel 4004处理器。Intel公司经过近几十年的不懈努力,已经成为当今世界引领处理器技术发展方向的生产厂家。

龙芯(英语:Loongson,旧称GODSON)是中国科学院计算技术研究所设计的通用CPU,采用MIPS精简指令集架构(Reduced Instruction Set Computer,RISC),获得了MIPS科技公司专利授权。第一型的速度是266 MHz,最早在2002年开始使用。龙芯2号速度最高为1 GHz。龙芯3号于2010年推出成品,而设计的目标则在多核心的设计。龙芯3A是首款国产商用4核处理器,其工作频率为900 MHz～1 GHz。龙芯3A的峰值计算能力达到16 GFLOPS。龙芯3B是首款国产商用8核处理器,主频达到1 GHz,支持向量运算加速,峰值计算能力达到128 GFLOPS,具有很高的性能功耗比。2015年3月31日中国发射首枚使用"龙芯"的北斗卫星。2017年4月25日,龙芯中科公司正式发布了龙芯3A3000/3B3000、龙芯2K1000、龙芯1H等产品。

目前中科院有研发以龙芯为处理器的超级计算机计划。随着我国龙芯处理器的不断推广应用和广大科技工作者的不断探索,未来我国在处理器领域会在世界上占有一席之地。

因此,对每一位未来想从事计算机接口技术开发及应用的相关人员,必须了解和掌握计算机系统的发展历程,计算机的体系结构及组成,CPU指令系统的组成及未来的发展趋势。

● 本章学习目标

- 了解计算机的发展历程。
- 理解"冯·诺依曼"体系结构和工作原理。
- 熟悉未来计算机的发展趋势和主要应用领域。
- 掌握微型计算机的基本组成结构。
- 掌握计算机硬件和软件的功能以及相互依赖关系。
- 应用案例——Intel处理器及龙芯计算机的指令体系结构与特点。

1.1　微型计算机系统简介

微型计算机系统是指它的基本软、硬件组成部分,涉及微型计算机的系统组成原理和工作过程以及计算机硬件 CPU 的发展历史和计算机指令的演变过程。微型计算机系统以"冯·诺依曼"体系结构工作原理为基础,以复杂指令结构系统(Complex Instruction Set Computer,CISC)和 80X86 汇编语言为主,讲解各种指令的使用和功能、如何编写简单汇编语言程序、子程序的调用和中断子程序的编写以及系统功能调用等,为接口技术部分提供准备。

1.1.1　微型计算机发展史

微型计算机发展史也就是 CPU 的发展史,CPU 的性能指标基本上代表了微型计算机的能力。目前 CPU 系统分两大系列:Zilog 生产的 Z8000、Motorola MC68000 系列和 Intel 生产的 80X86 系列,本书主要讲解 Intel 生产的 80X86 系列微型计算机。

1946 年,美国宾夕法尼亚大学研制出世界上第一台电子计算机 ENIAC,其重 30 吨,使用了 17468 个真空电子管,70000 个电阻器,占地约 140 m^2,耗电 174 kW,稳定工作时间只有几小时。现在功能与 ENIAC 相当的计算机仅重 60 g,耗电只需 0.7 W,可以长时间地连续工作。为什么 ENIAC 与现代计算机相差这么大? 原因主要是它们的元器件不同。从 1946 年至今,按所采用的逻辑元件计算机可划分为以下四代:

• 第 1 代(1946—1957),电子管计算机,也叫真空管计算机,采用电子管做主要元器件,所有指令与数据都用"1"或"0"来表示,分别对应电子器件的"接通"与"关断",这就是计算机可以理解的机器语言。内存储器使用磁芯,外存储器有纸带、卡片、磁带、磁鼓等,内存容量仅几千字节,运算速度仅为每秒几千次。输入输出主要使用穿孔卡,速度很慢。第一代计算机大多用于科学计算。

• 第 2 代(1958—1964),晶体管计算机,它的主要逻辑元件是晶体管。内存储器普遍使用磁芯,外存储器使用磁带和磁盘等,这就使存储容量增大,可靠性提高。晶体管有一系列优点:体积小、重量轻、耗电省、速度快、寿命长、价格低、功能强。用它做计算机的开关元件,使机器的结构与性能都发生了新的飞跃。这时,汇编语言取代了机器语言,出现了高级程序设计语言,如 ALGOL60、FORTRAN、COBOL 等。计算机应用领域也扩大到数据处理和事务管理等范围。

• 第 3 代(1965—1970),中小规模集成电路计算机,它的主要逻辑元件是中小规模集成电路。所谓集成电路,是将晶体管、电阻、电容等电子元件构成的电路微型化,并集成在一块如同指甲大小的硅片上。中小规模集成电路计算机用半导体存储器淘汰了磁芯存储器。内存容量大幅度增加,运算速度达每秒几十万次到几百万次。高级程序设计语言在这一时期得到了很大发展,出现了操作系统语言和会话式语言。计算机开始广泛应用到各个领域。

• 第 4 代(1970—现在),大规模或超大规模集成电路计算机,它的主要逻辑元件是大规模或超大规模集成电路。大规模或超大规模集成电路不仅使计算机进一步微型化,而且提高了计算机的性能,降低了价格,为其广泛应用创造了条件。大规模或超大规模集成电路计算机运算速度达到每秒几百万次以上,亿次计算机已经问世,操作系统不断完善,标志计算机网络时代的开始。

1.1.2　微处理器的性能特点

1. 1971 年 Intel 公司开发出了第一代微处理器 4004

它是一个 4 位的微处理器,自身含有计算和逻辑功能,它由 2250 个 MOS 晶体管构成,每秒能执行约 6 万次操作。含有一个累加器,16 个用作暂存数据的寄存器,可寻址 640 字节的内存,指令集含有 45 条指令。4004 作为一般处理器来讲,功能还不够强,只能作为计数器的核心来使用,但它是新思想的第一代产物。

自从 4004 微处理器诞生以来,CPU 技术迅速发展,由于不同型号的 CPU 其指标不同,因此 CPU 的型号决定了硬件系统的档次。表 1-1 给出了 Intel 常见的 CPU 型号及其主要指标。

表 1-1　　　　　　　　Intel 常见的 CPU 型号及其主要指标

时间	CPU 型号	速度(MHz)	内部总线(bit)	外部总线(bit)
1971	4004	0.74	8	4
1972	8008	0.8	8	8
1978	8086	4.77	16	16
1982	80286	6～20	16	16
1985	386SX	16～20	32	16
1985	386DX	16～33	32	32
1989	486	16～66	32	32
1993	Pentium	75～233	32	32
1997	PⅡ	266～400	32	32
1999	PⅢ	500～1300	32	32
2000	PⅣ	1400～2800	32	32
2001	Itanium	1400～3200	64	64
2002	Itanium2	1400～3200	64	64
2005	Pentium D 双核	1333～3600	64	64
2006	Core 2 双核以上	1500～3000	64	64
2007	Core 2 四核以上	1500～3000	64	64
2008	Core i7 一代	1730～3300	64	64
2010	Core i5,i3 一代	1500～3700	64	64
2012	Core i7,i5,i3 二代	1500～3700	64	64
2013	Core i7,i5,i3 三代	1500～3700	64	64
2014	Core i7,i5,i3 四代	1700～3700	64	64
2015	Core i7,i5,i3 五代	1700～3900	64	64
2016	Core i7,i5,i3 六代	1700～3900	64	64
2017	Core i7,i5,i3 七代	1700～3900	64	64

2. Intel CPU 处理器技术向多核、大规模和全能方向发展

从 2005 年至今,以 Intel Core(酷睿)系列为代表,由单核向多核发展,双核、四核以及八核等产品相继问世,制造工艺从 45 nm 到 22 nm,CPU 内部架构技术从 Nehalem 上升到

Haswell 技术。CPU 内的高速缓存容量越来越大，为提高 CPU 的处理能力提供了技术基础。

Intel 宣称，将用"高级矢量扩展"指令集，简称"AVX"取代 SSE 执行矩阵乘法等特定应用时可带来大约 90% 的性能提升。

（1）Intel Core i 系列处理器

2005 年至今是 Intel Core i（酷睿）系列微处理器时代，其产品已经从 Intel Core 2 到 Intel Core i7 等多个系列品种，许多学者通常将它们定义为第 6 代微处理器。Intel Core i（酷睿）是一款领先节能的新型微架构，设计的出发点是提供卓越出众的性能和能效，提高每瓦特性能，也就是所谓的能效比。早期的 Intel Core 2 是基于笔记本处理器的。Intel Core Duo 是 Intel 在 2006 年推出的新一代基于 Intel Core 微架构的产品体系统称，于 2006 年 7 月 27 日发布。Intel Core 2 是一个跨平台的架构体系，包括服务器版、桌面版和移动版三大领域。其中，服务器版的开发代号为 Woodcrest，桌面版的开发代号为 Conroe，移动版的开发代号为 Merom。

Intel Core 2 处理器的 Intel Core 微架构是 Intel 的以色列设计团队在 Yonah 微架构基础之上改进而来的新一代 Intel 微架构。最显著的变化主要是将各个关键部分进行强化。为了提高两个核心的内部数据交换效率采取共享式二级缓存设计，两个核心共享高达 4 MB 的二级缓存。

SNB（Sandy Bridge）是 Intel 在 2011 年初发布的新一代处理器微架构，这一构架的最大意义莫过于重新定义了"整合平台"的概念，与处理器"无缝融合"的"核芯显卡"终结了"集成显卡"的时代。这一创举得益于全新的 32 nm 制造工艺。由于 Sandy Bridge 构架下的处理器采用了比之前的 45 nm 工艺更加先进的 32 nm 制造工艺，理论上实现了 CPU 功耗的进一步降低，及其电路尺寸和性能的显著优化，这就为将整合图形核心（核芯显卡）与 CPU 封装在同一块基板上创造了有利条件。此外，第二代 Intel Core 还加入了全新的高清视频处理单元。视频转解码速度的高与低跟处理器是有直接关系的，由于高清视频处理单元的加入，新一代 Intel Core 处理器的视频处理时间比老款处理器至少提升了 30%。

第二代 Intel Core i 处理器与第一代处理器在性能上也确实存在一定的差异，第二代 Core i 处理器的主要侧重点在于集成的 GPU（图像处理器）上。

（2）Intel Core 微架构特点

Intel Core 微架构是 Intel 在 Yonah 微架构基础之上改进而来的下一代微架构，采取共享式二级缓存设计，两个核心共享 4 MB 或 2 MB 的二级缓存，其内核采用高效的 14 级有效流水线设计，每个核心都内建 32 KB 一级指令缓存与 32 KB 一级数据缓存，而且两个核心的一级数据缓存之间可以直接传输数据。每个核心内建四组指令解码单元，支持微指令融合与宏指令融合技术，每个时钟周期最多可以解码五条 X86 指令，并拥有改进的分支预测功能。每个核心内建五个执行单元，执行资源庞大。采用新的内存相关性预测技术。加入对 EM64T 与 SSE4 指令集的支持，支持增强的电源管理功能，支持硬件虚拟化技术和硬件防病毒功能，内建数字温度传感器，还可提供功率报告和温度报告等，配合系统实现动态的功耗控制和散热控制。

耦合度的松紧决定四核协作的效率高低，而微架构则决定每个核心的运算效率、实际性能和功耗高低等关键的特性。Intel Kentsfield/Yorkfield 两代 Intel Core 2 Quad 处理器都基于 Intel Core 微架构，它所具有的卓越性能有目共睹。Intel Core 架构的优势体现在以下几个方面：

①拥有超宽的执行单元,在每个周期,Intel Core 微架构的指令解码器可以同时发射四条指令,而 AMD K8 架构只能发射三条指令。换句话说,Intel Core 架构拥有更加出色的指令并行度。

②Intel Core 微架构具有"微操作融合(Micro-Op Fusion)"和"宏操作融合(Macro-Op Fusion)"两项技术,可以对执行指令进行优化,通过减少指令的数量获得更高的效率,Intel 表示这两项技术最多可带来 67% 的效率提升,这也是 Intel Core 架构产品在低功耗状态下依然拥有强劲效能的主要秘密。

③Intel Core 微架构的 SSE 执行单元首度提供完整的 128 位支持,每个单元都可以在一个时钟周期内执行一个 128 位 SSE 指令,而在多个执行单元的共同作用下,Intel Core 微架构核心可以在一个时钟周期内同时执行 128 位乘法、128 位加法、128 位数据载入以及 128 位数据回存,或者可以同时执行 4 个 32 位单精度浮点乘法和 4 个 32 位单精度浮点加法,进而显著提升多媒体性能。

④Intel Core 微架构采用共享缓存设计,缓存资源利用率也高于独占式设计,且多个核心可以高效协作。当然,双芯片的 Kentsfield Core 2 Quad 无法从这个优点中受益。

讨论:虽然某些学者将 Intel CPU 的发展历史根据微处理器的字长和功能划分为六个阶段,但从 CPU(中央处理器)其内部微结构和命名特点上可分为三个大的阶段,以 Intel 80X86 系列为第一个阶段,Intel Pentium 系列为第二个阶段,以 Intel Core i 系列为第三个阶段。

1.1.3　计算机的发展趋势

1. 计算机 CPU 的未来发展方向

计算机技术经过近几十年的发展,不仅极大地促进了社会的发展和人类的进步,它自身也在发生着革命性的变化,例如当年的摩尔定律是否还能坚守,制造工艺和技术水平的不断创新将会给人们带来更大的惊喜,未来计算机 CPU 的发展将有如下变化:

(1)不再以 CPU 工作频率高低论英雄

随着采用新的微架构和多核处理器技术的不断发展,对 CPU 性能优劣的判断标准不再以 CPU 可运行的频率速度来衡量其性能,而是由多个因素决定。例如以 Intel 桌面版的 Conroe 核心为例,处理器性能不再只由频率决定,而是由 Performance ＝ Frequency × Instructions per Clock Cycle,即:性能＝频率×每个时钟周期的指令数(不考虑架构等因素) 这个公式决定。Intel Conroe 之所以能够在降低频率的同时,还能够让性能大幅提升,关键就在于每个时钟周期可执行的指令数提升了。

(2)继续研究新的微架构内核体系

Intel CPU 的成功大致经历了三代微架构内核,分别为 Netburst 微架构、Yonah 微架构和 Core 微架构。每一种新型微架构的诞生都是对前一种微架构的改进和完善,都将 Intel CPU 的性能提升到一个新的高度。

而 Intel NetBurst 微结构是 Intel Pentium 4 处理器的基础。它包含几个重要的新特性和革新,这些革新与新特性能够让 Intel Pentium 4 处理器和 IA-32 处理器的性能在今后的数年中处于工业领先的地位。

Intel Core i 系列 CPU 的巨大成功得益于采用新的 Intel Core 微架构体系,而在 2005 年 Intel 公司生产的 Intel Core 处理器,这是 Intel 向 Core 架构迈进的第一步。但是,Intel Core

处理器并没有采用 Intel Core 架构，而是介于 Intel NetBurst 和 Intel Core 之间（第一个基于 Intel Core 架构的处理器是 Intel Core 2）。最初 Intel Core 处理器是面向移动平台的，它是 Intel Centrino（迅驰）3 的一个模块，但是后来苹果转向 Intel 平台后推出的台式机就是采用的 Intel Core 处理器。Intel Core 使双核技术在移动平台上第一次得到实现。

2006 年 8 月，Intel 正式发布了 Intel Core 微架构处理器，产品命名也正式更改，并且第一次采用移动、桌面和服务器三大平台同核心架构的模式。

（3）实施新的制造工艺技术

作为 PC 产业的领导者，微处理器是 Intel 的最核心产品。而在处理器更新方面，Intel 遵循着 Tick & Tock 的策略（Tick 年更新制造工艺，Tock 年更新微架构）。而 Intel 非常注重工艺革新，因此相比上代 2000 系列 Intel Core 处理器，3000 系列最主要的改变就是工艺，核心架构则进行微调而非大幅更改。第三代 Intel 智能 Intel Core 处理器的核心架构名称为 Ivy Bridge，从名字来看，就可以看出其与上代架构 Sandy Bridge 的渊源了。

在 2012 年 4 月 24 日下午北京天文馆，Intel 正式发布了 Ivy Bridge（IVB）处理器。22 nm Ivy Bridge 会将执行单元的数量翻一番，最多达到 24 个，自然会带来性能上的进一步跃进。Ivy Bridge 会加入对 DX11 的支持的集成显卡。另外新加入的 XHCI USB 3.0 控制器则共享其中四条通道，从而提供多达四个 USB 3.0，从而支持原生 USB 3.0。CPU 的制作采用 3D 晶体管技术的 CPU 耗电量会减少一半。

2. 目前计算机的发展方向是：巨型化、微型化、网格化和智能化

（1）巨型化

巨型化是指使计算机系统运算速度更高、存储容量更大、功能更完善。巨型机主要用于尖端科技和国防系统的研究与开发，执行超级计算任务，巨型机的研制集中体现了一个国家科学技术发展水平。目前巨型机"蓝色基因/P"已经达到每秒 3000 万亿次浮点运算。巨型机在航空航天、军事工业、气象、人工智能等几十个学科领域中发挥着巨大的作用，特别是在复杂的大型科学计算领域中，其他的机种难以与之抗衡。

（2）微型化

微型化得益于大规模和超大规模集成电路的飞速发展。微处理器自 1971 年问世以来，发展非常迅猛，几乎每隔两三年就会更新换代一次，这也使以微处理器为核心的微型计算机性能不断提升。据统计，2017 年，仅苹果销售平板电脑就高达 4380 万部，全球销售的总量约为 16300 万部。另外，便于携带的笔记本计算机、掌上型计算机以及各种功能的嵌入式专用计算机也不断出现。

（3）网格化

目前大部分计算机实现了联网，即利用现代通信技术和计算机技术，把分布在不同地点的计算机互连起来，按照网络协议相互通信，初步实现了共享数据和软硬件资源的目的，但是信息的搜索和整合还需要手工完成，效率较低。网格（Grid）技术可以更好地管理网上的资源，它把整个互联网虚拟成一台空前强大的一体化信息系统，犹如一台巨型机，在这个动态变化的网络环境中，实现计算资源、存储资源、数据资源、信息资源、知识资源、专家资源的全面共享，从而让用户从中享受可灵活控制的、智能的、协作式的信息服务，并具有前所未有的使用方便性和超强能力。目前，世界主要国家和地区都把发展网格技术放到了战略高度，纷纷投入巨资抢占战略制高点。

（4）智能化

智能化就是要求计算机具有模拟人的思维和感觉的能力。智能化是第五代计算机要实现的目标。智能化的研究领域包括：自然语言的生成与理解、模式识别、自动定理证明、自动程序设计、专家系统、学习系统、智能机器人等。目前多种具有人的部分智能的机器人已经被研制出来，这些机器人可以代替人在一些危险的工作岗位上工作。有人预测，家庭智能化的机器人将是继 PC 机之后，下一个家庭普及的信息化产品。机器深度学习和神经网络技术发展前景广阔，将逐步得到更加广泛的应用。

（5）新概念计算机

尽管目前计算机的发展日新月异、精彩纷呈，但从本质上来说，所采用的基本元件仍然未超出四代机的范畴。随着技术的创新和发展，一些新概念计算机也陆续出现，有的甚至开始走出实验室，进入应用领域。新概念计算机主要包括：神经计算机、超导计算机、光子计算机、生物计算机、量子计算机等。

1.1.4　微型计算机应用领域

计算机的应用已渗透到社会的各行各业，正在改变着传统的工作、学习和生活方式，推动着社会的发展和进步。计算机的主要应用领域如下：

1. 科学计算（或数值计算）

科学计算是指利用计算机来完成科学研究和工程技术中提出的数学问题的计算。利用计算机的高速计算、大存储容量和连续运算的能力，可实现人工无法解决的各种科学计算问题。

2. 数据处理（或信息处理）

数据处理从简单到复杂已经历了三个发展阶段，它们是：

①电子数据处理，它是以文件系统为手段，实现一个部门内的单项管理。

②管理信息系统，它是以数据库技术为工具，实现一个部门的全面管理，以提高工作效率。

③决策支持系统，它是以数据库、模型库和方法库为基础，帮助管理决策者提高决策水平，改善运营策略的正确性与有效性。

3. 辅助技术（或计算机辅助设计与制造）

计算机辅助技术包括计算机辅助设计（Computer Aided Design，CAD），计算机辅助制造（Computer Aided Manufacturing，CAM），计算机辅助教学（Computer Aided Instruction，CAI）等。

4. 过程控制（或实时控制）

过程控制是使用计算机及时地采集检测数据，按最优值迅速地对控制对象进行自动调节或自动控制。

5. 人工智能（或智能模拟）

人工智能（Artificial Intelligence）是计算机模拟人类的智能活动，如感知、判断、理解、学习、问题求解和图像识别等活动。现在人工智能的研究已取得不少成果，有些成果已开始走向实用阶段。例如各种不同类型和功能的机器人、电子无人驾驶侦察飞机和电子无人驾驶汽车等都是人工智能技术应用的典型代表。

6. 网络应用

计算机技术与现代通信技术的结合构成了计算机网络。计算机网络的建立，不仅解决了一个单位、一个地区、一个国家中计算机与计算机之间的通信和各种软、硬件资源的共享,也大大方便了国际间的文字、图像、视频和声音等各类数据的传输与处理。应用范围越来越广泛,目前的应用领域已向社区服务、网络金融和电商发展。

7. 神经网络和机器深度学习

近几年随着 GPU 技术的发展,神经网络和机器深度学习已经进入一个新的技术发展阶段。AlphaGo 的问世,使人们对神经网络和机器深度学习进行重新定位,通过利用大数据分析,可以获取许多难以想象的结果。

1.2　微型计算机系统基本组成

微型计算机是计算机中应用最为广泛的一类。一个完整的微型计算机系统应该包括硬件系统和软件系统两大部分。随着计算机技术的飞速发展,计算机的硬件和软件正朝着相互渗透、相互融合的方向发展,在计算机系统中,硬件与软件之间的分界线越来越模糊。计算机硬件和计算机软件既相互依存,又互为补充。可以这样说,硬件是计算机系统的躯体,软件是计算机系统的头脑和灵魂。一般微型计算机系统的整体结构如图 1-1 所示。

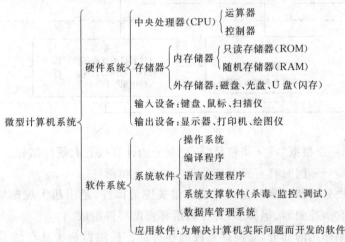

图 1-1　微型计算机系统结构框图

计算机硬件系统由五大部分组成:运算器、控制器、存储器、输入设备、输出设备。

计算机软件可分为系统软件和应用软件两大类。

①系统软件:系统软件是计算机必备的,用以实现计算机系统的管理、控制、运行、维护并完成应用程序的装入、编译等任务的程序。系统软件与具体应用无关,是在系统一级上提供的服务。

常用的系统软件有操作系统、编译程序、语言处理程序、系统支撑软件和数据库管理系统等,例如:

操作系统:DOS、Windows 95/98/2000/XP/7/10、UNIX、Linux、Windows NT 等。

编译程序:机器语言、汇编语言和高级语言。

数据库管理系统:FoxPro、Access、Oracle、Sybase、DB2 和 Informix 等。

②应用软件:应用软件是为了解决计算机应用中的实际问题而编制的程序。应用软件包括商品化的通用软件和实用软件,也包括用户自己编制的各种应用程序。

1.2.1 微型计算机软、硬件概念

"冯·诺依曼"工作原理

1.硬件

1945年,美籍匈牙利科学家"冯·诺依曼"提出了一个"存储程序"的计算机方案。"冯·诺依曼"方案包含以下三个要点:

①采用二进制数的形式表示数据和指令。

②将指令和数据存放在存储器中。

③计算机硬件由控制器、运算器、存储器、输入设备和输出设备五大部分组成,目前又将控制器和运算器划归为中央处理器(CPU)。

"冯·诺依曼"工作原理的核心是"程序存储"和"程序控制",就是通常所说的"顺序存储程序"概念,它的基本工作原理如图1-2所示。

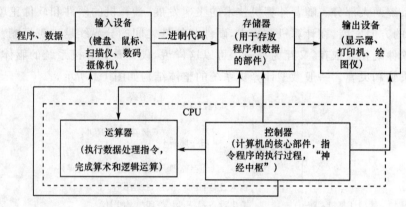

图1-2 "冯·诺依曼"工作原理示意图

下面简要介绍一下根据"冯·诺依曼"原理划分的计算机五大硬件部分。

(1)中央处理器——同时具有控制和处理功能的关键部件

微处理器(中央处理器,CPU)是计算机中最关键的部件,是由超大规模集成电路(VLSI)工艺制成的芯片,它由控制器、运算器、寄存器组和辅助部件组成。

控制器:起控制作用的部分,是硬件系统的指挥部。控制器负责从存储器中取出指令、分析指令、确定指令类型并对指令进行译码,按时间先后顺序负责向其他各部件发出控制信号,保证各部件协调工作。

运算器:处理数据的部分,又称算术逻辑单元(Arithmetic Logic Unit,ALU)。运算器是用来进行算术运算和逻辑运算的元件。

寄存器组用来存放当前运算所需的各种操作数、地址信息、中间结果等内容。将数据暂时存于CPU内部寄存器中,可以加快CPU的操作速度。通常寄存器组的速度远远超过内存的速度,所以能有效提高CPU的运行效率。

(2)存储器——存放程序和数据的部件

存储器是计算机的记忆部件,负责存储程序和数据,并根据控制命令提供这些程序和数据。存储器分两大类:一类和计算机的运算器、控制器直接相连,称为主存储器(内存),简称计算机的主存(内存);另一种存储设备称为辅助存储器(外部存储器),简称辅存(外存)。内存一般由半导体材料构成,存取速度快,价格较贵,容量相对小一些。辅存一般由磁记录设备构成,如硬盘、软盘、磁带等,容量较大,价格便宜,但速度相对慢一些。

内部存储器分为随机存储器 RAM(Random Access Memory)和只读存储器 ROM(Read Only Memory)。

(3)输入设备——用户向计算机输入程序和数据的设备

输入设备是向计算机输入程序、数据和命令的部件,它的主要功能是把原始数据和处理这些数据的程序转换为计算机能够识别的二进制代码。常见的输入设备包括键盘、鼠标、扫描仪、光笔、数码相机、话筒等。

(4)输出设备——计算机向用户输出处理结果的设备

输出设备被用来输出数据或程序经过计算机运算或处理后所得的结果,并将结果以字符、数据、图形等人们能够识别的形式进行输出。常见的输出设备有显示器、打印机、投影仪、绘图仪、声音输出设备等。

2. 软件

除了硬件系统外,微型计算机还必须配备优秀的软件系统才能发挥其性能。计算机软件又可以分为系统软件和应用软件两大类。

(1)系统软件

系统软件是管理、监控、维护计算机资源(包括硬件与软件)的软件。它包括操作系统、高级语言的编译和解释程序、各种语言的处理程序、系统支撑软件(微机的监控管理程序、调试程序、故障检查和诊断程序)、各种数据库管理系统以及工具软件等。

①操作系统:操作系统在系统软件中处于核心地位,其他系统软件要在操作系统支持下工作。常用操作系统有 DOS、Windows 98/2000、Windows NT、Windows XP、Windows 7、Linux、UNIX、OS/2 等。

②程序设计语言:它是软件系统的重要组成部分,而相应的各种语言处理程序属于系统软件。程序设计语言一般分为机器语言、汇编语言、高级语言和第四代语言四类。

机器语言:机器语言是最底层的计算机语言,是用二进制代码指令表达的计算机语言,能被计算机硬件直接识别并执行,由操作码和操作数组成。机器语言程序编写的难度较大且不容易移植,即针对一种计算机编写的机器语言程序不能在另一种计算机上运行。

汇编语言:汇编语言是用助记符代替操作码,用地址符代替操作数的一种面向机器的低级语言,一条汇编指令对应一条机器指令。由于汇编语言使用了助记符,它比机器语言易于修改、易于编写、易于阅读,但用汇编语言编写的程序(称汇编语言源程序)机器不能直接执行,必须使用汇编程序把它翻译成机器语言即目标程序后,才能被机器理解、执行,这个编译过程称为汇编。

高级语言:直接面向过程的程序设计语言称为高级语言,它与具体的计算机硬件无关,用高级语言编写的源程序可以直接运行在不同机型上,因而具有通用性。但是,计算机不能直接识别和运行高级语言,必须经过翻译。所谓翻译是由一种特殊程序把源程序转换为机器码,这种特殊程序就是语言处理程序。高级语言的翻译方式有两种:一种是编译方式,另一种是解释方式。编译方式是通过编译程序将整个高级语言源程序翻译成目标程序(.obj),再经过连接程序生成可以运行的程序(.exe);解释方式是通过解释程序边解释边执行,不产生可执行程序。最常用的高级语言有 BASIC、FORTRAN、C 等。

第四代语言:面向对象的编程语言,一般具有可视化、网络化、多媒体等功能。目前较流行的第四代编程语言有 Visual Basic、Visual C++、C♯、Visual FoxPro、Power Builder 等。

③各种程序设计语言的处理程序：如把汇编语言转换为机器语言的汇编程序，把高级语言转换为机器语言的编译程序或解释程序和作为软件研制开发工具的编辑程序、装配连接程序以及数据库管理程序等。

④工具软件：又称服务软件，如机器的监控管理程序、调试程序、故障检查程序和诊断程序等。这些工具软件为用户编制计算机程序及使用计算机提供了很大的方便。

（2）应用软件

应用软件是用户为了解决实际问题而编制的各种程序，如各种工程计算程序、模拟过程程序、辅助设计和管理程序、文字处理和各种图形处理软件等。

在微机中常用的应用软件有各种 CAD 软件、Microsoft Office 2000/2003/2010、Photoshop、IE 等。

1.2.2　微型计算机结构

典型的微型计算机结构如图 1-3 所示。

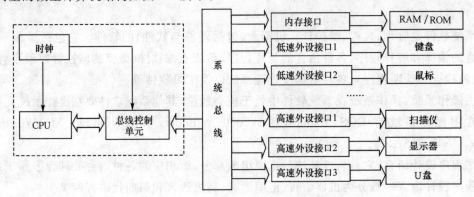

图 1-3　微型计算机结构

图 1-3 中可见外部信息的传输是通过总线进行的，由于使用了这种总线结构，微型计算机系统中，存储器和外设之间可直接进行信息的传输，也就是常说的 DMA（Direct Memory Access）。至于微型计算机系统的内部结构，将在后面的章节中介绍。

1.3　应用案例——Intel 处理器及龙芯计算机的指令体系结构与特点

当今微处理器体系结构，从指令意义上来看基本分成两大类：一类是 CISC（复杂指令集计算机）体系结构，另一类是 RISC（精简指令集计算机）体系结构，这两种指令体系结构完成对处理器指令集的支持和各种指令的执行。目前使用这两种指令体系结构组成的处理器的典型代表是 Intel 公司生产的 80X86、Pentium 和 Core 系列产品以及我国生产的龙芯系列产品。

复杂指令集计算机（CISC）：在微型计算机的体系组成结构上是以复杂指令为主设计的计算机，在指令的运行过程中按指令的复杂程度来指挥计算机完成各条指令，由于各条指令复杂程度不同，分配的时钟周期也各不相同，执行指令所需的时间就不相同。CISC 体系的指令集由微程序来实现，即每一个操作由若干微操作的程序组合来实现。所以 CISC 可以使用微指令编程的方式实现多种指令和功能复杂的指令。早期 Intel 公司生产的处理器系列产品基本都是由 CISC 体系结构组成的,由于 RISC 指令集的性能优势,Intel 公司已经将 RISC 指令集技术融入它们的产品中,以提高其性能指标。

精简指令集计算机(RISC):不管计算机的指令如何复杂,都在一个计算机时钟周期内完成,计算速度快,指令集简单。RISC 是在 CISC 的基础上发展起来的。在对 CISC 的测试中表明,占资源 20%的简单指令在程序中出现的频率达到 80%,而其余占资源 80%的复杂指令出现的频率只有 20%,这造成资源的极大浪费。再加上复杂的指令系统必然增加硬件实现的复杂性,增加了研制时间和研制成本,因此,RISC 应运而生。

在 RISC 体系的指令集中,它的每一条指令直接由硬布线实现,即它的每条指令原则上由自己的一套逻辑时序电路直接实现,所以单条指令的实现所占用的硬件资源较多。因为该体系没有增加单条指令的功能或高位的指令语义,也没有增加指令条数的功能,而是集中于它的精简指令集上。其典型代表是由美国 SGI 公司利用 RISC 技术生产的 MIPS 系列产品,主要应用领域是计算机图像处理。在我国的典型代表就像前文所说的中国龙芯系列产品,相信随着它们的应用领域不断扩大,未来的发展前景一定非常广阔。

不论是 CISC 体系还是 RISC 体系,它们本质上都属于"冯·诺依曼"体系结构范畴。因此,具有"冯·诺依曼"体系的如下制约:

①操作瓶颈制约:因为"冯·诺依曼"体系结构本质上包括串行性、顺序性的控制机理。对数据和资源的控制及仲裁均是由人为决定的,因此构成了时间和空间的极大开销,造成冯氏数据流的拥塞。

②算法的制约:"冯·诺依曼"体系的很大贡献在于将所有应用问题建立在四则运算和逻辑运算的组合算法上,以及以寄存器为基本模型的存储体系上,但它在基本操作的控制上仍是一种串行机制,不具备构造一个并行算法的基础。在串行的模型上去建立并行算法,必定会带来本质的困难和效率的损失。

③存储模型的制约:存储模型在"冯·诺依曼"体系结构当中是一种被动式的访问机制,不能真正地体现人类在并行操作行为中经常反映的无破坏性操作和平等交互赋值运行的需求,因此"冯·诺依曼"的存储模型结构只能在运行时以空间为代价进行复制或以时间为代价进行选择来替代这种制约。存储模型的制约对提高信息处理能力有很大的限制。

注意:复杂指令集系统和精简指令集系统是两种不同的计算机体系结构,两者互不兼容。

习题与综合练习

1. 解释和区别下列名词术语。

(1) 微处理器(MP)、微型计算机(MC)、微型计算机系统(MCS)。

(2) 硬件、软件。

(3) 字节、字、字长。

(4) 指令指针、指令寄存器、指令译码器、状态寄存器。

(5) 存储单元、存储内容、存储地址、存储容量。

(6) RAM、ROM、软件固化。

2."冯·诺依曼"计算机结构的特点是什么？

3.简述计算机系统中复杂指令集和精简指令集的特点和用途。

4.微型计算机由哪几部分组成？各部分的作用是什么？请画出组成原理示意图。

5.试说明输入设备和输出设备的作用，并举出几个常用的I/O设备实例。

6.简述不同年代的微处理器的结构特点、性能指标和未来发展趋势。

7.简述大数据、机器深度学习和神经网络之间的联系和区别。

微型计算机系统结构

任务2：理解段寄存器的功能，为什么在微型计算机中有段寄存器，而在单片机中没有？

任务3：为什么奇偶标志(PF，Parity Flag)是指当指令执行结果的低8位中含有偶数个1时，则 PF 为1，否则为0，而不是指令执行结果的16位或32位中含有偶数的个数？

随着微电子制造工艺技术的不断发展和完善，已经使得各种类型处理器的性能指标在不断升级换代，当前处理器的功能已经远远超出人们的想象空间。许多单片机的某些功能和性能指标已经接近或超过80286和80386 CPU，甚至有人建议能否用单片机替代微型计算机，从目前情况看答案是否定的。微型计算机和单片机是两种类型结构的处理器，适用的目的和范围不一样，各自有优势和不足，应用场合也有差异。单片机的优势是适用于组成一个小的控制系统，外围扩展能力不强，在单片机中就没有中断矢量表，中断入口地址都是固定的，能处理的中断源也比较有限，限制了系统的灵活性和可扩展性。在形成外部数据和地址总线方式上是完全不一样，在单片机内部就没有段寄存器的概念，数据存取能力有限，指令系统组成较简单，难以完成更复杂的计算任务。当一个系统的复杂度达到一定高度，单片机就难以胜任。因此，学好微型计算机处理器的内部结构和系统组成是学好接口技术的必由之路。

● 本章学习目标

- 理解微型计算机8086/8088 CPU 的外部引脚和内部结构含义。
- 充分理解微型计算机8086/8088 CPU 的工作模式和适用的范围。
- 理解8086/8088 CPU 系统总线时序、总线周期的组成和完成的目标任务。
- 掌握8086/8088 CPU 内部寄存器和通用寄存器的隐含和替代使用方法。
- 掌握8086/8088 CPU 标志寄存器中的各个标志位所表示的具体意义和产生的条件。
- 熟练掌握CPU 的详解指令工作过程。

要想深层次地理解微处理器的各种性能和特点，首先应该了解它们的基本结构，不同性能的计算机其结构有一定的差异，但基本原理相同。本章着重介绍8086/8088 微处理器的外部引脚、内部系统结构、工作模式及工作过程。

2.1 8086/8088 微处理器

2.1.1 8086/8088 的引脚介绍

CPU 引脚是 CPU 与外部进行通信的唯一接口，它的所有功能都是通过这些引脚来引用。

既然这些引脚是和外部器件进行通信的,那么只要分析一下它们是和哪些器件进行通信的,这些引脚的分类也就随之清晰了。首先是内存,需要和内存进行数据交换,这种交换是通过总线来实现的,而不是直接连接,所以 CPU 引脚需要连接总线。而所需要连接的总线又包括地址总线、数据总线和控制总线。每一个引脚只能连接总线的其中一根线,所以这些引脚实质上会和总线的位数相对应。注意:考虑到要节约引脚的数量,在 8086 CPU 的引脚设计中并不是一一对应的。通过分时复用的方法,使得引脚的数量减少了一半。其中一部分是地址/数据总线分时复用,另一部分是地址/状态总线分时复用。为什么地址总线都出现了复用呢?这是因为 8086 CPU 地址总线有 20 位,数据总线只有 16 位,还空出 4 位可以和 4 个状态线公用。其次就是一些控制信号线。一方面 CPU 的控制指令通过这些引脚发送出去,另一方面外部的一些状态要通过这些引脚反馈回来。

1. 8086/8088 CPU 系统总线时序

由于 CPU 的引脚具有分时复用功能,在讲解 CPU 各引脚功能之前首先要了解系统总线的时序结构,就是 8086/8088 微处理器内部由 EU(执行单元)和 BIU(Bus Interface Unit,总线接口单元)两部分组成,并在统一的时钟信号 CLK 控制下,按节拍进行工作。8086/8088 CPU 的时钟频率为 5 MHz,故时钟周期为 200 ns,CPU 每执行一条指令,至少要通过总线对存储器访问一次(取指令)。8086/8088 CPU 通过总线对外部(存储器或 I/O 接口)进行一次访问所需的时间称为一个总线周期。一个总线周期至少包含四个时钟周期即 T_1、T_2、T_3 和 T_4,处在这些基本时钟周期中的总线状态称为 T 状态。

8086/8088 CPU 采用分时复用的地址/数据总线,在一个总线周期内,首先利用总线传送地址,然后再利用同一总线传送数据,具体来说,在 T_1 状态,BIU 把要访问的存储单元或 I/O 端口的地址输出到总线上,若为读周期,在 T_2 中使总线处于浮动的(高阻)缓冲状态,以使 CPU 有足够的时间从输出地址方式转变为输入(读)数据方式。然后在 T_4 状态的开始,CPU 从总线上读入数据。若为写周期,由于输出地址和输出数据都是写总线过程,CPU 不必转变读写工作方式,因而不需要缓冲区,CPU 在 $T_2 \sim T_4$ 中把数据输出到总线上,考虑到 CPU 和慢速的存储器或 I/O 接口之间传送的实际情况,8086/8088 CPU 具有在总线周期的 T_3 和 T_4 之间插入若干个附加时钟周期的功能。这种附加周期称为等待周期 T_W。

特别需要指出,仅当 BIU 需要填补指令队列的空缺,或者当 EU(Execution Unit,执行单元)在执行指令过程中需要申请一个总线周期时,BIU 才会进入执行总线周期的工作状态。在两个总线周期之间,可能出现一些没有 BIU 活动的时钟周期 T_1,处于这种时钟周期中的总线状态被称为空闲状态,或者简称 T_1 状态。一个典型的总线周期序列如图 2-1 所示。

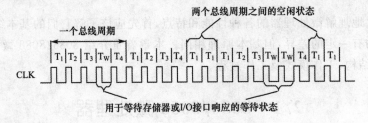

图 2-1　典型的总线周期时间序列

2. 8086/8088 CPU 的引脚信号

8086 和 8088 的引脚信号如图 2-2 所示。它们的 40 条引线按功能可分为以下五类。

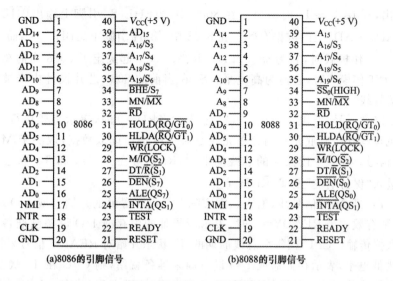

图 2-2 8086/8088 的引脚信号

（1）地址/数据总线 $AD_{15} \sim AD_0$

这是分时复用的存储器或端口地址和数据总线。传送地址时三态输出（开通、断开和高阻），传输数据时可双向三态输入/输出。正是利用分时复用的方法才能使 8086/8088 用 40 条引脚实现 20 位地址、16 位数据及众多的控制信号和状态信号的传输。不过在 8088 中，由于只能传输 8 位数据，所以，只有 $AD_7 \sim AD_0$ 8 条地址/数据线，$A_{15} \sim A_8$ 只用来输出地址。

作为复用引脚，在总线周期的 T_1 状态用来输出要寻址的存储器或 I/O 端口地址；在 T_2 状态，浮置成高阻状态，为传输数据做准备；在 T_3 状态，用于传输数据；T_4 状态结束总线周期。当 CPU 响应中断以及系统总线"保持响应"时，复用线都被置为高阻状态。

（2）地址/状态总线 $A_{19}/S_6 \sim A_{16}/S_3$

地址/状态总线为输出，三态总线，采用分时输出，即 T_1 状态输出地址的最高 4 位，$T_2 \sim T_4$ 状态输出状态信息。当访问存储器时，T_1 状态时输出的 $A_{19} \sim A_{16}$ 送到锁存器（8282）锁存，与 $AD_{15} \sim AD_0$ 组成 20 位的地址信号；而访问 I/O 端口时，不使用这 4 条引线，$A_{19} \sim A_{16} = 0$。状态信息中的 S_6 为 0 用来指示 8086/8088 当前与总线相连，所以，在 $T_2 \sim T_4$ 状态，S_6 总等于 0，以表示 8086/8088 当前连在总线上。S_5 表示中断允许标志位 IF 的当前设置。S_4 和 S_3 用来指示当前正在使用哪个段寄存器，见表 2-1。

表 2-1　　　　　　　　　S_4、S_3 的代码组合和对应段寄存器的使用状态

S_4	S_3	状　态
0	0	当前正在使用 ES
0	1	当前正在使用 SS
1	0	当前正在使用 CS，或未使用任何段寄存器
1	1	当前正在使用 DS

注：ES、SS、CS、DS 分别表示 CPU 内的 4 个段寄存器，详细功能将在下节描述。

当系统总线处于"保持响应"状态时，这些引线被浮置为高阻状态。

（3）控制总线

① $\overline{BHE}/S_7$：$\overline{BHE}$ 高 8 位数据总线允许/状态复用引脚，三态，输出。$\overline{BHE}$ 在总线周期的

T_1 状态时输出，S_7 在 $T_2 \sim T_4$ 时输出。在 8086 中，当 $\overline{BHE}/S_7$ 引脚上输出 $\overline{BHE}$ 信号时，表示总线高 8 位 $AD_{15} \sim AD_8$ 上的数据有效。在 8088 中，第 34 引脚不是 $\overline{BHE}/S_7$，而是被赋予另外的信号：在最小工作模式时，它为 $\overline{SS_0}$，和 $DT/\overline{R}$、$\overline{M}/IO$ 一起决定了 8088 当前总线周期的读/写动作；在最大工作模式时，它恒为高电平。S_7 在当前的 8086 芯片设计中未被赋予定义，暂做备用状态信号线。

②$\overline{RD}$：读控制信号，低电平有效，三态，输出。当 $\overline{RD}=0$ 时，表示将要执行一个对存储器或 I/O 端口的读操作。到底是对内存单元还是对 I/O 端口读取数据，取决于 $M/\overline{IO}$（8086）或 $\overline{M}/IO$（8088）信号。在一个读操作的总线周期中，$\overline{RD}$ 信号在 T_2、T_3 和 T_W 状态均为低电平。在系统总线进入"保持响应"期间，$\overline{RD}$ 被浮空。

③READY："准备好"信号线，输入。它实际上是由所寻址的存储器或 I/O 端口发来的响应信号，高电平有效。当 READY=1 时，表示所寻址的内存或 I/O 设备已准备就绪，马上就可进行一次数据传输。CPU 在每个总线周期的 T_3 状态开始对 READY 信号采样。如果检测到 READY 为低电平，表示存储器或 I/O 设备尚未准备就绪，则 CPU 在 T_3 状态之后自动插入一个或几个等待状态 T_W 直到 READY 变为高电平，才进入 T_4 状态，完成数据传送过程，从而结束当前总线周期。

④$\overline{TEST}$：等待测试信号，输入。它用于多处理器系统中且只有在执行 WAIT 指令时才使用。当 CPU 执行 WAIT 指令时，每隔 5 个时钟周期对该线的输入进行一次测试；若 $\overline{TEST}=1$ 时，CPU 将停止取下条指令而进入等待状态，重复执行 WAIT 指令，直至 $\overline{TEST}=0$ 时，等待状态结束，CPU 才继续往下执行被暂停的指令。等待期间允许外部中断。

⑤INTR：可屏蔽中断请求信号，输入，高电平有效。当 INTR=1 时，表示外设提出了中断请求，8086/8088 在每个指令周期的最后一个 T 状态去采样此信号。若 IF=1，则 CPU 响应中断，停止执行指令序列，并转去执行中断服务程序。

⑥NMI：非屏蔽中断请求信号，输入，上升沿触发。此请求不受 IF 状态的影响，也不能用软件屏蔽，只要此信号一出现，就在现行指令结束后引起中断。

⑦RESET：复位信号，输入，高电平有效。通常与 8284A 复位输出端相连，8086/8088 要求复位脉冲宽度不得小于 4 个时钟周期，接通电源时不能小于 50 μs；复位后内部寄存器状态见表 2-2。程序执行时，RESET 线保持低电平。

微 课

复位后内部
寄存器的状态

表 2-2　　　　　　　　　　　复位后内部寄存器的状态

内部寄存器	状态
标志寄存器	清除
IP（指令指针）	0000H
CS（代码段寄存器）	FFFFH
DS（数据段寄存器）	0000H
SS（堆栈段寄存器）	0000H
ES（附加段寄存器）	0000H
指令队列缓冲器	清除

⑧CLK：系统时钟，输入。通常与 8284A 时钟发生器的时钟输出端 CLK 相连，该时钟信号的低/高之比常采用 2∶1（占空度 1/3）。

（4）电源线 V_{CC} 和地线 GND

V_{CC}：电源，输入，第 40 脚。8086/8088 CPU 采用单一的 +5 V 电压。

GND:接地引脚,第 1、20 脚。向 CPU 提供参考地电平,有两个接地引脚。

(5)其他控制线(24~31 引脚)

由于 8086/8088 CPU 可以工作在不同的工作模式,24~31 引脚在不同的工作模式下功能各不相同,将在下面分别给出详细介绍。

2.1.2 CPU 结构

为了说明 8086 CPU 的结构,先来了解 CPU 的功能,然后考虑需要什么样的结构才能够实现这种功能。这样的一种学习思路可以使读者更容易理解 CPU 的各个组成结构,不会孤立地去学习,免得对各个部分都很熟悉,但却不知道为什么会是这样。

CPU 的功能概括起来可以说是"执行指令"。一个程序一般都有很多指令,不可能把这些指令都放在 CPU 中,但可放在内存中。既然指令是放在内存中,那么就需要把它取出来送给 CPU,这就是"取指"过程。指令本身的执行是在 CPU 内部进行的,"执行"过程跟接口没有关系。执行完毕后,要将结果输出到内存或者端口,这是"输出结果"过程。

上述过程在第 1 章的"冯·诺依曼"工作原理图中也展示得很清楚。将上述指令执行的过程概括一下,可以分为三个步骤:①"取指"过程;②"执行"过程;③"输出结果"过程。"执行"过程是在 CPU 内部完成的,完成这一过程的部件称为执行部件 EU(Execution Unit);"取指"过程和"输出结果"过程则是由总线接口部件 BIU(Bus Interface Unit)来完成的。

下面来具体了解 8086 CPU 的内部结构。8086 CPU 内部结构如图 2-3 所示。

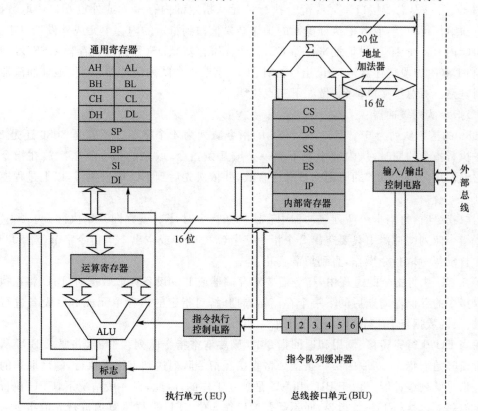

图 2-3 8086 CPU 内部结构图

从功能上讲,8086 可分为两个部分,即执行单元 EU(Execution Unit)和总线接口单元

BIU(Bus Interface Unit)。

1. 执行单元 EU

图 2-3 中垂直虚线左边部分为执行单元 EU,该部分不与系统直接相连,它的功能只是负责执行指令;执行的指令从 BIU 的指令队列缓冲器中取得,执行指令的结果或执行指令所需要的数据都由 EU 向 BIU 发出请求,再由 BIU 对存储器或外设存取,EU 由下列部分组成。

16 位算术逻辑单元(ALU):它可以用于进行算术运算、逻辑运算,也可以按指令寻址方式计算出寻址单元的 16 位偏移量。

16 位标志寄存器 F:它用来反映 CPU 运算的状态特征或存放控制标志。

数据暂存寄存器:它协助 ALU 完成运算,暂存参加运算的数据。

通用寄存器组:它包括 4 个 16 位数据寄存器 AX、BX、CX、DX 和 4 个 16 位指针与变址寄存器 SP、BP、SI、DI。

EU 控制电路:它是控制、定时各种状态逻辑电路,接收从 BIU 中指令队列取来的指令,经过指令译码形成各种定时控制信号,对 EU 的各个部件实现特定的定时操作。

EU 中所有的寄存器和数据通道(除队列总线为 8 位外)都是 16 位的宽度,可实现数据的快速传递。

2. 总线接口单元 BIU

图 2-3 中垂直虚线右边部分为总线接口单元 BIU,该单元的功能是负责完成 CPU 与存储器或 I/O 设备之间的数据传输。其具体任务是:BIU 要从内存取指令送到指令队列缓冲器;CPU 执行指令时,总线接口单元要配合执行单元从指定的内存单元或外设端口中取数据,将数据传输给执行单元,或者把执行单元的操作结果传输到指定的内存单元或外设端口中。

BIU 内有 4 个 16 位段地址寄存器 CS(代码段寄存器)、DS(数据段寄存器)、SS(堆栈段寄存器)和 ES(附加段寄存器),16 位指令指针 IP,6 字节指令队列缓冲器,20 位地址加法器和总线控制电路。对总线接口单元,做如下三点说明。

(1)指令队列缓冲器

8086 的指令队列为 6 个字节,而 8088 的指令队列为 4 个字节。不管是 8086 还是 8088,都会在执行指令的同时,从内存中取下面一条或几条指令,取来的指令就依次放在指令队列中。它们使用"先进先出"的原则。按顺序存放,并依次先后到 EU 中去执行,以上过程遵循下列原则:

①取指令时,每当指令队列缓冲器中存满一条指令时,EU 就立即开始执行。

②指令队列缓冲器中只要空出 2 个指令字节(对 8086)或空出 1 个指令字节(对 8088)时,BIU 便自动执行取指令操作,直到填满为止。

③在 EU 执行指令的过程中,指令需要对存储器或 I/O 设备存取数据时,BIU 将在执行完现行取指令的存储器周期后的下一个存储器周期时,对指定的内存单元或 I/O 设备进行存取操作,交换的数据经 BIU 由 EU 进行处理。

④当 EU 执行完转移、调用和返回指令时,则要清空指令队列缓冲器,并要求 BIU 从新的地址重新开始取指令,新取的第一条指令将直接经指令队列送到 EU 去执行,随后取来的指令将填入指令队列缓冲器。由于 BIU 和 EU 是独立工作的,因此,在一般情况下,CPU 执行完一条指令后就可以执行下一条指令,而不需要像以往 8 位 CPU 那样重复地进行先取指令后执行指令的串行操作。16 位 CPU 这种并行重叠操作的特点,提高了总线的信息传输效率和整个系统的执行速度。8086/8088 CPU 程序的执行过程如图 2-4 所示。

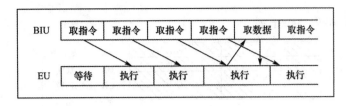

图 2-4　8086/8088 CPU 程序的执行过程

（2）地址加法器和段寄存器

8086 有 20 条地址线，但 CPU 内部寄存器只有 16 位，那么如何用 16 位寄存器实现 20 位地址的寻址呢？这里设计师分别用 16 位的段寄存器与 16 位的偏移量巧妙地解决了这一矛盾，即各个段寄存器分别用来存放各段的起始地址。当由 IP 提供或由 EU 按寻址方式计算出寻址单元的 16 位偏移地址（又称为逻辑地址）后，偏移地址将与左移 4 位后的段寄存器的内容同时被送到地址加法器进行相加，形成一个 20 位的实际地址（又称为物理地址），以此对存储单元寻址。实际地址产生过程如图 2-5 所示。例如，要形成某指令码的实际地址，就将 IP 的值与代码段寄存器 CS（Code Segment）左移 4 位后的内容相加。假设 CS＝EC00H，IP＝0800H，此时指令的物理地址为 EC800H。

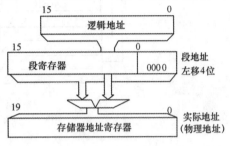

图 2-5　实际地址的产生过程

（3）16 位指令指针 IP（Instruction Pointer）

IP 的功能与 8 位 CPU 类似。正常运行时，IP 中含有 BIU 要取的下一条指令（字节）的偏移地址。IP 在程序运行中能自动加 1 修正，使之指向要执行的下一条指令。有些指令能使 IP 值改变或使 IP 值压入堆栈，或由堆栈弹出恢复原值。

2.1.3　寄存器结构

寄存器是 CPU 在运算时一些中间数据的暂存地址，按照其用途的不同可以将寄存器分为通用寄存器、指令指针寄存器、标志寄存器和段寄存器四类。8086/8088 的内部寄存器编程结构如图 2-6 所示。它共有 13 个 16 位寄存器和 1 个只用了 9 位的标志寄存器。其中有斜线的部分与 8080/8085 CPU 中相应部分相同。

下面根据寄存器功能和用途的不同对各种寄存器进行详细介绍。

1. 通用寄存器

8086/8088 的通用寄存器分为两组。

（1）数据寄存器

EU 中有 4 个 16 位数据寄存器 AX、BX、CX 和 DX。每个数据寄存器分为高字节 H 和低字节 L，它们均可作为 8 位数据寄存器独立寻址、独立使用。

在多数情况下，这些数据寄存器是用在算术运算或逻辑运算指令中，用来进行算术逻辑运算。在有些指令中，它们则有特定的用途：如 AX 做累加器；BX 做基址寄存器，在查表指令 XLAT 中存放表的起始地址；CX 做计数寄存器，在数据串操作指令的 REP 中存放数据串元素的个数或循环计数；DX 做数据寄存器，在字的除法运算指令 DIV 中存放余数。这些寄存器在指令中隐含使用。有关数据寄存器的隐含使用操作见表 2-3。

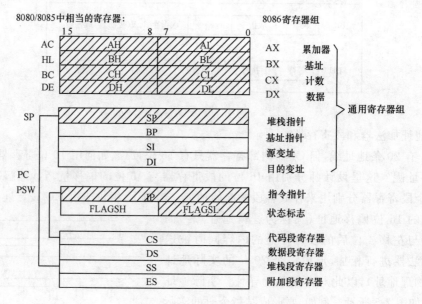

图 2-6   8086/8088 的寄存器结构

表 2-3   数据寄存器的隐含使用

寄存器名称	操 作
AX	在字乘和字除法指令中做累加器,在字 I/O 指令中做数据寄存器
AL	在字节乘和字节除指令中做累加器,在字节 I/O 指令中做数据寄存器
AH	字节乘、字节除指令中存放结果,在 LAHF 指令中做目的寄存器
BX	在间接寻址中做地址寄存器和基址寄存器,在变址寻址和 XLAT 指令中做基址寄存器
CX	在循环和数据串操作指令中做循环次数的计数寄存器,每做一次循环,CX 内容自动减 1
CL	在移位及循环移位指令中做移位次数及循环移位次数的计数寄存器
DX	在乘法和除法指令中做辅助累加器(当乘积或被除数为 32 位时存放高 16 位);间接 I/O 寻址时地址寄存器;在字扩展中存放高 16 位
SP	在堆栈操作中做堆栈指针
BP	在间接寻址中做基地址寄存器,段寄存器为 SS
SI	在字符串操作指令中做源变址寄存器;在间接寻址中做地址寄存器和变址寄存器
DI	在字符串操作指令中做目的变址寄存器;在间接寻址中做地址寄存器和变址寄存器

(2)变址寄存器和指针寄存器

变址寄存器 SI 和 DI 称为 I 组,指针寄存器 SP 和 BP 称为 P 组,它们都是 16 位寄存器,一般用来存放地址的偏移量(即相对于段起始地址的距离,或称偏置)。这些偏置在 BIU 的地址加法器中和段寄存器内容左移 4 位后的结果相加产生 20 位的实际地址(物理地址)。

变址寄存器 SI 和 DI 是存放当前数据段的偏移地址的。源操作数地址的偏移地址放于 SI 中,所以 SI 称为源变址寄存器;目的操作数地址的偏移地址放于 DI 中,故 DI 称为目的变址寄存器。例如在数据串操作指令中,被处理的数据串的地址偏移地址由 SI 给出,处理后的结果数据串的地址偏移地址则由 DI 给出。

指针寄存器 SP 和 BP 用来指示存取位于当前堆栈段中的数据所在的地址,但 SP 和 BP

在使用上有区别。入栈(PUSH)和出栈(POP)指令是由 SP 给出栈顶的偏移地址,故 SP 称为堆栈指针,BP 则是存放位于堆栈段中一个数据区的基地址,故 BP 称为基址指针寄存器。

2. 指令指针寄存器

指令指针寄存器 IP(Instruction Pointer)用来存放下一条待执行指令在代码段中的偏移地址。它只有与 CS(代码段寄存器)相结合才能形成指向指令存放单元的物理地址。

3. 标志寄存器

16 位标志寄存器 F 只用了其中的 9 位做标志位,其中 6 个状态标志位,3 个控制标志位。如图 2-7 所示。低 8 位 FL 的 5 个标志位与 8080/8085 的标志位相同。

8086/8088 的标志寄存器

图 2-7 8086/8088 的标志寄存器

状态标志位用来反映算术运算或逻辑运算后结果的状态,以记录 CPU 的状态特征。这 6 位是:CF、PF、AF、ZF、SF、OF。

(1)CF(Carry Flag)进位标志:当执行一个加法或减法运算使最高位(即 D_{15} 位或 D_7 位)产生进位或借位时,则 CF 为 1,否则为 0。在进行多字节数的加减运算时,要用到该标志位;在比较无符号数大小时,也用到该标志位。此外,循环指令也会影响它。

(2)PF(Parity Flag)奇偶标志:当指令执行结果的低 8 位中含有偶数个 1 时,则 PF 为 1,否则为 0。使用 PF 可进行奇偶校验检查,或产生奇偶校验位,在串行通信中也用到 PF 位。

(3)AF(Auxiliary Carry Flag)辅助进位标志:当执行一个加法或减法运算使结果的低字节的低 4 位向高 4 位有进位或借位时,则 AF 为 1,否则为 0。

(4)ZF(Zero Flag)零标志位:若当前的运算结果为零,则 ZF 为 1,否则为 0。

(5)SF(Sign Flag)符号标志:它和运算结果的最高位(根据 D_{15} 位或 D_7 位判断)相同。当数据用补码表示时,负数的最高位为 1,正数的最高位为 0。

(6)OF(Overflow Flag)溢出标志:溢出标志 OF 用于反映有符号数加减运算是否引起溢出。如运算结果超过了 8 位或 16 位有符号数的表示范围,即在字节运算时大于+127 或小于−128,在字运算时大于+32767 或小于−32768,称为溢出。当补码运算有溢出时,OF 为 1;否则为 0。对 OF 的取值可以采用简易的办法来求解:即如果操作数是字节运算,则用 C_6 和 C_7 位的值进行异或运算;如果操作数是字运算,则用 C_{14} 和 C_{15} 位的值进行异或运算(C_i 表示进行加减运算时第 i 位向第 i+1 位的进位或借位)。如 $C_6=1$,$C_7=0$,则 OF$=1$;$C_{15}=1$,$C_{14}=1$,则 OF$=0$ 等。

(7)DF(Direction Flag)方向标志:它用来控制数据串操作指令的步进方向。若用 STD 指令将 DF 置"1",则串操作过程中地址会自动递减;若用 CLD 指令将 DF 清"0",则串操作过程中地址会自动递增。

(8)IF(Interrupt Enable Flag)中断允许标志:它是控制可屏蔽中断的标志。若用 STI 指令将 IF 置"1",表示允许 CPU 接收外部从 INTR 引线上发来的可屏蔽中断请求信号;若用 CLI 指令将 IF 清"0",则禁止 CPU 接收可屏蔽中断请求信号。IF 的状态不影响非屏蔽中断(NMI)请求,也不影响 CPU 响应内部的中断请求。

(9)TF(Trap Flag)跟踪(陷阱)标志:它是为调试程序的方便而设置的。若将 TF 置"1",8086/8088 CPU 处于单步工作状态方式;否则,将正常执行程序。8086/8088 没有专门设置和清除 TF 标志的指令,要通过其他方法设置和清除 TF。

注意:PF(奇偶标志)当指令执行结果的低 8 位中含有偶数个 1 时,则 PF 为 1,否则为 0,而不是指整个字。CF 和 OF 的定义,不要混淆。

4. 段寄存器

8086/8088 CPU 具有寻址存储空间 1 M 的能力,但是 8086/8088 指令中给出的地址码仅有 16 位,指针寄存器和变址寄存器也只有 16 位,即用 16 位长度=2^{16}=64 K 不能使 CPU 直接寻址 2^{20}=1 M 长度空间。为此,8086/8088 用一组段寄存器将这 1 M 存储空间分成若干个逻辑段,每个逻辑段的长度为 64 K。这些逻辑段可被任意设置在整个存储空间上下浮动。

8086/8088 CPU 的 BIU 中有 4 个 16 位段寄存器(CS、SS、DS、ES),分别称为代码段寄存器 CS、堆栈段寄存器 SS、数据段寄存器 DS 和附加段寄存器 ES,用来存放各段的起始地址,它们被称为"段基址"寄存器,8086/8088 的指令直接访问这 4 个段寄存器,其中代码段寄存器 CS 用来存放程序当前使用的代码段的段基址,CPU 执行的指令将从代码段取得,标号地址存放在代码段中;堆栈段寄存器 SS 用来存放程序当前使用的堆栈段的段基址,堆栈操作的数据就在这个段中;数据段寄存器 DS 用来存放程序当前使用的数据段的段基址,一般来说,程序使用的数据和变量放在数据段中;附加段寄存器 ES 用来存放程序当前使用的附加段的段基址,它通常也用来存放数据,典型用法是用来存放处理后的数据。

8086/8088 CPU 的指令指示器 IP 和堆栈指示器 SP 都是 16 位,故只能直接寻址 64 K。为了能寻址 1 M 存储空间,引入了分段的新概念。

在 8086/8088 系统中,1 M 存储空间被分为若干逻辑段,其实际存储器中段的位置如图 2-8 所示。

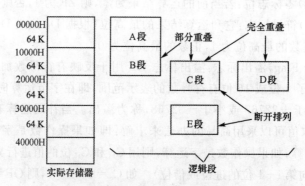

图 2-8　实际存储器中段的位置

每段最多可包含 64 K 长度的连续存储单元。每个段的起始地址又叫基址,它是一个能被 16 整除的数,即最后 4 位为 0,基址是用软件设置的。

段和段之间可以是连续的、分开的、部分重叠或完全重叠的。一个程序所用的具体存储空间可为一个逻辑段,也可为多个逻辑段。

段的基址存放在段寄存器 CS、DS、SS 和 ES 中。所以,程序可以从 4 个段寄存器给出的逻辑段中存取代码和数据。若要对另外的段而不是当前可寻址的段进行信息存取,程序必须首先改变对应的段寄存器的内容,将其设置成所要存取的段的基址。有关段寄存器的使用约定见表 2-4。

表 2-4　　　　　　　　　　　　　　　**段寄存器的使用约定**

存储器存取方式	约定段基址	可修改段基址	偏移量地址
取指令	CS	无	IP
堆栈操作	SS	无	SP
源串	DS	CS、ES、SS	SI
目的串	ES	无	DI
数据读写	DS	CS、ES、SS	有效地址
BP 做基址	SS	CS、ES、DS	有效地址

　　8086 与 8088 是处在 CPU 从 8 位到 16 位过渡阶段的两个不同产品,它们的内部结构和性能基本上是相同的。主要区别在于:8086 是真正的标准 16 位 CPU,它有 16 条数据线($D_0 \sim D_{15}$)和 20 条地址线($A_0 \sim A_{19}$);8088 是在 8 位微处理器 8080 和 8085 基础上发展起来的一种准 16 位微处理器,它的内部寄存器、运算单元和内部操作都是 16 位的,可处理 16 位数据,也能处理 8 位数据,但它的数据总线只有 8 条($D_0 \sim D_7$);它同样也有 20 条地址线。

2.2　工作模式

　　为了尽可能适应各种各样的不同使用场合,在设计 8086/8088 CPU 芯片时,将使它们可以在两种模式下工作,即最小模式和最大模式。

　　所谓最小模式,就是系统中只有一个 8086/8088 微处理器,在这种情况下,所有的总线控制信号,都是直接由 8086/8088 CPU 产生的,系统中的总线控制逻辑电路被减到最少,该模式适用于规模较小的微机应用系统。

　　最大模式是相对于最小模式而言的,最大模式用在中、大规模的微机应用系统中,在最大模式下,系统中至少包含两个微处理器,其中一个为主处理器,即 8086/8088 CPU,其他的微处理器称之为协处理器,它们是协助主处理器工作的。

　　MN/$\overline{\text{MX}}$ 是最小/最大模式设置信号,输入第 33 脚。该输入引脚电平的高、低决定了 CPU 工作在最小模式还是最大模式。当 MN/$\overline{\text{MX}}$=1 时,8086/8088 CPU 工作在最小工作模式(MN),在此方式下,全部控制信号由 CPU 本身提供。当 MN/$\overline{\text{MX}}$=0 时,8086/8088 CPU 工作在最大工作模式。这时,系统的控制信号由 8288 总线控制器提供,而不是由 8086/8088 CPU 直接提供。

2.2.1　最小工作模式和系统总线周期时序

　　当 MN/$\overline{\text{MX}}$=1 时,即接电源电压,系统工作于最小工作模式,即单处理器系统方式,它适合较小规模的应用。8086 CPU 最小工作模式系统的系统总线结构如图 2-9 所示。

　　在最小工作模式下,第 24～31 脚的信号含义如下:

　　(1)$\overline{\text{INTA}}$(Interrupt Acknowledge)中断响应信号输出

　　它用于对外设的中断请求做出响应。当外部中断源通过 INTR 引脚向 CPU 发出中断请求信号后,如果标志寄存器的中断允许标志位 IF=1(即 CPU 处于开中断)时,CPU 才会响应外部中断。CPU 在当前指令执行完后,响应中断。中断响应周期时序如图 2-10 所示。

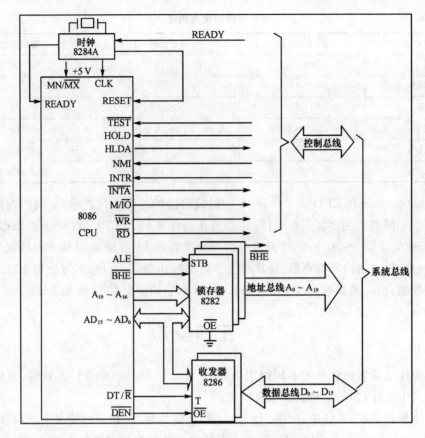

图 2-9 8086 最小工作模式系统的系统总线结构

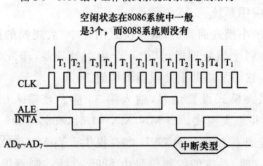

图 2-10 中断响应周期时序

8086/8088 的 $\overline{INTA}$ 信号实际上是两个连续的负脉冲,每个脉冲从 T_2 持续到 T_4 状态。其第 1 个负脉冲是通知外设接口,它发出的中断请求已获允许;外设接口收到第 2 个负脉冲后,接收中断响应的接口把中断类型号放到 $AD_0 \sim AD_7$ 总线上,而在这两个总线周期的其余时间里,$AD_0 \sim AD_7$ 处于浮空。CPU 读入中断类型码后,则可以在中断矢量表中找到该外设的服务程序入口地址,从而转入中断服务。

(2)ALE(Address Latch Enable)地址锁存信号输出

它是 8086/8088 CPU 提供给地址锁存器 8282/8283(74LS373,74LS374)的控制信号,高电平有效。在任何一个总线周期的 T_1 状态,ALE 输出有效电平,以表示当前在地址/数据复用总线上输出的是地址信息,地址锁存器将 ALE 作为锁存信号,对地址进行锁存。要注意的是 ALE 端不能浮空。

（3）$\overline{\text{DEN}}$(Data Enable)数据允许信号

当用 8286/8287(74LS244,74LS245)作为数据总线收发器时,$\overline{\text{DEN}}$ 为收发器提供一个控制信号,表示 CPU 当前准备发送或接收一个数据。总线收发器将 $\overline{\text{DEN}}$ 作为输出允许信号,即在每个存储器的访问周期以及中断响应周期均为低电平;在 DMA 方式时,被浮置为高阻状态。

（4）DT/$\overline{\text{R}}$(Data Transmit/Receive)数据收发输出

在使用 8286/8287 作为数据总线收发器时,DT/$\overline{\text{R}}$ 信号用来控制 8286/8287 的数据传输方向。当 DT/$\overline{\text{R}}$ 为高电平,则进行数据发送;当 DT/$\overline{\text{R}}$ 为低电平,则进行数据接收。在 DMA 方式时,它被浮置为高阻状态。

（5）M/$\overline{\text{IO}}$(Memory/Input and Output)存储器/输入、输出控制信号输出

它是作为区分 CPU 进行存储器访问还是输入/输出访问的控制信号。如为高电平,表示 CPU 和存储器之间进行数据传输;如为低电平,则表示 CPU 和输入/输出设备之间进行数据传输。一般在前一总线周期的 T_4 状态,M/$\overline{\text{IO}}$ 就成为有效电平,然后开始一个新的总线周期,且一直保持有效电平,直到本周期的 T_4 状态为止。在 DMA 方式时,M/$\overline{\text{IO}}$ 被浮置为高阻状态。

（6）$\overline{\text{WR}}$(Write)写信号输出,低电平有效

$\overline{\text{WR}}$ 有效时,表示 CPU 当前正在进行存储器或 I/O 写操作,到底为哪种写操作,则由 M/$\overline{\text{IO}}$ 信号决定。当 M/$\overline{\text{IO}}$ 信号为高电平时进行存储器写入、为低电平时进行 I/O 写操作。对任何写周期,$\overline{\text{WR}}$ 在 T_2、T_3、T_w 期间有效。在 DMA 方式时,被浮置为高阻状态。

（7）HOLD(Hold Request)总线保持请求信号输入

它作为其他部件向 CPU 发出总线请求信号的输入端。当系统中 CPU 之外的另一个主模块要求占用总线时,通过它向 CPU 发一个高电平的请求信号。这时,如果 CPU 允许让出总线,就在当前总线周期完成时,于 T_4 状态从 HLDA 脚发出一个回答信号,对刚才的 HOLD 请求做出响应。同时,CPU 使地址/数据总线和控制总线处于浮空状态。总线请求部件收到 HLDA 信号后,就获得了总线控制权,在此后一段时间,HOLD 和 HLDA 都保持高电平。在总线占有部件用完总线之后,会把 HOLD 信号变为低电平,表示现已放弃对总线的占有。8086/8088 CPU 收到低电平的 HOLD 信号后,也将 HLDA 变为低电平,于是,CPU 又重新获得对总线的占有权。

（8）HLDA(Hold Acknowledge)总线保持响应信号输出

当 HLDA 为有效电平时,表示 CPU 对其他主模块的总线请求做出响应,与此同时,所有与三态门相接的 CPU 的引脚呈现高阻抗,从而让出了总线。

图 2-11 为 8086 最小工作模式时读和写总线周期时序图。

当 CPU 准备开始一个总线周期时,在 T_1 状态开始使 ALE 信号变为有效高电平,并输出 M/$\overline{\text{IO}}$ 信号来确定是访问存储器还是访问 I/O 端口。如若访问存储器则 M/$\overline{\text{IO}}$ 为高电平,否则访问 I/O 端口则 M/$\overline{\text{IO}}$ 为低电平。与此同时,把欲访问的存储单元或 I/O 端口的 20 位地址从 $A_{19}/S_6 \sim A_{16}/S_3$,$AD_{15} \sim AD_0$ 输出(若访问 I/O 端口,$A_{19}/S_6 \sim A_{16}/S_3$ 输出为低电平),$\overline{\text{BHE}}$ 的状态由 $\overline{\text{BHE}}/S_7$ 输出。在 T_1 状态后部,ALE 信号变为低电平,利用 ALE 后沿将 20 位地址和 $\overline{\text{BHE}}$ 状态锁存在 8282 锁存器中。在 T_2 状态中,$A_{19}/S_6 \sim A_{16}/S_3$ 线上由地址信息变成状态信息 $S_6 \sim S_3$,$\overline{\text{BHE}}/S_7$ 线上由 $\overline{\text{BHE}}$ 变成状态信息 S_7(S_7 不固定)。同时,$AD_{15} \sim AD_0$ 线上地址信息消失。如果是读总线周期,$AD_{15} \sim AD_0$ 处于浮动(高阻)状态,使 CPU 有足够时间能从在

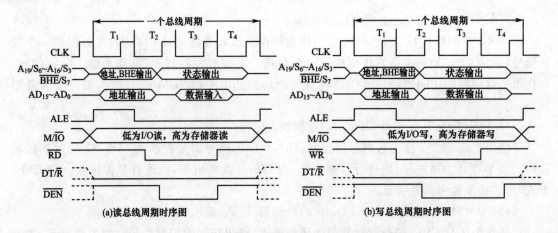

图 2-11　8086 最小工作模式时读和写总线周期时序图

$AD_{15} \sim AD_0$ 上输出地址方式转变为输入数据方式。如果是写总线周期,则 CPU 不需要进行这种方式转变。对于读总线周期,还必须给出读信号,因此,$\overline{RD}$ 信号在 T_2 状态变成有效低电平(此时 $\overline{WR}$ 信号为无效),以控制数据传送的方向。若在系统中应用了收发器 8286,则要利用控制信号 $DT/\overline{R}$ 和 $\overline{DEN}$。由于是读,故 $DT/\overline{R}$ 应为低电平,$\overline{DEN}$ 信号也在 T_2 状态有效,8286处于反向传送。如果存储器或 I/O 接口可以立即完成数据准备而不需要等待状态,则 T_3 状态期间将数据放到系统数据总线上。CPU 在 T_3 状态结束时从 $AD_{15} \sim AD_0$ 上读取数据后,在 T_4 状态前期使 $\overline{RD}$ 变为无效。存储器或 I/O 接口检测到这个跳变后,便认为这次传送结束,撤去数据。对于写总线周期,则必须给出写信号,因此,$\overline{WR}$ 信号在 T_2 状态变成有效低电平,并在撤销地址后,立即把数据送上 $AD_{15} \sim AD_0$。由于是写操作,$DT/\overline{R}$ 应为高电平,$\overline{DEN}$ 为低电平,8286 处于正向传送。如果存储器或 I/O 接口可以完成数据写入而不需要等待状态,CPU 在 T_4 状态前期使 $\overline{WR}$ 变为无效并撤销输出的数据信号。不管是读总线周期,还是写总线周期,$\overline{DEN}$ 在 T_4 状态都变为无效,从而关闭收发器 8286。

在读总线周期或写总线周期中,若所使用的存储器或外设的工作速度较慢,不能满足上述基本时序的要求,则可利用 READY 信号产生电路产生 READY 信号并经 8284 同步后加到 CPU 的 READY 线上,使 CPU 在 T_3 和 T_4 之间插入一个或几个 T_W 状态,来解决 CPU 与存储器或外设之间的时间配合。8086 在 T_3 状态的开始测试 READY 线,若发现 READY 信号为有效高电平,T_3 状态之后即进入 T_4 状态;若发现 READY 信号为低电平,则在 T_3 状态结束后,不进入 T_4 状态,而插入一个 T_W 状态。以后在每一个 T_W 状态的开始,都测试 READY 线,只有发现它为有效高电平时,才在这个 T_W 状态结束后进入 T_4 状态。

8088 最小工作模式系统读写总线周期中,$M/\overline{IO}$ 为 $IO/\overline{M}$,$\overline{BHE}/S_7$ 是 $\overline{SS}_0$ 且与 $IO/\overline{M}$ 同时变化,$AD_{15} \sim AD_8$ 为 $A_{15} \sim A_8$,仅用于输出地址,只有 $AD_7 \sim AD_0$ 传送数据。其他同 8086。

2.2.2　最大工作模式

8086/8088 也都可以按最大工作模式来配置系统。当 $MN/\overline{MX}$ 线接地,系统就工作于最大工作模式了。

这里先简要说明什么是最大工作模式,它和最小工作模式有何区别。在上面讨论的8086/8088 最小工作模式系统中,8086/8088 CPU 的引脚直接提供所有必需的总线控制信号,这种方式适合于单处理器组成的小系统。在最小工作模式中,作为单处理器的 8086/8088 CPU 通常控制着系统总线,但也允许系统中的其他主控设备——DMA 控制器占用系统总线。DMA 控制器通过占用系统总线可实现外部设备和存储器之间直接的数据传输。DMA 控制器通过向 8086/8088 CPU 的 HOLD 引脚发送一个高电平信号向 CPU 提出占用系统总线的请求信号,通常在现行总线周期完成后,8086/8088 CPU 做出响应,使 HLDA 引脚变成高电平,通知 DMA 控制器可以使用系统总线。DMA 控制器接收到 HLDA 引脚的高电平信号后,掌握系统控制权,进行外部设备与存储器之间的直接数据传输。当 DMA 控制器完成传输任务时,撤销发向 HOLD 引脚的总线请求信号,CPU 重新获得对系统的控制权。需着重指出的是,DMA 控制器虽然通过挪用总线周期实现外部设备与存储器之间的直接数据传输,提高了整个系统的能力,但 DMA 控制器却不能执行命令,其能力是相当有限的。假如系统中有两个或多个同时执行指令的处理器,这样的系统就称为多处理器系统。

增加的处理器可以是 8086/8088 CPU 处理器,也可以是数字数据处理器 8087 或 I/O 处理器 8089。在设计多处理器系统时,除了解决对存储器和 I/O 设备的控制、中断管理、DMA 传输时总线控制权外,还必须解决多处理器对系统总线的争用问题和处理器之间的通信问题。因为多个处理器通过公共系统总线共享存储器和 I/O 设备,所以必须增加相应的逻辑电路,以确保每次只有一个处理器占用系统总线。为了使一个处理器能够把任务分配给另一个处理器或者从另一个取回执行结果,就必须提供一种明确的方法来解决两个处理器之间的通信。多处理器系统可以有效地提高整个系统的性能。8086/8088 CPU 的最大工作模式就是专门为实现多处理器系统而设计的。IBM PC 系列机系统中的微处理器工作于最大工作模式,系统中配置了一个作为协处理的数字数据处理器 8087,以提高系统数据处理的能力。

为了满足多处理器系统的需求,又不增加引脚个数,在最大工作模式下的 8086/8088 CPU 采用了对控制引脚译码方法产生更多控制信号。CPU 有 8 个控制引脚,各自有独立的意义,经过分组译码后产生具体控制信号。CPU 的 8 个控制引脚 24～31 的功能定义如下:

(1)QS_1,QS_0(输出)

指令队列状态输出线。它们用来提供 8086/8088 CPU 内部指令队列的状态。8086/8088 CPU 内部在执行当前指令的同时,从存储器预先取出后面的指令,并将其放在指令队列中,QS_1,QS_0 便提供指令队列的状态信息,以便提供外部逻辑跟踪 8086/8088 CPU 内部指令序列。QS_1 和 QS_0 表示的状态情况见表 2-5。

表 2-5　　　　　　　　　　　指令队列状态位的编码

QS_1	QS_0	指令队列状态
0	0	无操作,队列中指令未被取出
0	1	从队列中取出当前指令的第一个字节
1	0	队列空
1	1	从队列中取出指令的后续字节

外部逻辑通过监视总线状态和队列状态,可以模拟 CPU 的指令执行过程并确定当前正在执行哪一条指令。有了这种功能,8086/8088 CPU 才能告诉协处理器何时准备执行指令。在 PC 中,这两条线与 8087 协处理器的 QS_1 和 QS_0 相连。

(2)$\overline{S_2}$,$\overline{S_1}$,$\overline{S_0}$(输出,三态)

状态信号输出线,这三位状态的组合表示 CPU 当前总线周期的操作类型。8288 总线控制器接收这三位状态信息,产生访问存储器和 I/O 端口的控制信号和对 8282、8286 的控制信号。表 2-6 给出了这三位状态信号的编码及由 8288 产生的对应信号。在 PC 机中,这三条线还分别与 8087 协处理器的 $\overline{S_2}$,$\overline{S_1}$,$\overline{S_0}$ 引脚相连。

表 2-6　　　　　　　　　　　　　$\overline{S_2}$,$\overline{S_1}$,$\overline{S_0}$ 组合规定的状态

$\overline{S_2}$,$\overline{S_1}$,$\overline{S_0}$	操作状态	8288 产生的信号
0　0　0	中断响应	$\overline{INTA}$
0　0　1	读 I/O 端口	$\overline{IORC}$
0　1　0	写 I/O 端口	$\overline{IOWC}$、$\overline{AIOWC}$
0　1　1	暂停	无
1　0　0	取指令	$\overline{MRDC}$
1　0　1	读存储器	$\overline{MRDC}$
1　1　0	写存储器	$\overline{MWTC}$、$\overline{AMWC}$
1　1　1	保留	无

(3) $\overline{LOCK}$(输出,三态)

总线锁定信号,低电平有效。CPU 输出此信号表示不允许总线上的主控设备占用总线。该信号由系统指令前缀 LOCK 使其有效,并维持到下一条指令执行完毕为止。此外,CPU 的 INTR 引脚上的中断请求也会使 $\overline{LOCK}$ 引脚从第一个 $\overline{INTA}$ 脉冲开始直至第二个 $\overline{INTA}$ 脉冲结束保持低电平。这样就保证在中断响应周期之后,其他主控设备才能占用总线。

(4) $\overline{RQ/GT_1}$,$\overline{RQ/GT_0}$(输入输出)

这两条引脚都是双向的,低电平有效,用于输入总线请求信号和输出总线授权信号。但 $\overline{RQ/GT_0}$ 优先级高于 $\overline{RQ/GT_1}$。这两根引脚主要用于不同处理器之间连接控制用。在 IBM PC 系列机系统中,把 CPU 的 $\overline{RQ/GT_1}$ 引脚接至 8087 协处理器的 $\overline{RQ/GT_0}$ 端,这样 8087 就可根据其指令的执行情况,用这条线向 8088 CPU 发出总线请求信号,以便能够控制总线,当 8088 CPU 通过这条线,向 8087 数字协处理器发出总线授权信号后,8087 数字协处理器就获得了对总线的控制权。当 8087 数字协处理器用完总线后,又通过此线向 8088 CPU 发出释放总线控制权的控制信号,8088 CPU 在下一个时钟周期开始,便重新获得对总线的控制权。在 IMB PC 系列机系统中,把 CPU 的 $\overline{RQ/GT_0}$ 引脚接至 +5 V,即使其处于无效状态。

图 2-12 给出了一种典型的 8086 CPU 最大工作模式系统的系统总线结构。

最大工作模式和最小工作模式系统之间的主要区别是增加了一个控制信号转换电路——Intel 8288 总线控制器。8288 根据 $\overline{S_2}$,$\overline{S_1}$ 和 $\overline{S_0}$ 状态组合产生相应的存储器或 I/O 读写命令和总线控制命令信号,用于控制数据传输以及控制 8282 锁存器和 8286 收发器。8288 和 8286 的原理略。

2.3　应用案例——CPU 工作过程详解

8086/8088 CPU 的工作过程流程可以用图 2-13 来加以说明。

在让计算机执行程序之前,必须把程序和数据预先存放在存储器的某个区域,且程序中的指令是一条条按顺序存放的。为了让计算机找到这些指令并把它们取出来加以执行,就必须有一个电路能追踪指令所在的地址,这就是指令指针 IP(Instruction Pointer)。开始执行时,

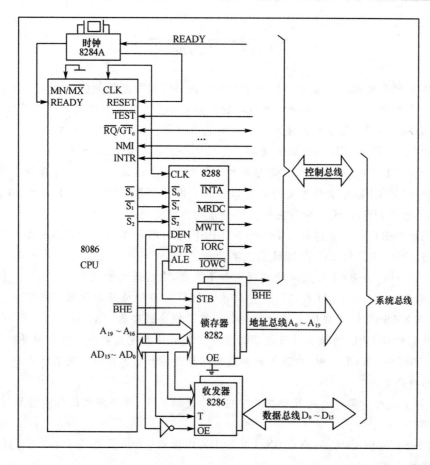

图 2-12　8086 最大工作模式系统的系统总线结构

IP 被赋予第一条指令所在的地址,每取出一条指令,IP 内容自动加 1,指向下一条指令的地址。当遇到跳转指令、调用子程序指令或中断程序时,IP 才转向别处。对于取指令,地址寄存器将提供的指令地址通过地址总线送到存储器(在 IP 的内容可靠地送入地址寄存器后,IP 内容自动加 1),存储器中的地址译码器对该地址进行译码,找到相应的单元并配合 CPU 的控制命令,将该单元中的内容通过总线送到数据寄存器。接着,取出的指令会被送到指令寄存器 IR,再经过指令译码器 ID 译码,成为 CPU 能识别的数据。

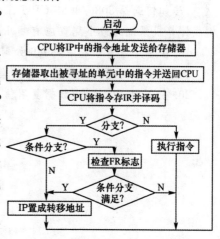

图 2-13　8086/8088 工作流程

　　CPU 对指令进行判断,如果只是一条普通的执行指令而不是一条分支指令,那么 CPU 通过控制电路,发出执行这条指令所需要的各种控制信息,完成执行操作。如果这是一条分支指令但不需要条件判断,那么 CPU 直接对 IP 重新赋值,将它定位到相应的程序段。如果这是一条条件分支指令,那么 CPU 会检查标志寄存器相应的位以判断条件是否满足,若满足则同样将 IP 重新定位。如果不满足,那么 CPU 不做任何操作,继续原程序的执行,重复上述过程。

习题与综合练习

1. 8086 处理器内部一般包含哪些主要部分？内部结构的差异如何？

2. 什么是堆栈？它有什么用途？堆栈指针的作用是什么？举例说明堆栈的操作。

3. 8086/8088 CPU 指令队列缓冲器各占有几个字节？说明其工作过程。

4. 在 8086 CPU 中，FR 寄存器有哪些标志位？分别说明各位的功能。

5. 在 8086 CPU 中，有哪些通用寄存器和专用寄存器？试说明专用寄存器的作用。

6. 8086/8088 CPU 中有哪些寄存器可以作为 8 位寄存器使用？哪些只能为 16 位？

7. 若 CS＝8000H，试说明现行代码段可寻址的存储空间的范围。

8. 设现行数据段位于存储器的 B0000 到 BFFFFH，DS 段寄存器的内容应是什么？

9. 说明 8086 CPU 的 EU 和 BIU 的主要功能。

10. 说明 8086/8088 CPU 之间的相同点和不同点，它们适用的场合？

11. 说明 8086/8088 CPU 内部总线接口单元 BIU 部分的地址加法器工作原理。

12. 说明 8086 CPU 组成的系统为什么必须使用地址锁存器。

13. 8086/8088 CPU 的最大寻址范围是多少？是怎样实现对整个地址空间寻址的。

14. 在 8086/8088 CPU 中，物理地址和逻辑地址是指什么？它们之间有什么联系？有效地址 EA 是怎样产生的？

15. 存储单元与物理地址是什么关系？在一个逻辑段中，每个单元的段地址如何？而偏移地址又如何？

16. 在 8086/8088 CPU 的 AX、BX、CX 和 DX 中既可以用作数据寄存器，又可以用作地址指针寄存器的是哪一个？

17. 如何选择 8086/8088 CPU 工作在最小工作模式或最大工作模式？在最小工作模式下构成计算机系统的最小配置应有哪几个基本部分组成？说明两种方式下主要信号的区别。

18. 在多处理器系统中，8086 如何协调微处理器对总线的占有权。

19. 说明空闲状态与等待状态的差别。说明何谓指令周期、机器周期和时钟周期。

20. 在 8086 中，地址/数据复用信号是如何区分的？

存储器技术及其应用

成功是百分之一的智慧加百分之九十九的汗水

任务 4：计算机内存为什么有 ROM 和 RAM 之分？DRAM 为什么需要刷新？

存储器是计算机系统中的记忆装置，就像人类的大脑细胞，用来存放执行程序和操作数据，存储器技术在接口应用中占有非常重要的位置，在计算机系统中具有不可替代的作用。随着微型计算机处理器寻址能力的不断增加，存储器的容量也在成几何级数增加，由最初个人 PC 机 DOS 管理的 640 KB 内存，已经普遍达到目前的 4 GB 以上内存，某些高性能的个人计算机系统内存容量已经达到或超过 16 GB。随着存储器的各种物理性能指标的不断增加，使得计算机系统的整个性能指标出现了大幅度改进。因此，如何正确和熟练地掌握存储器技术的应用，是学好计算机接口技术不可或缺的基本要求，最终能使你设计出自己所需要的计算机系统。

● 本章学习目标

- 理解存储器的存储原理、内部组织结构及工作过程。
- 掌握存储器分类指标，ROM、SRAM 和 DRAM 的差异，DRAM 的刷新原理。
- 熟练掌握存储器的连接和译码方式、扩展技术及与 CPU 接口的连接应用。

本章主要讲述存储器的相关基本概念、性能指标、分级结构、分类方法；主存储器中的 SRAM 和 DRAM 的结构和读写过程，DRAM 的刷新方式，用存储器芯片组织存储器时的连接形式、译码方式；ROM 的特点及分类，高速缓存的结构、工作原理、地址映射方式；辅助存储器中的磁表存储器和光存储器的结构及工作过程；把主存和辅存组织在一起形成虚拟存储器的实现方法等。

3.1 存储器概述

3.1.1 基本概念和术语

存储器是计算机系统中的记忆装置，用来存放程序和数据。更确切地说，是存放二进制编码信息的硬件装置。对存储器最基本的要求是：存储容量大、存取速度高、成本价格低廉。

为了介绍存储器工作的原理和结构，先对有关概念和术语做一简单介绍。

1. 存储元件

能存储一位二进制代码（0,1）的物理器件，称为存储元件。它是存储器中的最小存储单元，不可再分。构成存储元件的存储介质，目前主要采用半导体器件和磁性材料，一个触发器电路或磁性材料的存储位均可构成一个存储元件。一位存储元件构成计算机中的一个存储位（bit）。

2. 存储单元与单元地址

用若干存储元件可组成一个存储单元，它可并行存取若干位数据代码，是访问存储器时的基本单位，为计算机信息处理提供信息存储空间。许多存储单元组成一个存储器。如果一个基本存储单元是由 8 个存储元件并列组成的，就称为一个字节单元（byte）；如果存储器的每个基本存储单元所包含的存储元件的位数和机器字长相等，则称为字单元。为了能对 N 个独立的存储单元进行识别和选择，需要给每个存储单元赋予一个可识别的二进制 0/1 代码编号，称为单元地址，地址编号由 0 到 $N-1$，每个地址编号只能标志唯一的一个存储单元，该编号即是单元的地址。

3. 按址存取原则

中央处理器 CPU 必须按照单元地址存取原则来存储单元中的指令或数据。由于单元地址与存储单元有着唯一的对应关系，存取数据时，只要通过地址代码找到对应的存储单元，就可实现对相应的存储单元存入或取出数据代码。

4. 字、字节编址

如果存储器的基本存储单元是字节，相应的单元地址称为字节地址；如果存储器的基本存储单元是字单元，相对的单元地址称为字地址。按字节单元进行编址的存储器称为字节编址方式存储器，以字单元为单位进行编址的存储器称为字编址方式存储器。

5. 读、写操作

读、写操作是存储器的两种基本操作，又称为存取操作。读出操作是从给定地址的存储单元中取出其中存放的信息，读出后原单元内容不变。写入操作则是将信息存入给定地址编号所对应的存储单元中，该单元内容被新信息取代。

3.1.2　存储器的分类

从不同角度出发，存储器有不同的分类方式。

1. 按工作时与中央处理器联系的密切程度分类

存储器可分为主存、辅存。主存直接和 CPU 交换信息，且按存储单元进行读写数据。而辅存则是作为主存的后援，存放暂时不执行的程序和数据，它是在需要时只与主存进行数据交换。辅存通常容量大、成本低，但存取速度慢。

2. 按存储元件的介质材料分类

存储器可分为半导体存储器、磁表面存储器及光盘存储器。

（1）半导体存储器

半导体存储器目前主要用作主存。它采用电信号记录信息，读写速度快，单位造价高，存储容量相对较小。除 ROM 外半导体材料存储器所存信息断电后消失，称为非永久性（易失性）存储器，而磁性、光材料一般是永久性存储器。

（2）磁表面存储器

采用矩磁材料的磁膜，构成连续的磁记录载体，在磁头作用下，使记录介质的各局部区域产生相应的磁化状态，或形成相加的磁化状态变化规律，用以记录信息 0 或 1 的存储器为磁表面存储器。其存储体的结构，是在金属或塑料基体上涂敷（或电镀、溅射）一层很薄的磁性材料，这层磁膜就是记录介质，或称为记录载体。根据其形状可分为：磁卡、磁鼓、磁带、磁盘。目前,磁盘与磁带是主要的外存储器。

磁表面存储器的存储容量大,价格低,非破坏性读出,具有不挥发性(可长期保存)。但其结构与工作原理决定了读写方式,即记录介质做高速旋转或平移,磁头对其读/写。这毕竟是机械运动方式,因而存取速度远低于半导体存储器,只能作为外存使用。

(3)光盘存储器

光盘是利用光存储的装置。它的出现是信息存储技术的重大突破。光盘的基本原理是用激光束对记录膜进行扫描,让介质材料发生相应的光效应或热效应,如使被照射部分的光反射率发生变化,或出现烧孔(融坑),或使结晶状态变化,或磁化方向反转等,用以表示 0 或 1。

①只读型光盘(CD-ROM):以烧孔(融坑)形式记录信息,由母盘复制而成,不能改写,提供固化的信息,如程序数据、图像信息、声音信息等,广泛用于多媒体技术中。

②写入式(只能写一次)光盘(W-ROM):允许用户做一次性写入,每个只能写一次,因为激光束将造成记录面的永久性变化。这类光盘可用来存储文件、档案、图像等,可永久性保存。

③可擦除/重写型(可逆式)光盘:激光束使介质产生的物理变化是可逆的,因而可以擦除重写。目前使用的有两种方法:光磁记录(利用热磁反应)和相变记录(利用晶态-非晶态转变),现在已进入实用阶段。

光盘是目前各种存储器中记录密度最高的,已经成为重要的外存形式。

(4)其他存储器

还有一些存储技术,已经研究多年,并开始应用在某些场合,不过对它们的发展前景仍有争议,如:磁泡存储器、电荷耦合器件(CCD)。

3. 按工作方式分类

根据存储器不同的工作方式和使用功能,可以分为随机存储器(Random Access Memory,RAM)、只读存储器(Read-only Memory,ROM)、顺序存取存储器(Serial Access Memory,SAM)和直接存取存储器(Direct Access Memory,DAM)。

(1)随机存储器 RAM

存储器可以随机地按指定地址向存储单元存入、取出或改写信息,并且无论对哪个地址单元进行读写操作所需要的时间完全相等,这种存储器叫随机存储器 RAM。RAM 主要用来存放各种现场输入输出的程序、数据、中间运算结果以及与外界交换的信息和做堆栈用。大部分半导体存储器都属于这一类。

(2)只读存储器 ROM

在工作时只能随机读出存储内容而禁止写入新的内容,这种存储器叫只读存储器 ROM。ROM 是主存的一部分,ROM 的存储内容是通过特殊线路预先写进去的,一旦写入后便长期保存。ROM 的电路比 RAM 简单、集成度高、成本低,且是一种非易失性存储器,计算机常把一些管理、监控程序和成熟的用户程序放在 ROM 中。

(3)顺序存取存储器 SAM

磁带是典型的 SAM,其信息(块)沿磁带顺序排列,当要读取某部分信息块时,只能沿磁带顺序逐块查找,所以称顺序存取存储器。SAM 读取信息的时间与信息块在磁带的位置有关,一般 SAM 存储容量很大,如磁带还可以脱机另行存放,使用保管很方便。但因为只能顺序存取,速度慢,被用作计算机外存。

(4)直接存取存储器 DAM

磁盘属于 DAM 类,它既不完全像 SAM 那样纯粹顺序存取,也不完全像 RAM 那样能随机地由存储地址直接指向存储单元立即存取,而是介于两者之间。磁盘存取时要进行两步操作:第一步是直接指向整个存储器中的一个子区域,比如磁道;紧接着对该磁道像磁带那样顺序检索直到找到实际存取位置,就是说对一个磁道而言是随机存取,但在每一个磁道内是顺序查找;磁盘存储容量很大,通过旋转盘直接指向其中一个相当小的局部,所以称之为直接存取存储器。DAM 的存取速度远比不上主机内的 RAM、ROM,但它容量大、价格便宜,速度比 SAM 快,与 SAM 一样,多用作外存储器。

3.1.3　存储器的性能指标

存储器的主要性能指标有四项:存储容量、存取速度、可靠性及性能价格比。

1. 存储容量

这是存储器的一个重要指标。存储容量通常用其可存储二进制位信息量描述,也就是存储单元数与存储单元位数的乘积,即容量＝存储单元数×存储单元位数。例如容量为 16 KB 的存储器,其中 1 KB＝2^{10} B＝1024 B,它表示存储器有 16×1024＝16384 个存储单元,每个存储单元位数为 8 位,即为一个字节;若容量为 4 KB×16,则表示存储器有 4096 个存储单元,每个存储单元位数为 16 位。

微型计算机中的存储器几乎都以字节进行编址,即总认为一个字节是一个基本字长,所以常用存储的字节数表示容量,例如 IBM PC 主存为 256 KB,即 256×2^{10}字节;再如 3 寸磁盘的容量为 1.44 MB(1 MB＝2^{20} B),即 1.44×2^{20}字节。显然,存储容量是反映存储空间大小(或者说存储能力)的指标。

2. 存取速度

存取速度是反映存储器工作速度的指标,它直接影响计算机主机运行速度,十分重要。存储器存取速度可用最大存取时间或存取周期来描述。存储器的存取时间定义为存储器从接收到存储单元地址码启动工作开始,到它取出或存入数据为止所需的时间。通常手册上给出这个参数的上限值,称为最大存取时间。显然,最大存取时间愈短,计算机的工作速度就愈高。半导体存储器最大存取时间为十几纳秒到几百纳秒。而存取周期是指在对存储器连续访问时两次访问的最小时间间隔。存储周期愈短,存取速度愈快,存取周期一般略大于存取时间。

3. 可靠性

可靠性是指存储器对电磁场、温度等外界变化因素的抗干扰性。半导体存储器由于采用大规模集成电路结构,可靠性高。可靠性一般用平均无故障时间 BTTF 描述,半导体存储器平均无故障时间为几千小时。

4. 性能价格比

体积小、重量轻、价格便宜且使用方便是微型机的主要特点。因此存储器的体积大小、成本高低、各种性能好坏也成为人们关心的指标,通常用性能价格比表示,即性能价格比愈高愈好。也有仅从价格或成本来衡量,以价格/位来计算成本。

3.1.4　存储器的分级结构

对存储器的要求是容量大、速度快、可靠性高、成本低,但在一个存储器中,同时要求上述几项性能是难以办到的,而且有些指标要求之间就是互相矛盾的。为解决这一矛盾,目前在计算机中,采用了由多种类型的存储器组成一个完整存储体系的分级结构。

目前采用较多的是三级存储器结构,即高速缓冲存储器、主存储器和辅存。中央处理器 CPU 能直接访问的存储器称为内存,它主要包括高速缓存和主存。而 CPU 不能直接访问辅存,辅存中信息必须先调入主存才能由 CPU 进行处理。

高速缓存简称快存(Cache),是一个高速小容量存储器。在中高档计算机中,用快存临时存放指令和数据,以提高处理速度。目前快存多由双级性半导体存储器组成,和主存相比,它存取速度快,但容量小。目前的高档 CPU 一般都具有二级高速缓存。

主存用来存放计算机运行期间的大量程序和数据,由大部分的半导体 RAM 存储器和少量半导体的 ROM 存储器组成,它和高速缓存交换指令和数据,高速缓存再和 CPU 打交道。目前主存多由 MOS 半导体存储器组成。

辅存一般由磁表面存储器构成,目前主要使用的是磁盘存储器和光盘存储器。磁盘存储器包括软磁盘和硬磁盘两种类型。微机上配有 5.25 in(13.34 cm)及 3.5 in(8.89 cm)软盘、硬盘以及 CD-ROM、DVD-ROM 等存储器。辅存也常称为外存,并将其划为输入/输出设备,通常用来存放系统程序、大型文件及数据库等。

上述三种类型存储器便可构成三级存储管理,各级职能和要求各不相同。其中快存主要为获取速度,使存取速度能与中央处理器速度相匹配;辅存追求大容量,以满足对计算机的容量要求;主存则介于二者之间,要求其具有适当的容量,能容纳较多的核心软件和用户程序,还要满足系统对速度的要求。

为更好地管理和改进各项指标,有时还在 CPU 内建立较多的通用寄存器组,形成速度更快、容量更少的一级,还有将辅存再分为脱机辅存和联机辅存两级,如图 3-1 所示。

图 3-1　存储器分级结构

3.2　随机读写存储器 RAM

3.2.1　RAM 简介

现在的主存储器普遍采用半导体随机读写存储器 RAM。利用大规模、超大规模集成电路工艺制成各种存储芯片,每个存储芯片包含多个晶体管,具有一定容量;再用若干块存储芯片组织成主存储器。半导体随机读写存储器 RAM 按照其集成工艺可以分为双极型与 MOS型两大类。其中双极型又分为 ECL 型与 TTL 型,这类存储器的速度快(特别是 ECL 型)、功耗大、集成度低,适于作为小容量快速存储器,如高速缓存 Cache,或作为专门的集成化寄存器组。MOS 型中,NMOS 存储器工艺较简单,集成度高,功耗小,单片容量大,适于作为主存储器。而 MOS 型中的 CMOS(互补 MOS)存储器,功耗最小,在干电池一类的后备电源供电下,可将存储信息保持数月之久,适于作为“不挥发性存储器”。目前广泛使用的半导体存储器是 MOS 半导体存储器。根据存储信息的原理不同,又分为静态存储器(SRAM)和动态存储器(DRAM)。

1. 静态存储器 SRAM

静态存储器依靠双稳态触发保存信息。每个双稳态电路可存储一位二进制代码 0 或 1,一块存储芯片上包含许多个这样的双稳态电路。双稳态电路是有源器件,需要电源才能工作。只要电源正常,就能长期保存信息,所以称为静态存储器。如果断电,信息将会丢失,属于挥发性存储器,或称易失性存储器。正是由于这个原因,尽管半导体存储器一开始就表现出优于磁芯存储器的种种性能,如集成度高、容量大、速度快、功耗低等,但它的易失性缺陷却推迟了它的广泛应用,直到 20 世纪 70 年代才取代磁芯存储器。目前的措施是:如果需要在断电后保存信息,可采用低功耗半导体存储器,用可充电电池作为后备电源,当检测到交流电源不正常时,立即自动切换到后备电源。

2. 动态存储器 DRAM

动态存储器依靠电容上的存储电荷暂存信息。存储单元的基本工作方式是:通过 MOS 管(称为控制管)向电容充电或放电,充有电荷的状态为 1,放电后的状态为 0。虽然力求电容上电荷的泄漏很小,但工艺上仍无法完全避免泄漏,时间一长电荷会漏掉,因而需要定时刷新内容,即对存 1 的电容补充电荷。由于需要动态刷新,所以称为动态存储器。为了使泄漏尽可能小,动态存储器多采用 MOS 工艺,因为 MOS 管与 MOS 电容的绝缘电阻极大。动态存储器的内部结构简单,在各类半导体存储器中它的集成度最高,适于做大容量主存。

3.2.2　SRAM 的内部结构及工作过程

SRAM 半导体存储器的优点是存取速度快,存储体积小,可靠性高,价格低廉;缺点是断电后存储器不能保存信息。

1. SRAM 的内部结构

在 SRAM 半导体存储器的电路芯片中,至少应包含存储体、读写电路、地址译码电路和控制电路等组成部分,其框图如图 3-2 所示。

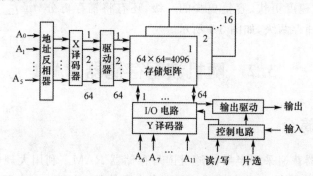

图 3-2　SRAM 存储器结构框图

(1)存储体

存储体是存储单元的集合。一个存储单元由若干个存储元件并列组成,称为一个存储字,一个存储元件就是一个位。例如图 3-2 中的 4096×1 位,是指存储器芯片中有 4096 个存储单元,每个单元中又包含 1 个存储元件。在较大容量的存储器中,往往把各个存储单元分成若干行和列,这些单元通常排成矩阵的形式,所以存储体又叫存储矩阵,如 4096＝64(行)×64(列)。由 X 选择线(行线)和 Y 选择线(列线)的交叉来选择所需要的单元。

(2)地址译码器

地址译码器的输入信息来自 CPU 的地址寄存器。地址寄存器用来存放所要访问(写入或读出)的存储单元的地址。CPU 要选择某一存储单元,就在地址总线 $A_0 \sim A_{11}$ 上输出此单元的地址信号给地址译码器。地址译码器把用二进制代码表示的地址转换成输出端的高电位,用来驱动相应的读写电路,以便选择所要访问的存储单元。地址译码有两种方式:一种是单译码方式,适用于小容量存储器;另一种是双译码方式,适用于大容量存储器。

单译码结构也称一维译码。在这种方式中,存储体的所有存储单元处在同一行或者同一列,地址译码器只有一个,译码器的输出叫字选线,译码器接到某个地址后,有且只有一根字选线输出高电平,选择某个唯一的字(某存储单元)的所有位。例如,地址输入线 $n=4$,经地址译码器译码,可译 $2^4=16$ 个状态,分别在 16 个字中选择对应的单元。

为了节省驱动电路,存储器中通常采用双译码结构,双译码又称为二维译码。采用双译码结构,可以减少字选线的数目。在这种译码方式中,地址译码器分成 X 向和 Y 向两个译码器。若每一个有 $n/2$ 个输入端,它可以译出 $2^{n/2}$ 个输出状态,那么两个译码器交叉译码的结果,共可译出 $2^{n/2} \times 2^{n/2} = 2^n$ 个输出状态,其中 n 为地址输入量的二进制位数。但此时译码输出线(即字选线)却只有 $2 \times 2^{n/2}$ 根。例如 $n=12$,双译码输出状态为 $2^{12}=4096$ 个,而译码线仅只有 $2 \times 2^6 = 128$ 根。

采用双译码结构的 4096×1 的存储单元矩阵如图 3-3 所示。4096 个字排成 64×64 的矩阵,它需要 12 根地址线 $A_0 \sim A_{11}$,其中 $A_0 \sim A_5$ 输入至 X 地址译码器,它输出 64 条选择线,分别选择 $1 \sim 64$ 行;$A_6 \sim A_{11}$ 输入至 Y 地址译码器,它也输出 64 条选择线,分别选择 $1 \sim 64$ 列,控制各列的位线控制门。例如,输入地址为 000000000000,X 方向由 $A_0 \sim A_5$ 输入,译码选中了第一行,则 X_1 为高电平,因而其控制的 64 个存储单元分别与各自的位线相连,但能否与 I/O 线接通,还要受各列的位线控制门控制。在 $A_6 \sim A_{11}$ 全为 0 时,Y_1 为高电平,从而选中第一列,第一列的位线控制门打开。故最后译码的结果选中了左上角的 $(1,1)$ 这个存储单元。

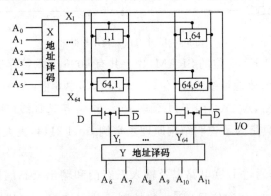

图 3-3 双译码存储器结构

(3)驱动器

由于在双译码结构中,一条 X 方向选择线要控制挂在其上的所有存储单元电路,例如 4096×1 中要控制 64 个电路,故其所带的电容负载很大。为此,需要在译码器输出后加驱动器,由驱动器驱动挂在各条 X 方向选择线上的所有存储单元电路。

(4)I/O 电路

它处于数据总线和被选用的单元之间,用以控制被选中的单元读出或写入,并具有放大信号的作用。

(5)片选与读/写控制电路

目前每一个集成片的存储容量终究还是有限的,所以需要一定数量的芯片按一定方式进行连接后才能组成一个完整的存储器。在地址选择时,首先要选片。通常用地址译码器的输出和一些控制信号(如读写命令)来形成片选信号。只有当片选信号有效时,才能选中某一片,此片所连的地址线才有效,这样才能对这一片上的存储单元进行读操作或写操作。至于是读还是写,取决于 CPU 所给的命令是读命令还是写命令。

（6）输出驱动电路

为了扩展存储器的容量,常需要将几个芯片的数据线并联使用;另外,存储器的读出数据或写入数据都放在双向的数据总线上。这就用到三态输出缓冲器。

2. SRAM 芯片实例

图 3-4 给出了 Intel 2114 存储器芯片的逻辑结构框图。

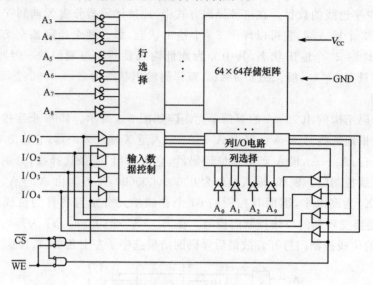

图 3-4   Intel 2114 逻辑结构框图

Intel 2114 是一个 1 K×4 位的 SRAM,片上共有 4096 个六管存储单元电路,排成 64×64的矩阵。因为是 1 K 字,故地址线为 10 位($A_0 \sim A_9$),其中 6 根($A_3 \sim A_8$)用于行译码,产生 64根行选择线;4 根(A_0,A_1,A_2,A_9)用于列译码,产生 64/4 条选择线(即 16 条列选择线,每条线同时接至四位)。此处只是为了说明结构原理才举例 Intel 2114,更大容量的 SRAM 芯片可以通过举一反三得到。

存储器的内部数据通过 I/O 电路以及输入三态门和输出三态门同数据总线 $I/O_1 \sim I/O_4$相连。由片选信号$\overline{CS}$和写允许信号$\overline{WE}$一起控制这些三态门。在片选信号$\overline{CS}$有效(低电平)的情况下,如果写命令$\overline{WE}$有效(低电平),则输入三态门打开,数据总线上的数据信息便写入存储器;如果写$\overline{WE}$命令无效(高电平),则意味着从存储器读出数据,此时输出三态门打开,数据从存储器读出,送至数据总线上。

注意:读操作与写操作是分时进行的,读时不写,写时不读,因此,输入三态门与输出三态门是互锁的,因而数据总线上的信息不至于造成混乱。

3.2.3   DRAM 存储器

DRAM 存储器芯片的结构及工作原理与 SRAM 基本上是一致的,只是 DRAM 中每个存储元件是由 1 或 4 个 MOS 晶体管组成,存放信息不稳定,需要进行动态刷新,所以在 DRAM芯片中需要增加刷新电路。但是,DRAM 存储器每位造价较低,集成度高,易于大批量制造,所以,目前计算机系统的主存主要采用 DRAM 芯片。DRAM 芯片内部一般采用二维译码方式。图 3-5 给出了 Intel 4164 动态存储器芯片的引脚排列和内部框图。

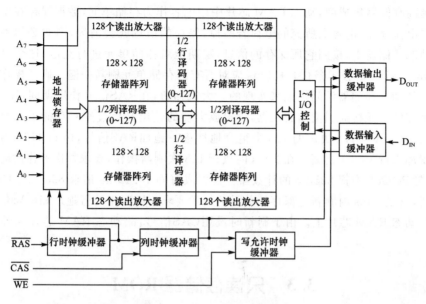

图 3-5　Intel 4164 逻辑结构框图

Intel 4164 动态 RAM 芯片内部有 $65536×1$ 位存储单元,可以存放 64 K 位二进制信息,封装在标准的 16 脚双列直插式外壳里。由于选择 64 K 位存储单元需要 16 位地址信息($2^{16}=65536$),而 Intel 4164 的引脚数较少,为此把 16 位地址信息分成两次锁存到 Intel 4164 芯片内,共同译码指定被访问的存储单元。第一组 8 位地址信息称为行地址,用行地址选通信号 $\overline{\text{RAS}}$ 选通到行地址锁存器内锁存;第二组 8 位地址信息称为列地址,用列地址选通信号 $\overline{\text{CAS}}$ 选通到列地址锁存器内锁存。这些信息的传输顺序是,首先把行地址送到 Intel 4164 引脚上,等行地址稳定后送入 $\overline{\text{RAS}}$ 信号,把行地址锁存到芯片内。在行地址锁存结束后,再把列地址送到 Intel 4164 引脚上,等列地址稳定后送入 $\overline{\text{CAS}}$ 信号,把列地址锁存到芯片内。$\overline{\text{RAS}}$ 和 $\overline{\text{CAS}}$ 控制对动态 RAM 芯片的访问,它们必须有足够长的时间。

写允许信号 $\overline{\text{WE}}$ 控制进行写操作还是读操作。当 $\overline{\text{WE}}$ 为有效的低电平时,允许写入数据,数据输入端 D_{IN} 上的数据被写入地址译码电路所选中的存储单元中;当 $\overline{\text{WE}}$ 为高电平时是读数据操作,由地址译码电路选中的存储单元把数据送到数据输出端 D_{OUT}。

Intel 4164 内部的 65536 个存储单元按矩阵方式排列。这些存储单元共分成四个区,每区有 128 行和 128 列,设有 128 个读出放大器。当 $\overline{\text{RAS}}$ 信号成为低电平时,把行地址锁存到行地址寄存器。接着在 $\overline{\text{RAS}}$ 信号控制下,行地址寄存器中的低 7 位送入行地址译码电路,译码后选中存储器阵列 4 个区中 128 行里的一行。在被选中的行里,各个存储单元与读出放大器接通,读出放大器的输出又返回到存储单元中。因此,Intel 4164 每接收到一次 $\overline{\text{RAS}}$ 信号,就有 512 个存储单元的信息进行读出放大。行地址锁存结束后,在 Intel 4164 内部进行读出操作的同时还可以进行列地址锁存操作:在 $\overline{\text{CAS}}$ 信号低电平出现时,把列地址锁存到列地址寄存器。列地址的低 7 位送入列地址译码电路,译码后选中存储器阵列四个区中 128 个读出放大器里的一个,把它们与输入输出控制电路(I/O 控制)接通。这时在存储器阵列中,共有 4 个单元与 I/O 控制电路连接。行地址和列地址的高位送到 I/O 控制电路,选择 4 位中的 1 位与外界交换数据。当 $\overline{\text{WE}}$ 为高电平时,16 位地址所指定的存储单元把读出数据通过数据输出缓冲器送到 D_{OUT} 端;当 $\overline{\text{WE}}$ 为低电平时,D_{IN} 端上的数据通过数据输入缓冲器输入,由于数据输入缓冲器的驱动能力比读出放大器大,因此把输入数据写入 16 位地址所指定的存储单元中。

为了提高存储器集成度,动态 RAM 芯片中用电容作为存储单元,数据保存在电容上。由于电容有漏电流存在,电容上所充的电荷若漏掉,保存的信息就会消失,因此必须不断对电容充电。在动态存储器中,按照它所保存的信息,定期地对存储单元进行充电,这个过程称为刷新。按照 Intel 4164 的技术条件,每 2 ms 应对所有的存储单元刷新一遍。刷新操作是通过执行只有 $\overline{\text{RAS}}$ 的动态存储器访问周期来实现的。大家知道,在 $\overline{\text{RAS}}$ 信号作用期间,Intel 4164 内部有 512 个存储单元接通到读出放大器,读出放大器的输出又反过来对存储单元充电。对由行地址的低 7 位($A_0 \sim A_6$)决定的 128 个组合地址逐一施加 $\overline{\text{RAS}}$ 信号,Intel 4164 内部的所有存储单元就都进行了一次刷新。在 2 ms 内执行 128 次刷新操作,要求每次操作的时间间隔为 15.6 μs。在 PC/XT 中把 8253-5 的计数器 1 设置成每隔 15.12 μs 请求 8237A-5 的 0 通道进行一次刷新,满足 2 ms 内刷新全部存储单元的技术要求。刷新用的行地址和 $\overline{\text{RAS}}$ 信号送到系统内的所有动态 RAM 芯片上。由于刷新时没用 $\overline{\text{CAS}}$ 信号,故动态 RAM 芯片与外界不发生数据传输。

3.3   只读存储器 ROM

3.3.1   ROM 简介

只读存储器 ROM 是在 CPU 运行期间只能进行读出操作,而不能写入的存储器。写入是在脱机方式下进行的。ROM 结构要比 RAM 简单得多,从而造价低、集成度高,特别是所存信息不会因断电而丢失,从而可靠性高,ROM 主要用来存放不经常改变的信息。

图 3-6 是双极型半导体只读存储矩阵的原理图,每个存储元件是一个二极管,其中字驱动线 W_0、W_1、W_2 分别与各行的晶体管基极相连,各列晶体管的发射极分别与位线 B_0、B_1、B_2 相连或断开。凡与位线相连的,表示存储信息为 1;而与位线断开表示存储信息为 0,每个晶体管的集电极与电源 V_{CC} 相连。

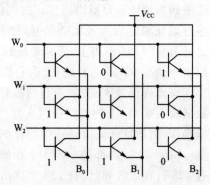

图 3-6   双极型只读存储器

读操作时,只要在选中的字线上提供高电位,则存"1"的各晶体管导通,相应位线上有电流输出;而存"0"的各位,由于晶体管断开,相应位线上无信号输出。只读存储器的外围电路和 RAM 一样,需设地址寄存器、译码驱动器和数据寄存器。

3.3.2   只读存储器分类

根据半导体存储器制造工艺的不同,只读存储器分为 ROM、PROM、EPROM 和 EEPROM 四类。

1. 掩膜只读存储器 ROM

这是由生产厂家按一定的信息模式生产的存有固定信息的 ROM。用户只能选用而无法修改原存信息,因此,也称为固定只读存储器 ROM,这类 ROM 的存储元件可用二极管、双极型三极管或 MOS 电路构成。

2. 可编程的只读存储器 PROM(Programmable ROM)

为了便于用户根据自己的需要确定 ROM 中的存储内容,产生了可编程 ROM,称为 PROM,这是一种封装后可编程的只读芯片,封装产品中初始信息为全"1"或全"0",用户根据自己的需要,用电或光照的方法写入所需要的代码。例如,对一种熔丝式结构的双极型 PROM 产品,即所有晶体管的发射极均用熔丝与位线相连,这种产品出厂时所有存储单元信息为 1,使用时由用户根据需要把某些熔丝烧断,存入信息 0;写入时(即要烧断熔丝),可将 V_{cc} 接 +12 V,使要写入的位熔丝烧断。PROM 的存储内容由用户安排,但一经写入后,就不能再更改,因此用户使用 PROM 只能进行一次编程写入。

3. 可擦除可编程的只读存储器 EPROM(Erasable Programmable ROM)

PROM 只能写一次,为了能多次改变 ROM 中的内容,又出现了可擦除可编程只读存储器,称为 EPROM。

ROM 和 PROM 存储元件可采用双极型,也可采用 MOS 工艺,而 EPROM 只能采用 MOS 工艺。EPROM 芯片封装上方有一个石英玻璃窗口,当用紫外线照射这个窗口时,所有电路上的电荷会形成光电流泄漏走,使原存"0"信息曝光,电路恢复到起始状态(全 1),这样,用户可用写入器进行再写,当然擦除次数也是有限的。

EPROM 成本较高,可靠性不如 ROM 和 PROM,但由于它使用灵活,所以常用于产品研制开发阶段。EPROM 有多种芯片产品,如 2705、2716 和 2732 等。各种芯片的编程规范和工作速度差别较大,应用时应参照厂家提供的技术资料。另外,用户借助专门的编程器可方便地完成对 EPROM 的编程写入。

4. 电可擦除可编程只读存储器 EEPROM(Electrically Erasable Programmable ROM)

由于 EEPROM 是通过外加极性不同的电压对只读芯片进行擦除和编程写入,故可轻易地改变其内容。EEPROM 擦除和写入所用电流很小,其改写次数可达 100 万次。EEPROM 擦除时可按字节分别进行,而不必像 EPROM 那样擦除整个芯片后,再做编程。

3.4 CPU 与主存储器容量的扩展连接

CPU 对存储器进行读/写操作,首先由地址总线给出地址信号,然后要发出读操作或写操作的控制信号,最后在数据总线上进行信息交流。因此,存储器同 CPU 连接时,要完成地址线的连接、数据线的连接和控制线的连接。

目前生产的存储器芯片的容量是有限的,它在字数或字长方面与实际存储器的要求都有差距,所以需要在字向和位向两方面进行扩充才能满足实际存储器的容量要求。通常采用位扩展法、字扩展法和字位同时扩展法。

1. 位扩展(位向)

位扩展指的是用多个存储器器件对字长进行扩充。位扩展的连接方式是将多片存储器的地址、片选$\overline{\text{CS}}$、读写控制端 R/$\overline{\text{W}}$ 相应并联,数据端分别引出。如图 3-7 所示的位扩展方式是用 2 个 16 K×4 位芯片组成 16 K×8 位的存储器。图 3-7 中每个芯片字长 4 位,存储器字长 8 位,每片有 14 条地址线引出端,4 条数据线引出端。

2. 字扩展

字扩展指的是增加存储器中字的数量。静态存储器进行字扩展时,将各芯片的地址线、数据线、读写控制线相应并联,而由片选信号来区分各芯片的地址范围。图 3-8 所示的字扩展存储器是用 4 个 16 K×8 位芯片组成 64 K×8 位存储器。

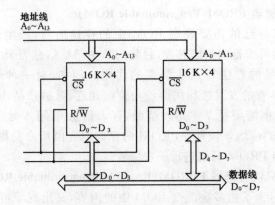

图 3-7　位扩展的连接方式

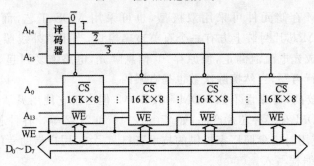

图 3-8　字扩展的连接方式

数据线 $D_0 \sim D_7$ 各位的数据端相连,地址总线位地址 $A_0 \sim A_{13}$ 与各芯片的 14 位地址端相连,而两位高位地址 A_{14} 和 A_{15} 经过译码器和 4 个片选端相连。

动态存储器一般不设置 $\overline{CS}$ 端,但可用 $\overline{RAS}$ 端来扩展字数,从图 3-8 的 16 K×8 存储器结构图可知,行地址锁存是由下降沿激发出的行时钟来实现的,列地址锁存是由行地址及下降沿共同激发的列时钟来实现的。当 $\overline{RAS}=1$ 时,存储器既不会产生行时钟,也不会产生列时钟,因此地址码 $A_0 \sim A_{13}$ 是不会进入存储器的,电路不工作。只有当 $\overline{RAS}$ 由"1"变"0"时,才会激发出行时钟,存储器才会工作。

3. 字位同时扩展

位扩展只能增加每次访问的位数,字扩展只能增加访问次数,而实际存储器往往需要字向和位向同时扩充。一个存储器的容量为 M×N 位,若使用 L×K 位存储器芯片,那么,这个存储器共需要 M/L×N/K 个存储器芯片。

一个小容量存储器与 CPU 的连接方式如图 3-9 所示。

存储器由 Intel 2114 芯片经字位扩展而成,容量为 4 K×8 位。由于 Intel 2114 芯片只有 1 K×4 位,所以整个存储器共需 4 K/1 K×8/4＝8 个 Intel 2114 芯片。Intel 2114 芯片本身共有 10 个地址端($A_0 \sim A_9$)、4 个数据端($D_0 \sim D_3$)、一个片选端($\overline{CS}$)和一个读写控制信号端($\overline{WE}$)。CPU 提供 12 位地址,其中低 10 位($A_0 \sim A_9$)并行连接各芯片的地址端,还有两位地址(A_{10},A_{11})连向译码器,产生四个片选信号,分别控制四组芯片。此处译码器要受 CPU 的访存信号 $\overline{MREQ}$ 控制,只在需要访问主存时才产生译码输出。CPU 提供八位数据总线($D_0 \sim D_7$),每根数据总线连接 4 个芯片。

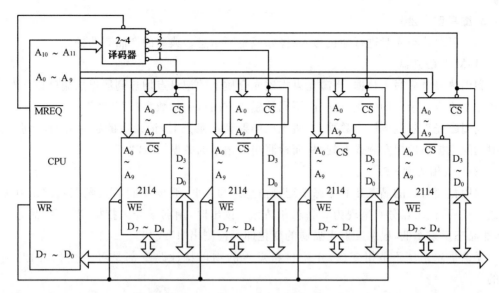

图 3-9 字位同时扩展后与 CPU 的连接方式

3.5 光盘存储设备

光盘存储器简称光盘,是颇受重视的一种外存设备,更是多媒体计算机不可缺少的设备。光盘采用聚焦激光束在盘式介质上非接触地记录高密度信息,以介质材料的光学性质(如反射率、偏振方向)的变化来表示所存储信息的"1"或"0"。它的突出优点是,激光可聚焦到 1 μm 以下,从而记录的面密度可达到 645 MB/in²,高于一般的磁记录水平。一张 CD-ROM 盘片的存储容量可达 600 MB,相当于 400 多张 1.44 MB 的 3.5 in 软盘片。光盘的缺点是存取时间长,数据传输率低。

按读写性质来分,光盘分为只读型、一次型和重写型三类。

1. 只读型光盘

只读型光盘是厂商以高成本制作出母盘后大批量压制出来的光盘。这种模压式记录使光盘发生永久性物理变化,记录的信息只能读出,不能被修改。典型的产品有以下几种:

(1) LD:俗称影碟,记录模拟视频和音频信息,可放演 60 min 全带宽的 PAL 制电视。

(2) CD-DA:数字唱盘,记录数字化音频信息,可存储 74 min 数字立体声信息。

(3) VCD:俗称小影碟,记录数字化视频和音频信息。可存储 74 min 按 MPEG-1 标准压缩编码的动态图像信息。

(4) DVD:数字视盘。单记录层容量为 4.7 GB,可存储 135 min 按 MPEG-2 标准压缩编码的相当于高清晰度电视的视频图像信息和音频信息。

(5) CD-ROM:主要用作计算机外存储器,可记录数字数据,也可同时记录数字化视频和音频信息。

2. 一次型光盘

用户可以在这种光盘上记录信息,但记录信息会使介质的物理特性发生永久性变化,因此只能写一次。写后的信息不能再改变,只能读。典型产品是 CD-R 光盘。用户可在专用的CD-R 刻录机上向空白的 CD-R 盘写入数据,制作好的 CD-R 光盘可放在 CD-ROM 驱动器中读出。

3. 重写型光盘

用户可对这类光盘进行随机写入、擦除或重写信息。典型的产品有两种。

（1）MO：磁光盘

利用热磁效应写入数据：当激光束将磁光介质上的记录点加热到居里点温度以上时，外加磁场作用改变记录点的磁化方向，而不同的磁化方向可表示数字"0"和"1"。

利用磁光克尔效应读出数据：当激光束照射到记录点时，记录点的磁化方向不同，会引起反射光的偏振面发生左旋或右旋，从而检测出所记录的数据"1"或"0"。

（2）PC：相变盘

利用相变材料的晶态和非晶态来记录信息。写入时，强弱不同的激光束对记录点加热再快速冷却后，记录点分别呈现为非晶态和晶态。读出时，用弱激光来扫描相变盘，晶态反射率高，非晶态反射率低，根据反射光强弱的变化即可检测出"1"或"0"。

无论是磁光盘还是相变盘，介质材料发生的物理特性改变都是可逆变化，因此是可重写的。

3.6　应用案例——半导体存储器与 CPU 的实际连接

例 3-1　CPU 的地址总线 16 根（$A_{15} \sim A_0$，A_0 为低位），双向数据总线 8 根（$D_7 \sim D_0$），控制总线中与主存有关的信号有 $\overline{MREQ}$（允许访存，低电平有效），$R/\overline{W}$（高电平为读命令，低电平为写命令）。主存地址空间分配如下：0000～8191 为系统程序区，由只读存储芯片组成；8192～32767 为用户程序区；最后（最大地址）2 K 地址空间为系统程序工作区。上述地址为十进制，按字节编址。现有如下存储器芯片：

EPROM：8 K×8 位（控制端仅有 $\overline{CS}$）。

SRAM：16 K×1 位，2 K×8 位，4 K×8 位，8 K×8 位。

请从上述芯片中选择适当芯片设计该计算机主存储器，画出主存储器逻辑框图；注意画出片选逻辑（可选用门电路及 3-8 译码器 74LS138）与 CPU 的连接，说明选哪些存储器芯片，选多少片。

微　课

字位同时扩展后
与 CPU 的连接实例

解： 主存地址空间分布如下所示：

系统程序区	EPROM	8 KB	地址 0000～8191
用户程序区	SRAM	24 KB	地址 8192～32767
系统程序工作区	SRAM	2 KB	地址 63487～65535

EPROM：8 K×8 位芯片 1 片。SRAM：8 K×8 位芯片 3 片，2 K×8 位芯片 1 片。

3-8 译码器仅用 $\overline{Y_0}$，$\overline{Y_1}$，$\overline{Y_2}$，$\overline{Y_3}$ 和 $\overline{Y_7}$ 输出端，且对最后的 2 K×8 位芯片还需加门电路译码。

主存储器的组成与 CPU 连接逻辑图如图 3-10 所示。

精典解析： 本应用案例不仅综合实现了对存储器的字位扩展，而且还对高位地址线的译码和总线的驱动能力做了充分的考虑。基本思路是在选定了具体的 ROM/RAM 芯片，确定了它们所占的内存地址后，可以区别以下几类引脚——芯片的数据线、芯片的地址线、芯片的片选端和芯片的读写控制端，利用它们进行存储芯片与系统总线的连接，具有启示作用。

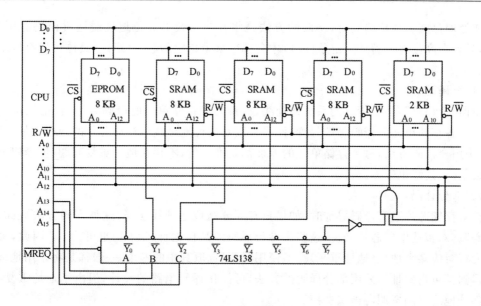

图 3-10　主存储器与 CPU 连接逻辑图

1. 存储芯片数据线的处理

由于我们假定存储器为字节编址结构(每个存储单元存放 8 位数据),并假定数据总线的宽度为 8,因此:

①若芯片的数据线正好为 8 根,说明一次可从芯片中访问到 8 位数据。此时,芯片的全部数据线应与系统的 8 位数据总线相连。

②若芯片的数据线不足 8 根,说明一次不能从单一的芯片中访问到 8 位数据。所以,必须在数据的"位方向"上进行扩充,这一扩充方式简称"位扩展"。

以 Intel 2114(1 K×4 位,SRAM)为例,其数据线为 4 根,每次读/写操作只能从单一的芯片中访问到 4 位数据。所以,在位方向上,需要扩充两个芯片才能同时提供 8 位数据。也就是说,在实际使用中,这两个芯片应被看作是一个整体,它们将同时被选中,共同组成容量为 1 K×8 位的存储器模块。此后,我们将称这样的模块为"芯片组"。芯片组由两个 Intel 2114 组成,其片选端和所有地址线被相应地连在一起,以保证对两个芯片及内部存储单元的同时选中;其 4 位数据线分别连接系统数据总线的低 4 位和高 4 位,以保证通过数据总线一次可访问到 8 位数据。

2. 存储芯片地址线的连接

存储芯片的地址线通常应全部与系统的低位地址总线相连。寻址时,这部分地址的译码是在存储芯片内完成的,我们称为"片内译码",这部分地址即是"片内地址"。设某存储芯片有 N 根地址线,当该芯片被选中时,其地址线将输入 N 位地址,芯片内部的地址译码电路对 N 位地址译码后,可以在 2^N 个存储单元中选中唯一的一个,然后才可以访问该单元。

3. 存储芯片片选端的处理

由一个存储芯片或芯片组构成的存储器,其地址毕竟有限,使用中不一定能满足需要,因此常常需要在"地址方向"加以扩充,简称为"地址扩充"。在系统存在"地址扩充"的情况下,必须对多个存储芯片或芯片组进行寻址。这一寻址过程,主要通过将系统高位地址线与存储芯片片选端相关联的方法来加以实现,但处理上十分灵活。

在处理存储芯片片选端时，一般的方法是将其与系统的高位地址线通过译码器相关联。这样，只有当高位地址满足一定条件时，才会选中某个指定的芯片（组）。具体可以有以下几种做法。

(1)全译码

所谓"全译码"，是指所有的系统地址线，均参与对存储单元的译码寻址：包括低位地址线对芯片内各存储单元的译码寻址（片内译码），以及高位地址线对存储芯片的译码寻址（片选译码）。采用全译码方法，每个存储单元的地址都是唯一的，不存在地址重复问题，但译码电路可能比较复杂、连线也较多。

(2)部分译码

在对存储芯片进行译码寻址时，如果只有部分高位地址线参与，这种译码方法被称为"部分译码"。对被选中的芯片来说，这些未参与译码的高位地址可为 1、也可为 0。因此，每个存储单元将对应多个地址（地址重复）。但使用时，只选取其中的一个，一般都是将未用地址设为0，而得到其可用地址。采用部分译码的方法，可简化译码电路的设计，但由于地址重复，系统的一部分地址空间资源将被浪费掉。

在采用部分译码时，除非需要，一般都安排最高位的地址线不参与译码，像上例那样，如确有 3 根地址线不能参与译码，那么首选方案应是高位地址线 A_{19}、A_{18} 和 A_{17}。

(3)线选法

如果只用少数几根高位地址线进行芯片的译码，且每根负责选中一个芯片（组），这种方法被称为"线选译码"。线选法的优点是构成简单，缺点是地址空间的严重浪费，由于有些地址线未参与译码，所以必然会出现地址重复。此外，当通过线选的芯片（组）增多时，还会出现可用地址空间不连续的情况。

4. 存储芯片的读写控制

存储芯片的读写控制以 SRAM 最为典型，该类芯片一般只有两个控制端，即输出允许控制端 $\overline{OE}$ 和写入允许控制端 $\overline{WE}$，它们与系统总线的连接如下：

$\overline{OE}$ 与系统的读命令线 $\overline{MEMR}$ 或 $\overline{RD}$ 相连：当芯片被选中，且读命令有效时，存储芯片将开放并驱动数据到总线。

$\overline{WE}$ 与系统的写命令线 $\overline{MEMW}$ 或 $\overline{WR}$ 相连：当芯片被选中，且写命令有效时，允许总线数据写入存储芯片。

5. 总线驱动和时序配合

前面，我们介绍了存储芯片与 CPU 或系统总线的连接。但是，有两个很重要的问题没有涉及：

CPU 的总线负载能力：CPU 能否驱动总线上包括存储器在内的挂接设备。

存储芯片与 CPU 总线时序的配合：CPU 能否与存储器的存取速度相配合。

(1)总线驱动

CPU 的总线驱动能力有限，所以在较大的系统中，需要考虑总线驱动，其中：

①对单向传输的地址和控制总线，可以采用三态锁存器（如 74LS373、8282、8283 等）和三态单向驱动器（如 74LS244、74LS367）等来加以锁存和驱动。

②对双向传输的数据总线，可以采用三态双向驱动器（如 74LS245、8286、8287 等）来加以驱动。三态双向驱动器也称总线收发器或数据收发器。

在 PC/XT 中，其总线是通过 74LS373、74LS244、74LS245 等加以锁存和驱动的。

（2）时序配合

时序配合主要是分析存储器的存取速度是否满足 CPU 总线时序的要求，如果不能满足，就需要考虑更换芯片或在存储器访问的总线周期中插入等待状态 T_W。所以，在芯片选取时要注意以下几点：

①存储器的"存取周期"T_{AC}（Access Cycle）应小于 CPU 的总线读写周期，并留出一定余量。所谓存储器的"存取周期"，是指两次存储器访问所允许的最小时间间隔，亦即有效地址在芯片中的维持时间。该参数在存储芯片读周期里表示为 T_{RC}（Read Cycle），在存储芯片写周期里表示为 T_{WC}（Write Cycle）。为了与之配合，CPU 的读写周期即 CPU 地址的维持时间应大于 T_{AC}，考虑到其他一些因素（如地址在总线上稳定）也要用去总线周期的部分时间，所以还应该留出一些余量（比如 30%）。以 PC/XT 机为例，其正常情况下的读写周期为 4 个 T（840 ns），所以要求存储芯片应满足 T_{AC}＜840 ns，并留出一定余量。

②在存储芯片的读周期中，当芯片选中时，从输出允许 $\overline{OE}$ 有效到数据输出并稳定，需要一定的时间，这一时间应小于 CPU 读命令 $\overline{MEMR}$ 或 $\overline{RD}$ 的有效维持时间。同样，在存储芯片的写周期中，当芯片选中，从写入允许 $\overline{WE}$ 有效到数据可靠写入，也需要一定的时间，这一时间也应小于 CPU 写命令 $\overline{MEMW}$ 或 $\overline{WR}$ 的有效维持时间。

习题与综合练习

1. 按存储器在计算机中的作用，存储器可分成哪几类？简述各部分的特点。

2. 什么是多层次存储结构？它有什么作用？主存储器主要技术指标有哪些？

3. 什么叫 RAM 和 ROM？RAM 和 ROM 各自的特点是什么？

4. 用下列芯片构成 32 K 存储器模块，需多少内存芯片？
(1)1 K×1 　　　　(2)1 K×4 　　　　(3)4 K×8 　　　　(4)16 K×4

5. 下列 RAM 芯片需多少地址输入端？多少数据输入端（双向）？
(1)512 K×4 　　　(2)16 K 　　　　(3)64 K 　　　　(4)256 K×1

6. 8086 CPU 与存储器连接时要考虑哪几方面的因素？

7. 一台 8 位微机地址总线 16 位，其随机存储器容量为 32 KB，首地址为 4000H，且地址是连续的，可用的最高地址是多少？

8. 画出用 Intel 2114 芯片组成 16 K×8 的随机存储器连接图。

9. 在 8086 系统中，若用 1024×1 位的 RAM 芯片组成 16 K×8 位的存储器，需要多少芯片？在 CPU 的地址总线中有多少位参与片内寻址？多少位用作芯片组选择信号？

10. 在 8086 系统中，试用 4 K×8 位的 EPROM 2732 和 2 K×8 位的静态 6116 以及 74LS138 译码器，构成一个 16 KB 的 ROM（从 F0000H 开始）和 8 KB 的 RAM（从 C0000H 开始），设 8086 工作于最小模式。画出硬件连接图，求出 ROM 和 RAM 的地址范围。

第4章 系统总线技术

条条大路通罗马

任务 5：为什么说 PCI-E 总线既有并行总线的传输能力，又有串行总线的灵活性？

总线技术就像人的神经系统一样，连接着各个部位之间的信息传输，总线技术的优劣直接影响所组成计算机系统的性能。最近几年计算机总线技术正朝着快速、多变方向发展，已经不能再用传统意义上的并行或串行总线来理解总线的定义。和计算机处理器相连接的总线以 PCI-Express（简称 PCI-E）为代表，外围设备的接口 USB 接口技术逐渐占据主导地位，USB 3.0 技术的实现大大增强了外围设备的存取能力。只有真正了解和掌握了总线技术，才能设计和配置出满意的计算机系统。

● 本章学习目标

- 了解标准总线的基本概念、发展历程、分类方法、主要性能指标和新技术发展动态。
- 理解串行总线和并行总线的物理结构、工作原理、电器特性、传输特点及适用范围。
- 熟悉不同结构类型总线的电器规范制定含义、独立性、兼容性及与系统的连接实现。
- 重点掌握计算机总线主设备和从设备的定义、总线数据传输周期的划分过程、总线使用权的分配措施，总线鲁棒性的特征。
- 熟练掌握在 PC 系列微机系统总线中常用的 ISA、EISA、MCA、PCI、AGP、PCI-E 和 USB 总线的各自性能特点和具体使用方法。

4.1　概　述

计算机系统中，各部件之间进行通信的通道叫作总线，各类信息都是通过总线进行传输的。所以，总线技术在接口技术中占有很重要的位置。现代计算机系统广泛采用总线（Bus）结构。微机系统的各个部件之间都是利用总线相互连接并进行信息传递的。所谓总线，就是在模块与模块之间或者设备与设备之间传输信息、相互通信的一组公用信号线，是系统在总线主控器（模块或设备）的控制下，将发送器（模块或设备）发出的信息准确地传输给某个接收器（模块或设备）的信号载体或通路。总线的特点在于其公用性，即它同时挂接多个模块或设备。总线是计算机各部件之间进行通信的通道，其作用是连接计算机的五大部件（运算器、控制器、存储器、I/O 设备），传递信息。

总线是相对于专线而言的，某两个模块或设备之间专用的信号连线，称为专线。计算机系统从早期的面向处理机的点到点的结构过渡到面向总线的结构，使得软、硬件设计得以简化，系统可以实现模块化。总线信号的标准化使模块具有可互换性和可组合性，配置灵活，系统结构清晰。

4.1.1　总线上的信息传输方式

总线是所有模块或设备共同使用的公共信息通路,每个模块或设备都通过开关电路与总线上的相应信号线相连。作为发送器的模块或设备可以通过驱动器把要输出的信号送到总线中相应信号线上去传输;而作为接收器的模块或设备则在适当时刻打开接收总线信号的缓冲器或寄存器,把总线相应信号线上传输的信号接收下来。

一般情况下,同一时刻总线上最多只能有一个模块发送信息。当有多个模块都要使用总线进行信息传输时,只能采用分时方式,每个模块轮流交替使用总线。也就是将总线的信息传输时间分成多段,每段时间可以完成模块之间一次完整而可靠的信息交换(通常称一个传输周期为一个总线操作周期)。系统中必须设置对总线的使用权进行仲裁管理的总线仲裁器,以决定总线使用权应该分配给哪一个模块。

总线连接着系统中的不同模块。这种连接实际上有两个层次,首先是物理(机械和电气)层次的连接,它指的是采用什么样的电缆连接,总线的驱动能力与传输距离,传输线的屏蔽、接地和抗干扰技术等;其次是电信号的逻辑连接,主要解决基本信号线的缓冲与锁存、总线握手和总线判决等问题,也就是总线定时和总线使用权的分配问题。

控制器通过总线传输数据一般要经历四个阶段:

(1)申请占用总线阶段:需要使用总线的主控模块,如 CPU 或 DMAC,申请总线的使用权。各个主控模块的优先级由总线仲裁机构判别。

(2)寻址阶段:主模块通过地址总线发出访问地址。

(3)传输阶段:主从模块间进行数据交换。

(4)结束阶段:有关信息撤除,主模块让出总线控制权。

4.1.2　总线的分类

1. 按传输信息的性质分类

总线按其信号线上传输的信息性质的不同一般可分为三种类型,即数据总线 DB(Data Bus)、地址总线 AB(Address Bus)和控制总线 CB(Control Bus)。其中数据总线和地址总线比较简单,各种型号不同但位数相同的微处理器,其数据总线和地址总线基本相同,功能也比较单纯。唯有控制总线因微处理器型号的不同而相差甚大。不同的微处理器,其控制总线上的信号线的种类、相互之间的时序关系、有效电平和边沿等各不相同。

(1)数据总线是双向总线,用于在各模块之间进行交换信息。

(2)地址总线是微处理器(或其他总线主控设备)发出的单向总线,用于指定数据送往或来自何处。一般情况下,地址信号应在整个总线操作周期内维持不变。但在复用总线中,地址总线常常与其他总线信号复用,此时应在接口内部对地址信号进行锁存,使地址信号在整个总线周期内维持不变。

(3)控制总线就整体而言是双向总线,但其内部信号线有些是单向的,有些是双向的。控制总线中除了包括用于存储器和 I/O 读写操作控制的基本控制线外,还包括数据传输握手信号线、总线判决信号线、中断控制信号线等。传输握手信号线的作用是启动和停止总线操作,控制每个操作周期中数据传输的开始和结束,以实现数据传输的同步。总线判决线主要用于在总线上有多个模块需要竞争总线时决定哪个模块应获得对总线的实际占用权,防止总线冲突。中断控制信号线的作用是完成对多个中断源的识别和服务裁决。

2. 按照信号线的功能分类

不同总线在信号线的数量和名称上都有差异,但大致都可按照信号线的功能分为基本信号总线、数据握手总线和判决总线等几类:

(1)基本信号总线包括数据信号线、地址信号线及内存和 I/O 的读/写控制信号线等。

(2)数据握手总线又可称为联络总线,是控制启动和停止总线操作、实现数据传输同步的信号线,是为保证总线上能容纳各种存取速度的设备而设计的信号线。

(3)判决总线包括总线判决(总线请求线、总线确认线)和中断判决(中断请求线、中断响应线)等。

(4)定时信号总线包括时钟信号线、复位信号线等。

(5)电源信号总线包括电源线和地线等。

除了上述总线信号线外,在总线上还可能包括总线错误处理信号线、奇偶校验信号线、总线周期状态信号线等。

3. 按照层次位置分类

按照在系统中所处的层次位置,总线可以分为:

(1)片内总线

片内总线位于微处理器或 I/O 芯片内部,用于片内各功能单元之间的互连,如 ALU 及各种寄存器之间的互连。

(2)片总线(元件级总线、芯片总线)

片总线(Chip Bus)用于单板计算机或一块 CPU 插件板的电路板内部,用于芯片一级的连接。它一般是 CPU 芯片引脚的延伸,与 CPU 的关系密切。但当板内芯片较多时,往往需增加锁存、驱动等电路,以提高总线驱动能力。

(3)系统总线(内总线、板级总线、底板总线:Internal Bus/Board-Level Bus)

系统总线用于微型机系统内各插件板之间的连接,是微型机系统最重要的一种总线。为使系统配置灵活、简单并便于开发,许多微机系统采用模块结构,由多个模块构成一个系统。而且当系统中的芯片数量很多时,片总线的驱动能力和板的面积等因素使得必须用多块电路板构成系统。通常一个模块就是一块插件板,各插件板的插座之间靠系统总线连接。

有些系统总线是片总线经过重新驱动和扩展而成,其性能与某种 CPU 有关。但有不少系统总线并不依赖于某种型号的 CPU,可为多种型号的 CPU 及其配套芯片所使用。

从层次结构的角度来看,系统总线和片总线是处在同一层次上的,二者没有本质的差别,基本可以说后者是前者的扩充和延伸。在有的系统中,系统总线是片总线经驱动和锁存后得到的。而在较小的系统(如单片机控制的嵌入系统)中,并没有用于扩展模块的系统总线,此时片总线往往也称为系统总线,所以二者是合二为一的。在较大规模的多处理机系统中二者的差别较大,但基本上仍处在同一层次。有时,这两种总线被统称为内部总线。一般而言,这类总线的传输速率很高,总线很短,是板内总线或背板(底板)总线,它不允许直接延伸到计算机以外。

(4)设备总线(外总线、通信总线:External Bus/Communication Bus)

设备总线用于系统之间的连接,如各微型机系统之间或微型计算机系统与仪器或其他外部设备之间的连接。设备总线一般通过总线控制器挂在系统总线上。这种总线允许有一定的长度,通常从几米到十几米,甚至几百米。常用的外总线有串行通信总线 RS-232、智能仪表总线 IEEE-488、并行打印机总线 Centronics、并行外部设备总线 SCSI、通用串行总线 USB 等。
图 4-1 为微型计算机各级总线的示意图。

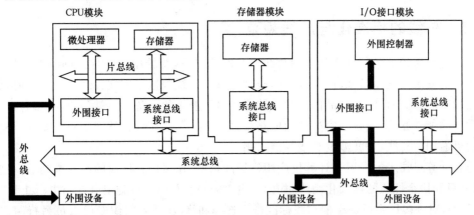

图 4-1　微型计算机的各级总线

（5）局部总线

局部总线（Local Bus）是相对较新的概念，其概念有多种含义。

在有的文献中，局部总线是片总线的另一个名称。在多模块系统中，各插件板以及系统主机板通常也是一个完整的子系统。有些插件板内含有 CPU、ROM、RAM 和 I/O 接口芯片，这些部件之间也有许多信号连接关系，其中包括地址、数据和控制信息，它们之间也使用总线传输信息。为了便于区分，一般将插件板内部的总线叫作局部总线，以区别于系统总线。

局部总线的这层含义是从多处理机系统中引出的。如果多个微处理器和存储器、I/O 接口共用一组系统总线，那么频繁的数据传输就容易造成总线的"堵塞"，从而降低系统的吞吐率。如果每个子系统都有自己的局部总线，在局部总线上挂接局部存储器和局部输入/输出接口，而系统总线上挂接公共存储器和公共输入/输出接口，这样就可以使很大一部分存储器读/写操作和输入/输出操作通过局部总线来完成。只有在访问公共存储器和公共输入/输出接口时才通过系统总线来传输。于是对系统总线的使用次数便大大减少，避免了堵塞现象，并能使各子系统并行工作。因而在多处理机系统中，使用局部总线可以提高系统的吞吐率。

局部总线的另一个长处是存取速度比系统总线快。这是因为在多主控系统总线中，总线的竞争、判优等操作花费了大量时间，这在对总线速度要求不高的情况下不会出现问题，但当对总线速度要求很高时，判断优先操作使得总线速度无法提高。而局部总线是由局部总线主控模块所专有的，总线上是没有判断优先操作的。因此，在一些高速系统中，通常将高速模块直接挂接在局部总线上，使其以很高的速度进行数据交换。这种总线从逻辑关系上就是片总线，但却用于多个模块的连接，所以这种局部总线是介于片总线和系统总线之间的一种总线。

某些文献将具有总线仲裁 ISA 的多主模块间总线称为系统总线，而将不具有总线仲裁能力的模块间总线称为局部总线。按此标准，ISA 总线属于局部总线，这与习惯分类法不同。

PC 总线从功能上可分为 CPU 总线、I/O 总线、存储器总线、连接器总线和特殊总线。

总线的重要指标是总线宽度和传输速度。它存在着一个每秒内传输的数据位数（简称带宽）的问题。随着计算机技术的不断发展，总线也在不断改进。正因为如此，人们把总线也看成是计算机内功能独立的模块，并进行深入研究和技术开发。这些机构的研究结果证明计算机信息处理的速度不仅仅取决于 CPU 并行处理的能力，在很大程度上还取决于信息在总线上的传输速度。总线不改进，整机性能难以提高。总线问题始终是计算机发展中的瓶颈问题。

　　总线连接微机系统各模块进行数据传输,而微机系统中各模块之间距离短、连线多,因此,微型机系统的标准总线都采取并行线方式。

4.1.3　总线的标准化与总线规范

　　在计算机系统的各部件之间采用总线连接的情况下,总希望各部件之间具有通用性。以便为用户的安装和使用带来方便。此外,微型计算机系统制造厂家在设计一个系统时,为了得到广泛的市场,总是设法使产品的总线能够连接尽可能多的设备。也就是说,希望各厂家生产的同类产品能够互连,或各厂家生产的电路板可以互换。这样就自然产生一个要求,必须有规范化的可通用的总线,这就涉及总线标准问题。

　　随着计算机技术的发展和计算机应用领域的扩展,在用户和厂商的共同推动下,一些国际级、国家级和协会性质的标准化组织,如国际电工委员会(IEC)和美国电气与电子工程师协会(IEEE)等,对许多厂家所提出的总线标准进行选择和修改,或者组织专门人员另行制定,先后推出或推荐了一批总线作为标准总线。这就使计算机总线标准和总线结构逐步走向通用性和规范化。不同的厂商可以按同样的总线标准和规范来生产各种不同功能的芯片、模块和整机,用户可以只根据功能需要去选用不同厂家生产的、基于同样的总线标准的模块和设备,甚至可以方便地自行设计功能特殊的专用总线模块或设备,以组建合乎要求的应用系统。这样,可使各级别产品(包括芯片、模块、设备)的兼容性、互换性和整个系统的可维护性及可扩充性从根本上得到保证。一般所讲的总线标准是指这些得到国际标准化组织认可和推荐的通用总线标准,或是在商业和工业领域得到广泛认同的事实上的总线标准(后者通常由一些有影响的大企业或企业联盟制定或推出)。

　　采用通用总线标准可以为不同模块、设备的互连提供一个标准的界面。这个界面为其两端的模块和设备提供透明性。界面的任何一方只需根据总线标准的要求来实现接口的功能,而不必考虑另一方的接口方式。因此按总线标准设计的接口可以说是一种通用接口。

　　采用通用总线标准,也可为接口的硬件和软件设计提供方便。对硬件结构来说,由于总线规范的引入,使得各模块的设计可以相互独立。只要能达到功能的要求,并且外部引脚特性符合总线规范要求,就不必顾及内部结构。这又给驱动软件的模块化设计提供了方便。

　　每种总线标准都有详尽的规范说明,它一般包含下列内容:

- 机械结构规范:规定模板尺寸、总线插头、连接器的形状、尺寸等规格和位置。
- 功能结构规范:规定每个引脚信号的名称和功能及其相互作用的协议、时序、信息流向、信息管理规则等。
- 电气规范:规定信号工作时的逻辑电平(高/低)、最大额定负载能力以及动态转换时间等。

4.1.4　总线的性能指标

　　各类总线在设计细节上有许多不同之处,但从总体原则上都必须解决信号分类、传输应答、同步控制以及资源的共享和分配等问题。总线的主要功能是模块间的通信,因而总线能否保证模块间的通信通畅是衡量总线性能的关键指标。也就是说,保证数据能在总线上高速、可靠地传输是系统总线最基本的任务。

　　总线的性能指标主要有如下几个方面:

1. 总线宽度

总线宽度指数据线的条数以及总线传输信息的串并行性。并行总线在不同的信号线上同时传输一个数据字的不同比特,而串行总线则在同一根信号线上分时传输同一数据字的不同比特。并行总线的信号线的条数也是总线的重要参数之一,如总线宽度有 8 位、16 位、32 位、64 位之分等。

总线的性能指标

2. 总线定时协定

总线定时协定即总线上采用同步还是异步定时。这取决于传输数据的两个模块(源模块和目的模块)间约定的协议。一般有同步协定、异步协定、半同步协定和分离式协定等。

3. 总线传输率

总线传输率是系统在给定工作方式下所能达到的数据传输率,也即在给定方式下单位时间内能够传输的字节数或比特数,单位为字节/秒(B/s)或兆字节/秒(MB/s)。

总线传输率＝一次总线操作传输的字节数/(一次存取周期需最快总线周期/时钟频率)

例如,在某一种系统总线上进行 8 位存储器存取(每次总线操作传输一个字节),一个存取周期最快为 3 个总线时钟周期(BCLK),则当 BCLK 为 8.33 MHz 时,其总线传输率约为 $1/(3/8.33)＝2.78$ MB/s。

4. 总线频宽

总线频宽即是总线本身所能达到的最高传输率,又称为标准传输率或最大传输率。

除此之外,还有一些其他的参数与总线的性能有关。例如,数据信号线、地址信号线是否复用;信号线数(信号线数与性能不成正相关,但与复杂程度成正相关);负载能力;总线控制方式(是否能突发传输、是否能自动配置、仲裁方式、中断方式等);电源电压(5 V 还是 3.3 V 等);可扩展性(能否扩展总线宽度)等,在此不再详述。

4.2　总线判决和握手技术

总线作为计算机系统中信息交换的关键通道,对总线的管理优劣将直接影响计算机整个系统的性能,如何解决总线使用权的分配,特别是对总线的判决、握手信号的技术处理和总线的操作过程尤为重要。

4.2.1　总线的操作过程

1. 总线主设备和总线从设备

连接到总线上的模块按照其对总线的控制能力可以分为两类:总线主设备和总线从设备。

(1)总线主设备(主模块)

总线主设备是指在获得总线控制权后,能启动数据的传输、发出地址或读写控制命令并控制总线上的数据传输过程的模块,包括 CPU、DMA 控制器或是其他外围处理器(例如:数值数据处理器、输入输出处理器)等。

(2)总线从设备(从模块)

总线从设备是指本身不具备总线控制能力,但能够对总线主设备提出的数据请求做出响应,接收主设备发出的地址(并进行译码)和读写命令并执行相应的操作的模块,包括内存模块、I/O 接口等。

2. 总线数据传输周期

一个总线数据传输周期一般可以分为四个阶段：

(1)总线请求和仲裁阶段(Requesting and Arbitrating)

当系统总线上有多个主控模块时，需要使用总线的主控模块时要提出请求，由总线仲裁机构确定把下一个传输周期的总线使用权分配给哪个提出请求的模块。若总线上只有一个主控模块，则无需此阶段。

(2)寻址阶段(Addressing)

取得总线使用权的主控模块通过总线发出本次要访问的从模块的内存或 I/O 端口地址以及相关的命令，启动参与本次传输的从模块。

(3)数据传输阶段(Data Transfering)

主模块控制主模块与从模块之间或各从模块之间的数据传输，数据从源模块发出并经数据总线流入目的模块。

注意数据的交换是在源模块与目的模块之间进行的，不一定是主模块和从模块进行数据交换，可以是主-从之间或从-从之间(例如由 DMA 控制器控制的 I/O 与内存之间的数据传输)的数据交换。主模块可以是源模块、目的模块或第三方控制模块。

(4)结束阶段(Ending)

主从模块的有关信息均从总线上撤除，让出总线以便其他模块使用。在有的总线中，这一阶段还包括对传输数据的错误检测过程。

对于只有一个主模块的单处理机系统，实际上不存在总线的请求、分配和撤除过程，总线始终归处理机所控制。此时总线传输周期只需要寻址和传输数据两个阶段。但对于包含 DMA 控制器或多处理器的系统，则必须有某种总线管理机制或相应的功能模块。

4.2.2　总线使用权的分配

在早期的计算机系统中，一条总线上只有 CPU 一个主设备，总线一直由它占用。而现代的计算机系统为提高数据处理的并行性和灵活性，往往采用多个主设备共享总线的方式。这就要解决总线使用权的分配以及在两个以上的部件同时要求使用总线时引起的总线冲突问题。由于每个主设备都能够控制总线，必然存在对总线资源的争用，总线使用权的分配即总线控制问题。

为保证在任何一个时刻最多只有一个主设备占用总线，通常采用的方法有以下几种：

1. 令牌总线

令牌总线方式是一种不会出现总线冲突的架构。令牌代表着对总线的控制权，只有获得令牌的主设备才有权使用总线。主设备每次获得总线控制权后只能进行一次总线传输(当然它可以放弃这一权力)，此后必须放弃总线控制权，即把令牌传递给下一个总线主控模块。没有获得令牌的总线主设备只有等到令牌被传递到自己手中时才能控制总线进行传输，这就避免了多个主设备同时企图控制总线的情况发生。这种方法的效率高低，主要取决于令牌的传输策略。最容易实现的策略是按照事先安排的顺序在各个主设备之间传输令牌，即所谓的静态仲裁。其典型的实例就是令牌环局域网。

2. 冲突检测

仅有一种总线控制权的分配策略是允许出现总线冲突，即允许多个主设备同时使用总线(每个主设备无须申请即可直接使用总线)，在发生冲突之后采取补救措施避免新的冲突，并设定重新发送数据的策略。CSMA/CD(载波监听多路访问/冲突检测)及其变种载波监听多路访问/冲突避免(CSMA/CA)技术就采用这种方式来解决总线争用问题。每个主设备只要检测到总线空闲就可以使用总线进行数据传输。发送数据之后,一旦检测到总线冲突,系统立刻强制所有使用总线的主设备放弃总线,经过一段时间间隔再进行重试。这种方法的特点是实现简单,但只适用于共享总线的主设备比较少的场合,效率也不高。其典型实例就是采用CSMA/CD访问策略的以太网。

3. 总线仲裁(总线判决)

总线仲裁方式介于前两种方法之间,即允许出现总线争用(同时申请),但不允许出现总线冲突(同时使用)。也就是说,同时申请总线的主设备可以有多个,但任意时刻获准使用总线的主设备却只有一个。而在多个申请者之中选择使用者的方法就是仲裁。

根据分配总线使用权的原则,可以将仲裁算法分为优先级算法和公平仲裁算法。

(1)优先级仲裁

优先级仲裁可以根据系统中各主设备的重要性给各主设备规定不同的优先级,以保证紧急事件能得到及时的处理。所以,优先级仲裁多用于共享总线的 I/O 子系统之间。

(2)公平仲裁

公平仲裁策略是采用特定的算法尽可能保证所有总线主设备在宏观上获得总线使用权的时间或机会均等。虽然在任意时刻,多个主设备中只能有一个使用总线。但公平仲裁算法可以保证使用总线的主设备在给定的时间内放弃总线使用权(例如采用优先级轮换方式),从而在宏观上使总线带宽的分布比较均匀,避免某些设备长时间占用总线。例如对多个平等的通信信道的处理往往就采用公平仲裁算法。

在一个系统内可以同时使用公平仲裁算法和优先级仲裁算法。

4.2.3　总线仲裁技术

数据传输要在计算机的两个部件之间进行,有一方首先启动这次传输过程,即申请总线使用权并发出命令控制总线运行,称为总线主设备;另一方则只能响应由主设备发出的命令并执行读写操作,称为总线从设备。

总线仲裁解决的是多个主设备竞争使用总线的管理调度问题,由总线仲裁逻辑部件完成。总线仲裁是总线系统的核心问题之一。为了解决多个主设备同时竞争总线控制权的问题,必须具有总线仲裁部件。它通过采用优先级策略,选择其中一个主设备为总线的下一次主设备,接管总线控制权解决总线使用权的冲突要靠总线仲裁(判决),即防止一个以上的模块同时驱动总线(发送数据)的情况发生(有些系统允许同时有多个接收者)。

根据仲裁方法的不同,可以将仲裁分为集中仲裁和分布仲裁。如果总线的控制逻辑集中于一个总线仲裁部件,任何主控设备要使用总线都必须向仲裁部件申请并经批准才可使用,这种控制方式就称为集中式总线控制(集中仲裁);如果不存在这样的设备,而是由可以控制总线的所有设备共同管理总线,则称为分散式总线控制(分布仲裁)。

1. 集中仲裁

常见的集中式总线控制方式(总线判决方式)有以下几种:

(1)菊花链(Daisy-Chain)式查询方式

这种方式为每个使用总线的部件设置一定的优先级,在逻辑连接上离总线控制部件(仲裁器)越近的部件拥有越高的总线优先级。菊花链总线判决方式如图 4-2 所示。

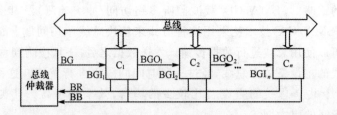

图 4-2　菊花链式总线判决方式

为分配总线使用权,在控制总线中增加三根信号线(BB、BR、BG)作为总线控制线,它们是共享的总线请求和响应线。

BB(Bus Busy):总线忙信号,BB 有效(高或低有效依实现而定)说明总线正被占用。

BR(Bus Request):总线请求信号,BR 有效说明至少有一个总线部件正在申请总线使用权。

BG(Bus Grant):总线响应(确认、认可)信号,表示控制部件响应总线请求。该信号以菊花链的方式串行连接到总线上的各部件,每个部件均有 BGI(输入)和 BGO(输出)。若某部件的 BGI 无效,则它必须置 BGO 无效。

设 BR、BB 和 BG 均以 0 表示无效,1 表示有效,则总线的使用权按下面的步骤分配:

- 总线空闲时,BR、BB 和 BG 均无效,即 BR、BB 和 BG 信号值均被置为 0。
- 任何申请者可以通过置 BR=1 发出申请。
- 当 BR=1 且 BB=0 时,控制部件使 BG=1。
- 若某部件并未发出申请而收到 BGI=1,则置其 BGO=1(BG 沿菊花链向下传递)。
- 若某部件发出了申请,则在 BR=1、BB=0 且 BGI 出现上升沿(保证控制器本身和高优先级者没有占用总线)三者同时满足的情况下接管总线,同时使 BGO=0,以禁止更低优先级的申请者接管总线使用权。当两个部件同时申请时,高优先级者首先使用总线。
- 任何申请者在占用总线后均使 BB=1,以禁止控制部件发出 BG 上升沿。此时即使更高优先级的部件提出申请,也不能立即得到使用权(即采用非抢占优先方式)。
- 占用总线的部件在使用总线完毕后使 BB=0,以示归还总线。

这样,利用 BG 信号的串行传递,可以达到按优先级使用总线的目的。

①菊花链式结构的优点

- 实现简单:只用几根控制线即可实现总线的优先级控制。
- 便于增减总线上的设备:总线控制器的结构与部件数量无关。

②菊花链式结构的缺点

- 对电路故障敏感:若某部件故障,其后的所有部件甚至整个菊花链均不能正常工作。
- 仲裁速度慢:总线响应信号串行传输,主设备越多仲裁时间越长。
- 优先级不能改变,逻辑连接上远离控制部件的设备有可能会"饿死",因为没有控制机制保证获得总线使用权的设备不长期占用总线。

(2)计数器定时查询方式(轮询判决)

这种方式不使用 BG 信号线,但需利用地址总线。若总线上有 N 个部件,则在总线控制部件内设置一个计数器,可以从 0 计数至 $N-1$,每个值对应一个部件。不论哪个部件要使用总线,均通过 BR 提出申请。控制部件通过地址总线定时送出计数器的当前值。提出申请的部件检查地址总线,若发现其上的值与自身的编号相等,则取得总线使用权,并通过置 BB 有效通知控制部件。若控制部件在一定时间内未收到 BB 有效,则令计数器加 1(或减 1),发下一个地址。

若计数器从 0 开始递增,则优先级顺序与部件编号顺序一致。若每次计数从上次计数终止的值开始(计数是模为 N 的方式),则从统计效果上看,各部件的优先级基本相等。由于计数器的初值可由软件设置,故优先级控制非常灵活。

(3)独立请求方式(并行判决)

该方式中每个部件均有自己的 BR_i(请求)和 BG_i(响应)信号线直接送至控制部件,如图 4-3 所示。由控制部件对申请进行排队和管理,并可改变或屏蔽某些部件的总线请求。

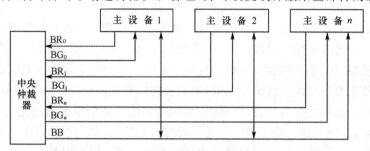

图 4-3　独立请求总线判决方式

独立请求判决(并行)不同于前面两种方式,申请和响应信号线本身是以专线而非总线形式传递信息的。该请求方式的优点是速度快、可使用软件灵活控制、对故障不敏感,但缺点是电路复杂,不易增加设备。

(4)二维判决方式

这种方式综合前几种方式的优点,在一个系统中综合使用菊花链和并行判决,如图 4-4 所示。

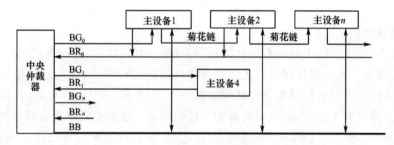

图 4-4　二维总线判决方式

总体而言是并行判决,但并行判决通道中的部分或全部通道可以使用串行判决。二维判决适合于主设备很多的场合。

2. 分布仲裁

与集中仲裁方法不同,分布仲裁的仲裁器是分布于各个主设备中的,没有独立的中央仲裁器。图 4-5 是一种基于优先级的分布仲裁方法。

为实现分布仲裁,应能在各主设备之间传递必要的总线控制信息。每个设备都事先设定一个优先级,用一个 n 位二进制数表示。最高优先级的主设备优先数为 n 位置为 1,而最低优先级的主设备优先数为 n 位置为 0。

为在各主设备之间传递优先级信息,可以在各主设备之间设置若干条总线请求响应信号线,这些信号线本身以总线的形式传递信息,并且在这些信号线上可以进行"线或"操作。信号线的条数亦为 n,它与系统中的主设备的数量 N 之间的关系是 $2^n = N$。

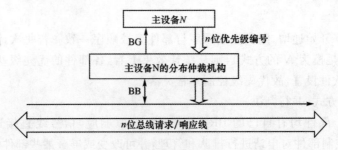

图 4-5　分布仲裁方式

每个申请总线的主设备都通过该主设备的分布总线仲裁部件将其优先级编号送到共享的请求/响应线上,并通过该组信号线执行"线或"操作。此后,每一个申请总线的分布仲裁部件都根据某个公式将自己送出的优先级编号与共享的请求响应线上的数据的逻辑"线或"运算结果进行比较。如果自己的优先级编号更低,则表示同时有更高优先级的主设备在申请总线,于是不再向共享的请求响应线送出自己的优先级编号。该设备的申请撤除之后,总线上会出现新的"线或"结果,并进行新一轮比较。经过一段时间之后,共享线上就只剩下当前优先级最高的主设备的优先数了。该主设备的仲裁机构就在总线空闲之后占用总线。

分布仲裁方式的特点是控制比较灵活、可靠性较高,但实现起来比较复杂。

4.2.4　总线传输握手技术

共享总线的各部件间进行数据传输需要收发双方通过握手实现同步,以便进行高速而可靠的寻址和数据传输。总线握手的作用是控制每个总线周期中数据传输的开始和结束,以及整个总线周期中的每个子周期的开始和结束。这需要靠总线上的定时协定解决。定时协定主要有四种:

1. 同步总线协定

这种方式中,连在总线上的所有部件均在一个统一的时钟信号控制下进行信息传输,各部件的传输周期固定。每个部件何时发送信息、何时接收信息均由时钟规定。事先规定好各部件完成动作的时间,也即各信号在系统时钟的哪一个脉冲、哪一个边沿有效,其相互时序关系如何,在时钟信号控制下完成动作,实现系统工作的同步。这种总线中没有联络握手线。主控部件发出读写命令,经过一段事先约定好的时间之后,它就认为从设备已经接收到所传信息,或者已经及时地把数据放到总线上。

在系统总线中,时钟由系统时钟发生器生成,并作用于系统上的所有部件。对于外总线,时钟可以由通信的任一方产生并传递(通过专用时钟信号线或在数据线中附带)到另一方,也可各自产生后再相互同步。

同步通信适用于总线上各部件的访问时间较接近的情况,其优点是控制简单、便于电路设计、通常传输速率较高。缺点是由于总线上的设备的速度不一致,甚至差异较大,所以必须以响应速度最慢的设备的速度运行,且一旦设计完成,就不能在系统中加入速度更低的设备。

8086/8088 系统中 CPU 与内存交换数据的方式如果不考虑插入等待周期的话就是一种同步式传输方式。

2. 异步总线协定

在总线上的各部件的访问周期差异很大的情况下,若仍然以最长访问时间为总线周期进行同步通信,则访问时间短的部件就不可能发挥其速度优势。这时应采用异步方式,各部件不按统一时钟工作,而是使用若干信号线握手表示收发双方何时能发送和接收数据。

异步总线协定有多种,其中使用最广泛、最可靠的是全互锁异步总线协定。所谓"全互锁",是指收发双方完全采用一问一答的方式联络协调,双方每发出一个信号或数据都在对方的指示或应答信号有效后才进行下一个动作。为此,需要使用两条信号线 READY(信号就绪)和 ACK(Acknowledgement,命令正确应答)进行握手,也称为全互锁总线协定(图 4-6)。

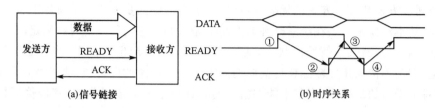

图 4-6　全互锁总线协定的时序关系示意图

全互锁总线工作过程如下:

(1)发送方将数据送上数据线,并使 READY 有效(设高有效),通知收方"数据已准备就绪"。

(2)接收方检测到 READY＝1 后才接收数据。

(3)接收方取走数据后使 ACK 有效(设高有效),通知发方"数据已接收",发出 ACK 信号的时间取决于接收方读取数据的速度(存取速度)。

(4)发方检测到 ACK＝1 后撤除数据(不再驱动数据线),并使 READY 无效(READY＝0),通知收方"知道数据已接收(已撤除数据,数据线已无效)"。

(5)收方在检测到 READY＝0 后置 ACK＝0,通知发方"可以开始新的总线周期"。

(6)发方在检测到 ACK＝0 后开始下一总线周期。

全互锁方式能保证数据的可靠交换,而且每一方在收到对方的信号后均通知对方,使双方可以以尽可能快的速度进行数据交换。故在大多数系统中得到应用。

在某些系统中,也使用半互锁或非互锁方式。

在半互锁方式(如图 4-7 所示)中,上述(5)、(6)两项操作被简化,发方在置 READY＝0 后即开始发送下一个数据,ACK 信号的撤除由收方在一定时间后(确信发方已收到 ACK 后)自行完成。因此只存在收方对发方的互锁。如果 ACK 的持续时间太短,发方可能收不到;如果 ACK 太长(在发方已发送下一个数据后仍有效),则可能被误认为是对下一个数据的应答从而丢失数据。因此在使用半互锁方式时 ACK 应选择一个合适的时间范围。

在非互锁方式(如图 4-8 所示)中,上述(4)、(5)、(6)三项操作均被简化,发方在置 READY＝1 后经过一段时间(确信收方已收到 READY 后)便自行撤除 READY 信号并开始发送下一数据。因此 READY 和 ACK 的撤除均由收发双方自行完成。双方均假定对方可以收到信号而不等对方的确认。类似地,如果 READY 信号太短或太长均可能造成数据交换错误。

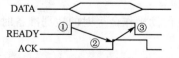
图 4-7　半互锁总线协定的时序关系示意图

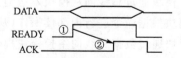
图 4-8　非互锁总线协定的时序关系示意图

在半互锁和非互锁方式中,对不互锁的信号,为确保对方能够接收到,必须按可能的最长操作维持该信号。故这两种方式的数据交换速度可能要低一些,但相对于全互锁方式,实现简单。

异步传输的优点是不同速度的设备可以协同工作,适应性强。缺点是一次传输要来回两次握手、四次传输握手信号,总线周期较同步长,且数据传输速度不固定,取决于模块的访问速度。此外,若总线主设备访问了一个不存在的设备,它将一直等待下去而使系统出现死锁现象。异步总线必须有克服系统死锁的办法,即出错恢复机制。

3. 半同步总线协定

综合同步方式和异步方式的优缺点,提出了折中的半同步方式。从总体上看,它是一个同步系统,其基本动作仍然是在统一时钟的控制下完成的。它仍用系统时钟来定时,利用某一脉冲的前沿或后沿判断某一信号的状态,或控制某一信号的产生和消失,使传输操作与时钟同步。但是,它又不像同步传输那样传输周期固定。对于快速的设备,它的传输方式与同步方式相同;但对于慢速的从模块,当其不能在指定的时钟周期内完成操作时,其传输周期可以延长时钟周期的整数倍。其方法是通过一根等待信号线 WAIT 或准备好信号线 READY 通知主设备增加若干时钟周期。WAIT 线有效或 READY 无效时,表示选中的从设备未准备好数据传输(写入时未做好接收数据的准备,读出时数据未驱动到数据线上)。系统在一适当的状态时钟边沿检测此线,如未准备好,系统便自动地将传输周期延长一个时钟周期,强制主模块等待。此状态时钟的下一个时钟继续检测该信号,直至检测到 WAIT 信号线无效,才不再延长传输周期。这又像异步传输那样传输周期视从设备的速度而异。

半同步方式允许不同速度的模块协同工作,但这个 WAIT 信号不是全互锁的,只是单方向的状态传递,且改变后的总线周期一定是时钟周期的整数倍,这是与异步方式的不同之处(异步方式的总线周期长度是完全任意的)。

半同步传输方式对能按预定时刻一步步完成地址、命令和数据传输的从模块完全按同步方式传输,而对不能按预定时刻传输地址、命令、数据的慢速设备,则借助 WAIT 信号线强制主模块延迟等待若干个时钟周期。它适用于系统工作速度不高,且包含多种存取速度差异较大的设备的系统。

对每个确定的从模块,其读写时间是一定的,它增加的等待周期的数量可以在设计时固定下来,这是与异步方式的又一个差别。

8086 CPU 存储器读、写周期插入等待状态就是半同步方式的一个实例。它于 T_3 前沿检测 READY 状态,若从模块未准备好传输数据,则在 T_4 之前插入等待状态 T_w 直至从模块准备好,才结束等待状态,进入 T_4 周期。如果将 READY 固定接高电平,就成了同步总线。

4. 分离式总线传输协定

在前三种总线协定中,从主控模块通过总线向从模块发送出地址和读写命令开始,到整个传输周期结束,总线完全是由该主控模块以及其选中的从模块占用的。实际上,并非整个传输周期中总线都得到了充分的利用。

以读周期为例,每次传输可以分为三步:

- 主控模块通过总线向从模块发送地址和读命令。
- 从模块根据命令进行内部读操作(从模块执行读操作命令时的数据准备时间)。
- 从模块通过数据总线向主控模块提供数据。

其中第二个阶段的时间内总线是空闲的,而这对作为共享资源的总线是极大的浪费。因此,有的系统为了充分利用这段总线空闲时间,将一个读周期分解成两个分离的传输子周期。

在第一个子周期,主控模块发送地址和命令等信息,经总线传输,由从模块接收后,主控模块立即释放总线,以便其他模块使用总线。待选中的从模块准备好数据后,由该模块再次申请总线,获准后启动第二个子周期,将数据通过总线发向原要求数据的设备,由该设备接收。两个子周期均按同步方式传输,在占用总线的时刻进行高速信息传输。

这样,每个子周期都是单方向的写数据流,每个模块既是主控又是从控。这种分离式传输要求第一个子周期发送的信息应包括该主模块的地址和被访问模块的地址,使得第二个子周期能把所要求的数据传输回原主模块。

由于一个读周期由两个分离的写子时钟周期取代,每个模块在取得总线后仅占用很短的时间,所以分离式传输很适合于有多个主模块(多个处理器或多个 DMA 控制部件)的系统,总线传输率得以提高。而写周期不必分裂,只需后一个子周期。

对于成批的连续读写过程,只需在开始传输一次地址,其后的地址递增或递减由从模块本身完成,从而省略写地址子周期。

本总线传输协定方式的缺点是总线控制比较复杂,在低档微机系统中较少采用。

4.3 PC 系列微机的系统总线

在微机系统的各级总线中,系统总线(包括用于扩展模块的"局部总线")是最重要的总线。系统总线的性能与整个系统的性能有直接的关系。

在 1981 年 IBM 推出以 Intel 8088 为 CPU 的 IBM PC 及其带硬盘的增强型号 IBM PC/XT(Advanced Technology,先进技术)时,它定义了一套系统总线用于在 PC 机的主机板上增加扩展插卡。这个总线在 PC 系统中又称为扩展槽或 I/O 通道。一般将这个系统总线称为 PC 总线或 XT 总线。由于 8088 是准 16 位的微处理器,所以该总线是一种 8 位的系统总线。它是 8088 CPU 片总线经驱动、锁存并经过 8282 锁存器、8286 数据收发器、8288 总线控制器、8259 中断控制器、8237 DMA 控制器以及其他逻辑重新组合扩展而成的。

若干年后,当 IBM 推出以 Intel 80286 为 CPU 的标准 16 位微机系统 IBM PC/AT 时,它在 XT 总线上进行了扩展,构成了与 XT 总线向上兼容的、具有更宽的数据通道和更多的中断线和 DMA 通道的 16 位系统总线,一般称为 AT 总线。

由于 IBM 在个人计算机领域采取的开放策略和 PC 系列微机在商业上的巨大成功,以 Intel 80X86 为 CPU、使用 MS DOS 操作系统并采用 AT 总线的个人计算机成为微机系统事实上的工业标准。所以 AT 总线被称为工业标准体系结构(ISA:Industry Standard Architecture)总线。有时候也将 XT 总线称为 8 位 ISA 总线,而将 AT 总线称为 16 位 ISA 总线。386 以下的 16 位和 32 位 PC 及其兼容机几乎全部完全采用 ISA 总线。目前仍有一些微机系统部分地采用 ISA 总线。

随着 CPU 性能的不断提高(主要体现在速度和总线宽度的提高上)以及多媒体技术的不断发展,ISA 总线逐渐难以满足高速的 I/O 数据交换的要求。高速、高质量的语音、图像和网络通信要求系统总线能提供更高的数据传输速率。于是各 PC 制造厂商和行业协会或标准化组织相继推出了一些高速的总线标准。例如微通道总线 MCA(Micro Channel Architecture,微通道体系结构)、扩展 ISA 总线 EISA(Extended Industry Standard Architecture,扩展工业标准结构)、VESA(Video Electronics Standards Association)局部总线 VL-BUS、外设互连总线 PCI 等。在 386 和 486 微机上,这些总线相互竞争,没有一种占据统治地位。直到奔腾级微机问世以后,由于 PCI 能很好地满足系统的要求,故奔腾以上的微机系统全部采用 PCI(Peripheral Component Interconnect,外围部件互连)总线提供高速 I/O 通道,较早的微机系统同时配备 ISA 总线用于低速 I/O 并与原有的 ISA 插卡保持兼容性。

由于 ISA 总线是自 PC 机问世以来应用时间最长的系统总线,至今仍有应用,所以本节首先较详细地讨论 ISA 总线,然后介绍其他总线,重点讲解目前在 PC 系列微机上使用最广泛的 PCI 局部总线。

4.3.1 PC/XT 总线

PC/XT 是 8 位的 ISA 总线,是 IBM 在 1981 年提出的总线标准,使用在 PC/XT 机上,所以称为 PC/XT 总线,而平常所说的 ISA 总线则专指 16 位 ISA 总线。PC/XT 总线为 8088 CPU 采用,具有 8 位扩展总线,62 线插槽,各引脚信号除了 12 V 电源以外均为 TTL 电平。PC/XT 总线的工作频率为 4.77 MHz,传输 1 字节至少需要 2 个时钟周期,所以,理论上它的最大传输速率为:4.77 MHz×1 Byte÷2 Cycles=2.39 MB/s。图 4-9 为 PC/XT 总线上扩展插槽的引脚图。总线扩展插槽的识别方法为:在扩展卡上元件面为 A 面,焊接面为 B 面,如图 4-10 所示。

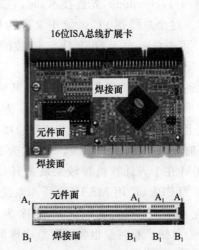

PC/XT 总线

B面插槽引脚信号　**A面插槽引脚信号**

Ground —	B1	A1 — -I/O CH CHK
RESET DRV —	B2	A2 — Data Bit 7
+5 Vdc —	B3	A3 — Data Bit 6
IRQ₂ —	B4	A4 — Data Bit 5
-5 Vdc —	B5	A5 — Data Bit 4
DRQ₂ —	B6	A6 — Data Bit 3
-12 Vdc —	B7	A7 — Data Bit 2
CARD SLCTD —	B8	A8 — Data Bit 1
+12 Vdc —	B9	A9 — Data Bit 0
Ground —	B10	A10 — -I/O CH RDY
-SMEMW —	B11	A11 — AEN
-SMEMR —	B12	A12 — Address 19
-IOW —	B13	A13 — Address 18
-IOR —	B14	A14 — Address 17
-DACK₃ —	B15	A15 — Address 16
DRQ₃ —	B16	A16 — Address 15
DACK₁ —	B17	A17 — Address 14
DRQ₁ —	B18	A18 — Address 13
-Refresh —	B19	A19 — Address 12
CLK(4.77 MHz) —	B20	A20 — Address 11
IRQ₇ —	B21	A21 — Address 10
IRQ₆ —	B22	A22 — Address 9
IRQ₅ —	B23	A23 — Address 8
IRQ₄ —	B24	A24 — Address 7
IRQ₃ —	B25	A25 — Address 6
-DACK₂ —	B26	A26 — Address 5
T/C —	B27	A27 — Address 4
BALE —	B28	A28 — Address 3
+5 Vdc —	B29	A29 — Address 2
OSC(14.3 MHz) —	B30	A30 — Address 1
Ground —	B31	A31 — Address 0

图 4-9　PC/XT 总线扩展插槽引脚配置图　　　图 4-10　16 位 ISA 总线扩展卡示意图

总线槽口上的信号可分成四类:地址总线、数据总线、电源线和控制总线,这些引脚及其含义可参见表 4-1。

表 4-1　　　　　　　　　　　**PC/XT 总线引脚的定义**

引脚	定义
$A_0 \sim A_{19}$	地址总线信号。可寻址 1MB 内存空间和 64 K 个 I/O 端口
$D_0 \sim D_7$	数据总线信号。在 CPU 和内存、外设之间传输数据
CLK	PC/XT 内部系统时钟。频率为 4.77 MHz
OSC	主振信号输出。频率为 14.3 MHz
RESET DRV	系统复位信号

（续表）

引脚	定义
$-$I/O CH RDY	I/O 就绪信号
$-$I/O CH CHK	I/O 通道检查。有效时表示 I/O 通道偶校验查出错误
$-$IOR	I/O 读命令（低电平有效）
$-$IOW	I/O 写命令（低电平有效）
$-$SMEMW	存储器写命令（低电平有效）
$IRQ_3 \sim IRQ_7$	外部硬件中断请求输入
BALE	地址锁存允许。送出正脉冲锁存地址信号
AEN	地址允许信号。当地址是由 DMA 发出时
T/C	DMA 计数器结束信号（高电平有效）
$DRQ_1 \sim DRQ_3$	外设 DMA 请求信号
$-DACK_1, -DACK_2, -DACK_3$	DMA 请求响应。DMAC 对外设 DMA 请求的响应

4.3.2　ISA 总线

前面提到 ISA 总线是 IBM 提出的 16 位总线标准。它是在原来 PC/XT 总线的基础上增加 36 线插槽（共 92 个引脚）进行扩展的，能够与 PC/XT 总线兼容，由于它用于 80286 PC/AT（Advanced Technology，先进技术）计算机上，所以又称为 PC/AT 总线。

ISA 总线共有 16 位数据总线和 24 位地址总线，这使它最多能拥有 16 MB 字节的可寻址内存。ISA 总线的总线时钟为固定的 8.33 MHz，最大的数据传输速率是每 2 个时钟周期两个字节（16 位），所以它的带宽为：8.33 MHz×2 Bytes÷2 Cycles＝8.33 MB/s，最大传输速率可达 20 MB/s。除了增加信号线以外，ISA 总线还在总线控制器中增加了缓冲器，可插入等待状态，使微处理器与扩展总线的时钟分离，允许扩展总线工作在一个比较低的频率环境中。

表 4-2 是 ISA 总线新增的引脚的定义说明。

表 4-2　　　　　　　　　　　ISA 总线新增的引脚定义

信号	引脚定义
$LA_{17} \sim LA_{23}$	地址总线。系统地址总线高 7 位，给系统提供 16 MB 的寻址范围
$\overline{SBHE}$	系统高位字节允许信号。当它有效时（低电平），表明数据放在数据总线的高 8 位（$D_8 \sim D_{15}$）
$D_8 \sim D_{15}$	数据总线。提供 16 位内存数据总线的高 8 位数据
$\overline{MEMR}$	存储器读命令，低电平有效
$\overline{MEMW}$	存储器写命令，低电平有效
$\overline{MEM\ CS16}$	存储器 16 位片选信号。当前数据传输是 16 位的输入/输出设备
$\overline{I/O\ CS16}$	I/O 端口的 16 位片选信号。当前数据传输是 16 位的输入/输出设备
DRQ_0 $DRQ_5 \sim DRQ_7$	DMA 请示信号线。外设和 I/O 通道通过它们发出 DMA 请求，DMA 传输信号；DRQ_0 优先级最高，DRQ_7 最低；$DRQ_0 \sim DRQ_3$ 用于 8 位 DMA 请求，$DRQ_5 \sim DRQ_7$ 用于 16 位 DMA 请求
$-DACK_0$ $-DACK_5 \sim DACK_7$	DMAC 请求响应信号。DMAC 对从属设备 DMA 请求的响应

（续表）

信号	引脚定义
$-MASTER$	总线准备就绪。允许另一个处理器控制系统总线
$IRQ_9 \sim IRQ_{12}$、IRQ_{14}、IRQ_{15}	中断请求信号。I/O 设备通过它们向 CPU 的中断控制器发出中断请求信号。IRQ_9 $\sim IRQ_{12}$ 和 IRQ_{14}、IRQ_{15} 的优先级高于 $IRQ_3 \sim IRQ_7$。其中 IRQ_9 的优先级最高，IRQ_7 优先级最低

值得注意的是当系统传输的数据为 16 位时，$\overline{\text{MEM CS16}}$ 或 $\overline{\text{I/O CS16}}$ 被激活（低电平有效）。

另外，ISA 总线既存在 $\overline{\text{SMEMR}}$、$\overline{\text{SMEMW}}$ 信号，又存在 $\overline{\text{MEMR}}$ 和 $\overline{\text{MEMW}}$ 信号。前者用于给低端的 1 MB 内存（00000H 到 FFFFFH）传输数据。而后者用于给在 1 MB(FFFFFH) 到 16 MB(FFFFFFH) 之间的内存传输数据。例如，如果从地址 000200H 读数据，由于是在低 1 MB 空间内，故 $\overline{\text{SMEMR}}$ 信号被置为低电平；如果地址是 200000H，那么 $\overline{\text{MEMR}}$ 信号被激活。

ISA 总线结构具有十分广泛的应用，包括串行端口、并行端口、网卡和声卡等。尽管它是一种即将被淘汰的产品，但是仍然为许多高性能系统所使用，因为对大部分接口应用系统来说，它依然有着很好的性能，使用的元件也很便宜，是一项得到证实的可靠的技术。

4.3.3 MCA 总线与 EISA 总线

1. MCA 总线

随着具有 32 位数据总线的 CPU 80386 的推出，16 位 ISA 总线的局限性就突显出来了。于是，支持 32 位微处理器的 MCA 总线和 EISA 总线应运而生。

MCA(Micro Channel Architecture，微通道体系结构)总线是 IBM 为解决快速微处理器和相对慢的 ISA 总线之间的差异而开发的总线结构，并被用于 IBM 的 PS/2 系统（使用各种 Intel 处理器芯片的个人计算机系统）。

MCA 总线与 ISA 型的主板完全不兼容，但它技术上更加先进，既可以操作 16 位数据总线，也可以操作 32 位数据总线，速度可达 10 MHz 甚至 16 MHz，能更好地适应 80386/80486 的要求。

MCA 总线采用单总线设计，使用多路复用器来处理存储器和输入/输出端口的数据传输。

多路复用器将总线分成多个不同的通道，每个通道可以处理不同的处理需求。由于 IBM 对 MCA 总线执行的是严格的使用许可证制度，同时还对 MCA 施加了一些限制，以防止和它的小型计算机系统竞争，这就限制了它发展为一种标准，因而 MCA 总线没有像 ISA、EISA 总线一样得到有效推广。目前，MCA 总线主要用于 IBM PS/2 计算机和一些笔记本电脑中。

2. EISA 总线

EISA(Extended Industry Standard Architecture，扩展工业标准结构)是 EISA 集团为配合 32 位 CPU，于 1988 年 9 月推出的一种与 IBM 的 MCA 总线抗衡的增强型总线，它吸收了 IBM 微通道总线的精华，并且兼容 ISA 总线。

(1)EISA 的特点

EISA 总线是开放式的体系结构，它在本质上是 32 位的 ISA 总线，它的插槽与所有 ISA 卡完全兼容，而 16 位的 ISA 总线又兼容 8 位的 PC/XT 总线，所以 EISA 扩展板、16 位的 ISA

板和 8 位的 PC/XT 板是可以进行板间互相访问的。

该总线的推出适应了 PC 的发展潮流,因而当年的高性能 386(386DX)和 486 PC 机都采用 EISA 总线。EISA 的扩展板可以安装 LAN/SCSI/图形控制器,使得它成为高性能、高速度的智能板。如果将 EISA 扩展板和采用 EISA 总线的微机结合,还可以用于高速的网络服务器。

EISA 总线相对 ISA 总线有如下特点:

①它在 ISA 总线的基础上使用双层插座,在原来 ISA 总线的 98 条信号线上又增加了 98 条信号线,也就是在两条 ISA 信号线之间添加一条 EISA 信号线。

②可以在 8.33 MHz 时钟频率下处理 32 位数据,大大提高了数据传输能力,保证了系统性能的提高,最大数据传输速率可达到:8.33 MHz×4 Bytes=33.32 MB/s。

③地址总线扩充到 32 位,这意味着 EISA 系统所提供的存储容量已不再受到系统体系结构的制约而能操作整个 80X86 的存储器空间。

④具有软件自动配置功能,可根据配置文件自动地初始化,配置系统主板和扩展卡,这与 MCA 类似。

⑤扩充了 DMA 控制器的功能,提高了 DMA 传输速度,可以支持两种 DMA 地址方式(24 位 ISA 兼容的 DMA 地址方式和 32 位的 EISA DMA 地址方式)和多种 DMA 数据传输宽度(8 位、16 位、32 位的 I/O)。

(2)EISA 插槽的引脚配置

EISA 总线插槽由上下两部分组成,上半部分是与 ISA 总线相同的 98 个引脚,下半部分是 EISA 特有的 90 个引脚。这 90 个引脚包括 16 条数据线、27 条地址线、12 条控制线、26 条电源线和地线、5 条保留线和 4 条系统制造商专用线。

(3)EISA 总线使用的芯片系列

EISA 总线使用称作 82350 的芯片系列,支持 80386(25 MHz)/80486(33 MHz)CPU。这一芯片系列包括:82357 ISP(集成系统外围芯片)、82358 EBC(EISA 总线控制器)和 82352 EBB(EISA 总线缓冲器)。

在 82357 ISP 芯片中包含了 EISA 系统板上的所有 I/O 外围电路:DMA 控制器、中断控制器、NMI 产生电路和定时器电路,它还包括中心总线仲裁控制单元。

(4)EISA 总线的 NMI 中断源

EISA 总线的 NMI 中断源共有五种:

①系统板上存储器奇偶校验错时产生的 NMI。

②扩展板的 IO CHK 产生的 NMI,即 I/O 通道奇偶校验检查出错误时产生的 NMI。以上两种 NMI 与 ISA、PC/XT 兼容。

③故障保险定时器输出的 NMI,该故障定时器是 EISA 增加的定时器中的一个计数器,如果在一定时间内(两个时钟周期)不复位这个计数器,那么它就会产生 NMI 信号。

④总线定时输出的 NMI。

⑤由软件产生的 NMI 向特定的口地址写任意数据时产生的 NMI 信号。

(5)中心仲裁控制单元 CAC

在 EISA 中,总线的仲裁是实现在一个芯片上的,称为中心仲裁控制单元(Centralized Arbitration Control Unit,CAC Unit)。它用于处理多个设备的总线请求,在各个有总线请求的设备之间决定可以使用总线的设备。

CAC 采用多级循环优先级方式控制总线访问的优先顺序，这些级别有：最高位的循环级，该循环级在主 CPU 或 EISA 总线控制器、DRAM 刷新控制器、DMA 控制器三者间循环；低位循环级，在主 CPU、总线控制器间循环；最低位循环级，在总线控制器之间循环。

（6）总线主控器

ISA 总线主控器是设置在 ISA 扩展板上的 16 位总线控制器，可通过级联方式进行编程的通道向 CAC 请求 EISA 总线的访问权；自身能对系统板、EISA 从设备或 ISA 从设备执行 ISA 存储器或 I/O 周期；使用低 16 位数据总线。

EISA 总线主控器设置在 EISA 扩展板上，通过 EISA 插槽固有的总线请求信号向 CAC 请求 EISA 总线访问权；自身能对系统板、EISA 从设备或 ISA 从设备执行 EISA 存储器或 I/O 周期；内含 32 位总线主控器（使用 32 位的数据总线）和 16 位总线主控器（使用低 16 位数据总线）。

4.3.4　PCI 总线

在 386、486 流行的几年中，高性能的总线处于相互竞争和淘汰过程中，没有一种高性能的总线能够完全占领市场，直到 PCI 总线出现。

EISA 总线、VL 总线、SCSI 总线、MCA 总线和 PCI 总线均能支持 32 位、64 位处理器，具有较高的处理能力，一般称为高端总线。这几种现代总线对 CPU 的依赖逐渐减弱，PCI 总线甚至不依赖于任何 CPU。

在 VL 总线出现不久，Intel 于 1991 年末首先提出了外围部件互连（PCI：Peripheral Component Interconnect）总线的概念，并联合业界多家厂商于 1992 年 6 月成立了一个企业联盟，名为 PCI 专门权益组织（SIG：Special Interest Group），包括了 IBM、DEC、Compaq、Apple 等著名企业，推出了一种局部总线标准——PCI 总线。该标准经不断完善，在常用的 PCI 2.0 版本和 2.1 版本基础上，又发布了 1998 年 12 月的 2.2 版本。

PCI 总线能够支持多个外围设备，并有严格的规范保证高度的可靠性和兼容性。图 4-11 为一个 PCI 插槽视图。

图 4-11　PCI 插槽视图

1. PCI 总线的特点

（1）高性能

①高吞吐量（高总线频宽）

PCI 总线的时钟频率最高为 33 MHz（最终版本可以支持最高 66 MHz），与 CPU 的时钟频率无关。总线宽度为 32 位，并可以扩展到 64 位，所以其带宽可达 33 MHz×4 Bytes＝132 MB/s 或 33 MHz×8 Bytes＝264 MB/s 甚至更高。

②支持线性突发读写方式

新型的高速微处理器均支持突发读写操作，PCI 总线能够很好地支持在总线上完成这种操作。这种线性(顺序)寻址方式可以从内存某一地址起连续读写数据,但只需传输一次地址。每次传输开始时,总线主控设备会通过地址总线传输本次突发的开始地址,并进行一次数据读写。然后每次由被访问的存储器或外设自动地将地址加 1 而不需要传输下一个地址,便可读出或写入数据流内的下一个数据。线性突发传输能非常有效地利用总线的带宽去传输数据,减少不必要的地址传输。这种数据传输方式特别适合于多媒体数据传输和数据通信。

③支持并发工作

PCI 总线上的外围设备可以与 CPU 并发工作。一般设计良好的 PCI 控制器(或称为 PCI 桥路)具有多级缓冲,例如 CPU 在向 PCI 总线上的设备执行写操作时,只需将一批数据快速写入缓冲器即可,数据从缓冲器传输到 PCI 外围设备的过程完全可以在 PCI 控制器的控制下自动执行而无需 CPU 的任何干预,CPU 可以去执行其他操作。这种并发工作提高了整体性能。

④总线延时低

总线延时由仲裁延时、总线使用权获取延时和从设备延时构成。PCI 桥路提供很短的延时通道,延时长度的最坏情况可以预测。每个设备上的延时器规定设备使用总线的最长时间,以便 CPU 优化系统性能。

⑤PCI 总线支持总线主控技术

允许智能设备在需要时取得总线控制权,以加速数据传输。

(2)独立于处理器

PCI 总线是一种不依附于某个具体处理器的局部总线。从结构上看,PCI 是在 CPU 和原来的系统总线之间插入的一级总线,具体控制由 PCI 桥路实现。PCI 桥路提供了信号缓冲,使 PCI 总线能支持 10 台外设,并能在很高的时钟频率下保持高性能。

PCI 总线的结构与处理器的结构无关,它采用独特的中间缓冲器设计,把处理器子系统与外围设备分开。一般情况下,在处理器总线上增挂更多的设备或部件,将使系统性能和可靠性降低。而通过缓冲器的设计,用户可以随意增设多种外围设备扩展系统,而不必担心在不同时钟频率下会导致性能下降。这种独立性也使该总线有可能适应将来的处理器,从而延长了总线的寿命。

PCI 总线是与 CPU 异步工作的,总线上的工作频率固定为 33 MHz。这样,CPU 的运行速度不会受 PCI 总线设备操作速度的限制。

(3)兼容性好

由于在 CPU 与 PCI 总线之间插入了 PCI 桥路这一中介层,使得 PCI 总线不与 CPU 直接相连。PCI 的这种隔离式设计使得 PCI 外设与 CPU 相互独立,从而带来了许多优越性:

①当改变 CPU 时,只需改变相应的 PCI 桥路,仍能保持总线结构。又由于 PCI 的性能指标与 CPU 及时钟无关,因此,无论是 Intel 系列的 80X86 CPU,还是 RISC 处理器、Motorola 的 68000 系列处理器、Power PC 处理器甚至将来新出现的处理器,都能应用于 PCI。

②通过 PCI 总线控制器,PCI 可以与其他的总线(如 ISA、EISA、MCA、VL 等)也保持很好的兼容性。这是因为 PCI 系统可以通过标准总线桥路(标准总线控制器)将 PCI 总线转换成其他标准总线,从而在同一系统中兼容多种总线标准。这种兼容性能让用户在保护原有投资的前提下享受高性能外设的好处。

(4)高效益,低成本

PCI 设计时采用了许多措施以尽量降低整体成本:

①高集成度。通过将大量的系统功能(如存储器控制器、Cache 控制器和总线控制器等)

集成在 PCI 芯片内部，可以减少部件间相互连接的逻辑电路，减少电路板空间并降低成本，同时也提高了可靠性。

②管脚多路复用。地址线和数据线以及许多控制线共用管脚，减少了管脚的个数（主设备 49 个信号、从设备 47 个信号）以及 PCI 部件的封装尺寸。当然，这种低成本是在高性能的基础之上的，PCI 总线的成本当然不能和低速的 ISA 总线的成本相比较。

在 PCI 刚刚出现时，其主板和扩展卡都比 VL 总线结构的价格高，但随着支持 PCI 总线的芯片逐渐成熟和 PCI 总线的普及，PCI 总线的通用系统（如网卡、声卡等）价格已经比较低了。

（5）即插即用（自动配置）

传统的扩展卡插入系统时往往需要由用户使用开关、跳线或是软件设置扩展卡需要占用的系统内存空间、I/O 端口、系统中断和 DMA 通道。为了解决用户配置多种扩展卡所面临的各种难题，Intel、Microsoft 等公司提出了即插即用（Plug and Play）的概念，使任何扩展卡在插入系统时能够由系统软件和硬件自动协商和分配系统资源。PCI 总线在内存空间、I/O 空间之外另外设置了 256 个字节的配置空间，用以访问扩展卡上的自动配置信息。PCI 部件内通常设有可在线写入和擦除的非易失存储器，能够保存配置信息。任何一块 PCI 扩展卡都有一个标识该卡的唯一标识符（由厂商 ID 和扩展卡序列号组成），使系统能够识别总线上的所有扩展卡。系统启动时，ROM-BIOS 和操作系统能与系统硬件配合自动配置系统资源。

（6）预留了升级换代和未来扩展空间

PCI 总线从一开始就作为一种长期的总线标准加以制定，充分考虑了总线将来的扩展空间。

①5 V 和 3.3 V 兼容

考虑到节能的绿色微机和便携式微机的要求，许多系统都已采用 3.3 V 电源供电。PCI 总线也把支持 3.3 V 工作电压引入规范中。但为了便于平滑过渡，PCI 同时支持 5 V 和 3.3 V，并规定了从 5 V 到 3.3 V 的转换途径。PCI 定义了三种扩展卡接插件，一种是 5 V 信号环境下的，一种是 3.3 V 信号环境下的，第三种为通用双电压卡（它可以旋转 180 度），如图 4-12 所示。接插件键控口（key）能阻止将扩展卡插入不适当的槽中。这三种板都连接到 5 V 和 3.3 V 电源上，可以同时包含 5 V 和 3.3 V 元件。不同型号的扩展卡之间的区别是它们使用的信号规范（数据、地址和控制线上的电平规范），而不是它们所连接的电源。

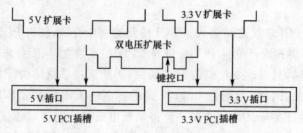

图 4-12　PCI 总线扩展卡的接插件结构

②支持 32 位到 64 位扩展

32 位扩展卡可以在 32 位 PCI 总线上使用，64 位扩展卡可以在 64 位 PCI 总线上使用，而通用的插卡既可在 32 位的系统上运行，又可以在 64 位的系统上运行。

③运行频率可扩展到 66 MHz

1996 年初 PCI SIG 推出的 PCI 总线标准可运行于 66 MHz，数据宽度为 64 位，最高数据传输率为 528 MB/s。

由于 PCI 总线的先进性,除了标准的 PCI 总线之外,还出现了许多 PCI 总线的变种。例如,适用于嵌入式应用(Embedded Application)环境的 Compact PCI(在电气规范上和 PCI 相同,但在机械规范上则采用体积更小的 VME 总线规范)、适用于工业应用(Industry Application)环境的 Industrial PCI 以及适用于小型系统(如个人数字助理 PDA)的 Small PCI,使得 PCI 成为一个应用广泛的总线簇。

PCI 总线规范 1.0 版本发布于 1992 年 6 月,之后经过了多次修改和升级,目前的 PCI 有多种类型,见表 4-3。

表 4-3　　　　　　　　　　　　　　　PCI 总线类型

总线类型	总线宽度(bit)	总线频率(MHz)	总线带宽(MB/s)
PCI	32	33	133
PCI 66 MHz	32	66	266
PCI 64 bit	64	33	266
PCI 66 MHz/64 bit	64	66	533
PCI-X	64	133	1066

2. PCI 总线系统的结构

图 4-13 显示了 PCI 总线系统的结构。

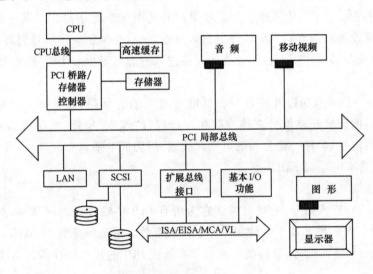

图 4-13　PCI 总线系统的结构

(1)CPU 总线所提供的高速数据通道一般留给 CPU、Cache 和主存子系统使用。

(2)PCI 桥路用来实现驱动 PCI 总线所需的全部控制。CPU 总线和 PCI 总线之间的控制芯片习惯上称为北桥芯片。芯片中除了含有桥接电路外,还有 Cache 控制器和 DRAM 控制器等其他控制电路。总线接口内的先进先出(FIFO)缓冲器可以缓冲 CPU 与 PCI 总线之间交换的数据,使 PCI 总线上的部件可以与 CPU 并发工作。

(3)要求高速传输大量数据的外围部件(例如移动视频接口卡、音频接口卡、网络接口卡、磁盘控制卡等)可以通过 PCI 局部总线这条高速数据通道与 CPU 或内存子系统交换数据。

（4）PCI 总线上可以挂接其他标准总线控制器（习惯上称为南桥），它将 PCI 总线转换成其他标准总线，如 ISA、EISA、MCA 和 VL 等，从而构成 PCI 总线的扩展总线。那些不需要很高的数据交换能力的外设，如打印机、扫描仪、传真卡、低速调制解调器等，可以使用低速的总线，这同时又保护了用户原有的投资。不同的标准总线控制器（标准总线桥路）可以扩展不同的标准总线。在 PCI 局部总线中，ISA 总线等扩展总线被看作是一种 PCI 外部设备并与局部总线交换数据。

（5）如果需要将很多的设备接到 PCI 总线上而总线驱动能力又不足，则可采用多级 PCI 总线扩展 PCI 结构。也就是在原有的 PCI 总线上挂接 PCI-PCI 桥路，从而扩展出另一条 PCI 总线。

3. PCI 总线的信号

由于采用了管脚复用技术，PCI 总线的信号要求的引脚数不多，可以降低成本。这些信号可以分为两类：基本信号和任选信号。下面只介绍最基本的信号，其他任选信号不太常用，有兴趣的读者可参阅 PCI 规范。

PCI 总线上的信号有如下的形态（信号的方向是对主控设备从设备的组合而言的）。

- IN：输入信号。
- OUT：输出信号。
- T/S：Tri-State，双向三态输入输出信号。
- S/T/S：抑制三态线，是只有一个信号驱动的低电平三态信号。由某一设备驱动到低电平有效，然后该设备在放弃对其驱动使其进入三态之前，必须驱动该信号到高电平至少半个时钟周期。其他设备必须在前一占用总线的设备进入三态后至少一个时钟周期之后才能驱动该信号。
- O/D：Open-Drain，漏极开路信号。低电平时驱动为低阻，高电平时驱动为高阻。因此，允许多个设备的漏极开路信号直接连接在一起进行“线或”操作：当所有信号均为高电平时，“线或”后为高电平；若任一信号为低电平，“线或”后为低电平。

PCI 线上的基本信号有下面几类：

（1）时钟复位线

①CLK（Clock），输入信号：总线时钟。它为所有 PCI 传输提供时序基准，对所有 PCI 设备均为输入信号。大多数 PCI 信号均在时钟上升沿有效。最高频率为 33 MHz，最低为 0 Hz。

②$\overline{RST}$（Reset），输入信号：复位线。该信号有效使 PCI 的特殊寄存器、定时器和控制信号线复位为初始状态。

（2）数据地址线

①$AD_0 \sim AD_{31}$（Address/Data），T/S：双向三态数据/地址复用线

在地址周期（Address Phase）是 32 位地址；在数据期（Data Phase）是数据，数据宽度可变，可以是 8 位、16 位或 32 位。因为总线是 32 位的，故在地址周期 AD_0 和 AD_1 不作为地址而表示某些控制信息。

②$\overline{C/BE_0} \sim \overline{C/BE_3}$（Command/Byte Enable），T/S：总线命令和字节有效的复用线

在地址周期，它们表示总线命令，说明在地址周期总线传输的类型，见表 4-4；在数据周期，它们确定各字节是否有效，决定 32 位数据地址线上哪一个字节通道用于传输数据。

表 4-4 PCI 总线的命令类型

$\overline{C/BE_0} \sim \overline{C/BE_3}$	命令类型	$\overline{C/BE_0} \sim \overline{C/BE_3}$	命令类型
0000	中断响应	1000	保留
0001	特殊周期	1001	保留
0010	I/O 读	1010	配置空间读
0011	I/O 写	1011	配置空间写
0100	保留	1100	多重内存读
0101	保留	1101	双地址周期
0110	内存读	1110	内存读一行
0111	内存写	1111	内存写并使无效

③PAR(Parity),T/S:奇偶校验(偶校验)线

它作为 $AD_0 \sim AD_{31}$ 和 $\overline{C/BE_0} \sim \overline{C/BE_3}$ 的校验线。在地址周期和写数据周期由主设备驱动,在读数据周期由从设备驱动。PCI 总线上的设备可以分为主控设备和从控设备,任何一个总线周期都是由主控设备发起的。通常总线控制器就是总线主控设备,但 PCI 总线上的插卡和其他设备也可作为主控设备。

(3)传输控制线

①$\overline{FRAME}$,S/T/S:帧同步信号

由当前主控部件驱动,表示总线访问的开始和持续期,该信号失效表示传输的是最后一个数据期。

②$\overline{IRDY}$(Initiator Ready),S/T/S:总线主控设备就绪

表示主设备能够完成当前数据期的传输。在写周期表示当前数据地址线上存在数据,在读周期表示主设备准备接收数据。

③$\overline{TRDY}$(Target Initiator Ready),S/T/S:总线从控设备就绪

表示从设备能够完成当前数据期的传输。在读周期表示当前数据地址线上存在数据,在写周期表示从设备准备接收数据。当$\overline{IRDY}$或$\overline{TRDY}$中任何一个无效时,总线上均需插入等待周期。

④$\overline{STOP}$,S/T/S:停止信号

由从设备(目标设备)插入,要求主控部件停止当前的传输周期。

⑤IDSEL(Initialization Device Select),输入信号:初始化设备选择

在读写配置空间时 PCI 不采用地址译码方式,而是用该信号作为芯片选择。地址周期中 $AD_2 \sim AD_7$ 指定一个配置空间地址,按照双字编址。

⑥$\overline{DEVSEL}$(Device Select),S/T/S:设备选择线

由从设备发出。当某一设备的地址译码有效时,它将驱动该线。

(4)PCI 总线仲裁信号线

PCI 使用集中式的同步仲裁方案,即对于每个主设备都有唯一的请求和允许信号,利用请求—允许方式完成总线的切换。PCI 总线仲裁结构如图 4-14 所示。

①$\overline{REQ}$(Request),T/S:向总线仲裁器发出的总线请求信号

这是一个点对点的信号,每个主控部件都有自己的信号$\overline{REQ}$(各个插槽上的该信号并不相互连接)。

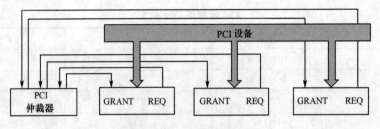

图 4-14　PCI 总线仲裁示意图

②$\overline{\text{GNT}}$(Grant)，T/S：总线仲裁器给出的总线确认信号

该信号是对总线请求信号的响应。这也是一个点对点的信号，每个主控部件都有自己的 $\overline{\text{GNT}}$信号。

PCI 总线采用中央仲裁方式。任何需要占用总线的扩展卡都必须向总线仲裁器发出总线请求。因此对 PCI 总线来说，不存在 DMA 方式。在 ISA 总线中，DMA 控制器和 CPU 争用总线，DMA 控制器与 CPU 不是公平地占用总线的，DMA 控制器只能利用周期窃取的方式"盗用"总线。而在 PCI 总线中，各个主设备占用总线是合法的、透明的，不必再盗用。

(5)出错报告信号线

①$\overline{\text{PERR}}$(Parity Error)，S/T/S：奇偶校验错误信号线。用来报告数据奇偶校验错误。

②$\overline{\text{SERR}}$(System Error)，O/D：系统错误信号线。

报告地址奇偶错误、特殊命令中的数据奇偶错误或是其他致命性的系统错误。

(6)中断信号线

$\overline{\text{INTA}}\sim\overline{\text{INTD}}$(Interrupt A～D)，O/D：中断请求信号线。

低电平有效，电平触发方式，且是 O/D 信号，允许多个中断源共享一根信号线进行"线或"。对于单功能的设备，只有 $\overline{\text{INTA}}$可用，多功能设备则可使用任何一根或多根 $\overline{\text{INTX}}$信号线。

除了以上介绍的信号线外，PCI 还有其他一些可选的信号线，包括高速缓存(Cache)支持信号线、64 位扩展信号线、JTAG/边界扫描(Boundary Scan)信号线(用于测试等功能)等。

为更详细地了解 PCI 总线的引脚信号，表 4-5 给出了一个完整的 5 V、32 bit PCI 扩展卡的引脚信号表。

表 4-5　　　　　　　　　　　　　**5 V 32 bit PCI 扩展卡的引脚信号**

引脚	B 面	A 面	引脚	B 面	A 面
1	-12 V	$\overline{\text{TRST}}$	32	AD_{17}	AD_{16}
2	TCK	$+12$ V	33	$\overline{C/BE_2}$	$+3.3$ V
3	GND	TMS	34	GND	$\overline{\text{FRAME}}$
4	TDO	TDI	35	$\overline{\text{IRDY}}$	GND
5	$+5$ V	$+5$ V	36	$+3.3$ V	$\overline{\text{TRDY}}$
6	$+5$ V	$\overline{\text{INTA}}$	37	$\overline{\text{DEVSEL}}$	GND
7	$\overline{\text{INTB}}$	$\overline{\text{INTC}}$	38	GND	$\overline{\text{STOP}}$
8	$\overline{\text{INTD}}$	$+5$ V	39	$\overline{\text{LOCK}}$	$+3.3$ V
9	$\overline{\text{PRSNT}_1}$	保留	40	$\overline{\text{PERR}}$	$\overline{\text{SDONF}}$
10	保留	$+5$ V	41	$+3.3$ V	$\overline{\text{SBO}}$

（续表）

引脚	B 面	A 面	引脚	B 面	A 面
11	$\overline{PRSNT_2}$	保留	42	$\overline{SERR}$	SDONF
12	GND	GND	43	+3.3 V	PAR
13	GND	GND	44	$\overline{C/BE_1}$	AD_{15}
14	保留	保留	45	AD_{14}	+3.3 V
15	GND	RST	46	GND	AD_{13}
16	CLK	+5 V	47	AD_{12}	AD_{11}
17	GND	$\overline{GNT}$	48	AD_{10}	GND
18	$\overline{REQ}$	GND	49	GND	AD_9
19	+5 V	保留	50	连接器键控口	
20	AD_{31}	AD_{30}	51		
21	AD_{29}	+3.3 V	52	AD_8	$\overline{C/BE_0}$
22	GND	AD_{28}	53	AD_7	+3.3 V
23	AD_{27}	AD_{26}	54	+3.3 V	AD_6
24	AD_{25}	GND	55	AD_5	AD_4
25	+3.3 V	AD_{24}	56	AD_3	GND
26	$\overline{C/BE}$	IDSE	57	GND	AD_2
27	AD_{23}	+3.3 V	58	AD_1	AD_0
28	GND	AD_{22}	59	+5 V	+5 V
29	AD_{21}	AD_{20}	60	$\overline{ADK_{64}}$	$\overline{REQ_{64}}$
30	AD_{19}	GND	61	+5 V	+5 V
31	+3.3 V	AD_{18}	62	+5 V	+5 V

4.3.5　PCI-E 总线

1. PCI-E 总线的诞生和发展历程

自 1990 年 PCI 总线问世以来，除了 3D 显示卡以外，直到现在还没有哪个计算机配件脱离 PCI 总线的束缚另起炉灶，诸如千兆网卡、声卡和 RAID 卡等都还在认真地执行着 PCI 技术规范。但 PC 技术的快速发展已经让 PCI 总线越来越显现出不足，尤其是最近的千兆网络以及视频应用等外设，会使 PCI 仅有的 133 MB/s 带宽难以承受，当几个类似外设同时满负荷运转，PCI 总线几近瘫痪。不但如此，随着技术的不断进步，PCI 电压难以降低的缺陷越来越显现出来，PCI 规范已经成为现在 PC 系统的发展桎梏，彻底升级换代迫在眉睫，因此 PCI-E 总线的诞生就成为技术发展的必然。

在 2001 年春季的"英特尔开发者论坛"上，英特尔公司正式公布了旨在要用新一代的技术取代 PCI 总线和多种芯片内部连接的第三代 I/O 总线技术。2001 年底，包括 Intel、AMD、Dell 和 IBM 在内的 20 多家业界主导公司开始起草新的技术规范，该规范由 Intel 支持的 AWG（Arapahoe Working Group）负责制定，并称之为第三代 I/O 总线技术（3rd Generation I/O，也就是 3GIO），即后来的 PCI-E 总线规范。不过在公布之初，由于应用环境、配套设备还不是很完善，并不为人们所关注。到了 2002 年 4 月 17 日，AWG 正式宣布 3GIO 1.0 规范草稿制定完毕,并移交由 PCI-SIG(PCI 特殊兴趣组织),由 PCI-SIG 进行审核,该规范最终被命名为 PCI Express,简称为"PCI-E",并正式发布 PCI Express 1.0 标准。在 2003 年春季的"英特尔开发者论坛"上,Intel 才正式公布了 PCI-E 的产品开发计划,PCI-E 最终走向应用。

PCI-E 作为新一代的总线接口,采用此技术规范接口的显卡产品在 2004 年正式面世。

随着 PCI-E 技术的不断改进,于 2007 年 1 月通过的 PCI Express 2.0 标准,除了在维持与目前 PCI Express 1.1 版兼容性的前提下,将传输速度由原来的单一通道宽度 2.5 GB/s 提升至 5 GB/s。除实现对单一通道宽度倍增以外,并且在原有的特性之下加入了几项先进的功能,以期更为符合未来的发展需求。在 2010 年 1 月又通过了 PCI Express 3.0 标准,传输速度提升至 8 GB/s。

2. PCI-E 总线的特点

PCI-E 是最新的总线和接口标准,它原来的名称为"3GIO",是由英特尔提出的,很明显英特尔的意思是它代表着下一代 I/O 接口标准。这个新标准将全面取代现行的 PCI 和 AGP,最终实现总线标准的统一。它的主要优势是数据传输速度高,目前最高单一通道宽度可达到 8 GB/s以上,而且还有相当大的发展潜力。PCI-E 也有多种规格,从 PCI-E ×1 到 PCI-E ×16,能满足现在和将来一定时间内出现的低速设备和高速设备的需求。能支持 PCI-E 的主要是英特尔的 i915 和 i925 系列芯片组。当然要实现全面取代 PCI 和 AGP 也需要一个相当长的过程,就像当初 PCI 取代 ISA 一样,都会有个过渡和产品升级换代的过程。

PCI-E 是新一代能够提供大量带宽和丰富功能的新式图形架构,PCI-E 可以大幅提高中央处理器(CPU)和图形处理器(GPU)之间的带宽,将用来替代 PCI 和 AGP 接口规范成为一种新标准。

PCI-E 总线由 PCI 或 AGP 的并行数据传输变为串行数据传输,并且采用了点对点技术,允许每个设计建立自己的数据通道,这样极大加快了相关设备之间的数据传送速度。它可以给视频应用者更完美地享受影院级的图像效果,并获得无缝多媒体体验。

PCI-E 总线的接口根据总线位宽不同而有所差异,包括×1、×4、×8 以及×16,而×2 模式将用于内部接口而非插槽模式。PCI-E 规格从 1 条通道连接到 32 条通道连接,有非常强的伸缩性,以满足不同系统设备对数据传输带宽不同的需求。此外,较短的 PCI-E 卡可以插入较长的 PCI-E 插槽中使用,PCI-E 接口还能够支持热拔插,这也是个大的飞跃。PCI-E ×1 的 250 MB/s 传输速度已经可以满足主流声效芯片、网卡芯片和存储设备对数据传输带宽的需求,但是远远无法满足图形芯片对数据传输带宽的需求。因此,用于取代 AGP 接口的 PCI-E 接口位宽为×16,能够提供 5 GB/s 的带宽,即便有编码上的损耗但仍能够提供约 4 GB/s 左右的实际带宽,远远超过 AGP 8X 的 2.1 GB/s 的带宽。

尽管 PCI-E 技术规格允许实现×1(250 MB/s)、×2、×4、×8、×12、×16 和×32 通道规格,但是依目前形式来看,PCI-E ×1 和 PCI-E ×16 已成为 PCI-E 主流规格,同时很多芯片组厂商在南桥芯片当中添加对 PCI-E ×1 的支持,在北桥芯片当中添加对 PCI-E ×16 的支持。除去提供极高数据传输带宽之外,PCI-E 因为采用串行数据包方式传递数据,所以 PCI-E 接口每个针脚可以获得比传统 I/O 标准更多的带宽,这样就可以降低 PCI-E 设备生产成本和体积。另外,PCI-E 支持高阶电源管理、热插拔和数据同步传输,为优先传输数据进行带宽优化。

3. PCI-E 总线的外部结构

图 4-15 为 PCI-E 总线插槽视图。

图 4-15　PCI-E 总线插槽视图

4. PCI-E 总线的硬件协议

PCI-E 的连接是建立在一个双向的序列(1-bit)点对点连接基础之上,这称之为"传输通道"。与 PCI-E 连接形成鲜明对比的是,PCI 是基于总线控制,所有设备共同分享的单向 32 位并行总线。PCI-E 是一个多层协议,由一个对话层、一个数据交换层和一个物理层构成。物理层又可进一步分为逻辑子层和电气子层。逻辑子层又可分为物理代码子层(PCS)和介质接入控制子层(MAC)。

(1)物理层

各式不同的 PCI-E 插槽在电信号的使用上,每组流水线使用两个单向的低电压差分信号(LVDS)合计达到 2.5 GB/s。传送及接收不同数据会使用不同的传输通道,每一通道可运作四项资料。两个 PCI-E 设备之间的连接成为"链接",这形成了 1 组或更多的传输通道,各个设备最少支持 1 个传输通道(×1)的链接。也可以有 2、4、8、16 或 32 个通道的链接,这可以更好地提供双向兼容性,其中×2 模式将用于内部接口而非插槽模式。PCI-E 卡能使用在至少与传输通道相当的插槽上(例如×1 接口的卡也能工作在×4 或×16 的插槽上)。一个支持较多传输通道的插槽可以建立较少的传输通道(例如 8 个通道的插槽能支持 1 个通道),PCI-E 设备之间的链接将使用两设备中较少通道数的作为标准。一个支持较多通道的设备不能在支持较少通道的插槽上正常工作,例如×4 接口的卡不能在×1 的插槽上正常工作(插不入),但它能在×4 的插槽上只建立 1 个传输通道(×1)。PCI-E 卡能在同一数据传输通道内传输包括中断在内的全部控制信息,这也方便了与 PCI 的兼容。多传输通道上的数据传输采取交叉存取,这意味着连续字节交叉存取在不同的通道上。这一特性被称之为"数据条纹",需要非常复杂的硬件支持连续数据的同步存取,也对链接的数据吞吐量要求极高。由于数据填充的需求,数据交叉存取不需要缩小数据包。与其他高速数据传输协议一样,时钟信息必须嵌入信号中。在物理层上,PCI-E 采用常见的 8 b/10 b 代码方式来确保连续的"1"和"0"字符串长度符合标准,这样能保证接收端不会误读。编码方案用 10 位编码比特代替 8 个未编码比特来传输数据,占用 20%的总带宽。有些协议(如 SONET)使用另外的编码结构(如"不规则")在数据流中嵌入时钟信息。PCI-E 的特性也定义了一种"不规则化"的运算方法,但这种方法与 SONET 完全不同,它的方法主要用来避免数据传输过程中的数据重复而出现数据散射。第一代 PCI-E 采用 2.5 Gb 单信号传输率,PCI-SIG 计划在未来版本中增强到 5～10 Gb。

(2)数据链接层

数据链接层采用按序的交换层信息包(Transaction Layer Packets,TLPs),是由交换层生成,按 32 位循环冗余校验码(CRC 或 LCRC)进行数据保护,采用著名的协议(Ack and Nak signaling)的信息包。TLPs 能通过 LCRC 校验和连续性校验的称为 Ack(命令正确应答);没有通过校验的称为 Nak(没有应答)。没有应答的 TLPs 或者等待超时的 TLPs 会被重新传输。这些内容存储在数据链接层的缓存内。这样可以确保 TLPs 的传输不受电子噪音干扰。

Ack 和 Nak 信号由低层的信息包传送,这些包被称为数据链接层信息包(Data Link Layer Packet,DLLP)。DLLP 也用来传送两个互联设备的交换层之间的流控制信息和实现电源管理功能。

(3)交换层

PCI-E 采用分离交换(数据提交和应答在时间上分离),可保证传输通道在目标端设备等待发送回应信息传送其他数据信息,它采用了可信性流控制。这一模式下,一个设备广播它可接收缓存的初始可信信号量。链接另一方的设备会在发送数据时统计每一发送的 TLP 所占用的可信信号量,直至达到接收端初始可信信号最高值。接收端在处理完毕缓存中的 TLP 后,它会回送发送端一个比初始值更大的可信信号量。可信信号统计是定制的标准计数器,这一算法的优势,相对于其他算法(如握手传输协议等),在于可信信号的回传反应时间不会影响系统性能,因为如果双方设备的缓存足够大的话,是不会出现达到可信信号最高值的情况,这样发送数据不会停顿。第一代 PCI-E 标称可支持每传输通道单向每秒 250 MB 的数据传输率。这一数字是根据物理信号率 2500 Mb 除以编码率(10 b/Byte)计算而得。这意味着一个16 通道(×16)的 PCI-E 卡理论上可以达到单向 250×16=4000 MB/s(3.7 GB/s)。实际的传输率要根据数据有效载荷率,即依赖于数据的本身特性,这是由更高层(软件)应用程序和中间协议层决定。PCI-E 与其他高速序列连接系统相似,它依赖于传输的鲁棒性(CRC 校验和 Ack 算法)。长时间连续的单向数据传输(如高速存储设备)会造成>95% 的 PCI-E 通道数据占用率。这样的传输受益于增加的传输通道,但大多数应用程序如 USB 或以太网络控制器会把传输内容拆分成小的数据包,同时还会强制加上确认信号。这类数据传输由于增加了数据包的解析和强制中断,降低了传输通道的效率。这种效率的降低并非只出现在 PCI-E 上。

5. PCI-E 总线的技术优势

PCI-E 总线是一种完全不同于过去 PCI 总线的一种全新总线规范,与 PCI 总线共享并行架构相比,PCI-E 总线是一种点对点串行连接的设备连接方式,点对点意味着每一个 PCI-E 设备都拥有自己独立的数据连接,各个设备之间并发的数据传输互不影响,而对于过去 PCI 那种共享总线方式,PCI 总线上只能有一个设备进行通信,一旦 PCI 总线上挂接的设备增多,每个设备的实际传输速率就会下降,性能得不到保证。现在,PCI-E 以点对点的方式处理通信,每个设备在要求传输数据的时候各自建立自己的传输通道,对于其他设备这个通道是封闭的,这样的操作保证了通道的专有性,避免其他设备的干扰。

在传输速率方面,PCI-E 总线利用串行的连接特点能轻松将数据传输速度提到一个很高的频率,达到远超出 PCI 总线的传输速率。PCI-E 的接口结构根据总线位宽不同而有所差异,包括×1、×4、×8 以及×16(×2 模式将用于内部接口而非插槽模式),其中×1 的传输速度为250 MB/s,而×16 等于 16 倍于×1 的速度,即 4 GB/s。与此同时,PCI-E 总线支持双向传输模式,还可以运行全双工模式,它的双单工连接能提供更高的传输速率和质量,它们之间的差异跟半双工和全双工类似。因此连接的每个装置都可以使用最大带宽,PCI-E 接口设备将有着比 PCI 设备优越得多的资源可用。

除了这些,PCI-E 设备能够支持热拔插和热交换特性,支持的三种电压分别为+3.3 V、3.3 VauX 以及+12 V。考虑到现在显卡功耗的日益上涨,PCI-E 随后在规范中改善了直接从插槽中取电的功率限制,×16 的最大提供功率达到了 70 W,比 AGP 8X 接口有了很大的提高。基本可以满足未来中高端显卡的需求。这一点可以从 AGP 和 PCI-E 两个不同版本的 6600GT 上就能明显地看到,后者并不需要外接电源。

　　从 PCI-E 的结构可以看到它只是南桥的扩展总线,它与操作系统无关,所以也保证了它与原有 PCI 的兼容性,也就是说在很长一段时间内在主板上 PCI-E 接口将和 PCI 接口共存,这也给用户的升级带来了方便。由此可见,PCI-E 最大的意义在于它的通用性,不仅可以让它用于南桥和其他设备的连接,也可以延伸到芯片组间的连接,甚至也可以用于连接图形芯片,这样,整个 I/O 系统将重新统一起来,将更进一步简化计算机系统,增加计算机的可移植性和模块化。PCI-E 已经为 PC 的未来发展重新铺设好了路基,以后就要看 PCI-E 产品的应用情况了。

　　PCI-E 采用目前业内流行的点对点串行连接,比起 PCI 以及更早期的计算机总线的共享并行架构,每个设备都有自己的专用连接,不需要向整个总线请求带宽,而且可以把数据传输率提高到一个很高的频率,达到 PCI 所不能提供的高带宽。相对于传统 PCI 总线在单一时间周期内只能实现单向传输,PCI-E 的双单工连接能提供更高的传输速率和质量,它们之间的差异跟半双工和全双工类似。

　　在兼容性方面,PCI-E 在软件层面上兼容目前的 PCI 技术和设备,支持 PCI 设备和内存模组的初始化,也就是说目前的驱动程序、操作系统无须推倒重来,就可以支持 PCI-E 设备。PCI-E 是新一代能够提供大量带宽和丰富功能以实现令人激动的新式图形应用的全新架构。PCI-E 可以为带宽渴求型应用分配相应的带宽,大幅提高中央处理器(CPU)和图形处理器(GPU)之间的带宽。对最终用户而言,他们可以感受影院级图像效果,并获得无缝多媒体体验。

　　PCI-E 采用串行方式传输 Data。它和原有的 ISA、PCI 和 AGP 总线不同。这种传输方式,不必因为某个硬件的频率而影响到整个系统性能的发挥。当然,整个系统依然是一个整体,但是我们可以提高某一频率低的硬件的频率,以便系统在没有瓶颈的环境下使用。以串行方式提升频率增进效能,关键的限制在于采用什么样的物理传输介质。目前人们普遍采用铜线路,其理论上可以提供的传输极限是 10 GB/s。这也就是 PCI-E 的极限传输速度。

　　因为 PCI-E 工作模式是一种称之为“电压差式传输”的方式。两条铜线,通过相互间的电压差来表示逻辑符号“0”和“1”。以这种方式进行资料传输,可以支持极高的运行频率。所以在速度达到 10 GB/s 后,只需换用光纤(Fibre Channel)就可以使之效能倍增。

　　PCI-E 是下一阶段的主要传输总线带宽技术。然而,GPU 对总线带宽的需求是子系统中最高的,显而易见的是,视频在 PCI-E 应占有一定的分量。显然,PCI-E 的提出,并非是总线形式的一个结束。恰恰相反,其技术的成熟仍旧需要一段时间。当然,趁此,那些芯片、主板以及视频等厂家是否能出来支持是 PCI-E 发展的关键。不过,迄今依然被看好的 AGP 8X 的性能与 PCI-E 在性能上的差距虽然不是太明显,但是随着 PCI-E 的完善,其差距将是不言而喻的。

6. PCI-E 与其他传输规格比较

　　PCI-E 的规范主要是为了提升电脑内部所有总线的速度,因此频宽有多种不同规格标准,其中 PCI-E ×16 是专为显卡所设计的部分。AGP 的资料传输效率最高为 2.1 GB/s,不过与 PCI-E ×16 的 8 GB/s 相比,很明显就分出胜负,但 8 GB/s 只是资料传输的理想值,并不是使用 PCI-E 接口的显示卡,就能够有突飞猛进的效能表现,实际的测试数据上并不会有这么大的差异存在。表 4-6 给出 PCI、AGP 和 PCI-E 不同规格总线的主要技术参数。

表 4-6　　　　　　　　　**PCI、AGP 和 PCI-E 不同规格总线的主要技术参数**

传输通道数	引脚 Pin 总数	主接口区 Pin 数	总长度	主接口区长度
×1	36	14	25 mm	7.65 mm
×4	64	42	39 mm	21.65 mm
×8	98	76	56 mm	38.65 mm
×16	164	142	89 mm	71.65 mm

规格	总线宽度	工作时脉	传输速率
PCI 2.3	32 位元	33/66 MHz	133/266 MB/s
PCI ×1.0	64 位元	66/100/133 MHz	533/800/1066 MB/s
PCI ×2.0(DDR)	64 位元	133 MHz	2.1 GB/s
PCI ×2.0(QDR)	64 位元	133 MHz	4.2 GB/s
PCI ×3.0(QDR)	64 位元	133 MHz	8.4 GB/s
AGP 2X	64 位元	66 MHz	532 MB/s
AGP 4X	64 位元	66 MHz	1.0 GB/s
AGP 8X	64 位元	66 MHz	2.1 GB/s
PCI-E ×1	8 位元	2.5 GHz	512 MB/s(双工)
PCI-E ×2	8 位元	2.5 GHz	1.0 GB/s(双工)
PCI-E ×4	8 位元	2.5 GHz	2.0 GB/s(双工)
PCI-E ×8	8 位元	2.5 GHz	4.0 GB/s(双工)

对于某些 PCI-E ×1 插槽,甚至完全可以将其锯开(这样有可能会失去质保,但应确保不能破坏线路连接),例如可以用来插上 NVIDIA 的显卡作为物理加速卡与 ATI 显卡一同工作。

7. PCI-E X 总线的性能比较

(1)PCI-E 1.0 与 PCI-E 2.0 的区别

PCI-E 2.0 是 PCI-E 总线家族中的第二代版本。其中第一代的 PCI-E 1.0 标准于 2002 年正式发布,它采用高速串行工作原理,接口传输速率达到 2.5 GHz,而 PCI-E 2.0 则在 1.0 版本基础上更进一步,将接口传输速率提升到了 5 GHz,传输性能也翻了一番。目前新一代芯片组产品均可支持 PCI-E 2.0 总线技术,×1 模式的扩展口带宽总和可达到 1 GB/s,×16 图形接口更可以达到 16 GB/s 的惊人带宽值。

(2)PCI-E 2.0 和 PCI-E 16 的区别

PCI-E 2.0 相对于目前的 1.0 来说,的确是名副其实的双倍规格:

带宽翻倍:将单通道 PCI-E ×1 的带宽提高到了 500 MB/s,也就是双向 1 GB/s。

通道翻倍:显卡接口标准升级到 PCI-E ×32,带宽可达 32 GB/s。

插槽翻倍:芯片组/主板默认拥有两条 PCI-E ×32 插槽。

功率翻倍:目前 PCI-E 插槽所能提供的电力最高为 75 W,2.0 版本可能会提高至 200 W 以上,甚至可达到 300 W 左右。

(3)PCI-E 3.0 和 PCI-E 2.0 的区别

PCI-E 1.0 到 PCI-E 2.0 传输速度是通过提高串行传输频率的方式实现的,到了 PCI-E 3.0,如果再通过提升频率的途径实现带宽翻倍就面临着巨大的难度。对设备的电器性能要求太苛刻,所需的电量也非常大,所以在相应的带宽提升上,PCI-E 3.0 不如当年的 PCI-E 2.0 那样夸张,传输频率只达到 8 GB/s,而不是原来设想的 10 GB/s。但在电源供给方面 PCI-E 3.0 规范改进了 PCI-E 2.0 的规范的供电方式,额定最大功率为 300 W。但在 PCI-E 3.0 的规范中将使用新的 2×4 电源接口,PCI-E 3.0 向下兼容以前的 2.0 标准,接口的外形没有变化,唯一的变化就是电器规格。

4.3.6 AGP 总线

在 PCI 总线时代,所有的数据都必须通过 PCI 总线在 CPU 和其他设备之间交换。而 CPU 在处理 3D 图形和动态视频时,需要与内存进行大量的数据交换,其数据传输速率可以达到几百 MB/s。但一般用在 PC 机上的普通 PCI 总线的数据宽度为 32 位,总线速度为 33 MHz,带宽只能达到 133 MB/s 的极限水平。如果还要考虑其他共享 PCI 总线的外设的话,实际上用于图形显示的速率远远达不到 133 MB/s,这将远远低于图形处理所要求的速率。除此以外,如果显示器所必需的显存远远达不到要求的话,同样也会严重影响电脑 3D 图形再现的速度和视觉效果。但是,PCI 总线数据传输率低、显示卡显存容量不足又限制普通电脑提高处理和显示 3D 图形的速度,这也是 PCI 总线的一个瓶颈,使它并不十分完美。在这种背景下,一种新的技术规范应运而生,诞生了 AGP(Accelerated Graphics Port)总线。

AGP(Accelerated Graphics Port,加速图形端口)是 Intel 专门为支持高性能 3D 图形和视频处理而设计的高带宽局部总线规范,它基于 PCI 总线设计,但在电器特性、逻辑上又独立于 PCI 总线。AGP 直接连接控制芯片和 AGP 显卡,使得 3D 图形数据越过 PCI 总线从而解决瓶颈所在,而且它还允许 AGP 显卡直接访问系统内存,大大缓解了对于显卡容量的需要。AGP 使得视频卡的速度可以跟上高速 3D 图形制造的要求,同时也能够适应 PCI 上将来的完全移动视频的要求。

在具有 AGP 总线的系统中,PCI 总线可以被用于其他低速的,比如 IDE/ATA、USB 控制器等的数据传输。综合使用 PCI 总线和 AGP 总线系统框图如图 4-16 所示。

1996 年 7 月,以 66 MHz PCI 2.1 版规范为基础进行了扩充和改进的 AGP 1.0 规范发布,它的工作频率为 66 MHz,工作电压为 3.3 V,分为 1X 和 2X 模式,数据传输带宽分别为 266 MB/s 和 533 MB/s。

1998 年 5 月份,AGP 2.0 规范发布,工作频率依然是 66 MHz,但工作电压降低到了 1.5 V,并且增加了 4X 模式,数据传输带宽达到了 1066 MB/s。

AGP Pro 规范也同时发布,其增长的部分可容纳更多的引脚,这些引脚都是电源引脚,使得这种接口可以驱动功耗更大(25～110 W)或者处理能力更强大的 AGP 显卡。1998 年 8 月 Intel 又发布了一种新的规范,称为 AGP Pro 1.0,并在 1999 年 4 月将其修订为 AGP Pro 1.1a。它定义了一种比 AGP 4X 接口略长一些的接口,在加长的插槽两端增加了电源引脚,使得这种接口可以驱动功耗更大(25～110 W)而处理能力更强大的 AGP 显卡。AGP Pro 插卡主要用于高端图形工作站中。这种规范兼容 AGP 4X 规范,所有标准的 AGP 显卡都可以插入这种插槽使用,因而许多主板生产厂家在其后来生产的主板中普遍使用 AGP Pro 插槽,而不是使用 AGP 4X 插槽。图 4-17 是 AGP 1X、AGP 4X 和 AGP Pro 插槽的比较。

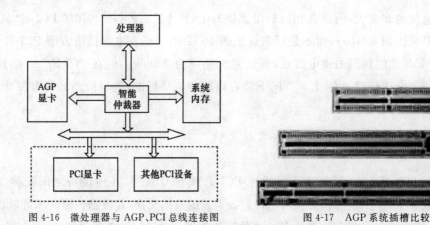

图 4-16　微处理器与 AGP、PCI 总线连接图　　　　图 4-17　AGP 系统插槽比较

4.3.7　ViX 总线

ViX 是为显示高标准的影视软件而设计的一种总线系统。在高清晰的视频显示系统——ViX HD 多格式高清播放器视频显示系统中可达到 $1920 \times 1080i/p$ 或 720p 的分辨率,完全达到传统 35 mm 胶片电影放映的效果。即使放大到 10 m×7 m 以上的银幕上,仍然可以看到清晰、明亮、艳丽的图像。它具有以下的功能和特点:

* 能播放各种高标准格式(含 MPEG、WMV 等),通用性强。
* 丰富而专业的接口,ViX HD 多格式高清播放器具有全面的接口。视频接口有:分量 HD、DVI、分量 SD 视频、复合视频、S-Video 等。
* ViX HD 多格式高清播放器采用硬盘方式,只要外接移动硬盘就可实现播放,使用非常简便。
* 嵌入式操作系统,ViX HD 多格式高清播放器采用了嵌入式操作系统,系统稳定、可靠;启动时间快速,仅为数秒。
* 优秀的便携性能,ViX HD 多格式高清播放器在保证了高性能外,还拥有了最小巧的外形。它可以迅速地移动到任何需要它的地方。
* 全中文管理菜单;管理简洁,操作方便;模块化设计,维护简单;升级简单;环绕立体声。
* 可通过局域网或因特网连接播放远距离硬盘内的视频。

4.4　USB 总线接口技术

前面介绍的各种总线结构也存在一定的局限性,就是都只能安装在系统板上,不能脱机使用,如连接一个移动硬盘。为解决这一问题,又诞生了 USB(Universal Serial BUS)总线。

4.4.1　USB 基础

USB(Universal Serial Bus)是通用串行总线的缩写,是一个外部总线标准,用于规范电脑与外部设备的连接和通讯,USB 系统结构由硬件和软件组成。一个 USB 硬件系统由 USB 主机(也叫根集线器)、USB 设备、USB 集线器和 USB 互连构成。软件包括 USB 设备驱动程序、USB 驱动程序、USB 控制器驱动程序。

1. USB 主机

USB 系统中有且只有一个主机控制器,用于协调部件工作。连接计算机系统的 USB 接口被称作 USB 主机,又叫主控制器,负责与系统总线的连接,并向下提供一个或多个连接点。主控制器可采用硬件、固件或软件结合的方式来实现。USB 主机一般由 USB 主控制器、USB 系统软件和客户软件组成。根 Hub 被集成在主机系统内。

2. USB 设备

USB 设备(USB Device)按功能分为两种:一种是不再连接其他外围设备的设备,通常就以 USB 设备定义。而另一种是本身可再接其他 USB 外围设备的设备,把它叫作集线器(Hub)。USB 设备是一个能够通过 USB 总线来收发数据、传递控制信息的一个独立的外设。具有多功能和嵌入式 Hub 功能的 USB 设备被称为复合设备(Compound Device)。每个 USB 设备都有自己的配置信息,描述它的性能和资源需求,包括带宽分配和参数选择。配置信息由主机在 USB 设备使用前完成。

一个 USB 设备一般由 USB 总线接口、USB 逻辑电路和功能模块组成。总线接口用于收发数据分组,逻辑电路用于控制数据传输,功能模块则是该 USB 设备所提供的相应功能,如 USB 鼠标、键盘、写字板、打印机、游戏控制器、扫描仪、数码相机、CD-ROM 驱动器、优盘等接口。如图 4-18 所示为典型 USB 接口的优盘外观示意图。

图 4-18　USB 接口的 U 盘外观示意图

3. 集线器 Hub

Hub 即是常说的集线器,即线路集中器。它使 USB 具有多个连接的特性,可以连接多个计算机或网络设备。USB 集线器通常简称为 Hub,是 USB 的关键部件。

Hub 的功能实际上是配线和连接。连接点也叫端口,有几个连接点,就叫几口 Hub。每个 Hub 把单个连接点转换成多个连接点,这种结构支持多个 Hub 的连接。Hub 只有一个上行端口,用以连接集线器和主机。其余为下行端口,用于连接一个 Hub 或功能设备。各下行端口可以单独使能,可连接高速、全速或低速设备。Hub 可以发现每个下行端口的连接和断开操作,并为下行设备配备电源。

USB 2.0 Hub 由三部分组成:Hub 控制器(Hub Controller)、Hub 中继器(Hub Repeater)和事务转换器(Transaction Translator)。控制器提供和主机的通信;中继器位于上行和下行端口之间,开关受协议控制,它也对复位和挂起/恢复信号提供硬件支持。事务转换器则在 Hub 连接是全/低速设备的情况下,支持主机与 Hub 之间以高速传输所有设备的数据。

4. USB 互连

USB 设备和 USB 主机通过 USB 总线连接,因此 USB 互连指的就是 USB 设备和 Hub 与主机的连接和通信过程。通常,USB 总线上的设备以星形拓扑结构与主机连接。集线器提供

USB 的接入点,主机中包含的嵌入式集线器叫根集线器。通过根集线器,主机可以提供一个或多个接入点。同时,为避免出现环形接入,USB 的拓扑结构使用分层,形成一种树形结构。

4.4.2 USB 体系结构

USB 设备和 USB 主机通过 USB 总线连接,USB 总线上的设备在物理上连接成一个层叠的星形拓扑结构,也称树形结构。Hub 是每个星的中心,每根线段表示一个点到点(Point-to-Point)受协议控制的开关的连接,可以是主机与一个 Hub 或功能之间的连接,也可以是一个 Hub 与另一个 Hub 或功能之间的连接。USB 的拓扑结构如图 4-19 所示。

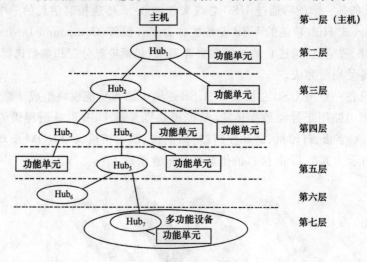

图 4-19 USB 总线拓扑结构

从图 4-19 中可看到,USB 的树形结构采用一级一级的级联方式连接各个 USB Hub 和 USB 设备,最多可连接 127 个设备。由于 USB 不像其他总线一样采用存储转发技术,因此不会对下层设备引起延迟。由于对 Hub 和电缆传输时间规定了时限,USB 的拓扑结构包括根层最多只能有 7 层。主机和任一设备之间的通信路径最多支持 5 个非根 Hub,复合设备(Compound Device)要占据两层。不能把它连到第 7 层,第 7 层只能连接功能设备。

对于以 PC 作为 USB 主机的 USB 拓扑结构,PC 是主设备,控制 USB 总线上所有的信息传输。

USB 支持 USB 设备随时连到 USB 总线上,或随时从 USB 总线上拆除,因此 USB 物理总线拓扑结构在不断地动态变化。此时,要求系统软件也要适应这种变化,以支持系统工作。这一过程可通过 USB 系统配置来完成。

当有 USB 设备进行连接或拆除时,Hub 的状态位将报告其端口的变化情况,主机可通过查询 Hub 来获取这些状态位并通过端口寻址该 USB 设备,分配一个唯一的 USB 地址给它,然后确定新连接的是 USB 设备还是一个 Hub。如果是一个 Hub,且其端口还连有 USB 设备,则对于每个连接的 USB 设备重复上述过程。如果新连接的是 USB 设备,那么将由适合于该 USB 设备的主机软件来处理连接通知。当一个 USB 设备要从 Hub 的端口拆除时,Hub 向主机提供一个设备已拆除的指示,然后由相应的 USB 系统软件来处理拆除。如果拆除的是一个 Hub,USB 系统软件必须拆除该 Hub 及其下挂的所有 USB 设备。

4.4.3　USB 物理接口

USB 设备通过四线电缆与主机或 USB Hub 相连接,四根线分别是 VBUS、GND、D+、D−,其中 VBUS 为总线的电源线,GND 为地线,D+和 D−为数据线。USB 利用 D+和 D−线,采用差分信号的传输方式传输串行数据。USB 电缆结构如图 4-20 所示。

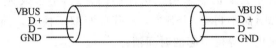

图 4-20　USB 电缆结构图

USB 总线数据传输率有三种:高速数据传输率为 480 MB/s;全速数据传输率为 12 MB/s;低速数据传输率为 1.5 MB/s。USB 2.0 支持在主控制器与 Hub 之间用高速传输全速和低速数据,USB 主机和 USB Hub 同时支持全速率和低速率两种传输模式,但 USB 设备只支持其中的一种传输模式。

D+和 D−是差分信号线,随同差分数据一起编码、传输的还有时钟信号。时钟采用 NRZI(不归零翻转)编码,解码时按数据分组头的同步字段进行时钟恢复。VBUS 和 GND 用来给设备提供电源。USB 连接器的管脚排列见表 4-7。

表 4-7　　　　　　　　　　　　　　USB 连接器的管脚分配

端子	信号	典型电缆颜色	端子	信号	典型电缆颜色
1	VBUS	红	4	GND	黑
2	D−	白	外皮	屏蔽	
3	D+	绿			

4.4.4　USB 3.0 性能特点及工作原理

1. USB 3.0 性能特点

USB 3.0 也被认为是 SuperSpeed USB,为那些与 PC 或音频/高频设备相连接的各种设备提供了一个标准接口,结构上不同于 USB 2.0,由 8 根线组成,采用中断驱动协议。新的 USB 3.0 在保持与 USB 2.0 的兼容性的同时,还提供以下增强功能:

极大提高了带宽,高达 5 Gbps 全双工(USB 2.0 则为 480 Mbps 半双工);实现了更好的电源管理,能够使主机为器件提供更多的功率,从而可实现 USB 充电电池、LED 照明和驱动迷你风扇等应用;能够使主机更快地识别器件;新的协议使得数据处理的效率更高。

USB 3.0 引入全双工数据传输。5 根线路中 2 根用来发送数据,另 2 根用来接收数据,还有 1 根是地线。也就是说,USB 3.0 可以同步全速地进行读写操作。以前的 USB 版本并不支持全双工数据传输。

USB 3.0 标准要求 USB 3.0 接口供电能力为 1 A,而 USB 2.0 为 0.5 A。

USB 3.0 并没有采用设备轮询,而是采用中断驱动协议。因此,在有中断请求数据传输之前,待机设备并不耗电。简而言之,USB 3.0 支持待机、休眠和暂停等状态。

2. USB 3.0 工作原理

USB 3.0 之所以有"超速"的表现,完全得益于技术的改进。相比 USB 2.0 接口,USB 3.0

增加了更多并行模式的物理总线。可以拿起身边的一根 USB 线,看看接口部分。在原有 4 线结构(电源,地线,2 条数据)的基础上,USB 3.0 又增加了 4 条线路,用于接收和传输信号。因此不管是线缆内还是接口上,总共有 8 条线路。正是额外增加的 4 条(2 对)线路提供了"SuperSpeed USB"所需带宽的支持,得以实现"超速"。显然在 USB 2.0 上的 2 条(1 对)线路,是不够用的。

此外,在信号传输的方法上仍然采用主机控制的方式,不过改为了异步传输。USB 3.0 利用了双向数据传输模式,而不再是 USB 2.0 时代的半双工模式。简单说,数据只需要朝一个方向流动就可以了,简化了等待引起的时间消耗。

我们说的 5 Gb/s,指的是位(bit),而不是字节(Byte)。由于 8 位等于 1 字节,就像拉一条 4 Mbps 的网线,理论下载速度只能达到 512 KB/s 一样。同理,USB 3.0 的理论数据传输速率是 5 Gbps/8 bit/B＝640 MB/s。

4.5　应用案例——USB 3.0 技术使用技巧

USB 3.0 只是个硬件应用接口设备,计算机内只有安装 USB 3.0 相关的硬件设备及软件技术协议后才可以使用 USB 3.0 相关的功能。从键盘到高吞吐量磁盘驱动器,各种器件都能够采用这种低成本接口进行平稳运行的即插即用连接,用户基本不用花太多心思在上面。600 MB/s,确实挺快的。但要达到这个速度,必须突破这两个瓶颈:主板接口、存储介质。当你为增加计算机外存空间,买了一个配置为 USB 3.0 的移动硬盘回来试,使用后却发现还是 USB 2.0 的速度。瓶颈问题很可能就出在主板接口上。解决办法:USB 3.0 的主板,尽管各路厂商都有推出,但由于英特尔目前并未在其芯片组中集成 USB 3.0 的主控制器,所以 USB 3.0 的主板尚未普及,也比较贵。现在看到的所谓 USB 3.0 的主板,都是过渡产品,大多是通过第三方 USB 3.0 主控芯片来桥接出两个蓝色的 USB 3.0 接口。

如果你的台式机主板没有 USB 3.0 接口,但仍有空闲的 PCI-E 插槽,你只需买个 PCI-E 转 USB 3.0 的转接卡即可;笔记本的话,买个 PCMCIA 转 USB 3.0 的扩展卡(USB 3.0 Express Card)就行。

点评:本应用案例的优点是告诉你如何对原有设备,采用某种便利措施使原有设备的性能指标得到增强,而又不需要花费更多的资金,是一种非常经济实用的方法。

习题与综合练习

一、选择题

1. ISA 最大拥有(　　)的可寻址内存。

A. 8 MB　　　　　　B. 16 MB　　　　　　C. 32 MB　　　　　　D. 64 MB

2. 在 ISA 总线扩展插槽引脚中,MASTER 引脚的功能是(　　)。

A. 数据总线(输入/输出)　　　　　　B. 存储器写命令(输入/输出)

C. 总线准备就绪(输入)　　　　　　　D. DMA 请求响应(输出)

3. PSI-X 总线的带宽为(　　)。

A. 133 MB/s　　　　B. 266 MB/s　　　　C. 533 MB/s　　　　D. 1066 MB/s

4. AGP 是专为(　　)所设计的总线。

A. 显卡　　　　　　　B. 声卡　　　　　　　C. 网卡　　　　　　　D. 光驱

5. 下列陈述中不正确的是(　　)。

A. 总线结构传输方式可以提高数据的传输速度

B. 与独立请求方式相比,菊花链式查询方式对电路的故障更敏感

C. PCI 总线采用同步时序协议和集中式仲裁策略

D. 总线的带宽即总线本身所能达到的最高传输速率

6. 下列各项中,(　　)不是同步总线协定的特点。

A. 不需要应答信号　　　　　　　　B. 各部件的存取时间比较接近

C. 总线长度较短　　　　　　　　　D. 总线周期长度可变

7. USB(Universal Serial Bus)通用串行总线是由七家公司联合推出的新一代标准接口总线,下面(　　)不属于这七家公司之一。

A. Intel　　　　　　　B. IBM　　　　　　　C. Compaq　　　　　　D. PHILIPS

8. USB 的拓扑结构最多只能有(　　)层(包括根层)。

A. 5　　　　　　　　　B. 6　　　　　　　　　C. 7　　　　　　　　　D. 8

9. USB 总线上的设备在物理上是通过层叠的(　　)拓扑结构连到主机上的。

A. 网形　　　　　　　B. 树形　　　　　　　C. 立体形　　　　　　D. 星形

二、填空题

1. 总线可分为:_____、_____、_____、_____。

2. 控制器通过总线传输数据一般要经历四个阶段:_____、_____、_____、_____。

3. PCI 是位于处理器的_____与_____间的一种总线结构。

4. 某系统总线的一个存取周期最快为三个总线时钟周期,在一个总线周期中可以存取 32 位数据,若总线的时钟频率为 8.33 MHz,则总线的带宽为_____MB/s。

5. 计算机系统与外部设备之间相互连接的总线称为_____;用于连接微型机系统内各插件板的总线称为_____;PCI 内部连接各寄存器及运算部件之间的总线称为_____。

6. 一次总线的信息传输过程大致可以分为四个阶段,依次为_____、_____、_____和_____。

7. 一个 USB 系统可分为四部分:_____、_____、_____、_____。

8. USB 2.0 Hub 由三部分组成,分别是_____、_____和_____。

9. USB 3.0 Hub 由_____根线组成,其中 2 根为_____,2 根为_____,4 根为_____。

10. USB 总线的电缆有四根导线,分别是_____、_____、_____、_____。

11. USB 总线支持的数据传输率有三种,分别是_____、_____、_____。

12. USB 定义了四种传输类型,分别是_____、_____、_____、_____。

13. USB Hub 有三个端口,分别是_____、_____、_____。其中上游端口有四个组成部分,分别是_____、_____、_____、_____。

14. Hub 中继器由四部分组成,分别是_____、_____、_____、_____。

三、简答题

1. 什么是总线？采用总线技术有哪些优点？总线操作应遵守哪些原则？

2. 总线是怎样分类的？各用于什么场合？

3. 为什么要用总线联络？按联络区分，并行总线可分为哪几类？

4. 同步总线有哪些优点和缺点？主要用在哪些 CPU 中？

5. 异步总线怎样实现总线联络？它有哪些优缺点？

6. 半同步总线怎样实现总线联络？什么是零等待？

7. ISA 总线采用哪种总线联络方式？采用哪一条信号线进行联络？

8. 8088 CPU 采用的 PC/XT 总线的工作频率是多少？写出它的理论最大传输速率的计算公式。

9. EISA 总线的 NMI 中断源共有几种，请写出来。

10. PCI 总线有哪两种总线仲裁信号，写出它们的信号名称。

11. 给出链式查询电路的逻辑结构图，并说明这种总线的工作过程。

12. 试说明 ISA、PCI、SCSI、USB 总线的特点和应用。

13. 简述 USB 总线的主要性能特点。

14. 简述 USB 互连，简述 USB 总线拓扑结构的主要组成部分。

15. 解释流和消息的概念，解释帧和微帧的概念。

16. 所有的 USB 设备都支持的公共操作主要有哪些？

四、上机题

观察主板上总线分布情况。尝试解释主板上与 CPU 连接的各总线接口的作用。

第 5 章

8086／8088的指令系统

任务 6：为什么 X86 系列处理器指令系统与 68000 等系列处理器的指令系统不兼容？

任务 7：你能用三种不一样的指令组合方法实现相同的函数功能吗？

计算机处理器最关键的功能是具有指令执行能力，利用不同的指令组合实现各种操作任务，一个计算机系统的性能优劣其主要表现就是指令系统。计算机处理器只是硬件组成部分，为实现不同的指令执行搭建硬件环境，至于能完成何种任务由所执行的指令决定。例如，X86系列的 MMX CPU，具有处理语音等多媒体指令，从而大大增强了处理器的性能指标。一个处理器的优劣就看其具有的指令系统是否丰富？前文曾经论述过单片机，其指令系统不够丰富，因此限制了其应用范围和性能的增强。计算机指令系统是计算机的核心组成部分，无论用多么高级的编程语言编写的源程序，最终都需要形成计算机处理器能执行的指令代码。因此，掌握计算机指令的灵活应用，是学好计算机的最基本要素，就像我们学习中文，学好字词是最基本的要求一样。

●本章学习目标

- 理解微型计算机 8086/8088 CPU 指令系统的功能和作用以及指令的向上兼容性。
- 充分理解微型计算机 8086/8088 CPU 的各种操作数类型及作用和适用的范围。
- 熟练掌握 8086/8088 CPU 各种操作数的寻址方式定义及形成的方法，相互之间的转换关系及约束条件。
- 熟练掌握 8086/8088 CPU 按功能划分为九类的指令系统，各类指令的格式、功能及对状态标志位的影响。
- 掌握 8086/8088 CPU 不同指令间的功能替换和指令的灵活运用。

指令系统有什么作用？指令是计算机的灵魂，它指挥计算机完成具体的操作任务。8086/8088 指令系统与 8 位处理器 8080/8085 的指令系统是向上兼容的，但其寻址方式更加灵活，数据处理能力更强，并支持多微处理器系统。本章将主要讨论 8086/8088 的寻址方式和8086/8088 基本指令系统，这是掌握微机原理和接口技术的关键。

5.1 寻址方式

所谓寻址方式，就是寻找指令中操作数所在地址的方法。

8086/8088 可采用许多不同的方法来存取指令操作数，操作数既可存放在寄存器、存储器或 I/O 端口中，也可采用立即数的形式存放在指令代码中，因此，8086/8088 的寻址方式也是多种多样的。为了方便说明，先看操作数的类型，然后再讨论寻址方式。

5.1.1　操作数类型

计算机指令是由操作码和操作数组成的。操作码给出指令的功能,操作数则是指令的处理对象。操作数一般分为三种类型:立即数、寄存器操作数和存储器操作数。

1. 立即数

立即数作为指令代码的一部分出现在指令中,它通常作为源操作数使用。在汇编指令中,立即数可以用二进制、十六进制或十进制等形式表示,也可以写成一个可求出确定值的表达式来表示。

操作数类型

2. 寄存器操作数

寄存器操作数是把操作数存放在寄存器中,即用寄存器存放源操作数或目的操作数,通常在汇编指令中会给出所使用的寄存器的名称。在双操作数指令中,寄存器操作数既可以做源操作数,也可以做目的操作数。有的指令虽然没有明确给出寄存器名,但它隐含了某个通用寄存器作为操作数,具体在哪些指令中隐含使用,在指令系统中将会对其进行说明。

3. 存储器操作数

存储器操作数是把操作数放在存储器中,因此在汇编指令中应给出的是存储器的地址。应该说明的是,存储器操作数所在的存储器地址应该是物理地址,即由段地址和段内有效地址(我们把相对于段首地址的偏移量称为有效地址 EA,Effective Address)所决定。但在汇编指令中,通常只给出有效地址 EA(它们是以各种寻址方式给出的),而段地址(在段寄存器中)是通过隐含方式使用的,其隐含规则已在本书的第 2 章表 2-1 中进行了说明。

5.1.2　寻址方式

有了对操作数类型的理解,就可以较容易地理解 8086/8088 寻址方式。

8086/8088 有八种基本的寻址方式:立即数寻址、直接寻址、寄存器寻址、寄存器间接寻址、寄存器相对寻址、基址加变址寻址、相对基址加变址寻址和输入输出寻址。

直接寻址、寄存器间接寻址、寄存器相对寻址、基址加变址寻址和相对基址加变址寻址这五种寻址方式属于存储器操作数寻址,用于说明操作数所在存储单元的地址。由于总线接口单元能根据需要自动引用段寄存器得到段值,所以以上五种方式也就是确定存放操作数的存储单元有效地址 EA 的方法,有效地址 EA 是一个 16 位的无符号数。在使用以上五种方法计算有效地址时,所得的结果被认为是一个无符号数。

除了这些基本的寻址方式外,还有固定寻址和 I/O 端口寻址等方式,下面针对每种寻址方式展开叙述。

1. 立即数寻址

立即数寻址的操作数是一个立即数,它直接包含在指令中。立即数可为 8 位数也可为 16位数,它们放在指令代码的操作码后(若为 16 位数,则低字节数在前,高字节数在后),其寻址示意图如图 5-1 所示。

例如:

```
MOV AX,IM            ;IM 是立即数
```

立即数只能作为源操作数出现在指令中。

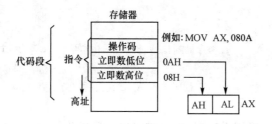

图 5-1　立即数寻址示意图

立即数寻址主要是用于给存储器或寄存器赋初值,立即数可能是一个运算数也可能是一个地址位,它们都可以用一个符号名来表示。

2. 直接寻址

直接寻址指的是操作数的地址(即 16 位偏移量)直接包含在指令中,它也放在指令操作码后(低字节在前,高字节在后)。

直接寻址给出的是操作数偏移量地址,实际操作数地址应由段寄存器中内容和这个直接地址相加来决定。为区分立即数和直接寻址操作数,在直接寻址操作数两边加中括号[ ]。例如:

> MOV AX,[22A0H]

假设 DS＝3000H,则寻址存储单元的物理地址＝30000H＋22A0H＝322A0H。其中,物理地址计算式中如何将 DS 中的内容 3000H 变成 30000H,将在后面给出答案。再假设该字存储单元的内容为 AB12H,那么在执行该指令后,AX＝AB12H。其寻址示意图如图 5-2 所示。

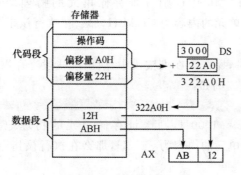

图 5-2　直接寻址示意图

此种寻址是以数据段为基址,有效地址 EA 仅为 16 位,故寻址范围为 64 KB。

寻址方式除隐含使用段寄存器 DS 外,8086/8088 系统还允许使用段超越方法使用段寄存器。只要在有效地址前写上要使用的段寄存器名及冒号":",此时将不再使用隐含段寄存器,而使用约定的寄存器以形成真正的物理地址。例如:

> MOV AX,ES:[22A0H]

其中 ES 为段前缀,表明形成物理地址时所要使用的段寄存器名。

在汇编指令中,可使用符号名地址(标号或变量)进行直接寻址,这种寻址方式与使用符号名表示数据的立即数寻址是十分相似的,很难直接判定它们,必须通过符号名原来的定义来判定。例如:

> DATA SEGMENT
> 　DATA1 DW 10 DUP(?)

DATA ENDS
CODE SEGMENT
　　MOV AX,DATA　　　　　　　;存储器段地址(高16位),送入AX,为立即数寻址
　　MOV DS,AX
　　MOV AX,DATA1　　　　　　　;变量值送入AX,为直接寻址

3. 寄存器寻址

所要寻找的操作数在通用寄存器中,它们可以做源操作数或目的操作数,所用的寄存器可以是8位寄存器也可以是16位寄存器。

例如:

MOV　AX,BX

寄存器寻址示意图如图5-3所示。由于通用寄存器在CPU中,故不需要如上计算物理地址。

图5-3　寄存器寻址示意图

寄存器寻址可以使用任何一个通用寄存器,但使用累加器AX时,指令执行时间要短些。

4. 寄存器间接寻址

寄存器间接寻址是指要寻址的操作数在存储器中,它的地址(16位偏移量)在寄存器中,操作数地址通常放在SI、DI、BX、BP寄存器中。

8086/8088系统规定,使用SI、DI、BX间接寻址时,操作数在数据段中(在寄存器名字的两边加中括号[ ]),应由数据段寄存器DS与间接寻址的寄存器一起形成操作数的物理地址。例如:

MOV AX,[SI]

假设:DS=2000H,SI=1000H,则寻址存储单元的物理地址=20000H+1000H=21000H。再假设该字存储单元的内容为CDABH,那么在执行该指令后,AX=CDABH,其寻址示意图如图5-4所示。

当使用BP间接寻址时,操作数在堆栈段中,应由堆栈段寄存器SS与间接寻址的寄存器BP形成操作数的物理地址。例如:

MOV AX,[BP]

假设:SS=4000H,BP=1000H,则寻址存储单元的物理地址=40000H+1000H=41000H。再假设该字存储单元的内容为3412H,那么在执行该指令后,AX=3412H,其寻址示意图如图5-5所示。

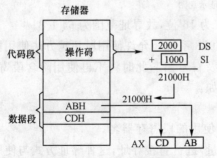

图5-4　寄存器间接寻址示意图

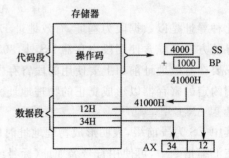

图5-5　用BP寄存器间接寻址示意图

寄存器间接寻址也可以使用段超越方式工作。

请注意在编程表示寄存器间接寻址时,寄存器名一定要放在方括号中,下面两条指令的目的操作数的寻址方式是完全不同的。请理解下面2条语句的异同。

MOV [SI],AX	;目的操作数为寄存器间接寻址
MOV SI,AX	;目的操作数为寄存器寻址

5. 寄存器相对寻址

寄存器相对寻址的操作数也在存储器中。

寄存器相对寻址是把指定的寄存器内容作为基址(BX,BP)或变址(SI,DI),与指令中给定的 8 位或 16 位位移量一起形成有效地址,即:

$$EA = \begin{Bmatrix} (BX) \\ (BP) \\ (SI) \\ (DI) \end{Bmatrix} + \begin{Bmatrix} 8\ 位 \\ 16\ 位 \end{Bmatrix} 位移量$$

在一般情况(即不使用段超越前缀明确指定段寄存器)下,如果 SI、DI 或 BX 的内容作为有效地址的一部分,那么引用的段寄存器是 DS;如果 BP 的内容作为有效地址的一部分,那么引用的段寄存器是 SS。

在指令中给定的 8 位或 16 位位移量采用补码形式表示,在计算有效地址时,如位移量是 8 位,则被带符号扩展成 16 位。当所得的有效地址超过 FFFFH 时,则取其 64 K 的模。当然,使用段超越方式时,可以用其他段寄存器。例如:

MOV AX,DTAB[SI]

假设:DS=3000H,SI=1000H,DTAB=1200H(DTAB 的值表示一个相对偏移量),则寻址存储单元的物理地址=30000H+1000H+1200H=32200H。再设该字存储单元的内容为5634H,那么在执行该指令后,AX=5634H,其寄存器相对寻址示意图如图 5-6 所示。

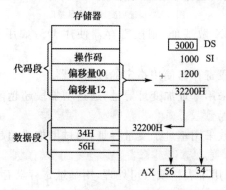

图 5-6　寄存器相对寻址示意图

下面指令中,源操作数采用寄存器相对寻址的方式,引用的段寄存器是 SS。

MOV BX,[BP+4]

下面指令中,目的操作数采用寄存器相对寻址的方式,引用的段寄存器是 ES。

MOV ES:[BX+6],AL

这种寻址方式同样可用于表格处理,表格的首地址可设置为指令中的位移量,通过修改基址或变址寄存器的内容来存取表格中的项值,所以,这种方式有利于实现高级语言中对结构或记录等数据类型所实施的操作。

请注意编程时基址或变址寄存器名一定要放在方括号中,而位移量可不写在方括号中,下面的两条指令源操作数的寻址方式是相同的,表示的形式等价,但书写格式不同。

MOV AX,[SI+9]
MOV AX,9[SI]

6. 基址加变址寻址

在指令中,可以使用两个寄存器做间接寻址,此时 SI、DI 做变址寄存器,BX、BP 做基址寄存器。这样,所寻址的操作数的存储器有效地址为基址寄存器(BX 或 BP)内容加上变址寄存器(SI 或 DI)内容。此种寻址方式为基址加变址寻址。

$$EA = \begin{Bmatrix} (BX) \\ (BP) \end{Bmatrix} + \begin{Bmatrix} (SI) \\ (DI) \end{Bmatrix}$$

同样,形成操作数物理地址时,还应加上段寄存器的值。例如:

MOV AX,[BX][SI]

假设:DS=2000H,BX=3000H,SI=0100H,则寻址存储单元的物理地址=20000H+3000H+0100H=23100H。再假设该字存储单元的内容为 78CDH,那么在执行该指令后,AX=78CDH,其寻址示意图如图 5-7 所示。

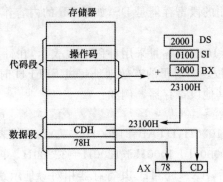

图 5-7　基址加变址寻址示意图

基址加变址寻址如用 BX 做基址,则段寄存器使用 DS;如用 BP 做基址,则段寄存器使用 SS。

如使用段超越方式,则段寄存器使用指定的段寄存器。

下面指令中,源操作数采用基址加变址寻址,通过增加段超越前缀来引用段寄存器 ES。

MOV AX,ES:[BX+SI]

下面指令中,目的操作数采用基址加变址寻址,通过增加段超越前缀来引用段寄存器 DS。

MOV DS:[BP+SI],AL

这种寻址方式同样也可用于表格或数组处理,用基址寄存器存放数组首地址,而用变址寄存器来定位数组中的各元素表格,或相反。由于两个寄存器都可改变,所以能更加灵活地访问数组或表格中的元素。

MOV AX,[BX+SI]

MOV AX,[BX][SI]

7. 相对基址加变址寻址

操作数在存储器中,指令中操作数的有效地址由基址寄存器之一的内容与变址寄存器之一的内容及指令中给定的 8 位或 16 位位移量相加得到。

$$EA = \begin{Bmatrix} (BX) \\ (BP) \end{Bmatrix} + \begin{Bmatrix} (SI) \\ (DI) \end{Bmatrix} + \begin{Bmatrix} 8\,\text{位} \\ 16\,\text{位} \end{Bmatrix} \text{位移量}$$

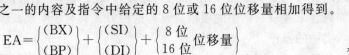

微课

相对基址加变址寻找

在一般情况下(即不使用段超越前缀指令明确指定段寄存器),如果 BP 的内容作为有效地址的一部分,则以 SS 段寄存器的内容为段值,否则以 DS 段寄存器的内容为段值。

在指令中给定的 8 位或 16 位位移量采用补码形式表示,在计算有效地址时,如位移量是

8 位,则被带符号扩展成 16 位。当所得的有效地址超过 FFFFH 时,则取其 64 K 的模。例如:

> MOV AX,[BP+DI−3]

假设:SS=6000H,BP=1236H,DI=302H,−3 的补码为 FFFDH,则寻址存储单元的物理地址＝60000H＋1236H＋0302H＋FFFDH＝61535H。再假设该字存储单元的内容是 CD68H,那么在执行指令后,AX=CD68H,其寻址示意图如图 5-8 所示。

🐾**注意:**在使用基址加变址寻址、相对基址加变址寻址这两种指令时,注意 B、I 规约,即当 BX 做基址寄存器和 SI、DI 组成寻址指令时,段寄存器为 DS;当 BP 做基址寄存器和 SI、DI 组成寻址指令时,段寄存器为 SS;在 8086/8088 指令系统下,BX 和 BP 寄存器不能同时出现在同一个操作数中,例如:MOV AX,[BP][BX]是非法的指令。

当然,使用段超越方式时,可以用其他段寄存器。同样,形成操作数物理地址时,还应加上段寄存器的值。

通过上面的讲解不难发现直接寻址、寄存器间接寻址、寄存器相对寻址、基址加变址寻址四种寻址方式其实都是相对基址加变址寻址的一种特殊寻址形式。

8. 串操作数寻址

串操作数寻址完成两个串操作数之间的传送,串操作指令使用隐含变址寄存器寻址。源串操作数使用 SI 做变址寄存器,段基址由数据段寄存器 DS 决定,目的串操作数使用 DI 做变址寄存器,段基址由附加段寄存器 ES 决定。

在字符串操作指令中,还可以自动增(减)SI 和 DI 中的内容,以进行增址(减址)数据串地址。例如:MOVSB,其寻址示意图如图 5-9 所示。

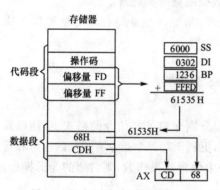

图 5-8　相对基址加变址寻址示意图

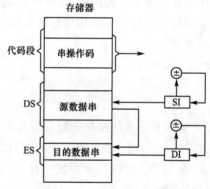

图 5-9　串操作数寻址示意图

9. 端口寻址

在寻址外设端口时,使用端口寻址,它有两种寻址方式:一种是直接端口寻址,端口地址为 8 位立即数(0~FFH)。另一种是间接端口寻址,当端口地址大于 FFH 时,需要将端口地址放在 DX 寄存器中(可为十六进制数,值为 0~65535H),完成端口寻址。例如:

> OUT　21H,AL　　　　　　;AL 内容送 21H 端口输出
> MOV　DX,38DH　　　　　;DX 做间接端口寻址
> OUT　DX,AL　　　　　　;AL 内容送 38DH 端口输出

其寻址方式示意图如图 5-10 所示。

10. 隐含寻址

在 8086/8088 系统中,有部分指令的操作数没有给出任何说明,但计算机根据操作码即可确定其所要操作的对象,此种寻址方式称为隐含寻址。隐含寻址的操作对象是固定的,故也称

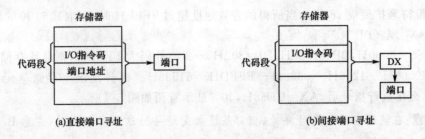

图 5-10　端口寻址示意图

固定寻址。例如：

> AAA 　　　　　;隐含对 AL 操作
> LES 　　　　　;隐含对 ES 操作
> XLAT 　　　　;隐含对 AL 和 BX 操作

寻址方式小结：

通过上面寻址方式的介绍，读者应该已经对指令中确定操作数的方法有所了解，对它们的熟悉将有助于对指令的深入理解和正确编写程序。

使用寄存器寻址的指令，可以减少指令码长度，而且因不需要到存储器中存取数据，执行速度也较快。

存储器寻址(寄存器间址、寄存器变址和寄存器基址加变址)不但指令码变长，而且计算有效地址需要花费额外的时间，所以指令执行时间变长。确定有效地址的因素越多则执行的时间就越长。但确定有效地址因素越多，使用起来就越灵活，比如基址加变址寻址可以随时改变基址寄存器或变址寄存器内容，方便了对数据区数据的查寻和处理。

变址寄存器寻址可以解决线性数组的存取处理，基址加变址寄存器寻址可以解决矩阵数组的存取处理。

5.2　指令系统

8086/8088 指令系统按功能划分为九类。下面分别介绍各类指令的格式、功能以及对状态标志位的影响，并通过一些小例子说明它们的使用，更利于对每个指令有正确的理解和运用。

说明：在 8086/8088 指令系统中规定，如指令中包含双操作数，则右边的为源操作数，左边的为目的操作数。

5.2.1　数据传输指令

数据传输指令是用来实现寄存器和存储器之间的字节或字数据传输的指令，与数据传输有关的另一些指令，如堆栈操作、数据交换、标志传输以及地址传输等，虽然也实现数据的传输，但它们有自己的特殊功能，这些指令我们也一并放在数据传输类中讲述，下面将分述六组传输指令。

1. 数据传输指令 MOV(MOVE)

指令格式：MOV OPRD1,OPRD2

OPRD1 为目的操作数，可以是寄存器、存储器、累加器，但立即数不能作为目的操作数；OPRD2 为源操作数，可以是寄存器、存储器、累加器和立即数。

功能：将一个源操作数(字节或字)传输到目的操作数中，但源操作数不变。

传输方向示意图如图 5-11 所示。

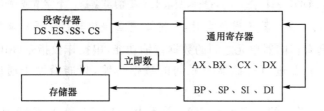

图 5-11　MOV 指令数据传输方向示意图

说明：本组指令不影响状态标志位，MOV 指令可细分为四种传输类别。

(1)寄存器与寄存器之间的数据传输

例如：

MOV AX,BX	;将 BX 内容送 AX,BX 内容保持不变
MOV DL,AH	;将 AH 内容送 DL,AH 内容保持不变
MOV CX,DX	;将 DX 内容送 CX,DX 内容保持不变
MOV ES,DX	;将 DX 内容送 ES,DX 内容保持不变
MOV BP,SI	;将 SI 内容送 BP,SI 内容保持不变
MOV DS,AX	;将 AX 内容送 DS,AX 内容保持不变

注意：代码段寄存器 CS 和指令指针 IP 不参加数据传输，严格地说，CS 可作为源操作数参加数据传输。

(2)立即数到通用寄存器的数据传输

例如：

MOV AL,25	;AL 中的内容为 25＝19H
MOV AX,100	;AX 中的内容为 100＝64H
MOV BX,052AH	;BX 中的内容为 052AH
MOV CH,55H	;CH 中的内容为 55H
MOV SI,OFFSET TABLE	;SI 中的内容为 TABLE 距段基址的偏移量
MOV SP,2AC0H	;SP 中的内容为 2AC0H

注意：立即数只能做源操作数，不允许做目的操作数。

(3)寄存器与存储器之间的数据传输

例如：

MOV AL,BUFFER	;将以 BUFFER 为地址的一个字节存储器数送 AL 中
MOV AX,[SI]	;将 SI 中内容为地址的一个字存储器数送 AX 中
MOV LAST[BX+DI],DL	;将 DL 中的一个字节数送到 LAST[BX+DI] 单元
MOV SI,ES:[BP]	;将使用段超越形成的存储器数送 SI
MOV DS,DATA[BX+SI]	;将 DATA[BX+SI]内容送段寄存器 DS
MOV ALFA [BX+DI],ES	;将段寄存器 ES 中内容送到 ALFA [BX+DI]中

注意：代码段寄存器 CS 和指令指针 IP 不参加数据传输，严格地说，CS 可作为源操作数参加数据传输。

(4)立即数到存储器的数据传输

例如：

MOV ALFA,25	;将 25 送 ALFA 单元,依据 ALFA 是字节或字变量送 8 位或 16 位数
MOV DS:MEMS[BP],300AH	;将 300AH 送由段超越形成的寄存器相对寻址

| MOV BYTE PTR[SI],15 | ;将 15 送字节单元 PTR[SI] |
| MOV LAST[BX][DI],5FH | ;依据变量 LAST 的类型送一个字节或一个字 |

注意:立即数向存储器传送数据时,一定要使立即数与存储器变量类型一致。

MOV 指令不具有存储器单元之间的数据传输功能,串操作数指令(MOVS,见本书 5.2.6 节内容)传送除外。若要进行存储器单元间的数据传输,只能借助于通用寄存器进行间接传递。

例如:把 ALFA1 单元的内容送 ALFA2 单元中,ALFA1 和 ALFA2 是同一数据段的两个变量,则可通过下面两条指令传输:

| MOV AL,ALFA1 | ;取 ALFA1 单元数据送 AL |
| MOV ALFA2,AL | ;将 AL 内容存单元数据 ALFA2 |

2. 堆栈操作指令 PUSH 和 POP(PUSH&POP)

堆栈操作是 8088/8086 系统提供的一种特殊操作功能,是在内存中专门开辟的一个特定存储空间,最大长度为 64k。用于进行现场数据保护,存放某些在后续程序中需要使用的某些程序返回地址、数据或状态标志位。堆栈操作只隐含使用段寄存器 SS,指针隐含用 SP 或 BP。SS 中内容作为段基地址,SP 或 BP 中的内容作为偏移量。有效地址 EA 的形成参见前述内容。并提供了专门的 PUSH 和 POP 操作指令,PUSH 和 POP 操作指令功能互逆。

(1)PUSH 指令

指令格式:PUSH OPRD

OPRD 为 16 位(字)操作数,可以是寄存器或存储器操作数。

功能:将寄存器或存储器单元的内容送入堆栈。

操作过程:

| SP←SP−1 | ;(SP)←OPRDH(操作数高字节) |
| SP←SP−1 | ;(SP)←OPRDL(操作数低字节) |

例如:AX=8B09H,执行 PUSH AX 后的入栈操作示意图如图 5-12(b)所示。

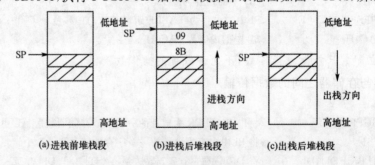

图 5-12 进栈和出栈操作示意图

例如:

PUSH AX	;将 AX 内容压栈,SP←SP−2
PUSH SI	;将 SI 内容压栈,SP←SP−2
PUSH SS	;将 SS 内容压栈,SP←SP−2
PUSH CS	;将 CS 内容压栈,SP←SP−2
PUSH BATA	;将存储器数压栈,SP←SP−2
PUSH ALFA[BX][SI]	;将存储器数压栈,SP←SP−2

说明:8086/8088 系统入栈操作是由高地址向低地址扩展,即随着入栈内容的增加,SP 值

减小,SP 操作后总是指向栈顶,即含有最后进栈数据字节的偏移量地址。

栈底在程序初始时设置,可用"MOV SP,IM"实现,IM 为 16 位立即数。

(2)POP 指令

指令格式:POP OPRD

OPRD 为 16 位(字)操作数,可以是寄存器或存储器操作数。

功能:将现行 SP 指向的堆栈内容(字)传输到寄存器或存储器单元中。

操作过程:

OPRDL←(SP),SP←SP+1

OPRDH←(SP),SP←SP+1

出栈操作示意图如图 5-12(c)所示。

例如:

POP AX	;将栈顶内容弹入 AX,SP←SP+2
POP DI	;将栈顶内容弹入 DI,SP←SP+2
POP DS	;将栈顶内容弹入 DS,SP←SP+2
POP BETA	;将栈顶内容弹入 BETA,SP←SP+2
POP ALFA[BX][DI]	;将栈顶内容弹入 ALFA[BX][DI],SP←SP+2

说明:出栈操作是由低地址向高地址扩展。随出栈内容的增加,SP 值增大,指向新的栈顶。

注意:POP CS 是非法的,但 PUSH CS 是合法的,可将压入栈中的 CS 弹到寄存器或存储器中。PUSH 和 POP 指令只允许按字访问堆栈,不允许按字节访问堆栈,数据进栈和出栈的顺序相反。PUSH 和 POP 指令对状态标志位没有影响。

这两个指令主要用来进行现场数据保护,以保证子程序调用或中断程序的正常返回。

例如:某中断服务程序进行现场保护和恢复时使用的程序段如下:

INTP PROC NEAR	
PUSH AX	;保护现场
PUSH BX	
PUSH DX	
PUSH DS	
⋮	
POP DS	;恢复现场
POP DX	
POP BX	
POP AX	
STI	;开中断
IRET	;中断返回

3. 数据交换指令 XCHG(Exchange)

指令格式:XCHG OPRD1,OPRD2

OPRD1 和 OPRD2 可为通用寄存器或存储器。

功能:实现源操作数和目的操作数内容的相互交换(字节或字)。可在累加器、通用寄存器或存储器之间相互交换,但两个存储器间不能直接交换。例如通用寄存器 AL=12H,CL=ABH,执行"XCHG AL,CL"后变成 AL=ABH,CL=12H,其操作示意图如图 5-13 所示。

例如：

XCHG AX,DX

XCHG SI,AX

XCHG AL,BH

XCHG AX,BUFFER

XCHG BH,DATA[SI]

XCHG WORDA,CX

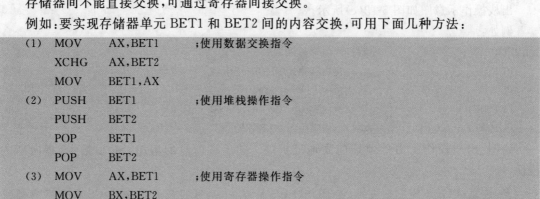

图 5-13　交换指令操作示意图

说明：本指令不影响状态标志位。

🌀注意：段寄存器不能作为操作数。

存储器间不能直接交换，可通过寄存器间接交换。

例如：要实现存储器单元 BET1 和 BET2 间的内容交换，可用下面几种方法：

```
(1)  MOV     AX,BET1        ;使用数据交换指令
     XCHG    AX,BET2
     MOV     BET1,AX
(2)  PUSH    BET1           ;使用堆栈操作指令
     PUSH    BET2
     POP     BET1
     POP     BET2
(3)  MOV     AX,BET1        ;使用寄存器操作指令
     MOV     BX,BET2
     MOV     BET1,BX
     MOV     BET2,AX
```

4. 换码指令 XLAT(Translate)

指令格式：XLAT TABLE

TABLE 为一个换码表首地址。

功能：把换码表中的一个字节内容传输到累加器 AL 中。

本指令执行前，应先将换码表首址送 BX 寄存器中。要换码的字节在表中的位移量（距表首址的距离）送 AL 中。执行本指令后，将 AL 指向的换码表中的字节内容送到 AL 中，即：

$$AL \leftarrow [BX+AL]$$

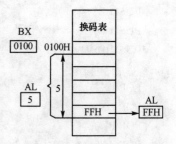

其操作示意图如图 5-14 所示，图中 BX＝0100H，AL＝05H，执行 XLAT 后，AL＝FFH。

图 5-14　换码指令操作示意图

说明：本指令不影响标志位。本指令要求换码表长不得超过 256 个字节，本指令是一种特殊的类似基址相对寻址方式的指令，非常方便于表的查询，常用于代码转换程序中。

5. 标志传输指令

指令格式：LAHF　　　　　　;将标志寄存器低 8 位送入

AH 中

功能：实现标志寄存器内容与 AH 或堆栈间的传输。其操作示意图如图 5-15 所示。

说明：LAHF 可以取出 SF、ZF、AF、PF 和 CF 标志，不影响原来标志位。

指令格式：SAHF　　　　　　;AH 内容送入标志寄存器的低 8 位,操作与 LAHF 互逆

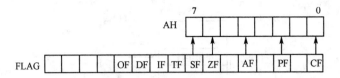

图 5-15　LAHF 指令操作示意图

说明：SAHF 可以存入新的 SF、ZF、AF、PF 和 CF 标志，影响原来的标志位。

指令格式：PUSHF　　　　　;将 16 位标志寄存器入栈

指令格式：POPF　　　　　;将堆栈栈顶内容出栈送标志寄存器

上述 4 条指令可以用来改变标志位。PUSHF、POPF 在子程序调用和中断服务程序中，用来保护和恢复标志寄存器，也可以用来修改某些标志位（如 TF），只要对入栈的标志寄存器内容进行修改后，再弹回标志寄存器即可修改标志位。

6.地址传输指令

在程序设计中，常需要建立操作数地址，地址传输指令可以建立所需地址。

（1）LEA（Load Effective Address）

指令格式：LEA OPRD1，OPRD2

OPRD1 可为任一 16 位通用寄存器。OPRD2 可为变量名、标号或地址表达式。

功能：将源操作数给出的有效地址（即偏移量）传输到指定的寄存器中。

例如：

LEA BX,TABLE	;将 TABLE 距 DS 段基址的偏移量送 BX 中
LEA DX,BATE[BX+SI]	;将 BATE[BX+SI]距 DS 段基址的偏移量送 DX 中
LEA AX,[BP][DI]	;将[BP+DI]送 AX 中,形成距 SS 的偏移量

说明：本指令对标志位无影响。

本指令处理的是变量地址（偏移量），不是变量的值，它等效于传输有效地址的 MOV 指令，但 MOV 指令必须在变量名前使用 OFFSET 操作符（有关 OFFSET 的使用请参照本章5.3.1 相关内容）。

例如：LEA BX，TABLE

等效：MOV BX，OFFSET TABLE

（2）LDS（Load Data Segment Register）

指令格式：LDS OPRD1，OPRD2

OPRD1 为任一个 16 位通用寄存器；OPRD2 为存储器地址（双字长地址指针）。

功能：将存储器地址指针所指向双字的低地址中的字（标号或变量所在段的地址偏移量）送到 OPRD1 给定的通用寄存器中，把双字的高地址中的字（标号或变量所在段基址）送到 DS 寄存器中。

例如：

LDS SI,ABCD	
LDS BX,FAST[SI]	
LDS DI,[BX]	;[BX]、[BX+1]→ DI;[BX+2]、[BX+3]→ DS
LDS SI,ABCD	

指令的操作示意图如图 5-16 所示。假设变量 ABCD 的段地址=5678H,偏移量=1234H。

说明：本指令不影响标志位。

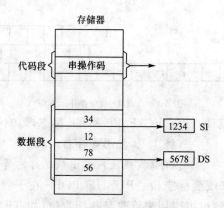

图 5-16　LDS 指令操作示意图

　　LDS 加载的是双字存储器操作数,即四个连续字节加载到目标寄存器及段寄存器 DS 中。LDS 可为一个变量设置一个段地址和偏移量地址,以便后续指令对其进行存取操作。

　　(3)LES(Load Extra Segment Register)

　　指令格式:LES OPRD1,OPRD2

　　OPRD1 为任一个 16 位通用寄存器;OPRD2 为存储器地址(双字长地址指针)。

　　功能:将存储器地址指针所指向双字的低地址中的字送到 OPRD1 给定的通用寄存器中,把双字的高地址中的字送到 ES 寄存器中。

　　例如:

```
LES SI,ABCD
LES BX,FAST[SI]
LES DI,[BX]
```

　　其操作示意图见图 5-16。

　　说明:本指令不影响标志位,除段地址送 ES 寄存器外,其他操作与 LDS 指令操作相同。

5.2.2　算术运算指令

　　8086/8088 是 16 位微处理器,可以实现加、减、乘、除四种基本运算,也可实现无符号数或有符号数的四则运算,并通过使用调整指令可完成十进制数运算。

　　1.加法指令

　　(1)加法指令 ADD(Addition)

　　指令格式:ADD OPRD1,OPRD2

　　OPRD1 为任一通用寄存器或存储器操作数;OPRD2 为立即数、任一通用寄存器或存储器操作数。

　　功能:实现操作数 OPRD1 和 OPRD2 的相加,结果存入 OPRD1 中,影响标志位。即 OPRD1←OPRD1+OPRD2。

　　两个操作数的组合操作关系如图 5-17 所示。

　　加法操作可以在通用寄存器(字节或字)间、通用寄存器与存储器间、立即数(字节或字)与通用寄存器间、立即数与存储器间进行,但不允许在两个存储器操作数间进行加法运算。例如:

```
ADD AL,25            ;立即数与字节寄存器数相加送 AL
ADD BX,0A0AH         ;立即数与字寄存器数相加送 BX
```

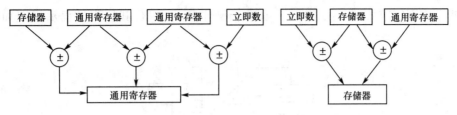

图 5-17　参与加、减运算的操作关系示意图

ADD DX,DATA[BX]	;存储器与字寄存器数相加送 DX
ADD DI,CX	;字寄存器数与字寄存器数相加送 DI
ADD BETA[SI],AX	;存储器与字寄存器数相加送存储器
ADD ALFA[BX],0FFH	;立即数与存储器数相加送存储器
ADD BYTE PTR[BX],28	;立即数与字节存储器数相加送字节存储器

说明:加法指令运算的结果对 CF、OF、SF、PF、ZF、AF 有影响。加法指令适用于有符号数和无符号数的运算。

加法指令可以进行字节或字加法运算,它们取决于给出的操作数的类型。

(2)带进位加法指令 ADC(Add With Carry)

指令格式:ADC OPRD1,OPRD2

功能:实现两个操作数和进位标志 CF 三者相加,结果存入目的操作数中,影响标志位。即 OPRD1←OPRD1+OPRD2+CF。

例如:

ADC AL,3	;寄存器、立即数与 CF 相加送 AL,AL←AL+3+CF
ADC AX,SI	;两寄存器数 AX,SI 内容与 CF 相加后送 AX
ADC DX,MEMA	;存储器数、寄存器数与 CF 相加送 DX
ADC ALFA[BX+DI],SI	;存储器数、寄存器数与 CF 相加送存储器

说明:本指令影响标志位 AF、CF、OF、PF、SF 和 ZF。带进位加法指令主要用于解决多字节运算时,字节间的进位计算问题。因为 16 位运算所表示的数值是有限的,所以可以用多字节表示一个大数。虽然指令本身只能进行一个或两个字节的运算,但可以通过从低位字节到高位字节(或字)相加(带进位)而获得两个大数相加的运算,对有符号数和无符号数均适用。

例如:在 DATA1 和 DATA2 存储区各有四个字节的数据(低位数在低地址处),实现两数相加程序如下:

例如:

MOV AX,DATA1	;取数 DATA1 低位数
ADD AX,DATA2	;DATA1 和 DATA2 低位数相加求和
MOV DATA3,AX	;存低位字求和结果
MOV AX,DATA1+2	;取数 DATA1 高位数
ADC AX,DATA2+2	;DATA1 和 DATA2 高位数相加,考虑低位和的进位
MOV DATA4,AX	;存高位数求和结果

(3)加 1 指令 INC(Increment By 1)

指令格式:INC OPRD

OPRD 可为任一通用寄存器或存储器操作数,但不能是立即数。

功能:将给定的操作数加 1 后送回操作数中,即 OPRD←OPRD+1。

本指令实现字节加 1 还是字加 1 取决于操作数的类型,其操作过程示意图如图 5-18 所示。

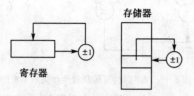

图 5-18 加(减)1 指令操作过程示意图

例如:

```
INC AH
INC SI
INC WORD PTR [BX]
INC BATE[BX+SI]
```

说明:本指令不影响标志位 CF,只影响 AF、OF、PF、SF 和 ZF。本指令将操作数视为无符号数,本指令主要用在循环程序中来修改地址指针或循环计数器,以实现循环处理。

(4)未组合十进制数加法调整指令 AAA(ASCII Adjust For Addition)

指令格式:AAA

功能:对两个未组合十进制数相加运算并对存于 AL 中的结果进行调整,产生一个未组合十进制数存放在 AX 中。AAA 指令要紧跟在加法指令之后使用,不能单独使用。

未组合十进制数定义:用一个字节的低四位二进制数表示一位 0~9 的十进制数的方法,在计算机汇编语言中简称 BCD 码。

说明:前述加法指令均为对二进制数的运算,为实现十进制数运算,可以按二进制运算后再进行十进制调整,从而完成十进制数运算。十进制数(BCD 码)的存储方式分为未组合(非压缩)十进制数和组合(压缩)十进制数。前者(非组合的)表示一个字节只放一位十进制数,高四位为零,后者(组合的)表示一个字节放两个十进制数,高位数在高四位。

AAA 指令是对两个未组合的十进制数加法运算(按二进制运算)的结果进行调整,使其成为一个十进制数,故 AAA 指令要紧跟在加法指令之后使用。

调整操作:

若 AL&0FH>9 或 AF=1,则 AL← AL+6,AH← AH+1,AF←1,CF←AF,AL← AL&0FH。

例如:设 AL=8,BL=3。

```
ADD AL,BL              ;AL← AL+BL=0BH
AAA                    ;AH=1,AL=1
```

上述调整,加 6 操作是变十六进位制为十进位制所需要的,因为两种进制相差 6。

本指令只影响标志位 AF 和 CF。

(5)组合十进制加法调整指令 DAA(Decimal Adjust For Addition)

指令格式:DAA

功能:对两个组合十进制数相加运算并对存于 AL 中的结果进行调整,产生一个组合的十进制数在 AL 中,其进位在 CF 中,用法同 AAA 指令。

调整操作：

若 AL&0FH＞9 或 AF＝1,则 AL←AL＋6,AF←1。

若 AL&0F0H＞90H 或 CF＝1,则 AL←AL＋60H,CF←1。

例如：设 AL＝18H,BL＝03H,AL 中为组合十进制数 18。

ADD AL,BL	;AL＋BL→ AL＝1BH
DAA	;AL＝21H,AF＝1

说明：本指令影响标志位 AF、CF、PF、SF 和 ZF,但要紧跟在组合十进制加法指令之后使用。

注意：如十进制数 18,以组合十进制数方式存在 AL 中,表示 18H,它表示的是两位十进制数 18,而非十六进制数 18H,这一点,在程序设计时一定要清楚。

2. 减法指令

(1)减法指令 SUB(Subtract)

指令格式：SUB OPRD1,OPRD2

OPRD1 为任一通用寄存器或存储器操作数；OPRD2 为立即数、任一个通用寄存器或存储器操作数。

功能：实现操作数 OPRD1 与 OPRD2 的相减,结果存入 OPRD1 中,即 OPRD1←OPRD1－OPRD2。

两个操作数的组合操作关系同样见图 5-17。

例如：

SUB	CX,DX
SUB	[BX＋26],AL
SUB	DI,ALFA[SI]
SUB	AL,20
SUB	GAMA[DI][BX],30A4H

说明：本指令影响标志位 AF、CF、OF、PF、SF 和 ZF,操作数可为字节,也可为字类型。

(2)带借位减法指令 SBB(Subtract With Borrow)

指令格式：SBB OPRD1,OPRD2

功能：完成两个操作数和借位标志 CF 三者相减,结果存入目的操作数中,即 OPRD1←OPRD1－OPRD2－CF。

例如：

SBB	AX,DX ;AX←AX－DX－CF
SBB	DX,GAMA
SBB	ALFA[BX＋DI],SI
SBB	BX,2000
SBB	BETE[DI],30AH

说明：本指令只影响标志位 AF、CF、OF、PF、SF 和 ZF。可以实现字节或字的减法运算,本指令主要用于多字节的减法运算。

(3)减 1 指令 DEC(Decrement By 1)

指令格式：DEC OPRD

OPRD 为任一通用寄存器或存储器操作数,但不能是立即数。

功能:将给定的操作数减 1 后送回到该操作数中,即 OPRD←OPRD−1。

其操作过程示意图如图 5-18 所示。

例如:

```
DEC    AL
DEC    DI
DEC    WORD PTR [DI]
DEC    ALFA[DI+BX]
```

说明:本指令影响标志位 AF、OF、PF、SF 和 ZF,不影响标志位 CF。同样,本指令将操作数视作无符号数。

(4)取负指令 NEG(Negate)

指令格式:NEG OPRD

OPRD 为任一通用寄存器或存储器操作数。

功能:完成一条特殊的减法操作,它的被减数一定为 0,因此,它是一条单操作数指令。实际 OPRD 是将目的操作数的值取负,若操作数的原值为一正数,那么执行该指令后,其值变为该数的负数的补码;而若操作数的原值为一负数(补码表示),那么,执行该指令后,其值变成了该数所对应的正数。该指令将正常影响各标志位,并且 CF 表示最高位产生的借位。指令中的目的操作数可以采用除立即数以外的各种寻址方式,简单地说,就是用 0 减去 OPRD 再把结果送回 OPRD,即 OPRD←0−OPRD,某些读物上将 NEG 解释成取补指令是不恰当的。

对 OPRD 用 0 减,应包括操作数的符号位。例如:

```
NEG    AL      ;AL=19(13H),NEG 后 AL=0−00010011=11111101=(−19 补码)
NEG    AL      ;AL=−2,NEG 后 AL=0−11111110=(02 补码)
NEG    DI
NEG    MULT[BX] ;有效地址是变量 MULT 的位移加 BX 的值
```

说明:如在字节操作时对−128 取补,或在字操作时对−32768 取补,则操作数没有变化,但 OF 被置位。本指令只影响标志位 AF、CF、OF、PF、SF 和 ZF,一般总是使 CF=1,除非操作数为 0。

(5)比较指令 CMP(Compare)

指令格式:CMP OPRD1,OPRD2

OPRD1 为任一通用寄存器或存储器操作数;OPRD2 为立即数、任一个通用寄存器或存储器操作数。

功能:两个操作数相减,根据结果置标志位,但结果并不送回目的的操作数中。比较数可为字节也可为字数据,这取决于操作数类型。该操作影响标志位 CF、ZF、SF、OF、AF 和 PF。

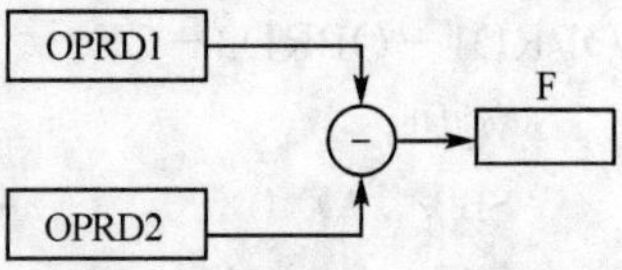

其操作示意图如图 5-19 所示。

图 5-19　比较指令操作示意图

例如:

```
CMP    AL,50
CMP    AX,BX
CMP    CX,COUNT[BX]
CMP    BATE[DI],BX
```

说明:本指令主要通过比较(相减)结果置标志位,表示两个操作数的关系,但不改变两个操作数原来的值。

比较有以下几种情况(以"CMP A,B"示例说明):

①若两个操作数相等。

A＝B,则比较后 ZF＝1,否则 ZF＝0,因此根据 ZF 标志位可判两数是否相等。

②两个无符号数判断大小。

若 A≥B,则不会产生借位,故 CF＝0;若 A＜B,则将产生借位,故 CF＝1。因此可根据 CF 标志位判断两个无符号数的大小。

③两个有符号数判断大小。

不能简单地靠单个标志位判断。下面分为两种情况进行讨论:

若 A、B 为同符号数(即 A＞0,B＞0 或 A＜0,B＜0),则两数相减绝对值变小,不会溢出。此时可用 SF 标志位判断大小。

A≥B,SF＝0。如(−2)−(−8)＝+6。

A＜B,SF＝1。如(−8)−(−2)＝−6。

若 A、B 为异号数(即 A＞0,B＜0 或 A＜0,B＞0),则两数相减绝对值变大,有可能产生溢出。

当未溢出时,判断可用 SF 标志位。

A＞B,SF＝0。如(+2)−(−8)＝+10。

A＜B,SF＝1。如(−8)−(+2)＝−10。

当溢出时,判定如下:

A＞B,SF＝1。如 126−(−24)＝150＞127。

A＜B,SF＝0。如(−24)−(126)＝−150＜−128。

综上所述,有符号数判断大小规则:

无溢出(OF＝0)时,若 SF＝0,则 A＞B;若 SF＝1,则 A＜B。

有溢出(OF＝1)时,若 SF＝0,则 A＜B;若 SF＝1,则 A＞B。

为了便于记忆,对有符号数的判断大小,可概括为:

有符号判大小,既看"溢出"(OF)又看"符号"(SF)。

OF、SF 同号,则 A＞B;OF、SF 异号,则 A＜B。

比较指令主要用于分支及循环程序设计中,根据比较结果,通过条件转移指令转到相应程序段中,它在程序设计中是很有用的指令。

在 8086/8088 指令系统中,专门提供了一组根据有符号数或无符号数比较大小后实现条件转移的指令,其转移条件就是根据上述判断原则进行的。所以,可以直接使用条件转移指令,而不必再经多次标志位判断决定转移,它为程序设计带来很大方便。

例如:DATA 缓冲区有 100 个字,要求查找其中最大值,存入 MAX 单元中。

可使用逐次比较法查找最大值,方法是:取第一个数到 AX 中,从第二个数开始比较,若 AX 中值大,顺序进行下一个数的比较,若 AX 中值小,则把比较数送入 AX,再继续顺序比较。经过 99 次比较后,显然 AX 中为最大值,将其送入 MAX 单元中。

程序中,使用有符号数判断大小,通过转移指令控制 99 次循环。

程序段如下:(由于还没有讲解完整的程序设计,下面的程序段只是配合指令的应用而写,下同)

```
MOV    BX,OFFSET DATA      ;设置数据区首指针
MOV    AX,[BX]             ;取第一个数
```

```
        INC     BX
        INC     BX
        MOV     CX,99           ;置循环计数器初值
AGAIN:  CMP     AX,[BX]         ;两数比较
        JG      NEXT            ;AX>[BX]转 NEXT
        MOV     AX,[BX]         ;[BX]大,存大数
NEXT:   INC     BX              ;指向下一个数
        INC     BX
        DEC     CX              ;计数器减 1
        JNZ     AGAIN           ;未循环完,转 AGAIN
        MOV     MAX,AX          ;循环完,将最大数存入 MAX 单元
```

(6)未组合十进制减法调整指令 AAS(ASCII Adjust For Subtraction)

指令格式:AAS

功能:对两个未组合十进制数相减存于 AL 中的结果进行调整,产生一个未组合的十进制数存在 AL 中,使用方法同 AAA 指令。

调整操作:

若 AL&0FH>9 或 AF=1,则 AL←AL−6,AH←AH−1,AF←1,CF←AF,AL←AL&0FH;否则,AL←AL&0FH。

说明:本指令影响标志位 AF、CF。

(7)组合十进制数相减指令 DAS(Decimal Adjust For Subtraction)

指令格式:DAS

功能:对两个组合十进制数相减存于 AL 中的结果进行调整,产生一个组合的十进制数存在 AL 中,使用方法同 AAA 指令。

调整过程:

若 AL&0FH>9 或 AF=1,则 AL←AL−6,AF←1。

若 AL&0F0H>90H 或 CF=1,则 AL←AL−60H,CF←1。

说明:本指令影响标志位 AF、CF、PF、SF 和 ZF,本指令应紧跟在减法指令之后使用。

3.乘法指令

(1)无符号数乘法指令 MUL(Multiply)

指令格式:MUL OPRD

OPRD 为通用寄存器或存储器操作数,做乘数。

功能:完成两个无符号二进制数相乘(是一条隐含指令,被乘数隐含在累加器 AL/AX 中,乘数在 OPRD 中)。

字节乘法:AX←AL×OPRD

双字节长结果在累加器中(高位数在 AH 中)。

当 AH≠0,则 CF=1,OF=1。

字乘法:DX,AX←AX×OPRD

双字长结果在 DX 及 AX 中(高位数在 DX 中)。

当 DX≠0,则 CF=1,OF=1。

例如:

```
MUL     BETA[BX]             ;字节/字乘法,由 BETA 类型定义决定
```

MUL　　DI	;字乘法,结果在 DX,AX 中
MUL　　ALFA	;字节/字乘法,决定 ALFA 类型定义

说明:本指令影响标志位 CF 和 OF。

在使用本指令时,是 8 位乘法还是 16 位乘法,取决于源操作数(乘数)的类型定义。若源操作数为字节类型,则与 AL 中的数相乘,结果为双字节长。若源操作数为字类型,则与 AX 中的数相乘,结果为双字长。若 CF 和 OF 置"1",表明 AH(或 DX)中有乘积的高位有效数字。

例如:设在 M1 和 M2 字单元中各有一个 16 位数,求其乘积并存于 R 起的字单元中。

其主要操作如下:

MOV　　AX,M1	;取被乘数
MUL　　M2	;两数相乘
MOV　　R,AX	;存结果
MOV　　R+2,DX	

(2)有符号数乘法指令 IMUL(Integer Multiply)

指令格式:IMUL OPRD

OPRD 为任一通用寄存器或存储器操作数。

功能:完成两个有符号二进制数的相乘(被乘数隐含在累加器中,乘数为 OPRD)。

字节相乘:AX←AL×OPRD

字相乘:DX,AX←AX×OPRD

当 AH 或 DX 不为 0 时,则 CF=1,OF=1;否则,CF=0,OF=0。

例如:

IMUL　　SI	;字乘法,结果在 DX、AX 中
IMUL　　BL	;字节乘法,结果在 AX 中
IMUL　　BETA[BX]	;字节/字乘法,由 ALFA 类型定义决定

说明:本指令影响标志位 CF、OF。

(3)未组合十进制数乘法调整指令 AAM(ASCII Adjust Multiply)

指令格式:AAM

功能:对两个未组合十进制数相乘存于 AX 中的结果进行调整,产生一个未组合的十进制数存在 AX 中(高位数在 AH 中),使用方法同 AAA 指令。

调整操作:AH←AL/10,AL←AL MOD 10。

说明:本指令影响标志位 PF、SF 和 ZF。由于两个未组合十进制数相乘结果的有效数仅在 AL 中,所以只对 AL 进行调整。本指令应跟在 MUL 指令后使用。

例如:

MOV　　BL,05	
MOV　　AL,08	
MUL　　BL	;AX 中为 0028H
AAM	;AX 中为 0040H

4.除法指令

除法指令也是一条隐含指令。在除法指令中,被除数总是隐含在寄存器 AX(除数是 8 位)或者 DX 和 AX(除数是 16 位)中,另一个操作数可以采用除立即数方式外的任一种寻址方式。

(1)无符号数除法指令 DIV(Division)

指令格式:DIV OPRD

OPRD 为任一个通用寄存器或存储器操作数。

功能:实现两个无符号二进制数除法运算。字节相除,被除数在 AX 中,8 位的商送到 AL 中,8 位的余数送到 AH 中;字相除,被除数在 DX(高 16 位)和 AX 中,除数在 OPRD 中,16 位的商送到 AX,16 位的余数送到 DX 中,所以由操作数 OPRD 决定是字节除,还是字除。

字节除法:AL←AX/OPRD,AH←AX MOD OPRD。

字除法:AX←DX,AX/OPRD,DX←DX,AX MOD OPRD。

例如:

```
DIV    BEAT[BX]                    ;字节/字除法,由 BEAT 类型定义决定
DIV    CX                          ;商在 AX 中,余数在 DX 中
DIV    BL                          ;商在 AL 中,余数在 AH 中
```

说明:本指令不产生有效的标志位。

当除法商值产生溢出时(单字节大于 FFH,单字大于 FFFFH 时),将置溢出标志位 OF,产生一个类型为 0 的溢出中断。

(2)有符号数除法指令 IDIV(Integer Division)

指令格式:IDIV OPRD

OPRD 为任一个通用寄存器或存储器操作数。

功能:实现两个有符号数二进制除法运算。字节相除,被除数在 AX 中;字相除,被除数在 DX 和 AX 中,除数在 OPRD 中。

字节除法:AL←AX/OPRD,AH←AX MOD OPRD。

字除法:AX←DX,AX/OPRD,DX←DX,AX MOD OPRD。

例如:

```
IDIV    BYTE[BX]
IDIV    CL
IDIV    BX
```

说明:本指令不产生有效的标志位。

当除数商值产生溢出(字节值超过−128~+127,字值超过−32768~+32767)时,将置溢出标志 OF,产生一个类型为 0 的溢出中断。

当被除数为 8 位数时,在进行除法运算前,除了把被除数存入 AL 外,还应把 AL 的符号位扩展到 AH 中。同样,16 位除法,除了把被除数存入 AX 外,还应将 AX 的符号位扩展到 DX 中。

(3)字节扩展指令 CBW(Convert Byte To Word)

指令格式:CBW

功能:将 AL 寄存器的符号位扩展到 AH 中。

说明:本指令用于两个字节相除时,先用它形成一个两字节长的被除数,不影响标志位。

例如:

```
MOV    AL,25
CBW                                ;扩展符号位到 AH 中
IDIV    BL
```

(4)字扩展指令 CWD(Convert Word To Double Word)

指令格式:CWD

功能:将 AX 寄存器的符号位扩展到 DX 中。

说明:本指令用于两个字相除时,先用它形成一个两字长的被除数,不影响标志位。

例如:在 A、B、C 三个字型变量中各存有 16 位有符号数 a、b、c,实现(a×b+c)/a 运算。

程序如下:

```
MOV    AX,A              ;取运算操作数 a
IMUL   B                 ;实现 a×b 运算,结果在 DX、AX 中
MOV    CX,AX             ;暂存 AX,DX
MOV    BX,DX
MOV    AX,C              ;取运算操作数 c
CWD                      ;扩展运算操作数符号位到 DX
ADD    AX,CX             ;实现(a×b+c)运算
ADC    DX,BX
IDIV   A                 ;实现(a×b+c)/a 运算,AX 存商,DX 存余数
```

(5)未组合十进制数除法调整指令 AAD(ASCII Adjust For Division)

指令格式:AAD

功能:把在 AX 中的两个未组合十进制数进行调整,然后可按 DIV 指令实现两个未组合十进制数的除法运算,其结果为未组合十进制商(在 AL 中)和余数(在 AH 中),使用方法不同于 AAA 指令。

调整操作:

$AL \leftarrow AH \times 10 + AL, AH \leftarrow 0$。

例如:

```
MOV    BL,5
MOV    AX,0308H          ;AX 中为未组合的十进制数
AAD                      ;先进行十进制除法调整操作,AL=38=26H
DIV    BL                ;商在 AL 中,余数在 AH 中
```

说明:本指令影响标志位 PF、SF 和 ZF。

从调整操作可以看出,先把未组合十进制的被除数变为二进制数,然后再进行除法运算,其结果即为未组合十进制的商和余数。

如果商值小于 10,则其商就是未组合十进制数;但当商值大于 10 时,就不是未组合的十进制数,此时还应变换才能得到未组合的十进制数。一种简单的方法是将 AH(其内容为余数)暂存到其他寄存器,然后利用 AAD 指令调整 AL,使其成为两位未组合的十进制数,高位商在 AH 中,低位商在 AL 中。

注意:除法调整指令 AAD 是在除法运算前使用,对 AX 中的未组合十进制数进行调整,调整后再进行二进制除法运算,这与前述的加法、减法和乘法的调整过程是不同的。

5.2.3　逻辑运算指令

逻辑运算指令在编程中具有非常重要的地位。8086/8088 可实现与、或、异或、非、测试等逻辑运算指令。

1. 逻辑与运算指令 AND

指令格式:AND OPRD1,OPRD2

OPRD1 为任一通用寄存器或存储器操作数,不能为立即数。OPRD2 为立即数、任一个通用寄存器或存储器操作数。

功能:对两个操作数实现按位逻辑"与"运算,结果送回目的操作数中,可为字节或字的"与"运算。

例如:

```
AND    AL,0FH              ;AL 中的高 4 位为 0,低 4 位不变
AND    AX,BX               ;AX 中只保留在 BX 中对应位为 1 的值,其余位变为 0
AND    DX,BUFFER[SI+BX]    ;DX 中只保留在存储器数中对应位为 1 的值,其余位变为 0
AND    BETA[BX],00FFH      ;存储器数的高 8 位清"0",只保留低 8 位数
```

说明:本指令影响标志位 PF、SF 和 ZF,CF=0,OF=0。在同一通用寄存器自身相"与"时,操作数保持不变,但使 CF 置"0"。

本指令主要用于修改目的操作数,或置某些位为 0。

2. 逻辑或运算指令 OR

指令格式:OR OPRD1,OPRD2

OPRD1 为任一个通用寄存器或存储器操作数,不能为立即数。OPRD2 为立即数、任一个通用寄存器或存储器操作数。

功能:对两个操作数实现按位逻辑"或"运算。结果送回目的操作数中。OR 操作可为字节或字的"或"运算。

例如:

```
OR    AL,05H
OR    AX,BX
OR    BX,BUFFER[SI]
OR    BETA[BX],8000H
```

说明:本指令影响标志位 PF、SF 和 ZF,CF=0,OF=0。对同一个通用寄存器自身相"或"时,其操作数保持不变,但可使 CF 置"0"。

本指令主要用于修改目的操作数,可使某些位置"1",或对两个操作数组合。

3. 逻辑非运算指令 NOT

指令格式:NOT OPRD

OPRD 为任一个通用寄存器或存储器操作数,不能为立即数。

功能:完成对操作数按位求反运算,结果送回原操作数。

例如:

```
NOT    AL
NOT    DI
NOT    BETA[BX]
```

说明:本指令不影响标志位,可以实现按位求反操作,取操作数反码。

4. 逻辑异或运算指令 XOR(Exclusive Or)

指令格式:XOR OPRD1,OPRD2

OPRD1 为任一个通用寄存器或存储器操作数,不能为立即数。OPRD2 为立即数、任一个通用寄存器或存储器操作数。

功能:对两个操作数实现按位"异或"运算,结果送目的操作数中。

例如:

```
XOR    AL,0FH
XOR    AX,BX
```

```
XOR    CX,ALFA
XOR    BUFER[BX+SI],0F0H
```

说明：本指令影响标志位 PF、SF 和 ZF,CF＝0,OF＝0。对同一个通用寄存器自身相"异或"时,使结果为 0,CF＝0。常用来对寄存器及 CF 清"0"。

可使用本指令修改操作数,对操作数中某些位做取反操作。例如：

```
XOR    DX,DX                    ;DX=0,CF=0
```

异或运算指令主要用在使一个操作数中的若干位维持不变,而另外若干位取反的操作场合。把要维持不变的这些位与 0 相"异或",而把要取反的这些位与 1 相"异或"就能达到这样的目的。例如：

```
MOV    AL,34H               ;AL=00110100B,符号 B 表示二进制
XOR    AL,0FH               ;AL=00111011B
```

5. 测试指令 TEST

指令格式：TEST OPRD1,OPRD2

OPRD1 为任一个通用寄存器或存储器操作数,不能为立即数。OPRD2 为立即数,任一个通用寄存器或存储器操作数。

功能：完成两个操作数的"与"运算,根据结果置标志位,但不改变操作数的值。

例如：

```
TEST   AL,0FH
TEST   SI,0F0FH
TEST   BETA[DI+BP],AX
TEST   BH,CL
```

说明：本指令影响标志位 PF、SF 和 ZF,CF＝0,OF＝0。本指令可在不改变操作数的情况下,对操作数的某一位或某几位状态进行测试。

例如：BUF 单元放有两位 BCD 数,要求将其转为 ASCII 码,存于 ASC 起的两个地址单元中,并测试有否字符为"0"的 ASCII 码,如有,则置 CF＝1,结束操作,主程序段如下：

```
        MOV    AL,BUF        ;取 BUF 单元中 BCD 数
        AND    AL,0F0H
        MOV    CL,4          ;移高位数为低四位
        SHR    AL,CL
        OR     AL,30H        ;转换为 ASCII 码
        TEST   AL,0CFH       ;测试判断是否为"0"字符
        JZ     ZERO          ;是,转 ZERO
        MOV    ASC,AL        ;不是,存入 ASC 单元
        MOV    AL,BUF        ;取 BCD 低位数
        AND    AL,0FH        ;置 AL 中的高 4 位为 0
        OR     AL,30H        ;置 AL 中的第 4、5 位为 1
        TEST   AL,0CFH       ;判断是否为"0"字符
        JZ     ZERO          ;若为 0,程序转 ZERO 处执行
        MOV    ASC+1,AL      ;将 AL 内容送 ASC+1 中
        JMP    OVER          ;结束
ZERO：  STC
OVER：  HLT
```

5.2.4　移位指令

移位指令完成对操作数的移位操作,分为一般移位指令和循环移位指令,移位操作也是将操作数倍增和减半的有效方法。

1. 移位指令

(1)逻辑左移指令 SHL(Shift Logical Left)

指令格式:SHL OPRD,COUNT

OPRD 为通用寄存器或存储器操作数。

COUNT 表示移位的次数。移位一次,COUNT=1;若移位多次应将 COUNT 内容送 CL 中,COUNT=CL(CL 中为移位的次数),具体用法见下面程序段。

功能:对给定目的操作数(8/16 位)左移 COUNT 次,最高位移入 CF 中,最低位补 0。

其操作示意图如图 5-20 所示。

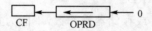

图 5-20　逻辑左移指令操作示意图

例如:

```
SHL    AL,1
SHL    CX,1
SHL    ALFA[DI],1
MOV    CL,3
SHL    DX,CL
SHL    ALFA[DI],CL
```

说明:本指令影响标志位 OF、PF、SF 和 ZF,CF 决定移入的最高位。

本指令主要用于向左移位操作,但因为左移一位相当于权值提高一级,故本指令又常用作有符号数和无符号数的倍增操作。但请注意,在左移一次后,当新的操作数最高位与 CF 不相同时,则 OF 置"1",表明有符号数操作产生溢出,不再符合倍增关系。对无符号数,当移位后使 CF 置"1",则不再符合倍增关系。

例如:AL=01000010B(66)/(+66)

左移一位 AL=10000100B(132)/(−124),CF=0,OF=1(AL 中为补码表示)。

上例表明,对无符号数,移位后 CF=0,故移位前后数据之间符合倍增关系(66×2=132)。而对有符号数,移位后 CF=1,所以移位前后数据之间不再符合倍增关系(+66×2≠−124)。

(2)逻辑右移指令 SHR(Shift Logic Right)

指令格式:SHR OPRD,COUNT

OPRD 为任一个通用寄存器或存储器操作数。COUNT 表示移位次数,CUONT 的使用同 SHL。

功能:对给定目的操作数(8/16 位)右移 COUNT 次,最低位移入 CF 中,最高位补 0。

其操作示意图如图 5-21 所示。

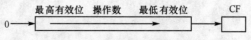

图 5-21　逻辑右移指令操作示意图

例如:

```
SHR   AL,1
SHR   CX,1
SHR   ALFA[DI],1
MOV   CL,3
SHR   DX,CL
SHR   ALFA[DI],CL
```

说明:本指令影响标志位 OF、PF、SF 和 ZF,CF 决定移入的最低位。

同样,本指令主要用于右移位操作,但右移一位,相当权值下降一级,所以本指令可作为无符号数的除 2 运算。但请注意,在移位后,如果新的 CF=1,表示移位前的数是一个奇数,则减半的结果是不精确的。

(3)算术左移指令 SAL(Shift Arithmetic Left)

指令格式:SAL OPRD,COUNT

OPRD 为任一通用寄存器或存储器操作数。COUNT 表示移位次数,CUONT 的使用同 SHL。

功能:对给定目的操作数(8/16 位)左移 COUNT 次,最高位移入 CF 中,最低位补 0。

其操作示意图与图 5-20 一样。

说明:实际上 SAL 与 SHL 是同一指令的两种表示方法,它们具有完全相同的功能。它一般用来作为有符号数的倍增运算。在左移一次后,如果新的 CF 与新的操作数最高位不相同,则标志 CF=1,表明移位前后的操作数不再具有倍增关系。

如:AL=11001101(−51)

左移一次 AL=10011010(−102);OF=0

左移一次 AL=00110100(+52);OF=1

OF=1 时,不再符合有符号数的倍增关系。

(4)算术右移指令 SAR(Shift Arithmetic Right)

指令格式:SAR OPRD,COUNT

OPRD 为任一个通用寄存器或存储器操作数。COUNT 表示移位次数,CUONT 的使用同 SHL。

功能:对给定的目的操作数(8/16 位)右移 COUNT 次,最低位移入 CF 中,最高位保持不变。

其操作示意图如图 5-22 所示。

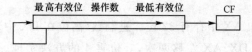

图 5-22　算术右移指令操作示意图

例如:

```
SAR   AL,1
SAR   BX,1
SAR   BETA[BX],1
MOV   CL,6
SAR   BX,CL
SAR   BETA[BX],CL
```

说明：本指令影响标志位 PF、SF 和 ZF，CF 决定移入的最低位。同样，本指令常用于有符号数的减半运算；但在右移使 CF＝1 时，会产生减半运算结果不精确的问题。

如：AL＝11001110(－50)

右移一位 AL＝11100111B(－25)；CF＝0

右移一位 AL＝11110011B(－13)；CF＝1

2. 循环移位指令

循环移位指令是指操作数进行首尾相连的移位操作，它共有四个指令，这四个指令具有相似功能，一并说明如下：

指令格式：ROL　　OPRD，COUNT　　；左向循环移位(Rotate Left)

ROR　　OPRD，COUNT　　；右向循环移位(Rotate Right)

RCL　　OPRD，COUNT　　；带进位左向循环移位(Rotate Left Through CF)

RCR　　OPRD，COUNT　　；带进位右向循环移位(Rotate Right Through CF)

OPRD 为任一个通用寄存器或存储器操作数，但不能是立即数。COUNT 表示移位次数，CUONT 的使用同 SHL。

功能：对给定目的操作数(8/16 位)进行循环移位。

ROL/ROR 实现左向/右向不带 CF 的循环移位；RCL/RCR 实现左向/右向带有 CF 的循环移位，它们的操作示意图如图 5-23 所示。

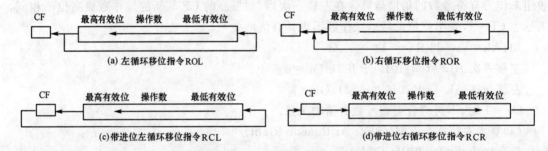

图 5-23　循环移位指令操作示意图

说明：本组指令只影响标志 CF 和 OF，CF 取决于移入位，OF 取决于移位一次后符号位是否改变，如改变则 OF＝1。由于是循环移位，所以对字节只要移位 8 次(对字只要移位 16 次)就可以恢复为原操作数。而带 CF 参加循环移位，因 CF 参加循环移位，所以可以利用它实现多字节的循环移位。

例如：在寄存器 DX 和 AX 中存有 32 位二进制数(高位在 DX 中)，要求实现乘 4 运算。

乘 4 运算可以通过对 DX、AX 左移两次，等价乘 4 的方法实现。先对低位 AX 逻辑左移一次，然后再对高位 DX 循环左移一次，通过 CF 完成寄存器间的移位，通过两次同样移位，就可实现乘 4 运算，相关指令如下：

```
SHL    AX,1
RCL    DX,1
SHL    AX,1
RCL    DX,1
```

对于多个存储单元，也可以使用同样方式完成移位操作。

5.2.5　转移指令

8086/8088 系统中有四种类型转移指令:无条件转移、条件转移、重复控制和子程序调用。

1. 无条件转移指令 JMP(Jump)

指令格式:JMP OPRD

OPRD 为转移的目标地址。

功能:无条件地将控制转移到目标地址。

说明:无条件转移可在段内进行,也可以在段间进行,寻址有直接和间接两种方式。

本组指令对标志位无影响。

具体表达无条件转移指令有下面几种方式。

(1)段内直接转移:JMP NEAR 标号

该标号具有 NEAR 属性,即段内指令的标号。汇编程序在汇编该 JMP 指令时,将计算出 JMP 下一条指令与目标地址间的相对偏移量。例如:

```
    JMP    A1
    ⋮
A2:MOV    AL,0
    ⋮
A1:MOV    AL,0FFH
    ⋮
    JMP    A2
```

无条件段内直接转移指令对应的机器指令格式如下,由操作码和地址差构成。

指令操作码	地址差

其中的地址差是程序中该无条件指令的开始地址到转移目标地址(标号所指定指令的开始地址)的差值,由汇编程序在汇编时计算得出。因此,在执行无条件段内转移指令时,实际的动作是把指令中的地址加到指令指针 IP 上,使 IP 内容为目标地址,从而达到转移的目的。

例如,当前的指令操作码 IP=5678H,跳转地址差为 1131H,则实际 IP=5678+3+1131=67ACH,图 5-24 是无条件段内转移指令的存储和执行示意图。请注意,在计算新 IP 时应加上本条指令所占用的三个字节,指令中的地址差由汇编程序计算得出。

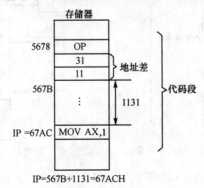

图 5-24　无条件段内转移指令的存储和执行示意图

一个字节表示的地址差的范围是−128～+127,所以,如果以转移指令本身为基准,那么短转移的范围则在−126～+129。一个字表示的地址差的范围是 0～+65535,当 IP 与地址差之和超过 65535 时,那么便在段内反绕(取 65535 的模),所以近转移的范围是整个段。

如果汇编程序汇编到该转移指令时能够正确地计算出地址差,那么汇编程序就根据地址差的大小,决定使用一个字节还是使用一个字表示地址差,例如上例中的"JMP A1"指令。如果当汇编程序汇编到该指令时还不能计算出地址差,那么汇编程序就按两字节地址差汇编此转移指令,例如上例中的"JMP A2"指令。如果程序员在写程序时能估计出用一个字节就可表示地址差,那么可在标号前加一个汇编程序操作符 SHORT。例如:

```
JMP    SHORT A2
```

这样汇编程序就按一个字节的地址差汇编此转移指令,当实际的地址差无法用一个字节表示时,汇编程序会发出汇编出现错误的提示信息。

这种利用目标地址与当前转移指令本身地址的差值记录转移目标地址的转移方式也称为相对转移,相对转移有利于程序的浮动。

当在±127 之内时,产生一个短(SHORT)类型的 JMP 指令代码。否则产生一个在±32 K 范围内的(NEAR)JMP 指令代码;由指令指针 IP 加上相对偏移量后,就形成新的转移地址。

(2)无条件段内间接转移:JMP OPRD

指令格式:JMP OPRD

OPRD 为通用寄存器(16 位)或存储器操作数,通用寄存器内容或存储器字内容给出目标地址(所在段内的偏移量),将指令指针 IP 换为该偏移量,形成新的转移地址。例如:

```
JMP    BX                  ;转向 CS:BX,BX 的内容送 IP
JMP    BP                  ;转向 SS:BP
JMP    JNEAR[BX]           ;转向 CS:(BX+JNEAR)
JMP    WORD PTR[BX][DI]    ;转向 CS:(BX+DI)
```

JMP WORD PTR [1234H]的段内间接转移操作示意图如图 5-25 所示。

JMP BX 的段内间接转移操作示意图如图 5-26 所示,BX=3456。

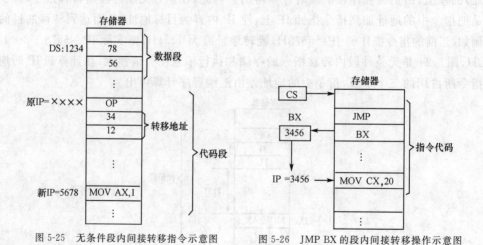

图 5-25　无条件段内间接转移指令示意图　　　图 5-26　JMP BX 的段内间接转移操作示意图

(3)无条件段间直接转移指令:JMP FAR PTR 标号

该标号具有 FAR 属性,即段外指令标号。

汇编程序在汇编该 JMP 指令时,将生成两个字的操作数。第一个字为目标标号所在段的偏移量,将置换 IP,第二个字为目标标号所在段的基址,将置换 CS,从而实现段间转移。
例如:

```
C1    SEGMENT
      ⋮
      JMP JC2
      ⋮
C1    ENDS
C2    SEGMENT
      ⋮
JC2   LABLE FAR
      MOV AL,0
      ⋮
C2 ENDS
```

也可以对外段中的 NEAR 标号实现段间转移。例如:

```
JMP FAR PTR ABC      ;ABC 为外段的 NEAR 类型标号
```

(4)段间间接转移:JMP DWOPRD

DWOPRD 为存储器双字操作数。段间间接转移只能通过存储器操作数实现,在由它寻址的存储器双字中(在数据段中),放有目标地址偏移量和段基址,由该存储器双字中的第一个字(即所在段的偏移量)置换 IP;第二个字(即所在段的段基址)置换 CS,从而实现段间转移。例如:

```
D    SEGMENT            ;数据段
     ⋮
     DAT DW IPA
     DW CSA
D    ENDS
C    SEGMENT            ;程序段
     ⋮
     MOV BX,OFFSET DAT
     ⋮
     JMP DWORD PTR [BX]
     ⋮
C    ENDS
```

其操作示意图如图 5-27 所示。

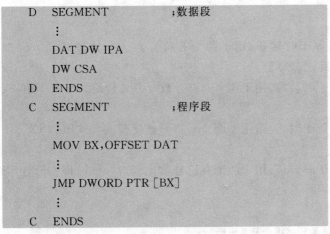

图 5-27　段间间接转移指令示意图目标指令

2. 条件转移指令

在 8086/8088 系统中,可根据比较的结果或运算的结果(即标志位),形成多种条件转移指令。这组指令距离转向目标地址的相对偏移量必须在 $-128 \sim +127$,因此,它属于段内 SHORT 类型转移。当条件满足,将相对偏移量加到指令指针 IP 上,实现相对转移。

本组指令对状态标志位无影响。

条件转移指令只有一种格式:条件转移指令助记符 标号。

为了说明方便将条件转移指令分为三种类型分别进行介绍。

(1)根据状态标志位的条件转移指令

①JC/JNC 根据 CF 标志进行转移。JC 在有进位或借位时,即 CF=1 时转移。JNC 在无

进位或借位时,即 CF＝0 时转移。

②JE/JNE、JZ/JNZ 根据 ZF 标志位进行转移。JE/JZ 为相等或结果为 0 时,即 ZF＝1 时转移;JNE/JNZ 在不相等或结果非 0 时转移,即 ZF＝0 时转移。

JE、JZ 及 JNE、JNZ 均为一条指令两种助记符表示方式。

③JS/JNS 根据 SF 标志进行转移。JS 在结果为负时,即 SF＝1 时转移;JNS 在结果为正时,即 SF＝0 时转移。

④JO/JNO 根据 OF 标志进行转移。JO 为溢出时,即 OF＝1 时转移;JNO 为无溢出时,即 OF＝0 时转移。

⑤JP/JNP、JPE/JPO 根据 PF 标志进行转移。JP/JPE 在结果为偶数时,即 PF＝1 时转移;JNP/JPO 在结果为奇数时,即 PF＝0 时转移。

JP、JPE 及 JNP、JPO 均为一条指令两种助记符表示方式。

(2)用于无符号数的条件转移指令

①JA/JNBE 为高于/不低于且不等于时转移,用于两个无符号数 a,b 比较时,a＞b(即 CF＝0 且 ZF＝0)时转移,两种助记符等价。

②JAE/JNB 为高于或等于/不低于时转移,用于两个无符号数 a、b 比较时,a≥b(即 CF＝0)时转移。两种助记符等价。

③JB/JNAE 为低于/不高于且不等于时转移,用于两个无符号数 a、b 比较时,a＜b(即 CF＝1)时转移。两种助记符等价。

④JBE/JNA 为低于或等于/不高于时转移,用于两个无符号数 a、b 比较时,a≤b(即 CF＝1 或 ZF＝1)时转移。两种助记符等价。

(3)用于有符号数的条件转移指令

①JG/JNLE 为大于/不小于且不等于时转移,用于两个有符号数 a、b 比较时,a＞b(即 OF、SF 同号且 ZF＝0)时转移。两种助记符等价。

②JGE/JNL 为大于或等于/不小于时转移,用于两个有符号数 a、b 比较时,a≥b(即 OF、SF 同号)时转移。两种助记符等价。

③JL/JNGE 为小于/不大于且不等于时转移,用于两个有符号数比较时,a＜b(即 OF、SF 异号)时转移。两种助记符等价。

④JLE/JNG 为小于或等于/不大于时转移,用于两个有符号数比较时,a≤b(即 OF 与 SF 异号或 ZF＝1)时转移。两种助记符等价。

条件转移指令及其说明见表 5-1。

表 5-1　　　　　　　　　　　　条件转移指令及其说明

指令格式		转移条件	转移说明	其他说明
标号	JZ	ZF＝1	等于 0 转移	单个标志
标号	JE	ZF＝1	相等转移	
标号	JNZ	ZF＝0	不等于 0 转移	单个标志
标号	JNE	ZF＝0	不相等转移	
标号	JS	SF＝1	为负转移	单个标志
标号	JNS	SF＝0	为正转移	单个标志
标号	JO	OF＝1	溢出转移	单个标志
标号	JNO	OF＝0	不溢出转移	单个标志

（续表）

指令格式		转移条件	转移说明	其他说明
标号	JP	PF＝1	偶数转移	单个标志
标号	JPE	PF＝1		
标号	JNP	PF＝0	奇数转移	单个标志
标号	JPO	PF＝0		
标号	JB	CF＝1	低于转移	单个标志
标号	JNAE	CF＝1	不高于等于转移	
标号	JC	CF＝1	进位标志被置位转移	无符号数
标号	JNB	CF＝0	不低于转移	单个标志
标号	JAE	CF＝0	高于等于转移	
标号	JNCP	CF＝0	进位标志被清零转移	无符号数
标号	JBE	(CF 或 ZF)＝1	低于等于转移	两个标志
标号	JNA	(CF 或 ZF)＝1	不高于转移	无符号数
标号	JNBE	(CF 或 ZF)＝0	不低于等于转移	两个标志
标号	JA	(CF 或 ZF)＝0	高于转移	有符号数
标号	JL	(SF 异或 OF)＝1	小于转移	两个标志
标号	JNGE	(SF 异或 OF)＝1	不大于等于转移	有符号数
标号	JNL	(SF 异或 OF)＝0	不小于转移	两个标志
标号	JGE	(SF 异或 OF)＝0	大于等于转移	有符号数
标号	JLE	((SF 异或 OF)或 ZF)＝1	小于等于转移	三个标志
标号	JNG	((SF 异或 OF)或 ZF)＝1	不大于转移	有符号数
标号	JNLE	((SF 异或 OF)或 ZF)＝1	不小于等于转移	三个标志
标号	JG	((SF 异或 OF)或 ZF)＝1	大于转移	有符号数

　　条件转移指令是用得最多的转移指令,通常,在条件转移指令前,会有用于条件判别的有关指令。

　　从表 5-1 中可见,无符号数之间的大小比较后的条件转移指令和有符号数之间的大小比较后的条件转移指令有很大的不同。有符号数间的次序关系称为大于(G)、等于(E)和小于(L);无符号数间的次序关系称为高于(A)、等于(E)和低于(B)。所以,在使用时要注意区分它们,不能混淆。因此,可将 G、L 等用于有符号数的条件转移,A、B 用于无符号数的条件转移。

　　例如:完成下式的判定运算。

$$Y=\begin{cases}1 & X\geqslant0\\0 & X<0\end{cases}$$

实现程序如下:

```
        MOV   AL,X        ;X 内容送 AL
        CMP   AL,0        ;将 AL 内容与 0 比较
        JGE   BIG         ;若 AL 内容大于 0,转 BIG
        MOV   AL,0        ;若 AL 内容小于 0,转 FIN
        JMP   FIN         ;无条件跳转 FIN
BIG：   MOV   AL,1        ;AL 内容置 1
FIN：   MOV   Y,AL        ;AL 内容送入 Y 中
        HLT              ;待机
```

3. 循环控制指令

循环控制指令也具有条件转移性质,但它使用 CX 寄存器做计数器并以此作为控制条件实现转移。此组指令多用于循环控制,它也要求目标地址必须在本指令的 $-128\sim+127$,属于段内 SHORT 类型转移。当条件满足时,将相对偏移量加到指令指针 IP 上以实现转移。

本组指令不影响标志位。

(1)LOOP 标号(计数非零循环)

循环次数初值置 CX 寄存器中。每执行 LOOP 指令一次,使 CX 减 1,并判断 CX,当 CX≠0 时转至标号处,直到 CX=0,之后执行后续指令。

(2)LOOPZ/LOOPE 标号(计数非 0 且结果为 0 时循环)

循环次数初值置 CX 寄存器中。每执行 LOOPZ/LOOPE 指令一次,使 CX 减 1,并判断 CX、ZF,当 CX≠0 且 ZF=1 时,转至标号处;当 CX=0 或 ZF≠1 时,执行后续指令。两种助记符等价。

(3)LOOPNZ/LOOPNE 标号(计数非 0 且结果非 0 时循环)

循环次数初值置 CX 寄存器中。每执行 LOOPNZ/LOOPNE 指令一次,使 CX 减 1,并判断 CX、ZF,当 CX≠0 且 ZF=0 时,转至标号处;CX=0 或 ZF=1 时,执行后续指令。两种助记符等价。

(4)JCXZ 标号(计数为 0 时转移)

执行本指令可对 CX 进行判定,当 CX=0 时,转移标号;当 CX≠0 时执行后续指令。

注意:本指令不对 CX 进行减 1 操作;只对 CX 内容是否为 0 进行判断。

例如:在 A 地址起的一组数中,寻找第一个非 0 数,显示该数的下标值(即该数所在的位置)。

```
            MOV CX,N           ;置计数器初值 N
            MOV DI,-1          ;置数组的相对偏移量
NEXT:  INC DI                  ;将 DI 内容加 1
            CMP A[DI],0        ;判断该数是否为零
            LOOPZ NEXT         ;是,转 NEXT
            JNZ FIND           ;不是,为第一个非 0 数,转 FIND
            MOV DL,'N'         ;否则,未发现有非零数,显示'N'
            JMP DISP           ;无条件跳转到 DISP
FIND:   MOV DX,DI              ;取其下标值
            OR DL,30H          ;将 DL 内容的第 4、5 位置 1
DISP:   MOV AH,02H             ;显示字符
            INT 21H            ;调用 21H 中断服务程序
```

4. 过程调用指令

作为过程(也称子程序)程序段,过程调用指令通常要通过调用指令,执行完过程后,通过返回指令返回结果。它们是子程序设计中必须要使用的指令。

(1)过程调用指令 CALL

指令格式:CALL OPRD

OPRD 为过程的目标地址。

功能:把返回点(CALL 指令的下一条指令地址)入堆栈保护后,转向目标地址处执行过程。

说明:过程调用指令可以在段内或段间调用,寻址方式也可为直接和间接寻址两种。本指令不影响标志位。

下面介绍过程调用指令的几种表示方式。

①段内直接调用:CALL NEAR 类型过程名

先使指令指针入栈(保护返回点地址),将目标地址与调用指令地址间的相对偏移量(±32 K范围内)加到指令指针 IP 上,实现过程调用。例如:

```
CALL NEAR_PRG      ;NEAR_PRG 应定义为 NEAR 过程
```

②段内间接调用:CALL OPRD

OPRD 为 16 位通用寄存器或存储器操作数。

先使指令指针入栈,然后从 16 位通用寄存器或所寻址的存储器字中取出目标地址(段内偏移量),以其替换 IP,实现过程调用。例如:

```
CALL WORD PTR [BX+SI+2]   ;先将原 IP 内容入栈保护,然后[BX+SI+2]内容送 IP
CALL BX                   ;先将原 IP 内容入栈保护,然后 BX 内容送 IP
```

③段间直接调用:CALL FAR 类型过程名

使现行代码段寄存器 CS 入栈后,把指令中的段地址字送 CS,然后将指令指针 IP 入栈,再把指令中的偏移量送入 IP,实现向不同段的过程转移。段间调用属于 FAR 调用。调用的过程属 FAR 类型过程。例如:

```
CALL FAR_PRG    ;FAR_PRG 应定义为 FAR 过程
```

④段间间接调用:CALL DWORD

DWORD 为存储器操作数。段间间接调用只能通过存储器双字进行。

先将现行代码段寄存器 CS 入栈,把由所寻址的存储器双字中的第二个字的内容送 CS,然后将指令指针 IP 入栈,再把存储器双字中的第一个字的内容送 IP,以实现段间调用。例如:

```
CALL DWORD PTR[BX]    ;[BX+2]、[BX+3]为地址的存储器内容送 CS,[BX]、[BX+1]为地址
                       的存储器数内容送 IP
```

(2)返回指令 RET(Return)

指令格式:RET

功能:RET 是过程返回指令,在将控制交给调用过程后,执行完过程,可通过本指令返回原调用程序的返回点处。

说明:本指令不影响标志位。

对段内调用时,返回指令从堆栈弹回返回点的偏移量到指令指针 IP 中而实现调用返回;对段间调用时,返回指令除从堆栈弹回返回点的偏移量到指令指针 IP 外,还把返回点所在的段基址寄存器 CS 中的内容弹回代码段寄存器 CS 中,从而实现段间调用返回。

汇编程序根据 RET 指令所在的过程段是 NEAR 类型还是 FAR 类型而生成不同的返回指令代码。若过程定义为 NEAR 类型,就产生段内 RET 指令代码;若过程定义为 FAR 类型,就产生一个段间 RET 指令代码,这样才能保证段内或段间调用时的正常返回。

5.2.6 字符串操作指令

在实际程序设计中,常会遇到成组数据的处理问题,将一组数据存放在存储器单元中,称为字符串。当字符串为字节数据时,称为字节字符串或简称字节串。当字符串为字数据时,称为字字符串或简称字串。

　　为了方便字符串的处理,在 8086/8088 系统中,设置了一组字符串指令,并且可以在字符串操作指令前加上重复前缀,以实现字符串的循环处理。这些指令可以处理长达 64 K 字节长的字符串。

　　在字符串操作指令中,使用 SI 寄存器(且在现行数据段中)寻址源操作数,段基址使用 DS 寄存器。用 DI 寄存器(且在现行附加段中)寻址目的操作数,段基址使用 ES 寄存器。字符串指令执行时指令将自动修改 SI、DI 地址指针,为处理字符串的下一个数据做准备。地址指针是增量还是减量则取决于方向标志位 DF,当 DF＝0 时,地址指针 SI 和 DI 自动增量;当 DF＝1 时,地址指针 SI 和 DI 自动减量(字节操作±1,字操作±2)。

　　在任何一个字符串操作指令前,均可加上重复操作前缀,重复前缀用 CX 寄存器做计数器,指令重复执行,每执行一次,CX 减 1,直到 CX 为 0 为止。因此,在使用重复前缀时,应先在 CX 中预置重复次数。执行带有重复前缀的字符串指令时,对 CX 的测试是在执行指令前进行的,因此,当 CX 初值为 0 时,也可以不执行字符串指令。

　　🐾注意:未使用重复前缀的字符串指令,在执行时,只操作一次,不会自动重复执行;如果想重复执行,如不用重复前缀,可用各种条件转移指令实现循环控制,达到重复执行的目的。关于重复前缀及其应用将在后面讲述。

1. 字符串传输指令 MOVS(Move String)

指令格式:MOVS OPRD1,OPRD2

　　　　　MOVSB　　　　　;字节传送

　　　　　MOVSW　　　　　;字传送

OPRD2 为源字符串符号地址;OPRD1 为目的字符串符号地址。

　　功能:实现由 SI 寻址的源字符串数据向由 DI 寻址的目的字符串中传输,并自动修改地址指针 SI、DI。(增量还是减量取决于 DF 标志设置,±1 或±2 取决于是字节传输还是字传输)。

　　说明:本指令对状态标志位无影响。

　　源操作数用 SI 在 DS 段中寻址,目的操作数用 DI 在 ES 段中寻址,是字节还是字传输取决于 OPRD1、OPRD2 的类型定义。

　　本指令也可以不使用操作数,字节传输和字传输分别可用 MOVSB 和 MOVSW 指令实现。

　　例如:A 地址起存放 200 个数据,并将它们传送到 B 地址起的存储空间中。

```
        MOV   SI,OFFSET A          ;将 A 的地址源串偏移量送入 SI
        MOV   DI,OFFSET B          ;将 B 的目的地址偏移量送入 DI
        MOV   CX,200               ;将传送数量送入 CX 计数器
        CLD                        ;清 DF 位,为地址加 1 传送
ATOB:   MOVSW                      ;也可以用 MOVSB(字节传输时)
        DEC   CX                   ;CX 内容减 1
        JNZ   ATOB                 ;判 CX,不为 0 转 ATOB
```

　　例中是字节传输还是字传输取决于 A、B 的类型定义。

2. 字符串比较指令 CMPS(Compare String)

指令格式:CMPS OPRD1,OPRD2

　　　　　CMPSB

　　　　　CMPSW

OPRD2 为源串符号地址;OPRD1 为目的串符号地址。

功能：由 SI 寻址的源串中数据与由 DI 寻址的目的串中数据（字节或字）相减，结果置状态标志位，而不修改原操作数，同时地址指针 SI、DI 自动调整（增量还是减量取决于 DF，±1 还是±2 取决于是字节操作还是字操作）。

说明：本指令影响状态标志位 AF、CF、OF、PF、SF 和 ZF，本指令可用来检查两个字符串是否相同，可以使用重复前缀或循环控制方法进行全体字符串的比较。

同样，本指令也可以不使用操作数，而用 CMPSB 或 CMPSW 指令分别表示字节串比较或字串比较。

例如：比较两字符串的一致性。

	MOV	SI,OFFSET ST1	;将 ST1 的源串地址偏移量送入 SI
	MOV	DI,OFFSET ST2	;将 ST2 的目的串地址偏移量送入 DI
	MOV	CX,N	;N 为串长,送 CX
	CLD		;清 DF 位,为地址加 1 传送
NEXT:	CMPSB		;串内容比较
	JNZ	FIND	;不一致,退出
	DEC	CX	;CX 内容减 1
	JNZ	NEXT	;未比较完,转 NEXT
	MOV	AL,0	;一致,AL 置"0"
	JMP	OVR	;跳转 OVR
FIND:	MOV	AL,0FFH	;不一致,AL 置 0FFH
OVR:	MOV	RSLT,AL	;AL 内容送 RSLT

3. 字符串搜索指令 SCAS(Scan String)

指令格式：SCAS OPRD

SCASB

SCASW

OPRD 为目的串符号地址。

功能：把 AL（字节操作）或 AX（字操作）的内容与由 DI 寄存器寻址的目的字符串中的数据相减，结果置状态标志位，但不修改操作数及累加器的值。同时地址指针 DI 自动调整（增量还是减量取决于 DF，±1 还是±2 取决于是字节操作还是字操作）。

说明：本指令影响标志位 AF、CF、OF、PF、SF 和 ZF，本指令可以查找字符串中的一个关键字，查找时只需把关键字放在 AL（字节）或 AX（字）中，用重复前缀执行本指令即可。

同样用 SCASB 或 SCASW 指令可以不使用操作数，它们分别表示是字节串或字串搜索指令。

例如：寻找字符串 STRN 中是否有'A'字符。

	MOV	DI,OFFSET STRN	;将 STRN 的源串地址偏移量送入 DI
	MOV	CX,N	;N 为串长,并送 CX
	MOV	AL,'A'	;'A'为查找的关键字符
	CLD		;清 DF 位,为地址加 1 传送
AGN:	SCASB		;搜索串内容
	JZ	FIND	;找到转 FIND,AL=0FFH
	DEC	CX	;CX 内容减 1
	JNZ	AGN	;判 CX 内容,不为 0 转 AGN
	MOV	AL,00H	;未找到,AL 置 00H

	JMP　OVR	;跳转 OVR
FIND:	MOV　AL,0FFH	;AL 置 0FFH
OVR:	MOV　RSLT,AL	;AL 内容送 RSLT

4. 取字符串元素指令 LODS(Load String)

指令格式:LODS OPRD

　　　　　LODSB

　　　　　LODSW

OPRD 为源字符串符号地址。

功能:把由 SI 寻址的源串中的数据(字节/字)传输到 AL 或 AX 中,同时自动修改 SI 指针(增量还是减量取决于 DF,±1 还是 ±2 取决于是字节操作还是字操作)。

说明:本指令不影响标志位。

本指令常用在字符串操作中,取字符串中数据进行有关的处理。如果对整串处理,可以将其置于一段循环程序中,实现复杂的串操作。

同样,LODSB 或 LODSW 指令可以不使用操作数,分别表示是字节或字串操作。

例如:取字符串中字符送 AL 中。

MOV　SI,OFFSET STRN	;将 STRN 的源串地址偏移量送入 SI
MOV　CX,N	;N 为串长,并送 CX
CLD	;清 DF 位,为地址加 1 传送
LODSB	;取字符串中一个字符送入 AL 中

5. 存字符串元素指令 STOS(Store String)

指令格式:STOS OPRD

　　　　　STOSB

　　　　　STOSW

OPRD 为目的字符串符号地址,STOS 为隐含操作命令。

功能:把累加器 AL(字节操作)或 AX(字操作)中的数据传输到由 DI 寄存器寻址的目的串中去。同时自动修改 DI 指针(增量还是减量取决于 DF,±1 还是 ±2 取决于字节操作还是字操作)。

说明:本指令不影响标志位。

本指令常用于在字符串中建立一组相同的数据,或在字符串复杂处理中将处理结果存入另一组字符串中。同样,STOSB 或 STOSW 指令可以不使用操作数,这两种指令分别表示对字节串或对字串的操作。

例如:将字符'A'存入字符串中。

MOV　AL,′A′	;将 A 的 ASCII 送 AL
MOV　DI,OFFSET STRN	;将 STRN 的源串地址偏移量送入 DI
MOV　CX,N	;N 为串长,并送 CX
CLD	;清 DF 位,为地址加 1 传送
STOSB	;将 AL 中字符送入目的字符串中

注意:请读者注意 SCAS、LODS 和 STOS 三条指令对 SI、DI 寄存器的用法区别。

6. 重复前缀的定义及应用

在 8086/8088 系统中,为了实现对字符串的重复处理,可以在字符串指令前加上重复前缀。加有重复前缀的字符串指令可以自动循环,它们是靠硬件实现重复操作的,因此,它们具有比软件循环操作更快的速度,同时也简化了编程。

重复前缀有:

REP	;CX≠0 重复执行字符串指令
REPZ/REPE	;CX≠0 且 ZF＝1 重复执行字符串指令
REPNZ/REPNE	;CX≠0 且 ZF＝0 重复执行字符串指令

重复前缀是以 CX 寄存器做重复次数计数器的,因此在使用带有重复前缀的字符串指令前,应当预先置好重复次数计数器 CX 的初值,每次执行带有重复前缀的字符串指令时,先检查 CX 的值。当 CX 为 0 时,不执行字符串指令;当 CX 不为 0 时,则 CX 减 1 且执行字符串指令,然后再重复执行带有重复前缀的字符串指令,直到 CX＝0 为止。

执行带有重复前缀的字符串指令,IP 将保持重复前缀字节的偏移量,因此,当有外部中断时,在中断处理结束之后,仍能恢复重复字符串指令的正确执行。

REP 重复前缀常与 MOVS 或 STOS 指令结合使用,完成一组字符的传输或建立一组相同数据的字符串。

REPZ/REPE 重复前缀常与 CMPS 指令结合使用,完成两组字符串的比较。当串未结束(CX≠0)且当对应串元素相同(ZF＝1)时,继续重复字符串指令,该指令用来判定两个字符串是否相同。

REPZ/REPE 重复前缀与 SCAS 指令结合使用,表示字符串未结束(CX≠0)且当关键字与串中元素相同(ZF＝1)时,继续重复字符串指令。该指令可用来在字符串中查找与关键字不相同的数据的位置。

REPZ 与 REPE 是同一前缀的两种助记符。

REPNZ/REPNE 重复前缀与 CMPS 指令结合使用,表示当串未结束(CX≠0)且当对应串元素不相同(ZF＝0)时,继续重复字符串指令。该指令可在两个字符中查找相同数据的位置。

REPNZ/REPNE 重复前缀与 SCAS 指令结合使用,表示字符串未结束(CX≠0)且当关键字与串中元素不相同(ZF＝0)时,继续重复字符串指令。本重复前缀可用来在字符串中查找与关键字相同的数据位置。

带有重复前缀的字符串指令操作过程图如图 5-28 所示。

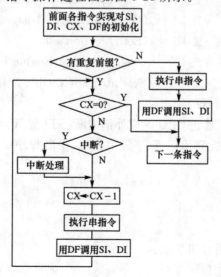

图 5-28　带重复前缀的字符串指令操作过程图

REPNZ 与 REPNE 是同一前缀的两种助记符。

LODS 字符串指令通常不与重复前缀一起使用,因为这种使用没有太多的意义。

说明:重复前缀 REP 只适用于对标志位没有影响的(MOVS、STOS)串操作中,对标志位有影响的串操作应使用 REPZ/REPE 或 REPNZ/REPNE 指令。

例如:在一个字符串中,搜索一个关键字符'＊'(在 AL 中),如果找到,则将其地址存入指定单元;如果没找到,则置 DI 为 0。

本例可直接利用带重复前缀的串指令实现,程序段如下:

```
        MOV    DI,OFFSET STRN        ;置目的串指针
        MOV    CX,N                  ;置串长计数器
        MOV    AL,'＊'               ;找'＊'字符
        CLD                          ;清 DF,增量方式
        REPNE SCASB                  ;未找到'＊',重复
        JZ     FOUND                 ;找到,转 FND
        MOV    DI,0                  ;未找到,DI 置"0"做标志
        JMP    DONE
FND:    DEC    DI                    ;找到,存其地址
        MOV    KEYA,DI
DONE:   HLT
```

5.2.7　处理器控制指令

处理器控制指令用于控制 CPU 的动作以及设定标志位的状态等,从而实现对 CPU 的管理。

1. 标志操作指令

标志操作指令完成对标志位的置位、复位等操作。

指令格式:CLC 　　　　;置 CF＝0(Clear Carry Flag)

　　　　　STC 　　　　;置 CF＝1(Set Carry Flag)

　　　　　CMC 　　　　;置 CF＝$\overline{CF}$(Complement Carry Flag)

　　　　　CLD 　　　　;置 DF＝0(Clear Direction Flag)

　　　　　STD 　　　　;置 DF＝1(Set Direction Flag)

　　　　　CLI 　　　　;置 IF＝0(Clear Interrupt Enable Flag)

　　　　　STI 　　　　;置 IF＝1(Set Interrupt Enable Flag)

说明:上述指令只影响自身的标志位。

其中 CLI 使 IF＝0,表示禁止 CPU 响应外部中断,STI 使 IF＝1,表示允许 CPU 响应外部中断。上述七条指令可分别在算术运算、字符串处理、中断程序设计等中应用,它们在程序设计中使用得较多。

2. CPU 控制指令

(1)处理器暂停指令 HLT(Halt)

指令格式:HLT

功能:使处理器处于暂时停机状态。

说明:本指令不影响标志位。

HLT 引起的暂停,只有 RESET(复位)、NMI(非屏蔽中断请求)、INTR(中断请求)信号

可以使其退出暂停状态。该指令相当于等待中断的到来或多机系统的同步操作。

（2）处理器等待指令 WAIT（Wait For Test）

指令格式：WAIT

功能：本指令用处理器来检测端脚，当端脚有效时，则执行下条指令；否则处理机处于等待状态，直到有效为止。

说明：本指令不影响标志位。

本指令用于使处理机与外部硬件同步，通过端脚有效，使处理机可与外部交换信息，达到同步操作；等待状态允许外部中断操作（CPU 将保留 WAIT 指令的操作码地址），中断处理结束后，继续等待状态，直到为低电平时才退出等待状态。

（3）处理器交权指令 ESC（Escape）

指令格式：ESC EXTOPRD,OPRD

EXTOPRD 为外部操作码，OPRD 为源操作数。

功能：用来为协处理器提供一个操作码和操作数，以便完成主机对协处理器的某种操作要求。

说明：本指令不影响标志位，使用本指令可以实现主处理器与协处理器的协同操作。当执行 ESC 指令时，由协处理器取出放在 ESC 指令代码中的 6 位常数，指明协处理器要完成的功能；当源操作数为存储器变量时，则取出该存储器操作数传输给协处理器。

（4）空操作指令 NOP

指令格式：NOP

功能：本指令使 CPU 不执行任何操作就执行后续指令。

说明：本指令不影响标志位。

空操作指令在程序设计中可用来保留指令位置以便于调试，或用来作为定时（该指令为三个时钟周期）调整。

（5）总线封锁前缀 LOCK

指令格式：LOCK

功能：LOCK 可作为任一个指令前缀使用，使 CPU 执行带有 LOCK 前缀的指令时，不允许其他设备对总线进行访问。

说明：LOCK 的执行，使 CPU 的引脚有效，禁止其他外设访问总线。

5.2.8　输入/输出指令

输入输出指令用于主机与外设端口间的数据交换，为方便信息的交换，8086/8088 系统提供了专用的输入输出指令。

1. 输入指令 IN

指令格式：IN OPRD1,OPRD2

OPRD1 为累加器 AL 或 AX；OPRD2 为端口地址 n 或寄存器 DX（其内容为端口地址 n）。

功能：把指定端口中的一个数据（字节或字）送入 AL 或 AX。

例如：

```
IN AL,n                    ;IN AL,DX
IN AX,n                    ;IN AX,DX
```

说明:本指令不影响标志位。

当端口地址 n 小于 0FF 时,可直接使用端口地址 n,能寻址 256 个端口。当端口地址 n 大于 0FF 时,应使用 DX 寄存器来存放端口地址完成 IN 和 OUT 命令。若使用 DX 间接寻址,可寻址 64 K 个端口,但端口地址应预先送入 DX 寄存器中。IBM PC 系统只使用 $A_0 \sim A_9$ 寻址端口,故最多有 1024 个端口地址。

2. 输出指令 OUT

指令格式:OUT OPRD1,OPRD2

OPRD1 为端口地址 n 或寄存器 DX(其内容为端口地址 n);OPRD2 为累加器 AL 或 AX。

功能:把累加器 AL(字节)或 AX(字)中的数据送到指定的端口中。

例如:

```
OUT n,AL              ;OUT DX,AL
OUT n,AX              ;OUT DX,AX
```

说明:本指令不影响标志位,其他同 IN 指令说明。

对 IN 或 OUT 指令,使用间接寻址方式工作,可以通过改变 DX 的内容寻址一组连续的外设端口,从而为编程提供了方便。

5.2.9　中断指令

8086/8088 系统具有使用灵活的中断处理系统,通过中断指令可以实现中断的管理,除了允许硬件中断之外,还可以设置软件中断。

1. 溢出中断指令 INTO(Interrupt If Overflow)

指令格式:INTO

功能:本指令检测 OF 标志位,当 OF=1 时,将立即产生一个中断类型 4 的中断,当 OF=0 时,则本指令不起作用。

🐾注意:溢出中断指令调用中断矢量表中偏移地址为 10H 开始,执行中断服务程序入口地址为二个存储器字单元中的中断服务程序。详细使用方法参阅中断矢量表相关内容。

操作过程:如果 OF=1:SP←SP−2,标志寄存器入栈,IF 和 TF 标志位清"0";SP←SP−2,当前 CS 入栈、10H 地址的第二个字送入 CS,SP←SP−2,IP(断点)入栈,10H 地址的第一个字送入 IP,从而实现向类型 4 中断处理程序的转移。如果 OF=0,立即执行下条指令。

说明:INTO 指令影响标志位 IF 和 TF。

INTO 指令可用于溢出处理。当 OF=1 时,产生一个类型 4 软中断;中断处理程序入口地址在 $4 \times 4 = 10H$ 处的两个存储器字中,中断处理程序完成溢出的处理操作。

2. 软中断指令 INT(Interrupt)

指令格式:INT n

n 为软中断类型号。

功能:本指令将产生一个软件中断,把控制转向一个类型号为 n 的软中断。该中断服务处理程序入口地址在 $n \times 4$ 处的两个存储器字中。

操作过程:SP←SP−2,标志寄存器入栈,IF 和 TF 标志位清"0"。SP←SP−2,当前 CS 入栈,$n \times 4$ 地址的第二个字送入 CS,SP←SP−2,IP(断点)入栈,$n \times 4$ 地址的第一个字送入 IP,从而实现向类型 n 中断处理程序的转移。

说明:INT n 指令影响标志位 IF 和 TF。

INT n 指令可以用来建立一系列管理程序,供系统或用户程序使用。PC-DOS 操作系统就是用软中断方式建立了一系列处理程序。关于它们的详细使用方法参阅中断矢量表相关内容。

3. 中断返回指令 IRET(Interrupt Return)

指令格式:IRET

功能:用于中断处理程序,以返回被中断程序的断点处并接续执行。

操作过程:将当前堆栈指针 SP 指向的栈内容(字)送 IP,SP←SP＋2,将 SP 指向的栈内容(字)送 CS,SP←SP＋2,将 SP 指向的栈内容(字)送标志寄存器,SP←SP＋2,SP 指向新的栈顶。

说明:本指令影响所有标志位。

无论是软中断还是硬中断,本指令均可使其返回到被中断程序的断点处继续执行。

5.3　8086/8088 指令系统

汇编语言是汇编指令、汇编伪指令和编程的语法规则的集合,它们构成了汇编语言。尽管汇编语言作为低级语言不可能像高级语言那样具有丰富的数据类型和方便灵活的表达方式,但汇编语言仍力求提供这方面的功能。前面介绍的指令系统实际就是汇编指令,是计算机可以执行的指令。下面将要介绍汇编语言中使用的各种操作数、操作符、伪指令和常用的一些高级技术如结构、宏和条件语句等,使用它们可以编写出更具适应性的汇编语言源程序。

5.3.1　汇编语言语句类型

1. 语句类型

语言的种类。汇编语言有两种类型的语句,一种是指令语句,另一种是伪指令语句,这两种语句截然不同。汇编程序在对源程序进行汇编时,把指令语句翻译成机器指令,也就是说,指令语句有着与其对应的机器指令;伪指令语句没有与其对应的机器指令,是不可执行语句,只是指示汇编程序如何汇编源程序,包括符号的定义、变量的定义和段的定义等。

在宏汇编语言中,还有一种特殊的语句,称为宏指令语句。使用宏定义伪指令,可以把一个程序片段定义为一条宏指令。当宏指令作为语句出现时,该语句就称为宏指令语句,所以,在宏汇编语言中,除了指令语句和伪指令语句外,还有宏指令语句。在汇编语言中,所使用的语句可以分为三种基本语句:指令语句、伪指令语句和宏指令语句。

指令语句是计算机可以执行的语句,它与机器指令相对应。伪指令语句是为了方便程序设计提供给汇编程序使用的,是不可执行语句。汇编程序依据伪指令语句的要求,在汇编时做出相应的处理,比如可以分配数据区,可以为程序分段,可以定义数据值等。

宏指令语句是汇编语言为简化程序设计,而使用一条宏指令语句可代替一段程序。凡是在程序中需要使用该段程序的地方,均可用该宏指令语句来代替。

2. 语句结构

在汇编语言中,三种语句有相似的结构。

指令语句格式为:

[标号:]助记符 操作数 1,操作数 2 [;注释]

伪指令语句格式为：

［符号名］定义符　参数 1，……，参数 n［；注释］

宏指令语句格式为：

［标号：］宏指令名　参数 1，……，参数 n［；注释］

它们有相似的结构，均由四个部分组成，但含义却很不同。

（1）标号及符号名

标号：标号用在指令语句的前面，并用冒号（：）与助记符分开。标号表示一条指令所在的地址，所以标号也是指令语句的地址符号，它常用作转移指令和调用指令转去的目标地址。标号不是每个指令必需的，它是需要时由程序员来命名（定义）的。标号通常由字母、数字符号组成，但第一个字符必须为字母，最多允许使用 31 个字符，且可以使用下划线（_）使标号容易阅读。

符号名：用在伪指令语句的前面，它用空格与定义符分开。符号名可表示伪指令定义符所定义的变量名、段名、过程名以及数值符号名等，它的定义根据伪指令的需要由程序员来命名。不是每条伪指令都必须有一个符号名的，它也是由字母、数字符号组成，最多也只允许用 31 个字符。

标号和符号名在命名时，应取有意义的字符，以便于程序的阅读和理解。

（2）助记符及定义符

助记符：在指令语句中，助记符表示该语句的操作功能，它就是指令系统中各指令的操作码的助记符，例如 ADD 表示加法、MUL 表示乘法、OR 表示或运算以及 JMP 表示无条件转移等。助记符是由系统定义的，程序员必须照写不误。在 8086/8088 系统中约有 100 个助记符。

定义符：在伪指令语句中，定义符表示该语句的伪操作功能，定义符是由汇编程序所规定的。

IBM 宏汇编中使用了数十种定义符。同样，程序员只能根据规定来使用定义符，不能自行定义。

（3）宏指令名

作为一种特殊情况，宏指令名可由程序员按需要来命名，并且可出现在汇编语言程序的指令序列中，作为一条宏指令来使用。

注意：上述所有允许程序员定义的标号、符号名以及宏指令名等均不能使用系统中已经定义过的符号名。如助记符、定义符、操作符、运算符以及寄存器名等，否则将产生错误。

（4）操作数与参数

操作数用于指令语句中，给出参加功能操作时的操作数。操作数可为一个或两个，也可能没有，它们按指令的功能要求而定。

参数用于伪指令语句和宏指令语句中，它们给出伪指令或宏指令所定义的参数，提供给汇编程序汇编时使用，可能有多个或一个也没有。操作数或参数间以逗号（，）分开。关于操作数和参数的详细说明将在后面的指令语句操作数、伪指令及宏指令的参数中分别加以介绍。

（5）注释

注释不是汇编语句的必需部分，它是提供给程序设计人员对语句功能或程序进行注释说明用的。汇编程序对它不做任何处理，它用分号（；）与操作数或参数分开，也可以将分号作为开头，单独作为一个注释行使用，对程序段进行注释说明。

3. 指令语句操作数

指令语句操作数可分为常数操作数、寄存器操作数和存储器操作数。

(1)常数操作数

常数操作数即立即数,可为直接用数字值表示的常数或用符号名表示的常数,或端口地址常数。

数值常数:经常使用的常数有以下几种:

①二进制常数:以字母 B 为结尾,由若干个 0、1 组成的序列,例如 11001111B。

②十六进制常数:以字母 H 为结尾,由若干个数字 0～9 或字母 A～F 所组成的序列,例如 5AH、0A8EH。凡是以字母开始的十六进制数,必须在字母前加上 0,以与标号或符号名相区别。

③八进制常数:以字母 Q 为结尾,由若干个数字 0～7 组成的序列,例如 275Q。

④十进制常数:以字母 D 为结尾(可省略),由若干个 0～9 数字组成的序列,例如 128D 或 128。

⑤十进制科学数:写成以 10 为底的科学数。例如 2.5E－2(表示 2.5×10^{-2})。

字符常数:在操作数中,也可使用字符作为常数。它们要用引号('')括起来。它所表示的值是 ASCII 代码,例如,'A' 的值为 41H,'B5' 的 ASCII 码值为 4235H。

数值符号名:可以使用 EQU 伪指令定义某些符号名表示一些数值,这些符号名可以出现在操作数的位置上,代表一个数值。

表达式常数:汇编程序允许将各种常数与运算符组合成一个可求值的表达式,称作数值表达式,作为操作数使用,其值在汇编过程中由汇编程序计算确定。

(2)寄存器操作数

寄存器可以作为一个操作数使用。寄存器以其内容(8/16 位)参加操作,可作为源操作数也可作为目的操作数,但指令指针 IP 不能作为寄存器操作数参加操作。

(3)存储器操作数

存储器操作数是以存储器单元(字节、字和双字)作为操作数使用的。存储器操作数可分为标号和变量两种。

标号是可执行语句的地址符号,它们被用在转移指令和调用指令中作为转向目标地址操作数,通常它们直接以标号出现在指令中,指出转向指令的存储器地址。

变量是一个可存放数据的存储单元的名字,即存放数据存储单元的地址符号名。变量是由伪指令 DB、DW 和 DD 所定义的,变量也可以定义一个数据区或存储区。但变量仅表示该数据区或存储区的第一个数据单元(即数据区或存储区的首地址)。

标号和变量有下面三种属性。

①段属性(SEGMENT)标号或变量具有所在段的段基址,它们一定在段寄存器(CS、DS、ES 和 SS)中。标号段基址通常在标号所在程序段的 CS 寄存器中。变量段基址通常在定义变量的数据段的 DS 寄存器中,在指令中它们被隐含使用,除非使用段前缀对段基址做出指定。

②偏移量属性(OFFSET)是标号或变量所在的地址距段基址的偏移量,它们在指令中以显式方式出现。

③类型属性(TYPE)对标号类型属性是指段内或段间操作,当为段内引用标号时,则应定义为 NEAR 类型;当为段间引用标号时,则应定义为 FAR 类型。

变量、类型属性是指出变量是按字节、字或是双字操作,以字节(字或双字)操作使用变量时,则应定义为 BYTE(WORD 或 DWORD)类型。

标号或变量类型的定义是非常重要的,这将决定它们在程序中所允许的操作。

　　地址表达式是由变量、标号、常量、寄存器和运算符组成的,可作为存储器操作数出现在指令中,它们主要是实现对数据区数据的存取。前面介绍的不同寻址方式(基址、变址以及基址加变址)均属地址表达式。但地址表达式还可以使用一些操作符以便明确变量、标号或地址表达式的含义。尤其是操作数类型的不一致问题,需要借助操作符加以解决。

　　在程序设计中,对语句中操作数的类型应该明确规定。对有源操作数和目的操作数的语句,还要求两者类型一致,否则汇编时,将产生类型不一致的错误。例如:

ABC	DB 25,48,27	;定义 ABC 为字节类型

则

MOV	AL,ABC	;类型一致
MOV	AX,ABC	;类型不一致
MOV	AX,WORD PTR ABC	;类型一致
MOV	[BX],100	;类型不明确
MOV	WORD PTR[BX],100	;类型明确
INC	[SI]	;类型不明确
INC	BYTE[SI]	;类型明确

　　如果在双操作数中,一个操作数类型明确,另一个不明确,则汇编语言程序规定,以明确的那个操作数作为两个操作数的共同类型。例如:

MOV	BX,[SI]	;均按字类型处理
MOV	AL,25[BX]	;均按字节类型处理
MOV	[SI],25	;类型不明确,出错

　　下面将介绍一些操作符以解决属性转换与取值等问题。

4. 表达式用运算符和操作符

　　用表达式(数值表达式或地址表达式)作为操作数时,会涉及运算符和操作符的使用。下面分别说明。

　　(1)运算符

　　运算符有三种:算术运算符、逻辑运算符和关系运算符。

　　①算术运算符:它们是由＋、－、×、/和 MOD(除法运算后取余数)等运算符号组成的,用于数值操作数中,其结果应为可计算的数值。例如:

(BATE＋10)×2

　　②逻辑运算符:它们是由 AND、OR、XOR 和 NOT 等运算符号组成的。但请注意:它们在此处表示的是运算符,不表示逻辑运算指令的助记符。逻辑运算符操作是按位进行的,所以逻辑运算符的操作数是数字,其结果也是数字。例如:

AND DX,PORT AND 0FH

　　第一个 AND 是"与"指令的助记符,在计算机执行该指令时,完成"与"逻辑运算操作;第二个 AND 是"与"逻辑运算符。它由编译程序进行 PORT 和 0FH 的逻辑运算,产生一个立即数,作为该指令的操作数。

　　③关系运算符:它们是由 EQ(相等)、NE(不等)、LT(小于)、GT(大于)、LE(小于或等于)以及 GE(大于或等于)等运算符号组成的。一个关系运算符联系两个操作数,操作数可为数值也可为地址表达式。但其运算结果一定是一个固定的数值,用来表示逻辑值。当关系成立时,结果为 0FFFFH,表示"真",当关系不成立时,结果为 0,表示"假"。例如:

MOV BX,PORT LT 0AH

　　若关系式 PORT LT 0AH 成立,结果 BX＝0FFFFH;若关系式 PORT LT 0AH 不成立,

结果 BX＝0。

（2）操作符

出现在表达式中的操作符可以分为两种：属性取代操作符和数值返回操作符。

①属性取代操作符

用属性取代操作符可以改变原操作数的属性，它们通常用于取代原存储器操作数的属性，属性取代操作符有 PTR 和 THIS，但它们仅在本语句中有效，并不永远改变操作数的属性。

• PTR（指针操作符）

操作格式：类型 PTR 表达式

类型可能为 BYTE、WORD、DWORD、NEAR 或 FAR，表达式可为地址表达式或标号。

功能：PTR 用来为表达式确定新的类型属性，而保持它们原有的其他属性不变，即按表达式所确定的新类型方式寻址，而不管其原有的类型属性，用新的类型属性（PTR 前指定的）取代原类型属性。

🐾注意：它只修改存储器地址操作数的类型，是临时对本条指令中操作数类型的改变，并不影响在其他指令中的同样操作数的类型属性，当然，更不会改变该操作数的段基址和偏移量的属性。

例如：

MOV　AH，BYTE PTR ALFA[DI]	；设 ALFA 为字类型，现改为按字节类型操作

JMP　DWORD PTR[BX]	；段间间接转移
CALL　WORD PTR[BX][SI]	；按字类型操作

调用的是由[BX][SI]基址和变址所确定的存储器地址，但其类型不明确，用 PTR 指定为字类型，则可按字类型寻址该调用过程，即段内调用。

使用伪指令 PTR 可以为同一存储器地址建立类型不同的变量名。例如：

A1　DB 20 DUP(?)	；A1 为字节变量，定义 20 个字节的存储区
A2　EQU WORD PTR A1	；A2 为字型变量，可寻址 10 个字
A3　EQU DWORD PTR A1	；A3 为双字型变量，可寻址 5 个双字

A1、A2 和 A3 在程序中使用，均表示同一存储区首地址，但具有不同的类型属性，也可以用 PTR 为标号定义新的类型。例如：

LOP：　MOV　BX，100	；LOP 为 NEAR 类型
⋮	
FLP EQU FAR PTR LOP	；FLP 为 FAR 类型

则可使用 JMP LOP 指令实现段内转移；使用 JMP FLP 指令实现段间转移，它们指向同一标号。

如果出现提前使用标号的情况，可以使用 PTR 指出标号的类型，以确保汇编程序的正确性。例如：

⋮	
JMP　NEAR PTR ABC	
⋮	
ABC：MOV　AX，ALFA[SI]	

• THIS（指定操作符）

操作格式：THIS 类型

类型可为 BYTE、WORD、DWORD、NEAR 以及 FAR。

功能:可以指定一个变量具有 BYTE、WORD 和 DWORD 类型属性,也可以指定一个标号具有 NEAR、FAR 属性。

一般可通过 EQU 伪指令,为符号名定义一个由它所指定的类型,而该符号名的段基址和偏移量属性是由下一条可分配段基址和偏移量的语句来确定。例如:

```
A        EQU THIS BYTE          ;A 为字节变量
B        DW 20 DUP(?)           ;B 为字变量
```

A、B 对应同一存储器地址,对变量 A 为字节访问,对变量 B 为字访问,且 A 和 B 具有相同的段基址和偏移量。

它们也可以用 PTR 定义,例如:

```
B DW 20 DUP(?)                  ;B 为字变量
A EQU BYTE PTR B                ;A 为字节变量
```

可以为标号定义新的类型,例如:

```
FLP     EQU THIS FAR
MOV    AX,TABL
```

在另一段就可以使用 JMP FLP 指令实现段间转移。

用 THIS 指定 FLP 为 FAR 类型的标号,其属性为下一条指令所具有,相当于使其后的 MOV 指令具有一个远程类型标号 FLP。

②数值返回操作符

数值返回操作符不改变操作数的属性,只取操作数的某一属性值。它们通常用于返回存储器操作数的属性数值,数值返回操作符有 SEG、OFFSET、TYPE、LENGTH 以及 SIZE 等。

• SEG(段地址操作符)

操作格式:SEG 变量或标号

功能:可用 SEG 操作符返回变量或标号所在段的段基址。

例如:

```
MOV    AX,SEG ABC;把变量 ABC 的段基址送入 AX 中
```

• OFFSET(偏移量操作符)

操作格式:OFFSET 变量或标号

功能:OFFSET 操作符可返回变量或标号所在段的偏移量。

例如:

```
MOV BX,OFFSET ACFA              ;把标号 ACFA 的偏移量送入 BX 中
```

• TYPE(类型操作符)

操作格式:TYPE 变量或标号

功能:TYPE 操作符可返回一个表示变量或标号类型的数值。

系统为变量和标号规定了表示变量或标号类型的数值,见表 5-2。

表 5-2　　　　　　　　　　　变量和标号的类型数值

变量类型	类型数值	标号类型	类型数值
字节变量	1	NEAR 标号	−1
字变量	2	FAR 标号	−2
双字变量	4		

例如：

```
ALFA    DW 20 DUP(?)
  ⋮
MOV     AL,TYPE ALFA            ;2→AL
```

- LENGTH（分配单元长度操作符）

操作格式：LENGTH 变量

功能：LENGTH 操作符返回分配给该变量的单元数（以变量类型为单位）。

例如：

```
ALFA    DW 20 DUP(?)
BATA    DB 12,25,'A'
MOV     AL,LENGTH ALFA         ;20→AL
MOV     AH,LENGTH BATA         ;1→AH
```

🐟注意：LENGTH 仅对 DUP 项返回变量单元数，对其他情况均返回值1。

- SIZE（分配字节长度操作符）

操作格式：SIZE 变量

功能：SIZE 操作符返回分配给该变量的字节单元数。

例如：

```
MOV   AL,SIZE ALFA            ;40→AL
MOV   AH,SIZE BATA            ;1→AH
```

显然，LENGTH、SIZE 以及 TYPE 三个操作符有如下关系：

$$\text{SIZE ALFA}=(\text{LENGTH ALFA})\times(\text{TYPE ALFA})$$

上式得数为：$40=20\times2$。

(3)字节分离操作符：为了取操作数的高字节值或低字节值，可以使用字节分离操作符。

操作格式：HIGH 表达式

　　　　　LOW 表达式

表达式可为常量或地址表达式。例如：

```
HIGH    0FFCCH                  ;结果为 0FFH
LOW     A－WORD[BX]             ;取地址表达式的低字节值
```

8086/8088 宏汇编中，规定了运算符及操作符在表达式运算中的优先顺序。表 5-3 给出优先顺序关系（从高到低）。

表 5-3　　　　　　　　　　常用运算符优先级表

LENGTH、SIZE、括号（圆括号、方括号、尖括号）
PTR、OFFSET、SEG、TYPE、THIS、段前缀运算符（:）
HIGH、LOW
×、/、MOD、SHL、SHR
＋、－
EQ、NE、LT、LE、GT、GE
NOT
AND
OR、XOR
SHORT

5.3.2　汇编语言伪指令

汇编语言除了指令语句之外,还有供汇编程序使用的伪指令语句。IBM 宏汇编中,伪指令有数十种之多,下面仅介绍一些经常使用的伪指令。

1. 符号定义伪指令

符号定义伪指令可以为符号名赋新值。

(1)等价伪指令 EQU

伪指令格式:符号名 EQU 表达式

功能:将表达式的值赋给符号名,或为符号名赋予另一个等价的符号名(以表达式表示)。

例如:

```
ALFA    EQU 100          ;ALFA=100,为符号名赋值
COUNT  EQU ALFA          ;COUNT 与 ALFA 等价
BATA    EQU BATA-B        ;BATA 与 BATA-B 等价
PORT1   EQU 20AH          ;PORT1 表端口地址
PORT2   EQU PORT1+1       ;PORT2 表端口地址(20BH)
ABC     EQU ADD           ;ABC 可表示加法指令助记符 ADD
```

说明:本语句只实现等价定义,符号名一旦被 EQU 定义,不能再被赋值,即不允许用 EQU 再为符号名重新定义。

(2)等号伪指令=

伪指令格式:符号名=表达式

功能:将表达式的值赋给符号名,与 EQU 语句有相似的功能,但它可以在程序中不同地方多次使用以重新为符号名赋值。

例如:

```
ALFA=100
MOV   AL,ALFA           ;AL←100
ALFA=50                 ;重新为符号名定义赋值
ALFA=ALFA+2             ;ALFA=52
MOV   AX,ALFA           ;AX=52
```

(3)定义符号名伪指令 LABEL

伪指令格式:符号名 LABEL 类型

符号名为被定义的标号或变量名。

功能:定义一个标号或变量名,并指定其类型。

例如:

```
        BARY   LABEL WORD          ;定义 BARY 字类型
        WARY   DB 100 DUP(0)
        ⋮
        ADD    AX,BARY             ;字相加
        ADD    BL,WARY             ;字节相加
        ⋮
        ABCF   LABEL FAR           ;ABCF 为 FAR 类型标号
ABCN:   MOV    AL,100              ;ABCN 为 NEAR 类型标号
```

说明:利用 LABEL 伪指令可以使同一存储地址定义有不同类型的标号或变量名,它为程

序设计带来了方便。

2. 数据定义伪指令

数据定义伪指令可为变量分配存储单元或定义数值。本书只介绍三个数据定义伪指令 DB、DW 和 DD,它们分别定义字节、字或双字数据。

伪指令格式:[变量名] DB 表达式

[变量名] DW 表达式

[变量名] DD 表达式

表达式可为问号(?)、常数表达式、地址表达式(DB 除外)、字符、字符串(仅 DB)或用逗号分开的上述各项或重复子句 DUP(表达式)。

功能:用 DB、DW 和 DD 伪指令分别为变量名定义初值或预置内存空间。DB 定义字节,DW 定义字,DD 定义双字。

例如:

A	DB 55	;初始变量 A,值为 55
B	DW ?	;预置一个字单元,其值不确定
C	DB 100 DUP(?)	;预置 100 个字节单元,其值不确定
D	DB 'HOW ARE YOU?'	;初始 12 字节单元,内容为字符串
E	DD 25×25×30	;初始一个双字单元
F	DB 1,2,'3',4,'5'	;初始 5 个字节单元
G	DW 25 DUP(25)	;初始 25 个字单元,值均为 25
H	DW 'XY',25,44 DUP(0)	;定义 46 个字单元,内容分别为 5958H,25H 和 44 个 0

说明:

①常数表达式可以是已定义数值的符号名,DW 仅可以定义两个字符组成的串。例如:

A	EQU 100	
B	DB A	
C	DB A+5	

②地址表达式可做 DW 和 DD 的初始数值。例如:

A	DW OFFSET ALFA	;取 ALFA 的偏移量
B	DD ALFA	;取 ALFA 的偏移量及段基址

ALFA 可为标号或变量。

③用 DUP 重复子句可以定义数组。例如:

A-ARRY	DB 100 DUP(0)	;定义 100 个字节数组,每个元素值为 0
B-ARRY	DW 200 DUP(?)	;定义 200 个字数组,每个元素值不定

上述定义的数组,可通过数组元素实现存取操作。例如:

MOV	AL,A_ARRY	;取第 1 个元素→AL
MOV	AL,A_ARRY[5]	;取第 6 个元素→AL
MOV	B_ARRY[BX],AX	;AX→数组第[BX]字节起的字中

④用数据定义语句可以定义表或字符串。例如:

TABLE	DB 1,4,9,16,25,36,49,64,81	;平方表
STRNG	DB 'ABC1238? ='	;字符串

⑤定义变量及存储单元时,也定义了它们的类型属性,对同一数据定义语句定义的各存储单元具有相同的类型,在指令中使用它们时,应注意类型的一致。

3. 模块和段定义伪指令

模块和段定义伪指令可以用来组织模块和段的结构。

（1）段定义伪指令 SEGMENT ENDS

伪指令格式：**段名 SEGMENT［定位类型］［组合类型］［类别］**

$$\vdots$$

　　　段名 ENDS

段名由程序员给定，表明用此段名定义一个程序段。定位类型等参数在模块化设计中介绍。

功能：用此伪指令，可把模块划分为若干个逻辑段，每个 SEGMENT/ENDS 可定义一个逻辑段。

说明：

①SEGMENT 与 ENDS 共同定义一个逻辑段，它们必须成对使用，每段应有一个段名，它有段基址和偏移量两个属性。

②不同模块中，允许有相同的段名，连接程序并不把它们看作是相同的段。

③同一模块中，同名各段必须有相同的类别，以使它们在汇编时合并为同一逻辑段。

例如：

```
A       SEGMENT                 ;数据段 A
    ⋮
DA      DW 2AH
    ⋮
A       ENDS
B       SEGMENT STACK           ;堆栈段 B
    ⋮
DB      100 DUP(?)
B       ENDS
C       SEGMENT                 ;数据段 C
    ⋮
DC      DB 25 DUP(?)
    ⋮
C       ENDS
D       SEGMENT                 ;代码段 D
ASSUME CS:D,DS:A,ES:C,SS:B
MOV AX,A
MOV DS,AX
MOV AX,C
MOV ES,AX
    ⋮
D       ENDS
```

（2）指定段址伪指令 ASSUME

伪指令格式：**ASSUME 段寄存器:段名［,…］**

段寄存器可以是 CS、DS、ES 或 SS，段名为 SEGMENT 定义的段名。

功能：向汇编程序指示当前各段所用的段寄存器，设定段寄存器与段间的对应关系。

例如：

```
ASSUME   CS:CODE,DS:DATA,ES:DATA,SS:STACK
```

说明:

①本伪指令只是指示各逻辑段使用寄存器的情况,并没有对段寄存器内容进行设置。DS、ES 必须在程序段中进行装填,而 CS 和 SS 由系统负责设置,程序中也可对 SS 进行设置。

②如果没有在 ASSUME 中指定 DS 和 ES 则在变量名或地址表达式前用段前缀进行明确说明,以指明所要使用的段寄存器。例如:

```
MOV    AX,ES:ABC
```

③ASSUME 伪指令也可以用来取消段寄存器与段之间的对应关系(使用 NOTHING),然后再建立新的对应关系。例如:

```
ASSUME    DS:NOTHING          ;取消 DS 与原数据段对应关系
ASSUME    DS:DATAB            ;建立新的对应关系
MOV       AX,DATAB            ;置当前数据段首地址到 DS 中
MOV       DS,AX
```

(3)模块定义伪指令 NAME/END

伪指令格式:NAME 模块名

$$\vdots$$

　　　　　　END 表达式

模块名由程序员命名,表达式为模块执行时程序的起始地址。

功能:由 NAME 和 END 定义一个程序模块。

例如:

```
NAME    MYFILE
DATA    SEGMENT
⋮
DATA    ENDS
STACK   SEGMENT PARA STACK
⋮
STACK   ENDS
CODE    SEGMENT
ASSUME CS:CODE,DS:DATA
ST:MOV AX,DATA
MOV     DS,AX
⋮
CODE    ENDS
END     ST
```

说明:

①由 NAME 伪指令命名的模块将作为一个独立的汇编单位,汇编遇 END 结束。

②如果缺省 NAME 伪指令,则模块使用 TITLE 定义的页标题头 6 个字符。如无 TITLE 伪指令,则用源程序文件名作为模块名。

(4)源程序结束伪指令 END

伪指令格式:END[表达式]

表达式为存储器地址,通常为标号。

功能:END 表示一个模块的结束。通知汇编程序,源程序到此结束,且用表达式指出程序开始执行时的指令地址。通常,表达式仅用在主程序模块中。

例如：

```
START：MOV AX，DATA
    ⋮
END START
```

说明：END 通常与模块定义伪指令 NAME 联合使用，当 NAME 缺省时，END 只表示源程序结束。

4. 模块通信伪指令

不同模块间（段间）的变量等符号名可实现相互访问，要对访问的符号名进行说明，可由下面伪指令实现。

（1）定义公共符号名伪指令 PUBLIC

伪指令格式：PUBLIC 符号名[，…]

符号名可为变量、符号常量、标号或过程名。

功能：PUBLIC 定义公共符号名，可被其他模块引用，即由其定义的符号名是公共符号名，可被外部模块引用。

例如：

```
PUBLIC    ABC，ALFA
```

说明：在一个模块中，同一个符号名只能被定义一次，本伪指令可放在程序中的任何位置，一般放在程序开始处。

（2）定义外部符号名伪指令 EXTRN

伪指令格式：EXTRN 符号名：类型[，…]

符号名在其他模块中已由 PUBLIC 所定义。类型可为 BYTE、WORD、DWORD、NEAR、FAR 以及 ABS，且符号名的类型应与原模块中定义时的类型一致。

功能：定义本模块中将要引用的外部模块中的符号名（变量、符号常量、标号以及过程名），它们应在各自的模块中已用 PUBLIC 伪指令进行定义，即由 EXTRN 伪指令定义的符号名是外部符号名，由外部模块定义而由本模块引用。

例如：

```
EXTRN ABC：BYTE，FLP：FAR
```

说明：在一个模块中，同一符号名只能被定义一次，一般本语句放在程序的开头处。

5. 列表控制伪指令

列表控制伪指令可以对打印页及标题进行控制。

（1）页定义伪指令 PAGE

伪指令格式：PAGE[行]，[列]

行为每页打印行数，取值 10～255（隐含值为 66）；列为每行打印列数，取值 60～132（隐含值为 80）。

功能：打印列表（清单）文件时，规定页的行数和每行的列数。

例如：

```
PAGE 60,132；表示设定的页为 60 行 132 列
```

（2）标题伪指令 TITLE 和 SUBTTL

伪指令格式：TITLE 标题正文

　　　　　　　SUBTTL 子标题正文

功能:在打印列表文件时,TITLE 伪指令实现每页第一行打印该标题(不超过 60 个字符)。SUBTTL 伪指令实现每页打印标题后再打印子标题(字符数不限),当 SUBTTL 不带正文时,则表示取消前面规定的子标题。

6. 过程定义伪指令

过程定义伪指令用来定义一个过程(子程序),使用该伪指令可以简化程序设计,便于调试和阅读。

伪指令格式:过程名 PROC [NEAR]/FAR　;过程体

　　　　　　　⋮

　　　　　　　RET

　　　　　　　过程名 ENDP

功能:完成过程定义,在过程体中实现过程的操作功能

例如:

```
CODE SEGMENT
APRC PROC NEAR
ADD AX,BX
⋮
RET
APRC ENDP
START:  MOV AX,NUM
⋮
CALL APRC
⋮
CALL APRC
⋮
CODE ENDS
END START
```

说明:

①过程名有三个属性:段基址、偏移量和类型,它们应在过程定义时给出,如定义为 NEAR 类型(可以隐含),则为段内调用和段内返回。如为 FAR 类型,则为段间调用和段间返回。汇编程序在汇编时(对 CALL 和 RET 指令)则根据过程类型生成段内(NEAR 类型)或段间(FAR 类型)的调用或返回指令代码。

②在一个过程中,可以有多个 RET 指令,RET 指令通常作为过程的最后一条指令。如果最后一条不是 RET 指令,则应是一条转向过程某处的转移指令,一个过程总是通过 RET 指令返回。

7. 其他伪指令

(1)定位伪指令 ORG

伪指令格式:ORG 数值表达式

数值表达式为地址偏移量。

功能:本伪指令指定在它之后的程序段或数据块所存放的起始地址的偏移量。

例如:

```
ORG    0010H    ;从地址 0010H 起存放
ORG    $+20     ;$ 为当前地址,从此地址后 20 字节处起存放
```

说明：当无 ORG 伪指令时，则从段首址开始存放程序或数据。

例 5-1 下述指令执行后，SI 中的内容是(   )。

```
ORG    0000H
DA1    DB 64H DUP
DA2    DW 0100H,0200H
DA3    DW DA2
  ⋮
MOV    SI,DA3
```

A. 300H   B. 100   C. 200H   D. 100H

分析：这里应注意语句"DA3 DW DA2"的含义，它是将 DA2 的偏移地址存放在 DA3 字单元中，而 DA2 的偏移地址是 100。

答案：B

例 5-2 经过下面数据段的定义之后，从 DATA1 单元开始定义一组数据是(   )。

```
DATA    SEGMENT
DATA1   DW 2,$+4,4,$−4,6
  ⋮
DATA    ENDS
```

A. 2,6,4,4,6   B. 2,4,4,−4,6   C. 2,34,5,6   D. 2,5,4,0,6

分析：符号 $ 在汇编语言源程序中被看作是地址计数器当前的内容，汇编程序在汇编源程序时，为每个逻辑都设置一个地址计数器，在汇编过程中，地址计数器的内容是在不断变化的，要注意符号 $ 在不同的语句中，或在同一数据定义语句的不同数据项里其值都是不同的。

答案：A

(2)注释程序说明伪指令 COMMENT

指令格式：COMMENT 定界符 注释

定界符为非空字符。

功能：用户可用本伪指令在程序中加入注释，即在定界符间的内容全部是注释（注释可为多行）。

说明：定界符在注释前后，且必须一致。系统还规定指令行中"；"后的部分为注释，应注意两者的差异。

还有一些常用伪指令，将在后面有关章节中再做介绍，部分不经常使用的伪指令就不讲述了。

5.3.3 汇编语言程序设计

前面讨论了指令系统、伪指令和语句的结构，它们为汇编语言程序的编写提供了基础。也就是说，已经具备了编写汇编语言程序的手段，下面将介绍汇编语言程序的一般结构以及在 IBM PC 机上运行程序时，如何正确返回 DOS 系统的一些方法。

1. 汇编语言源程序的一般结构

从前面已经给出的例子中，可以看出程序是由以下各部分构成的。

🐱注意：本处所给出的程序结构仅适于单模块的程序结构。

NAME   模块名(可有可无)

EQU	定义区（依需要定）
EXTRN	外部符号名说明（依需要定）
PUBLIC	公共符号名说明（依需要定）
数据段名	SEGMENT
变量定义	
数据空间预置	
数据段名	ENDS
堆栈段名	SEGMENT PARA STACK 'STACK'
	堆栈空间预置
堆栈段名	ENDS
代码段名	SEGMENT
	ASSUME 段寄存器地址说明

START：装填段基址

主程序体

过程名 1	PROC 类型说明
	过程体 1
	ENDP
	⋮
过程名 N	PROC 类型说明
	过程体 N
过程名 N	ENDP
代码段名	ENDS

END START

任何一个汇编语言的源程序，最少应含有一个代码段，堆栈段和数据段视需要而定。如果使用堆栈操作，用户最好设置自己的堆栈。如果用户不设置用户堆栈空间，系统将自动使用系统的堆栈空间。

当有变量定义或预置数据空间时，应在数据段中进行定义。过程可以放在代码段中，也可以单独建立过程段。

这个程序结构不是一成不变的，可以依需要有所变化。比如 EQU 定义也可以放在数据段中或代码段中。PUBLIC 可以放在程序任一行中，如需要请参考相关资料。

2. 段寄存器的装填

各逻辑段要通过段寄存器进行寻址，因此应该正确地装填段基址。ASSUME 伪指令指出的是各逻辑段所应该装填的地址，但并没有将段基址装入相应的段寄存器中，所以在程序的代码段开始处就应该先进行数据段 DS、堆栈段 SS 或附加段 ES 的段基址的装填，否则无法正确对数据进行寻址操作。而代码段 CS 则是在加载程序后由系统自动装填的，不需要用户管理。堆栈段 SS 也可以不用用户装填，而由系统自动装填，但是在定义堆栈段时，必须把参数写全。

其形式如下：

STACK SEGMENT PARA STACK 'STACK'

当将程序装入内存时，系统会自动地把堆栈段地址和栈指针置入 SS 和 SP 中。因而不必在代码段中装填 SS 和 SP 值。但如果未给出必要的参数，则还应由用户装填 SS 和 SP 寄存器值。

DS、SS 和 ES 的装填可以使用相同的方法,直接由用户程序进行加载,例如 DS 的装填可由下面的指令完成。

```
MOV    AX,数据段名
MOV    DS,AX
```

SS、ES 可分别用堆栈段名和附加段名替代上例的数据段名,即可实现段基址的装填。

3. IBM PC 中程序正确返回 DOS 问题

在 IBM PC DOS 环境下运行汇编语言程序时,为能使程序执行结束后正常返回 DOS 系统,应在程序中插入相应语句,以实现正常返回。

一般,在主程序的代码段结束前插入下面两条指令:

```
MOV    AH,4CH
INT    21H
```

它们表示利用 DOS 系统功能调用(调用中断 INT 21H,子功能号为 4CH),执行这两条语句后,将由系统结束程序并返回到 DOS 状态下,给出 DOS 提示符,等待新的命令键入。

另一种正确返回 DOS 的方法是用在以过程方式工作的程序中。此时应在过程的开始处插入下面几条语句:

```
过程名   PROC FAR
PUSH DS
MOV AX,0
PUSH AX
    ⋮
RET
过程名 ENDP
END 过程名
```

在过程执行完后,通过 RET 指令返回时,系统将执行 INT 20H,正确返回 DOS 系统。

INT 20H 是一条返回 DOS 的系统调用,在装入用户程序时,系统将它放在程序段前缀的头两个字节中。程序段前缀是存放该程序有关信息的 100H 字节的信息区,置放在程序段之前。系统还自动地设置 SS、ES 使其指向该段前缀。

为了使用过程编写程序,并能自动返回 DOS,在过程段的开始处,先将 DS 内容进栈,然后再将段内偏移量 0 进栈。在过程执行完,执行 RET 指令时,就将原 DS 和 0 偏移量弹到 CS 和 IP 中,从而执行 INT 20H 指令,结果程序便返回 DOS 系统了。

在后面的例子中,将依情况分别使用上述两种方法之一,以保证程序执行完后能够正确返回到 DOS 系统中。

4. 检查程序执行结果的简单方法

在汇编语言程序中,不能像高级语言那样很容易用一条输出语句就把结果显示到屏幕上。因此为检查程序执行的结果(如寄存器内容或数据区的数值等),一般要借助调试程序来观察它们的内容,这对简单程序来说是不必要的。在 DOS 环境下,可以使用 DOS 功能调用来完成结果的显示操作,其方法是把要显示的字符送到 DL 寄存器中,把功能调用号 02H 送 AH 寄存器中,然后通过中断指令 INT 21H 就可以在显示器上显示该字符了。如显示字符′A′,应写出下面三条指令:

```
MOV    DL,′A′
MOV    AH,02H
INT    21H
```

如显示一个字符串(MESG DB ′HOW ARE YOU!′),应写出下面三条指令:

```
MOV    DX,OFFSET MESG   ;显示提供信息
MOV    AH,09H
INT    21H
```

至于要显示寄存器或存储器中的内容,显示更多字符或结果值时,则应编写相应的程序段,以实现上述显示要求。

使用这种方法显示程序执行结果,可以很容易地判断编写的程序是否正确。

有时为使用户能控制程序的运行,可以使用键盘输入特定的字符以控制程序的流向。单个字符的键盘输入可以借用 DOS 功能调用实现。其功能号为 1,将其送入 AH 寄存器中,然后通过中断指令 INT 21H,就可以接收键盘输入的字符了,即用下面两条指令:

```
MOV    AH,01H
INT    21H
```

当执行到这两条指令时,系统将等待键盘输入字符,当键入一个字符后,这个字符的 ASCII 码就存放在 AL 寄存器中待用,并把该字符显示在屏幕上,程序则继续执行。

为了知道程序何时需要键入字符,最好先显示一个信息,以提示可以键入字符。上述两种方法的配合使用就可以控制程序的执行,或判断执行结果是否正确,为简化程序运行的调试带来一定方便。

5.3.4　条件汇编与宏操作伪指令

在 IBM 宏汇编中提供了有条件汇编功能和宏操作功能,它们的使用使汇编程序设计得到了简化并为其提供了调试的方便性。

1. 条件汇编

条件汇编的主要作用是可以有选择地对程序段进行汇编,根据条件是否满足,可以对某段程序进行汇编或不汇编,因而可依实际情况和需要,得到必要的目标代码。这样就简化了编程。

条件汇编语句:

一般格式:　　　　　IF××<表达式>

　　　　　　　　　程序段 1

　　　　　　　　　[ELSE]

　　　　　　　　　程序段 2

　　　　　　　　　ENDIF

表达式的值表示条件,其值可为真(TRUE)或假(FALSE),ELSE 及程序段 2 为可选择部分。

当条件为真时,对程序段 1 进行汇编,如有 ELSE 及程序段 2,则跳过不汇编;当条件为假时,对程序段 1 不进行汇编,如有 ELSE 及程序段 2,则汇编程序段 2。如无 ELSE 及程序段 2,则跳过程序段 1 后往下汇编。

ENDIF 为条件汇编的结束语句,它必须与 IF××<表达式>配对使用。

条件汇编有多种伪操作指令,下面介绍常用的几种。

(1)IF 表达式

功能:表达式的值不为 0,表示条件为真,汇编程序段 1,否则跳过。

(2)IFE 表达式

功能:表达式的值为 0,表示条件为真,汇编程序段 1,否则跳过。

(3)IFB ＜参数＞

功能:参数为空格,表示条件为真(参数要用＜＞括起),汇编程序段1,否则跳过。

(4)IFNB ＜参数＞

功能:参数不为空格,表示条件为真,汇编程序段1,否则跳过。

(5)IFIDN ＜参数1＞,＜参数2＞

功能:参数1与参数2相同,表示条件为真,汇编程序段1,否则跳过。

(6)IFDIF ＜参数1＞,＜参数2＞

功能:参数1与参数2不相同,表示条件为真,汇编程序段1,否则跳过。

说明:

①上述条件汇编语句,依实际需要选用。它们都可以使用带有程序段2的ELSE选择,当不满足条件时,则程序段2被汇编,而程序段1不被汇编。如果不用ELSE选择,则不满足条件时,就跳过程序段1(不汇编)而继续汇编ENDIF后的程序。

②上述条件汇编语句中,凡带有＜＞的参数,在实际使用时,＜＞均不能省略,它们是不可省略的。

③上述(3)、(4)中的条件汇编语句只允许在宏汇编(MASM)中使用,其他条件汇编语句在汇编(ASM)中均允许使用。

在实际使用条件汇编语句时,表达式或参数可直接给出,也可以通过符号名给出。表达式可为算术、逻辑或关系式,在汇编时由汇编程序进行计算和判断,以确定"真"或"假",再决定是否汇编。例如:

```
ABC    EQU 80H
⋮
IF     ABC−80H
MOV    CL,4
SAL    AL,CL
ELSE
MOV    CL,4
SAR    AL,CL
ENDIF
MAX    EQU 100
⋮
IF     MAX GT 50
DAT1   DB 100 DUP(?)
ELSE
DAT2   DW 100 DUP(?)
ENDIF
```

2. 宏汇编伪指令

IBM宏汇编提供了一组宏操作指令,它使程序设计具有很大的灵活性。下面介绍几个常用的宏操作伪指令。

(1)宏定义伪指令 MACRO/ENDM

一般格式:

宏指令名　MACRO［形式参数表］

　　　　⋮　　宏指令体

　　　　ENDM

MACRO 是宏定义的定义符,ENDM 是宏定义结束标志。宏指令名为被定义的宏指令体的符号名,它应符合汇编程序对标识符的使用规定,宏指令名在宏定义后,就可以像汇编指令一样在程序中使用了。

宏指令体放在 MACRO 与 ENDM 语句之间,它可以是汇编指令、伪指令或其他的宏指令名,它们是宏操作的实体部分。汇编时,除伪指令不被汇编外,其他汇编指令都被汇编成机器指令代码,插到程序中使用宏指令名的地方。这一过程被称为"宏扩展"。它是由宏汇编程序在汇编时完成的。

形式参数表是可选的,可以有也可以没有。如果有若干个形式参数,则参数间应以","分开。在使用宏指令时,形式参数将被实际参数所替代。

宏指令的调用是通过宏指令名实现的,在程序中使用宏指令的过程称为"宏调用"。

宏调用一般格式:

[标号]宏指令名 [实际参数表]

在实现宏调用时,如果宏定义时有形式参数表,则调用时也必须给出相应的实际参数表。且其数量、顺序必须与形式参数表一致,IBM 宏汇编允许数量上不一致。当调用的实际参数多于形式参数时,多余的实际参数被忽略。当调用的实际参数少于形式参数时,缺少的实际参数作为 NULL(空)处理。

例如:把 AL 中的内容左移 4 位的操作,在程序中被多次使用,就可将其定义为一条宏指令,在程序中需要的地方进行宏调用。

```
SHIFT    MACRO
MOV      CL,4
SAL      AL,CL
ENDM
```

上述定义为不带参数,为了使宏指令具有灵活性,可以通过参数,指定宏指令的移位次数。

```
SHIFT    MACRO   X
MOV      CL,X
SAL      AL,CL
ENDM
```

式中 X 是一个形参,它与宏指令体中同名参数一致,本处表示移位的次数。在宏调用时,通过给定实际参数实现要求的移位次数。例如:

```
SHIFT  6
SHIFT  4
```

它们分别实现使 AL 内容左移 6 次和左移 4 次。

还可以通过引入另一个参数来指出参加移位的寄存器。

```
MACRO    X,Y
MOV      CL,X
SAR      Y,CL
ENDM
```

在调用时,如使用下面两条宏指令:

```
SHIFT  4,AL
SHIFT  6,BX
```

它们分别实现 AL 内容右移 4 位,BX 内容右移 6 位的操作。

形式参数不只可以出现在操作数部分,也可以出现在操作码部分。例如:

```
SHIFT   MACRO   X,Y,Z
MOV     CL,X
S&Z     Y,CL
ENDM
```

参数 X、Y 含义同前,参数 Z 则用来指示操作码的操作。为使参数可出现在指令助记符中,用 & 符号做联结(即把形参与部分助记符加以区别),当在宏调用时,就由实参代替 &Z 所表示的形参:

如宏调用:

```
SHIFT   4,AL,AL
SHIFT   6,DX,AR
SHIFT   2,SI,HR
```

在汇编上述宏指令时,将产生下面的指令语句:

```
+MOV    CL,4        ;AL 内容左移 4 位
+SAL    AL,CL
+MOV    CL,6        ;DX 内容右移 6 位
+SAR    DX,CL
+MOV    CL,2        ;SI 内容逻辑右移 2 位
+SHR    SI,CL
```

可见,带有参数的宏指令不止可以调整操作数,还可以调整操作码(助记符),从而使宏指令的功能更加灵活和方便。

上面一组指令前的"+",是宏汇编在把宏指令展开为指令语句时所加的标记。

(2)取消宏定义伪指令 PURGE

一般格式:PURGE 宏指令名[,…]

取消指出的宏指令名的宏定义(即宏指令名失效),可重新定义。例如:

```
PURGE SHIFT
```

(3)重复块伪指令 REPT/ENDM

一般格式:REPT 表达式

```
    ：}重复体
    ENDM
```

本伪指令要求汇编程序多次执行重复体部分的各语句,重复次数由表达式的值决定。例如:

```
X=0
Y=1
REPT 10
X=X+1
Y=Y+X
DB Y
ENDM
```

汇编程序将把上例重复体重复执行 10 次,建立有 10 个单元的数据表。

(4)带参重复块伪指令 IRP/ENDM

一般格式:IRP 形参,<参数表>

```
    ：}重复体
    ENDM
```

　　本伪指令要求汇编程序多次执行重复体部分的各语句,重复次数由参数表中参数的个数决定。每重复一次,用参数表中参数来代替形参,直至所有参数用完为止。参数表要用<>括起来,参数间以","分开。例如:

```
IRP    X,<1,2,3,4,5,6,7,8,9,10>
DB     5×X
ENDM
```

　　汇编时,重复体被重复 10 次,生成值为 5～50 的连续 10 个内存单元。

　　(5)串重复块伪指令 IRPC/ENDM

　　一般格式:IRPC 形参,字符串(或<字符串>)

　　　　⋮ }重复体

　　　　ENDM

　　本伪指令要求汇编程序多次执行重复体部分的各语句。重复执行的次数由字符串中字符个数决定。每重复一次,依次用字符串中的字符来代替形参直至串中的字符用完为止。例如:

```
IRPC   X,<ABCDEFG>
DB     X
ENDM
```

　　汇编时,重复体重复 7 次,生成内容分别为字符 A 到 G 的连续 7 个内存单元。

　　本伪指令的字符串可用<>括起来,也可以不用。

　　例 5-3　一个宏指令应用例。

```
NAME      EX-5-3
;下面为一个宏指令应用例
;宏定义中使用了 DOS 功能调用,以简化程序
;下段程序定义了四个宏指令
MREAD  MACRO  A              ;宏定义
       LEA    DX,A           ;10 号功能调用为字符串输入
       MOV    AH,10
       INT    21H
       ENDM

MWRITE MACRO  A              ;宏定义
       LEA    DX,A           ;9 号功能调用为显示字符串
       MOV    AH,09H
       INT    21H
       ENDM

MCRLF  MACRO                 ;宏定义
       MOV    AH,02H
       MOV    DL,0AH         ;实现回车换行
       INT    21H
       MOV    DL,0DH
       INT    21H
       ENDM

MOUT   MACRO  A              ;宏定义
       MOV    DL,A           ;实现字符显示
       MOV    AH,02H
       INT    21H
       ENDM
```

```
;下段程序为宏调用
DATA    SEGMENT
BUFFER DB        80
        DB       0
        DB       80 DUP(0)
DATA ENDS
STACK SEGMENT PARA STACK 'STACK'
        DB       200 DUP(?)
STACK ENDS
CODE SEGMENT
        ASSUME   CS:CODE,DS:DATA,SS:STACK
START: MOV       AX,DATA
        MOV       DS,AX
        MREAD     BUFFER              ;键入字符串到 BUFFER 缓冲区
        MCRLF                         ;回车换行
        LEA       SI,BUFFER+2         ;取字符串在缓冲区中地址
        MOV       CL,BUFFER+1         ;取键入字符串长
        MOV       CH,0
        CLD                           ;清 DF
LP1:    LODSB                         ;取字符到 AL
        CMP       AL,'a'              ;判断是否小于'a'字符
        JB        LP1                 ;不是小写字符,转 LP1
        CMP       AL,'z'              ;判断是否大于'z'字符
        JA        LP1                 ;非小写字符,转 LP1
        SUB       AL,20H              ;是小写字母转为大写字母
        MOUT      AL                  ;显示字符
        LOOP      LP1
        MCRLF                         ;回车换行
        MOV       AH,4CH
        INT       21H
        CODE      ENDS
END   START
```

5.4   DOS 系统功能调用及程序设计

在某些程序设计例中,使用了几个 DOS 系统功能调用(通过 INT 21H 指令),目的是使程序在 IBM PC 机上执行时,可从键盘送入数据,并通过显示器屏幕观看结果。但实际上 PC 机可以提供很多功能调用。只要在 MS-DOS 下工作,利用系统功能调用,可以使程序员的程序设计工作得到简化。下面介绍 DOS 系统功能调用(有关 BIOS 功能调用可查相关手册)。

5.4.1   概   述

MS-DOS 可以提供 70 多个系统功能调用,它们既可用于操作系统管理上,又可用于汇编语言的程序设计中。

每个系统调用可以完成一个特定的任务,在程序设计中,只要根据程序的需要,选择适当的系统调用到程序中就可以了。

系统功能调用可以分为五类:文件管理、设备管理、内存管理、目录管理以及其他。

使用这些系统功能调用,不需程序员对计算机设备、接口等有深入了解,也不必编写复杂的 I/O 程序。通过 DOS 功能调用可充分利用 MS-DOS 的各种功能,极大地方便了程序设计人员并可保证程序的可靠性和质量,同时也提高了程序设计的工作效率。

正如前面使用过的那样,系统为所有的功能调用进行编号(编号从 00H 到 57H)。在进行系统功能调用时,将调用编号送入 AH 寄存器中,如果有入口参数时,则按规定把有关参数写入指定的寄存器或存储地址单元中,然后就可以通过 INT 21H 中断指令执行系统调用功能了。执行的结果通常存放在出口参数中,出口参数一般使用寄存器存放结果。大多数系统调用,在执行成功时,将置 CF 为 0。如果调用有错,则置 CF 为 1,并将错误返回码送到 AX 寄存器中。用户可根据这些错误返回码,分析失败的原因。

调用方法重述如下:

(1)置入口参数。

(2)系统功能调用编号送 AH 寄存器。

(3)通过 INT 21H 中断指令执行功能调用。

例如:

MOV	DL,'A'	;置入口参数
MOV	AH,02H	;功能调用号送 AH
INT	21H	;软中断指令转功能处理

2 号功能调用是将一个字符送屏幕上显示;入口参数:要显示的字符的 ASCII 码送入 DL 中;执行结果:DL 中的字符显示在屏幕上。

5.4.2　DOS 功能调用分组

系统根据功能的不同,将其按分类编号,下面给出系统调用编号及其功能。

DOS 功能调用

00H~0CH:传统字符设备 I/O。

0DH~24H:传统文件管理。

25H~26H:传统非设备系统调用。

27H~29H:传统文件管理。

2AH~2EH:传统非设备系统调用。

2FH~38H:扩充功能组。

39H~3BH:目录管理。

3CH~46H:扩充文件管理。

47H:目录管理。

48H~4BH:扩充内存管理。

4CH~4FH:扩充功能组。

50H~53H:扩充功能组(DOS 内部使用)。

54H~57H:扩充功能组。

功能号 00H~2EH 是 DOS 1.00 版本原有的,功能号 2FH~57H 是 DOS 2.00 版本新增加的。这些新调用增强了系统功能,在 DOS 2.00 系统下,可以使用它们。DOS 3.00 系统的功能又有扩充（扩充到 62H，为高档微机的硬件环境）。

由于转入调用程序后，要保护各寄存器内容，所以要求用户提供一个足够大的栈（如 80H）。

主要功能说明如下：

（1）字符设备 I/O

主要用于键盘、显示器、打印机及异步通信控制器的 I/O 管理。

（2）文件管理

文件管理可通过文件名使用文件，它分为传统文件管理和扩充文件管理。

传统文件管理是通过文件控制块（FCB）访问文件，使用本组调用前，先建立文件控制块 FCB，主要功能有复位磁盘、选择磁盘、打开文件、关闭文件、删除文件、建立文件、重新命名文件、顺序读/写文件、随机读/写文件以及查找目录项等。

扩充文件管理是通过文件名或文件代号进行文件访问的。只需用字符串表示盘符和路径即可访问文件，它的功能基本同传统文件管理。

（3）非设备系统调用

用于为程序设置中断向量和建立程序段前缀，以及读取和设置日期、时间等。

（4）目录管理

包括建立子目录、读取当前目录、修改当前目录以及删除目录等。

（5）扩充内存管理

包括内存的分配和释放、分配内存块以及装入和执行程序等。

（6）扩充系统调用

包括读取 DOS 版本号、中止进程、读取中断矢量、查找第一个相匹配的文件以及读取校验状态等。

上述各系统调用，在 MS-DOS 的有关资料中都有详细介绍。如要了解和使用，请查阅相关资料。

5.4.3　常用的 DOS INT 21H 功能调用

1. 键盘输入（1 号调用）

等待从键盘上输入一个字符（ASCII 码），将其存入 AL 寄存器中，并在屏幕上显示。本调用无入口参数，当键入 Ctrl＋Break 时，就退出执行。

2. 显示器输出（2 号调用）

将 DL 中的字符数据在屏幕上显示，当 DL 中为 Ctrl＋Break 的代码时，则退出执行。

入口参数：把要显示的字符的 ASCII 代码送 DL 寄存器中。

例 5-4　人机会话方法一。

```
NAME     EX-5-4
DATA     SEGMENT
BUFR     DB      20 DUP(?)                        ;接收信息区
MESG     DB      0AH,0DH,'What is your name?:$'    ;提示信息
DATA     ENDS
STACK    SEGMENT PARA STACK 'STACK'
         DB      100H DUP(?)
```

```
        STACK ENDS
        CODE    SEGMENT
                ASSUME CS:CODE,DS:DATA,SS:STACK
SAT     PROC    FAR                 ;定义一个段间子程序
        PUSH    DS                  ;返回 DOS 过程
        MOV     AX,0
        PUSH    AX
        MOV     AX,DATA             ;装填 DATA 数据段基址
        MOV     DS,AX
        MOV     SI,OFFSET MESG      ;提示信息指针
LP1:    MOV     AL,[SI]             ;取字符
        CMP     AL,'$'              ;判断是否是信息尾
        JE      GO                  ;是,转 GO
        MOV     DL,AL               ;不是,则显示
        MOV     AH,02H
        INT     21H
        JMP     LP1                 ;循环取下一字符
GO:     MOV     SI,OFFSET BUFR      ;置信息区指针
        MOV     AH,01H              ;接收键盘输入信息,并显示
LP2:    INT     21H
        CMP     AL,0DH              ;判断是否是信息结束符
        JZ      OVER                ;是,转
        MOV     [SI],AL             ;不是,存入信息区中
        INC     SI                  ;指向下一个字节
        JMP     LP2                 ;转 LP2,接收下一个字符输入
OVER:   RET
        ENDP
        CODE ENDS
END SAT
```

3. 异步通信口输入(3 号调用)

等待从标准异步通信接口输入一个字符,并送到 AL 中。

系统启动时,标准异步通信接口被初始化为 2400 波特,无奇偶校验位,8 位字长,一个停止位。使用本调用,可依上述速率及数据格式接收一个字符存到 AL 中。

4. 异步通信口输出(4 号调用)

将存入 DL 中的字符输出到标准异步通信接口去,初始异步通信接口方式同上。

5. 打印输出(5 号调用)

将存于 DL 中的字符输出到打印机。

6. 直接控制台 I/O(6 号调用)

本调用可以从键盘输入也可以向显示器输出。当 DL 设置为 FFH 时,则清 CF 且等待键盘输入一个字符到 AL 中;当 DL 设置为非 FFH 时,则将 DL 中字符向显示器输出。本调用不对 Ctrl+Break 做检查。

7. 直接控制台输入(7 号调用)

等待从键盘输入一个字符,将其存入 AL 寄存器中,但对字符不做检查且不显示。

8. 无显示控制台输入(8 号调用)

等待从键盘输入一个字符,将其存入 AL 寄存器中,功能同 1 号调用,但不显示。

9. 显示字符串(9 号调用)

将一组字符串显示到屏幕上,DS:DX 指向字符串首地址,字符串应以"$"字符为结束。其中 DS 中置显示字符串的段基址,DX 中置显示字符串的偏移量。

10. 键入字符串(0AH 调用)

从键盘输入字符串到内存输入缓冲区中,并送显示器显示,输入缓冲区预先定义。其第一个字节为缓冲区所能容纳字符的个数,第二个字节为实际所接收的字符个数,从第三个字节开始存放输入的字符。输入以 Enter 键(0DH)结束。当实际键入字符数少于缓冲区长度时,则缓冲区内余下字节填 0;若键入字符数多于缓冲区长度,则后来输入的字符被丢弃且响铃。

调用时,要求 DS:DX 指向缓冲区首地址,其中 DS 中置输入缓冲区的段基址,DX 中置输入缓冲区的偏移量。

例 5-5　键入一组字符串信息。

本程序将接收键入字符串并显示,直到遇 Enter 键结束。

```
NAME    EX-5-5
DATA    SEGMENT
BUFFER DB      25                  ;设置输入缓冲区空间长度
       DB      ?                   ;实际键入字符个数
       DB      25 DUP(?)           ;存放键入的字符
DATA    ENDS
STACK SEGMENT PAPA STACK 'STACK'
       DB      200H DUP(?)
STACK ENDS
CODE    SEGMENT
       ASSUME CS:CODE,DS:DATA,SS:STACK
       SAT    PROC FAR
       PUSH   DS
       MOV    AX,0
       PUSH   AX
       MOV    AX,DATA
       MOV    DS,AX
       MOV    DX,OFFSET BUFFER    ;置输入缓冲区地址指针
       MOV    AH,0AH              ;接收键入字符串
       INT    21H
       RET
        ⋮
       ST ENDP
       CODE ENDS
END SAT
```

11. 读取日期(2AH 调用)

调用后的日期存放在 CX:DX 中,CX 中为年号,DH 中为月号,DL 中为日号,均为二进制数。

12. 设置日期(2BH 调用)

调用时,CX:DX 中存放有效日期,CX 中为年号,DH 中为月号,DL 中为日号,均为二进制数。若设置有效,调用后 AL＝0,否则 AL＝0FFH。

例如:设置日期 2010 年 3 月 18 日。

```
MOV   CX,2010
MOV   DH,03
MOV   DL,18
MOV   AH,2BH
INT   21H
```

13. 读取时间(2CH 调用)

调用结束,时间在 CX:DX 中,CH 中为小时(0～23),CL 中为分钟(0～59),DH 中为秒数(0～59),DL 中为百分之一秒钟数(0～99),均为二进制数。

14. 设置时间(2DH 调用)

调用前,应在 CX:DX 中存放要设置的时间,CH 为小时,CL 为分钟,DH 为秒数,DL 为百分之一秒数。

例如:设置时间为 8 点 19 分 23 秒。

```
MOV   AH,2DH            ;设置时间
MOV   CX,0813H
MOV   DX,1700H
INT   21H
MOV   AH,2CH            ;读取时间
INT   21H
```

则在 CX:DX 中可得到刚设置的时间值。

15. 终止程序返回(4CH 调用)

该调用终止当前过程,将控制返回给调用过程,在 DOS 操作系统下,则返回 DOS 系统。在 AL 中含有退出码。

16. 设置中断矢量(25H 调用)

调用前,AL 中为设置的中断类型号,DS:DX 指向欲设置的中断矢量值(中断处理程序的地址,DS 中为段基址,DX 中为偏移量)。调用后,该中断矢量被置入中断矢量表中。

17. 取中断矢量(35H 调用)

调用前,AL 为中断类型号,调用后,ES:BX 含中断矢量值(即中断处理程序的入口地址,ES 中为段基址,BX 中为偏移量)。

例 5-6　人机对话方法二。

通过 DOS 系统调用并实现屏幕和键盘的交互。

```
NAME   EX-5-6
DATA   SEGMENT
BUFR   DB     50,?,50 DUP(?)              ;定义输入缓冲区
MESG   DB     0DH,0AH,'What is your name?:$'    ;提示信息
DATA   ENDS
STACK  SEGMENT PARA STACK 'STACK'
       DB     100 DUP(?)
STACK  ENDS
```

```
CODE    SEGMENT
        ASSUME CS:CODE,DS:DATA,SS:STACK
START   PROC    FAR
        PUSH    DS
        MOV     AX,0
        PUSH    AX
        MOV     AX,DATA
        MOV     DS,AX
DISP:   MOV     DX,OFFSET MESG        ;显示提示信息
        MOV     AH,09H
        INT     21H
KEY1:   MOV     DX,OFFSET BUFR        ;键入回答信息
        MOV     AH,0AH
        INT     21H
        RET
START   ENDP
CODE    ENDS
END     START
```

5.4.4 磁盘文件管理

磁盘是以文件形式存放信息的,系统为文件的管理提供了一组 DOS 系统调用。除了系统使用外,也可以供给用户使用。

在 DOS 2.00 版本以上,新增加了扩充磁盘文件管理功能,比传统的文件管理使用更简便。

它与用户间的接口简单,且支持树形结构目录,所以下面仅介绍扩展磁盘文件管理的功能调用。

1.磁盘文件管理功能调用所用的术语

(1)文件说明:用来指明文件所在的设备、路径及文件的名字,它是用户建立文件或打开文件时必须指明的必要说明。

其格式为:[d:][Path]Filename[.ext]

d:表示驱动器名,可为 A、B(软盘),C、D(硬盘)。

Path:表示路径,对建有子目录的文件,应给出此参数。

Filename:要建立和打开的文件名。

.ext:文件名的扩展名(也称后缀)。

(2)文件代号:亦称文件标记。文件建立或打开之后,DOS 将在自己的保留区建立一个信息控制块,用于记录盘址、路径、文件名、读以及写的位置等信息,同时返回给用户一个 16 位的二进制数字,它是这个文件的代号,以后就可使用这个代号去访问文件,进行读、写以及关闭等操作了。

(3)文件特性:亦称文件属性。占用一个字节,用二进制数表示,见表 5-4。

表 5-4　　　　　　　　　　　　文件特性

代码	文件特性	说明
0H	一般文件	普通用户使用,可读写
1H	只读文件	不能写入
2H	隐含文件	用 DIR 无法显示该文件
4H	系统文件	用于系统,DIR 也不显示
8H	卷标	盘卷的标号,不作为文件用
10H	子目录	存放子目录
20H	归档	写入后关闭文件,归档文件 1

一般用户可使用的文件为普通文件、只读文件和隐藏文件。创建文件时,要把文件特性代码送入 CX 寄存器中,由 DOS 根据 CX 内容记录到信息控制块中,供有关命令检索使用。

一个文件可以设定多个特性,此时特性代码应取它们各自特性代码的和值。

(4)访问码:表示本次打开文件要对文件进行的操作,0:表示读;1:表示写;2:表示读写。

(5)错误返回码:在扩充的功能调用中,设有错误返回码,即在调用结束后,用进位标志 CF 表示调用操作是否成功。如果操作成功,CF=0;如果操作失败,CF=1。此时,在 AX 寄存器中存放有错误类型代码,它表示本次调用操作失败的可能原因。下面给出与读写有关的错误返回码,见表 5-5。

表 5-5　　　　　　　　　　　　错误返回码

错误返回码	含　义
1	无效功能调用号
2	文件未找到
3	路径未找到
4	同时打开文件太多(无文件代号可用)
5	拒绝存取
6	无效的文件
12	无效访问码

还有一些其他的错误返回码,不再列出。

2. 常用扩充磁盘文件管理的系统调用

(1)建立文件(3CH 调用)用于建立一个新文件,如果说明的文件已经存在,则使它的文件长度为 0,成为一个新文件。

入口参数:DS:DX 指向文件说明首地址,CX 为文件特性,AH 为功能号。

出口参数:文件建立成功,CF=0,AX 内为文件代号;文件建立失败,CF=1,AX 中为错误代码(可为 3、4、5)。

(2)打开文件(3DH 调用)用于打开一个文件,并得到一个文件代号,在后面的调用操作中使用。

入口参数:DS:DX 指向文件说明首地址,AL 中为访问码(0、1、2)。

出口参数:如果文件打开成功,CF=0,AX 为文件代号;如果文件打开失败,CF=1,AX 为错误代码(3、4、5、12)。

（3）关闭文件（3EH 调用）在文件使用完后，由本调用关闭文件，释放文件代号供以后再使用。

入口参数：BX 为要关闭文件的文件代号，AH 为功能号。

出口参数：文件关闭成功，CF＝0；如果文件关闭失败，CF＝1，AX 中为错误代码（6）。

（4）读文件（3FH 调用）从磁盘上对指定的文件（通过文件代号 3 进行读操作，读出给定的字节数到数据缓冲区中）。

入口参数：BX 中为文件代号，CX 中为要读的字节数。DS∶DX 为指向接收数据缓冲区指针，AH 为功能号。

出口参数：如果读操作成功，则 CF＝0，AX 中为实际读入的字节数；如读到文件尾，AX 可能不等于 CX，即未读够指定的字节数；如果读文件失败，则 CF＝1，AX 中给出错误代码（5、6）。

（5）写文件（40H 调用）将数据缓冲区的信息传输到磁盘文件（通过文件代号）中。

入口参数：BX 中的文件代号，CX 中为要写的字节数，DS∶DX 为数据缓冲区地址指针。AH 为功能号。

出口参数：如果写操作成功，CF＝0，AX 中为实际写入的字节数。当写入磁盘中，而磁盘没有空间可用时，则 AX＜CX，只写入部分信息，此时（在 CF＝0 时），应通过程序判断 AX 是否等于 CX，以确定是否出现磁盘空间不够的情况，当写操作失败时，则 CF＝1，AX 中为错误代码（5、6）。

（6）删除文件（41H 调用）从磁盘目录中删除一个指定的文件。

入口参数：DS∶DX 为要删除文件的文件说明，AH 为功能号。

出口参数：如果删除成功，CF＝0。如果删除失败，CF＝1，AX 中为错误代码（2、5）。

（7）移动文件指针（42H 调用）从指定的位置置成新的文件指针位置。

入口参数：AL 中为移动方式码。0 为从文件开始处移动，1 为从当前指针位置移动，2 为从文件尾处移动。BX 为文件代号，CX∶DX 为偏移值，AH 为功能号。

出口参数：如果移动成功，CF＝0，DX∶AX 为文件指针的新值（从文件开始处的位移字节数）；如果移动失败，CF＝1，AX 中为错误代码（1、6）。

（8）置/取文件特性（43H 调用）取得或改变文件属性（只读、隐藏、系统以及归档）。

入口参数：DS∶DX 为指向文件说明指针。若要取得文件特性，AL 置"0"。若要改变文件特性，AL 置"1"，CX 中为文件特性，AH 中为功能号。

出口参数：若文件特性操作成功，CF＝0。当取文件特性时（AL＝0），则 CX 中为文件特性。当操作失败时，则 CF＝1，AX 中为错误代码（1、2、3、5）。

由于篇幅所限，对磁盘文件管理就不再给出具体程序，有兴趣的读者请参阅其他资料。

5.5　应用案例——某些汇编指令的经典用法

本章内容重点讲述了 8086/8088 CPU 的基本指令系统，由于篇幅的限制，还有许多汇编语言的高级指令没有讲述，比如汇编宏指令，子程序的编写等，有兴趣的读者可参阅相关资料。虽然 8086/8088 CPU 的指令不像高级语言指令使用起来方便，但比较直观和灵活，可以对某些指令通过巧妙的用法，完成一些特定任务，为了加深对汇编指令的正确使用，下面给出使用三种不同方法完成一位十六进制数转换为对应的 ASCII 码符的转换子程序。

编程思路:由于一位十六进制数的表示范围为 0～FH,对应的 ASCII 码并不连续,0～9 对应的是 30H～39H,A～FH 对应的是 41～46H,因此不能用统一的变换方式,而 39H 到 41H 两者相差 7,即对 0～9 的数字可以采用加 30H,A～F 加 37 的算法解决。具体编程如下:

用 3 种方法实现十六进制数到 ASCII 码

1. 利用 DAA 指令改写:把一位十六进制数转换为对应的 ASCII 码符的子程序 HTOASC。

下面的子程序巧妙地利用了加法调整指令 DAA,使得在子程序中没有条件转移指令。

```
;子程序名:HTOASC1
;功能:把一位十六进制数转换为对应的 ASCII 码
;入口参数:AL 的低 4 位为要转换的十六进制数
;出口参数:AL 含对应的 ASCII 码
HTOASC1   PROC
          AND     AL,0FH   ;AL 高 4 位清 0
          ADD     AL,90H   ;AL 内容加 90H
          DAA              ;DAA 指令调整
          ADC     AL,40H   ;带进位 C 加法
          DAA              ;DAA 指令调整
          RET              ;子程序返回
HTOASC1   ENDP
```

注意:本方法为对 DAA 调整指令的一种特殊用法。由于一位十六进制数的表示范围为 0～FH,对应的 ASCII 码并不连续,0～9 对应的是 30H～39H,A～FH 对应的是 41～46H,因此不能用统一的变换方式,而 39H 到 41H 两者相差 7,而 DAA 的调整指令的调整操作为:

若 AL&0FH>9 或 AF=1,则 AL←AL+6,AF←1。

若 AL&F0H>90H 或 CF=1,则 AL←AL+60H,CF←1。

当被转换的字符在 A～FH 时通过 DAA 可以加上 6,再通过低 4 位向高 4 位的一个进位,正好是 7,这样就可以不通过跳转完成 0～FH 的 ASCII 码转换。

例如,当 AL=08H 时,通过:

```
AND   AL,0FH              ;AL=08H
ADD   AL,90H              ;AL=98H
DAA                       ;AL=98H
ADC   AL,40H              ;AL=D8H
DAA                       ;AL=38H
```

AL=38H 正好对应 8 的 ASCII 码。

例如,当 AL=0AH 时,通过:

```
AND   AL,0FH              ;AL=0AH
ADD   AL,90H              ;AL=9AH
DAA                       ;AL=A0H
ADC   AL,40H              ;AL=E1H
DAA                       ;AL=41H
```

AL=41H 正好对应 A 的 ASCII 码。

2.利用 ADD 指令可以将一个十六进制数转换成对应的 ASCII 码。

```
;子程序名:HTOASC2
;功能:把一位十六进制数转换为对应的 ASCII 码
;入口参数:AL 的低 4 位为要转换的十六进制数
;出口参数:AL 含对应的 ASCII 码
HTOASC2   PROC
          AND   AL,0FH    ;AL 高 4 位清 0
          CMP   AL,0AH    ;比较 AL 中的内容是否在 0~9
          JB    A1        ;是,转 A1
          ADD   AL,07H    ;不是,AL 内容加 7
A1:       ADD   AL,30H    ;AL 内容加 30H
          RET             ;子程序返回
HTOASC2   ENDP
```

3.利用 OR 指令可以将一个十六进制数转换成对应的 ASCII 码。

```
;子程序名:HTOASC3
;功能:把一位十六进制数转换为对应的 ASCII 码
;入口参数:AL 的低 4 位为要转换的十六进制数
;出口参数:AL 含对应的 ASCII 码
HTOASC3   PROC
          AND   AL,0FH    ;AL 高 4 位清 0
          CMP   AL,0AH    ;比较 AL 中的内容是否在 0~9
          JB    A1        ;是,转 A1
          ADD   AL,07H    ;不是,AL 内容加 7
A1:       OR    AL,30H    ;AL 内容或 30H,等价于第二种方法加 30H,因为 AL 高 4 位已经为 0
          RET             ;子程序返回
HTOASC3   ENDP
```

经典评论:本案例是用三种不一样的指令组合方法实现相同的函数功能,其奥妙之处充分显示了 8086 CPU 指令系统的丰富和灵活。用抛砖引玉的方法让读者充分理解学好指令系统的重要性。

注意:8086/8088 CPU 指令系统为编程提供了较丰富的指令,在具体使用时一定要注意各指令的隐含操作和对标志位的影响。具体来说对各种传送类的指令对标志位没有影响,而加、减、乘和除四则运算指令对标志位的影响也各不相同,如 INC 和 DEC 指令对 CF 标志位无影响。读者一定要清楚各指令的具体内容,否则使用不当会带来许多不必要的麻烦。

习题与综合练习

1.8086/8088 通用寄存器的通用性表现在何处? 八个通用寄存器各自有何种专门的用途? 哪些寄存器可作为存储器寻址的指针寄存器?

2.说明下列术语。

(1)操作数、操作码、立即数、寄存器操作数以及存储器操作数。

(2)段地址、偏移量、有效地址以及物理地址。

(3)立即数寻址、直接寻址、变址寻址、基址变址寻址以及隐含寻址。

3.从程序员的角度看,8086/8088 有多少可访问的 16 位寄存器? 有多少个可访问的 8 位寄存器?

4.何谓寻址方式? 8086/8088 系统有哪几种寻址方式?

5.请说明状态标志位 CF 和状态标志位 OF 的差异?

6.为什么目标操作数不能采用立即数寻址方式?

7.哪些存储器寻址方式可能导致有效地址超出 64 K 的范围? 8086/8088 如何处理这种情况?

8.什么情况下根据段值和偏移量确定的存储单元地址超过 1 M? 8086/8088 如何处理这种情况?

9.指出下列指令的寻址方式。

(1)MOV	CX,100	(6)INC	WORD PTR [BX+25]
(2)MOV	AX,25[SI]	(7)SUB	AX,[BP+6]
(3)MOV	[DI+BX],AX	(8)JMP	BX
(4)ADD	AX,ADDR	(9)IN	AL,20H
(5)MUL	BL	(10)STI	

10.指出下列指令中存储器操作数的物理地址的计算表达式。

(1)MOV	AL,[SI]	(5)ADD	AL,ES:[BX]
(2)MOV	AX,[BP+6]	(6)SUB	AX,ALFA[SI]
(3)MOV	5[BX+DI],AX	(7)JNC	NEXT
(4)INC	BYTE PTR[BX+SI]	(8)MUL	ALFA

11.判断下列语句是否有错并说明理由。

(1)MOV	[SI],'A'	(6)MOV	AX,BYTE PTR ALFA
(2)MOV	AL,BX	(7)MOV	ALFA,BAT
(3)MOV	BL,SI+2	(8)MUL	−25
(4)INC	[BX]	(9)PUSH	20A0H
(5)MOV	256,AL	(10)POP	CS

12.请执行以下程序,给出各寄存器的内容。

MOV	AX,0A0BH	ADD	AL,25H
DEC	AX	XCHG	AL,AH
SUB	AX,00FFH	PUSH	AX
AND	AX,00FFH	POP	BX
MOV	CL,3	INC	BL
SAL	AL,CL	MUL	BL

13.已知 AX=003AH。请根据 AX 值用指令实现:BL=03H,BH=0AH,CX=03H+0AH,DX=2×3AH,SI=0A3H,DI=0A03H。

14.使 AL 高四位置"1",判断低四位是否大于 9,如大于 9,则使低四位变反,否则将低四位置成 9。试编程实现。

15.在 A、B 地址起各有四个单元的无符号数,试编程实现两个无符号数的和并存于以 C 地址为起始的单元中。

16.在 A 字单元有一个有符号被除数,在 B 字单元有一个有符号除数,求其商并将结果存于 C 字单元中,余数存 D 字单元中,试编程实现。

17. 在 A 址起有一个 50 字节长的字符串,请查找串中含有最后一个"?"字符字节相对 A 址的距离(设串中含有多个"?"号)。

18. 说明中断指令 INT n、INTO 和 IRET 的功能,在什么情况下使用它们?

19. 说明 HLT、WAIT 和 NOP 指令功能,在什么情况下可退出该指令的执行。

20. 在转移指令中,有进位转移和溢出转移。试说明进位和溢出在概念上的区别,通常在什么情况下产生进位,又在什么情况下产生溢出。

21. 在本章介绍的 8086/8088 指令中,哪些指令把寄存器 SP 作为指针使用? 在 8086/8088 指令中,哪些指令把寄存器 BP 作为指针使用?

22. 8086/8088 如何寻址 1 M 的存储器物理地址空间? 在划分段时必须满足的两个条件是什么? 最多可把 1 M 空间划分为几个段? 最少可把 1 M 地址空间划分为几个段?

23. 何谓数值表达式? 何谓地址表达式? 两者的区别是什么?

24. 何谓变量? 变量有哪些属性? 什么时候使用这些属性? 何谓标号? 标号有哪些属性? 什么时候使用这些属性?

25. 阅读下面数据搬移程序段,改正使用不当的语句。(注:符号 $ 表示当前地址)

```
        A       DB      35,47,2AH,'XYZ'
        B       DB      N DUP(0)
        N       EQU     $-A
                MOV     SI,A
                MOV     D1,B
                MOV     CX,LENGTH A
        LP:     MOV     AX,[SI]
                MOV     [DI],AX
                INC     SI
                INC     DI
                DEC     CX
                LOOP    LP
```

26. 在 A 址起有 100 字节的数据存储区。程序要求可对该数据区按字节、字或双字类型进行存取。试对该数组进行定义以满足上述要求。如果数组仍定义为字节类型数据,如何在指令中实现对字或双字类型数据的存取操作。

任务8：你能实现多机通信吗？

任务9：能描述一下数字家居的美好前景吗？

任务10：设计一个简单的空气检测和空气质量报警装置。

微型计算机接口技术已不是一些逻辑电路的简单组合，它将软件、硬件技术相互结合实现某种智能功能系统，会产生许多人工难以实现的完美结果。接口技术是实现自主创新的最直接的方式和方法，不能简单地用旧的观念和习惯来理解计算机接口技术。机器人、无人自动驾驶汽车和无人驾驶飞机是计算机接口技术最有代表性的诠释。因此，学好接口技术不仅是实现中国制造2025的技术保障，能使国家变得更加富强，而且利国利民，保卫国家安全。

● 本章学习目标

- 理解微型计算机串并行输入/输出接口是完成CPU与外设进行信息交换的两种方式。
- 充分理解微型计算机接口技术是完成CPU和外设之间信息相互转换成相兼容的格式、协调微机与外设之间的时序差别、设备之间信号交换和电气连接的一系列标准。
- 充分理解微型计算机CPU和外设之间交换的信息包括数据、状态和控制三种信息。
- 掌握CPU对外设端口有存储器映射和I/O映射两种编址方式。数据传送有无条件传送、程序查询传送、中断传送和DMA这四种方式。
- 熟练掌握可编程串行通信接口芯片8251A、通用并行输入/输出接口芯片8255A的外部引脚功能、内部结构和初始化约定。DMA传送技术、A/D及D/A的工作原理及具体应用。

6.1　接口概述

微机与外部进行通信或交换信息要通过外设进行，而接口就是在微机的CPU和输入输出(I/O)设备之间进行连接、沟通的部件。

接口把外设送给CPU的信息转换成与微机相容的格式，并随时把外设的状态提供给微机，协调微机与外设之间的时序差别，它其实指的是设备之间信号交换和电气连接的一系列标准。

目前，微机接口硬件已不是一些逻辑电路的简单组合，它将软件、硬件技术相结合，采用可编程的大规模集成电路芯片(LSI)，其功能可由CPU的指令加以改变，这使得同一个接口芯片可执行多种不同的接口功能，因而十分灵活。另外，一些接口芯片自带处理器，可自动执行接口内部的固化程序，形成智能接口。

6.1.1　接口的功能

CPU 和外设之间交换的信息包括数据、状态和控制信息。

数据信息一般是数字量、模拟量、开关量等；状态信息一般是输入设备是否准备好（"忙"，"就绪"），输出设备是否有空（"满"，"空"）等；控制信息则是用于控制 I/O 设备的启动或停止等。事实上，状态信息、控制信息都可以看作是一种输入/输出的"数据"，但它们与数据的性质并不相同，因而在 CPU 与外设的接口中，数据寄存器、状态寄存器、控制命令寄存器各自占一个端口。

典型的接口工作框图如图 6-1 所示。

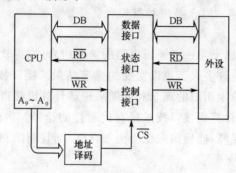

图 6-1　典型的接口工作框图

简单来说，接口的基本功能是在系统总线和 I/O 设备之间传输信号，提供缓冲作用，以满足接口两边的时序和速度匹配要求。下面是对接口功能的概括。

（1）信号电平转换

由于外设和系统总线的电气规范并不一致，外设的电气信号电平并不都是 TTL 电平和 MOS 电平，所以需要接口来完成交换信号的电平转换。

（2）数据格式转换

主机系统总线所传输的代码格式和数据位长度并不一定与外设相同。例如，主机总线使用并行数据传输，而外设则常采用串行数据传输，这时就需要接口在两者之间执行转换功能。

（3）数据寄存和缓冲

外设的工作速度往往远低于 CPU，这样就导致 CPU 送来的数据尚未被外设所读取，下一批数据又传输过来，造成数据的丢失。因此在接口上设置有数据寄存器或者数据缓冲区，缓解主机和外设之间的速度差异的矛盾，使两者间的批量数据传输成为可能。

（4）对外设的控制与检测

以上是接口在数据信号传输方面的作用，除了数据信号，接口还可以在 CPU 和外设之间传递控制信息。它接收 CPU 送来的命令字、控制信号或定时信号，然后对外设进行控制和管理，或者将外设的工作状态、应答信号及时反馈给主机。这一过程类似在主机和外设之间通过"握手"建立通信的同步。

（5）产生中断请求和 DMA 请求

接口的这一功能是为满足实时性要求以及主机和外设之间的并行工作要求，例如外设以中断形式请求主机为它服务。因此接口能产生中断请求，并能实现屏蔽逻辑和优先级排队逻辑。对于 DMA 方式，传输数据的外设的接口还能产生 DMA 请求并能实现屏蔽逻辑。

（6）寻址功能

接口必须能对选择存储器或 I/O 的信号进行解释；能对片选信号进行识别，以便判断当前接口是否被访问以及接口中哪个寄存器被访问。

（7）可编程功能

目前，几乎所有的大规模集成电路接口芯片都具有可编程功能，可以通过软件使接口处于不同的工作方式。

（8）错误检测功能

目前的可编程接口芯片一般可以检测两类错误：一类是覆盖错误；另一类是传输错误。前者是指缓冲寄存器的数据尚未被取走，由于某种原因又被装上了新的数据，从而产生一个覆盖错误，接口就会在状态寄存器中设置相应的状态位；后者是指接口和设备间的连线受到噪声干扰，导致信息出错，接口对传输信息进行校验后发现错误，继而对状态寄存器中的相应位进行置位。

6.1.2　CPU 与外设之间的数据传输方式

1. 编址方式

外设接口中可被主机直接访问的一些寄存器通常被称为端口。一个接口常有多个端口，为了访问它们，CPU 需要对这些端口进行编址，而编址分为：存储器映射方式和 I/O 映射方式。

（1）存储器映射方式

这种方式又称为统一编址方式，在这种方式下，端口和存储器单元统一编址，形成主存空间，即把一个外设端口作为存储器的一个单元来对待，每一个端口占有存储器的一个地址。

微处理器不设置专门的输入/输出指令，凡对存储器可用的操作指令均可用于端口。从外设输入一个数据，作为一次存储器的读操作；而向外设输出一个数据，则作为一次存储器的写操作，如 MC68000 等就是采用这种方式。

它的优点是：

①CPU 对外设的操作可使用全部的存储器操作指令，使用方便。例如可以对端口内容进行算术逻辑运算、循环或移位等。

②内存和外设的地址空间是同一个主存空间。

③不需要专门的 I/O 指令以及区分是存储器还是 I/O 操作的控制信号。

其缺点也很明显：端口占用了存储器的地址，使内存容量减少。

（2）I/O 映射方式

I/O 映射方式又称为独立编址方式，在这种方式下，端口地址单独编址，构成一个 I/O 存储空间，CPU 有专用的输入/输出指令来访问端口。端口（Port）是编址的基本单元。一个外设不仅有数据寄存器，还有状态寄存器和控制命令寄存器，它们各需要一个端口才能加以区分，故一个外设往往需要几个端口地址，例如 Z80、8086 等微处理器就采用了这种方式。

2. 数据传输方式

前面已经介绍过 CPU 和外设之间所交换的信息包括了数据信息（Data）、状态信息（Status）和控制信息（Control）。CPU 与外设之间传递信息，除了需要接口电路外，还需要一定的传输方式。

（1）无条件传输方式

这种方式又称为同步方式,较少使用,它只在外部控制过程的各种动作时间是固定的且是已知的条件下才能够应用。

这种方式在进行信息传输时,外设必须总是准备好的,所以不必查询外设的状态。输入时,只给出 IN 命令;而输出时,也只给出 OUT 指令。其优点是程序简单,软、硬件都节省,但必须知道外设的状态,否则容易出错,该系统的工作原理如图 6-2 所示。

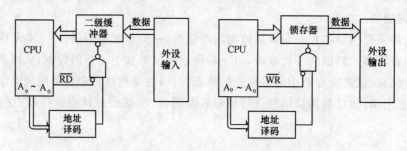

图 6-2　无条件传输接口工作原理(左图为无条件输入、右图为无条件输出)

（2）程序查询传输方式

又称为有条件传输方式。它是指 CPU 在向外设传输数据之前,按照设计程序,先检查相应外设的状态端口,判断数据端口是否"准备好"。若没有准备好,则继续查询其状态,直到确认外设已准备好后才进行数据传输。显然,在这种传输方式下,CPU 每传输一个数据,都要进行程序查询和等待,花费很多时间来完成与外设间的数据传输,因此 CPU 的执行效率很低,且 CPU 与外设不能同时工作。这种方式也不适用于实时控制环境,因为 CPU 不能对突发事件进行实时处理。但它的硬件接口电路简单,在 CPU 不太忙、对传输速度要求不高、非实时环境下可以采用,其工作过程如图 6-3 所示。

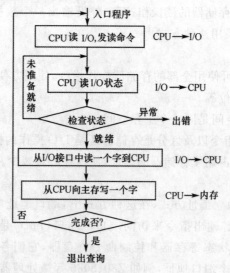

图 6-3　程序查询传输方式工作过程

（3）中断传输方式

在上述的查询方式中,CPU 要不断地询问和等待外设,不能进行别的操作,浪费了大量的时间,在多数应用中不足取。而且,一般外设的运行速度是比较低的,如键盘、打印机等,响应时间都在毫秒级以上,在它们输入/输出一个数据的过程中,CPU 可以执行大量的指令。为提高 CPU 的运行效率,可以采用中断传输方式。如图 6-4 所示为中断传输方式示意图。

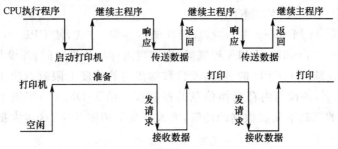

图 6-4　中断传输方式示意图

由于系统在启动外围设备后到数据的准备完成这段时间内一直在执行原程序,不是处于踏步等待状态,而仅仅在外围设备交换数据的准备工作完成之后才中止程序的继续执行,转而进行数据传输。因此,这在一定程度上实现了 CPU 和外设的并行工作。

此外,有多台外设依次启动后,可同时进行数据交换的准备工作。若在某一时刻有几台外设发出中断请求信号,CPU 可根据预先规定好的优先顺序,按轻重缓急去处理几台外设的数据传输,从而实现了外设的并行工作。程序中断方式大大提高了计算机系统的工作效率。

中断是一种异步机构,每个外设都与一条中断请求线相连。当外设已准备好,需要和 CPU 交换数据时,它就通过 I/O 端口给 CPU 一个中断请求信号。CPU 在每条指令结束时都会检测中断线上的输入信号,及时响应接口的中断请求,暂停正在执行的程序(通常称为主程序),转入 I/O 操作程序(称为中断服务子程序),完成数据传输,之后再恢复断点,继续执行原程序。由于 CPU 省去了对外设状态查询和等待的时间,从而使 CPU 与外设可以并行地工作,大大提高了 CPU 的效率。事实上,中断方式有硬件中断和软件中断两种,程序中断方式流程图如图 6-5 所示。中断传输的接口电路框图如图 6-6 所示。

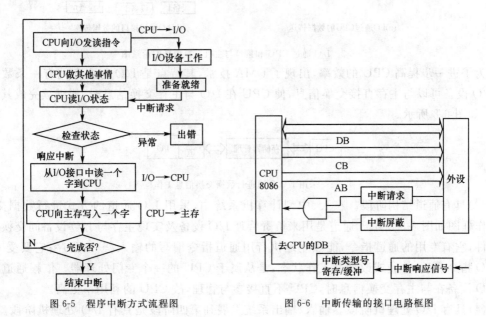

图 6-5　程序中断方式流程图　　　　图 6-6　中断传输的接口电路框图

(4)直接数据传输(DMA)方式

中断方式保证了 CPU 对外设的快速响应,但由于下面的两个因素,它仍不适用于大批量的数据高速传输:一是中断方式仍需要通过 CPU 执行程序来实现外设与内存之间的信息传输,而指令的执行会花费不少的时间;二是每次中断需要花费保护断点和现场的时间,这对于高速的 I/O 设备来说,就显得太慢了。

采用 DMA(Direct Memory Access,直接存储器存取)方式,使 CPU 不参加数据传输,而是由 DMAC(DMA Controller,DMA 控制器)来实现内存与外设之间、外设与外设之间的直接快速传输,这样不仅减轻了 CPU 的负担,而且数据传输的速度上限就取决于存储器的工作速度。在 DMA 方式下,外设与内存交换信息的控制权交给了 DMAC,实质上是在硬件控制下而不是 CPU 软件的控制下完成数据的传输,大大提高了传输速率,这对大批量数据的高速传输特别有用。

DMA 操作的基本方式有:周期挪用、周期扩展和 CPU 停机方式,将在后面详细阐述。

3. 数据传输方式的发展

数据传输方式的发展大体上分为以下几个阶段。

(1)早期阶段。早期的 I/O 设备种类较少,I/O 设备与主机交换信息都必须通过 CPU,如图 6-7(a)所示。这种方式线路十分零散和庞杂,而且 I/O 与 CPU 是按串行方式工作,浪费时间,欲添加、减少或更新 I/O 设备非常困难。

(2)接口模块和 DMA 阶段。这个阶段 I/O 设备通过接口模块与主机连接,计算机系统采用了总线结构,如图 6-7(b)所示。采用接口技术使得多台 I/O 设备分时占用总线,多台 I/O 设备相互之间也可实现并行工作,提高整机工作效率。虽然这个阶段实现了 CPU 和 I/O 并行工作,但主机与 I/O 交换信息时,CPU 还要中断现行程序,还不是绝对的并行工作。

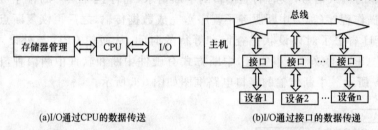

(a)I/O通过CPU的数据传送   (b)I/O通过接口的数据传递

图 6-7 I/O 通过 CPU 和接口与主机交换信息的示意图

为了进一步提高 CPU 的效率,出现了 DMA 技术,其特点是 I/O 与主存间有一条数据通路,I/O 设备可以与主存直接交换信息,使 CPU 在 I/O 与主存交换信息时,能继续完成其自身工作,如图 6-8 所示。

图 6-8 采用 I/O 通道进行数据交换信息工作框图

(3)具有通道结构阶段。在大、中型计算机系统中,采用 I/O 通道的方式进行数据交换。其工作框图如图 6-8 所示。通道是用来负责管理 I/O 设备及实现主存与 I/O 设备间交换信息的部件,它有专用的通道指令,能独立地执行用通道指令编写的输入/输出程序;它要受 CPU 和 I/O 指令启动、停止或改变其工作状态,是从属于 CPU 的一个专门处理器。依赖通道管理的 I/O 设备在与主存交换信息时,CPU 不直接参与管理,故 CPU 的利用率更高。

(4)具有 I/O 处理机阶段。输入/输出系统发展到第四阶段是具有 I/O 处理机阶段。I/O 处理机又叫外围处理机(PUU),它基本独立于主机工作,既可完成 I/O 通道要完成的 I/O 控制,还可以完成码制转换、格式处理等操作。具有 I/O 处理机的输入/输出系统与 CPU 工作的并行性更高,具有更多独立性,如 Intel 8089 CPU 就是一种具有 I/O 功能的处理器。

6.2　中断系统与 8259A 芯片

随着计算机的不断发展,CPU 的处理速度迅速加快,随之也出现了一个严重的矛盾:快速的 CPU 与慢速的外设之间通信的矛盾。为了解决这个矛盾,除了提高外设的工作速度,还引入了中断的概念。

6.2.1　中断的引入

当 CPU 在进行输入、输出操作时,为避免等待外设某一状态所造成的 CPU 的时间浪费,可以设想使用下面两种方法进行工作。

(1)当 CPU 在启动一次输入、输出操作后,并不进入仅为等待外设操作结束状态的查询操作,而是利用外部设备进行输入、输出操作所需时间,CPU 去进行其他处理工作。CPU 在处理工作进行了一段时间后,"估计"外部设备可能结束输入、输出操作时,就去查询外部设备的状态,以决定是否进行下一次的输入、输出操作。如未准备好,就查询外设状态,直到设备准备好。这种方法是在外设输入、输出操作所需要的时间内,CPU 并不完全用来等待,而是争取一部分时间用于其他处理工作。虽然,这种方法比单纯查询输入、输出方式在效率上有了提高,但它不能满足某些有实时要求的外设。当用于实时工作的设备时,一旦设备状态有所变化,就立刻需要系统对它进行处理。如果用上述方式工作,就不可能立刻响应,这是不符合实际要求的。

(2)CPU 在启动外部设备工作后,不再等待外设工作完成,就去处理其他工作。当外设完成一次输入、输出操作后,可以自动地向 CPU "请求报告"(如用中断概念表示,称作中断请求),表示完成了交给的任务,"请求"新的任务。当 CPU 收到"请求报告"后,马上判断是否需要对这一申请做出优先级响应(称作中断判优),如需响应 CPU 就停止原来的工作(称作中断响应),马上转去处理本次请求要做的操作(称作中断处理),即专门执行一个为这个外设输入、输出后所要完成的任务而编写的程序(称作中断处理程序或中断服务程序)。执行完程序后,又返回到原来被中断的地方继续处理工作(称作中断返回)。

我们把这种工作方式称为中断方式,它把等待外设状态的时间全部变为 CPU 处理其他操作的时间,因而可极大地提高 CPU 的使用效率。

使用中断工作方式,有以下优点:

(1)并行操作

使用中断方式工作,可以使 CPU 与外部设备并行工作。此过程可用图 6-9 来说明。

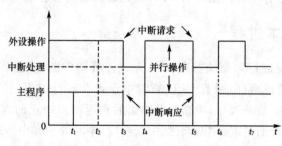

图 6-9　CPU 与外设并行操作示意图

假设 CPU 正在执行一个程序。当 t_1 时刻需要进行一次输入、输出操作,可启动外设操作。CPU 在启动外设后(设 t_1 到 t_2 完成启动),并不等待外设操作完成,而是继续执行原程序。外设被启动后,就进行相应的输入、输出操作。从图中可见,t_2 到 t_3 期间就是 CPU 与外设并行工作期间。在 t_3 时刻,外设已完成本次输入、输出操作,可向 CPU 请求一次新的操作,即发出中断请求信号。CPU 收到中断请求后,如响应中断请求,则立刻中断正在执行的程序,转去处理外设的中断请求。如需再次启动外设操作,则在 t_3 到 t_4 的中断处理时间完成重新启动外设操作。在 t_4 时刻又恢复原程序的执行。t_4 到 t_5 期间又是 CPU 与外设并行工作期间。以后各时间段也以这种方式工作,直到 CPU 发出结束外设输入、输出操作指令。

从图中可见,在整个输入、输出过程中,CPU 除了用很少的时间为外设服务进行中断处理外,大部分时间用于处理其他工作。显然相比单纯查询工作方式,CPU 的使用效率要高很多。使用中断方式,还可以由 CPU 控制多个外设同时工作。CPU 可以根据不同外设的中断请求,执行它们相应的中断处理程序,这样就可提高整个系统的运行效率。

(2)实现实时处理

在实时控制中,外设根据需要,可随时发出中断请求,要求 CPU 立即响应并加以处理,以满足外设的实时要求。利用查询方式,是很难做到这种及时处理的。

(3)故障处理

计算机在运行中,有时会出现一些故障,如电源掉电、运算溢出、传输错误等,计算机可以利用中断功能进行处理而不必停机。

6.2.2　中断基础

前面论述过当 CPU 与外设交换信息时,可采用立即程序传输方式和程序查询式传输方式。但程序查询式传输方式还存在如下问题:

(1)利用程序查询式传输方式使不同速度的外设均可以与 CPU 之间进行可靠的数据传输,但这是以牺牲 CPU 的利用率为代价的。例如,快速 CPU 为了适应慢速的外设,所用于查询等待的时间可能将占整个输入时间的 99.99%,而真正用于读入或送出数据的时间仅占 0.01%,即万分之一。当然,为减少无效查询,CPU 可采取定时查询方法,但如果两次查询的时间间隔过长,不仅会造成 CPU 对外设的响应不及时,而且还可能丢失在两次查询时间间隔之间出现的多次事件信息。因此,定时查询的时间间隔不能过长,这就导致了 CPU 仍有大量的无效查询。

(2)用查询方式工作时,当一个系统有多个速度各异的外设时,CPU 只能轮流查询外设,这时 CPU 显然不能满足各个外设随时对 CPU 提出输入输出数据的需求,即不具备实时性。

6.2.3　中断的基本过程

中断是 CPU 和外设进行数据交换的一种方式。所谓中断,就是当 CPU 正常运行程序时,由于内部或外部的随机事件,引起 CPU 暂时中止正在运行的程序,转去执行请求中断的外设(或内部事件)的中断服务程序,中断服务结束后再返回被中止的程序。这一过程称为中断。中断过程可以分为中断请求、中断判优、中断响应、中断处理和中断返回五个步骤。

1. 中断请求

外设需要 CPU 服务时,首先发出中断请求。发出中断请求的外设就是中断源。广义地说,能引起 CPU 产生程序中断的随机事件都称为中断源。在 CPU 外部可以产生中断,CPU 内部同样也可以产生中断。这些中断源的共同特点是都需要 CPU 对其进行适当的处理。

2. 中断判优

当系统具有若干个中断源时,若某一时刻有两个及两个以上的中断源同时发出中断请求,因为 CPU 往往只有一条中断请求线(INTR),CPU 任一时刻只能响应并处理一个中断,这就要求 CPU 判别优先级最高的中断源并响应它。中断判优就是要解决请求中断的事件优先级的顺序问题。中断判优的方法有软件判优和硬件判优两种。软件判优电路简单,判优速度慢;硬件判优电路复杂,判优速度快。

3. 中断响应

中断响应就是 CPU 中断当前正在进行的处理任务,转向中断请求相对应的处理程序的过程。在中断响应过程中应解决以下四个问题:保护断点,保护现场(如标志寄存器或其他寄存器);CPU 关中断,不允许此时被新的中断源所打断;转入中断请求所对应的处理程序;最后一个问题是实现 CPU 控制权的转移,它是中断响应过程的关键。其实质是如何由中断源得到相应服务程序的入口地址的问题。现在常用的方法是采用中断向量,即由所响应的中断源在中断响应时向 CPU 提供自己的中断向量号,CPU 根据中断向量号就能够找到中断服务程序的入口地址,进而转入中断服务程序。

4. 中断处理

中断处理就是执行中断服务程序,以完成中断源提出的处理要求。中断服务程序是软件编程问题,与子程序的编写原则类似。在中断服务程序中,用 STI 指令开中断,以实现中断嵌套,并对服务程序中所用的寄存器应预先保护(若中断响应中 CPU 不是自动保护的话),而在服务程序后面加入恢复现场的语句。

5. 中断返回

中断返回就是控制权由中断服务程序转移到被中断程序的过程。执行中断返回指令与一般"返回主程序"指令类似。所不同的是,大多数中断返回指令还有其他的附加功能,例如部分或全部恢复 CPU 的现场(除程序计数器外,还有标志寄存器 FR 等),有些 CPU 的中断返回指令可自动恢复全部通用寄存器的内容。

以下是与中断相关的基本概念。

(1)中断源:指引起中断的事件。如中断指令,以中断方式要求 CPU 处理的外设、软硬件故障等。

(2)断点:被中断的程序位置(即中断返回后继续执行的指令地址)。

(3)中断处理程序或中断服务程序:中断请求要求 CPU 执行的程序。

(4)中断请求信号:中断源为获得 CPU 的处理而向 CPU 发送的请求信号。

(5)中断响应:CPU 接收中断请求,暂停正在运行的程序,转向中断服务程序的过程。

(6)中断返回:CPU 处理完中断服务程序后返回被中断的程序的过程。

(7)断点保护:在响应过程中对断点的保护。

(8)现场保护:在中断处理程序中对被中断程序中要保存的寄存器内容的保护。

(9)现场恢复:在中断处理程序中,处理完中断服务后,中断返回前对现场保护内容进行恢复。

(10)中断屏蔽:指禁止中断响应。

6.2.4　中断源

中断源是指能引起中断的原因(即发出中断请求的源)。通常中断源有以下几种:

1. 输入、输出设备

键盘、打印机、磁盘、通信接口等。输入、输出设备可以发出中断请求,以便请求新的输入、输出操作。

2. 实时时钟

计算机经常遇到时间控制问题。通常用外部时钟电路(如 8088 系统中使用的定时计数器 8253A)定时产生时基信号,解决时间控制问题。例如为了定时,可由 CPU 启动时钟电路工作,当规定的时间到达,时钟电路就可发出中断请求信号,由 CPU 响应这个中断请求,进行相应处理,以实现定时控制。

3. 故障源

计算机工作过程中,遇到故障时,可以通过中断请求进行处理。例如在系统工作过程中,电源突然掉电(约需几毫秒时间),就可以通过发出中断请求,由计算机迅速进行现场保护,以便当恢复供电后,可以恢复断电时的现场,继续从断电处继续运行。避免了由于断电,使断电前 CPU 所做的工作全部作废。或者用于运算结果产生溢出的处理,当运算结果溢出时,可用中断处理程序进行相应的处理,以保证不产生错误的运行结果。

4. 为调试程序而设置中断源

在程序调试时,需经过反复调试才能获得正确可靠的程序。为了检查中间结果及寻找错误的原因,常希望程序运行中能停在某个地方,以便对寄存器或存储单元进行检查。或通过单步执行查找出错原因。这些工作也要用中断方式来实现。

上述诸项均可作为计算机中断系统的中断源。请注意:不要仅把外部设备看成是唯一的中断源,它只是中断源中的一种。

6.2.5　中断类型

根据中断源的不同,可分为外部中断和内部中断。

1. 外部中断

外部中断又称为硬件中断,硬件中断是指通过外部硬件产生中断请求信号,使 CPU 某些引脚上电平发生有效变化的中断方式。按照是否受中断允许标志位 IF 的控制又可分为两类:非屏蔽中断和可屏蔽中断。

(1)非屏蔽中断(NMI)

非屏蔽中断是某种特定的外部硬件引起的中断,不受中断允许标志 IF 的屏蔽,通常用于紧急、异常的情况,例如存储器读出奇偶错、电源故障等。

(2)可屏蔽中断(INTR)

对于可屏蔽中断,CPU 只有 INTR 引脚接收这类的中断请求。所以,一般需要使用可编程中断控制器(如 8259A)对多个外部设备同时或先后产生的中断请求按优先级排队,选取优先级最高的中断请求送往 CPU 的 INTR 引脚。

CPU 是否响应 INTR 请求,取决于中断允许标志 IF 的状态。当 IF＝1,则响应中断请求;若 IF＝0,则不响应。诸如键盘、鼠标、扫描仪、打印机及串行通信口等这类外部设备产生的中断请求都属于外部硬件中断。

屏蔽中断和非屏蔽中断的主要特点：

①非屏蔽中断的请求是从 CPU 的 NMI 引脚输入，而屏蔽中断是由 INTR 输入，非屏蔽中断的优先级高于 INTR。

②对 NMI 输入的中断响应不受 IF 标志位的影响，故是不可屏蔽的。

③NMI 中断的类型号固定为 2，所以 NMI 的中断响应不需要执行中断响应周期去读取矢量代码。

2. 内部中断

非屏蔽中断也可以是某种特定的内部软件引起的中断，称为软件中断。如 INT0、INT3、INTn 等。这些软件中断指令在执行时，不需要中断识别总线周期，它们的中断类型号是固定的，可以立即启动相应的中断处理程序。以下几种情况都会产生内部中断：

当处理器在执行一条指令的过程中，出现错误等不正常情况时引发内部中断和异常中断。它是自动被测试的，不受中断允许标志位 IF 的影响，中断类型号是固定的，中断处理功能也是预先设置好的。根据出错位置和是否支持引起异常指令的再启动，这些内部中断和异常中断分为失效（Fault）、陷阱（Trap）和终止（Abort）三类。

失效类中断是错误出现在指令完成之前。在保护中断现场的过程中，将造成故障指令的 CS:IP 压入堆栈保存，于是在恢复中断现场时，发生错误的指令就会重新执行。

陷阱类中断指发生异常的指令在执行之后被检测到，并马上进行处理。终止类中断又称死机，不能确定产生异常的指令所在的具体位置，一般是严重的错误，需重新启动系统。

6.2.6　中断系统的功能

为了实现中断方式工作，具有中断性能的计算机系统应具有如下功能：

1. 实现中断及返回

当某一中断源发出中断请求时，CPU 将根据中断标志位 IF 的状态决定是否响应这个中断请求。该标志位可用中断指令 STI 或 CLI 置位或清零。对于一个重要的操作任务，应该是不可中断的，此时就应该用 CLI 置 IF＝0，以屏蔽中断请求。待该重要任务完成后，再用 STI 置 IF＝1，以接收中断请求。

若允许响应中断，CPU 在响应中断时必须有自动保护断点的能力。因为中断请求是随机发生的，中断响应可能发生在执行程序中的任何一条指令之后，所以一定要把断点处程序地址（即下一条应该执行的指令地址）保护到堆栈中去，进行断点保护。然后，CPU 自动地转到中断处理程序的入口，进行中断处理。在执行完中断处理后，自动恢复断点（从堆栈中弹回断点地址），使 CPU 返回断点处，继续执行原程序。图 6-10 表示了中断程序执行的过程。

为了保证程序的正常返回，除了系统自动保护断点及标志寄存器之外，还应保护中断处的现场（即相关寄存器的内容）。当执行完中断处理后，在返回断点前，要恢复现场。这些操作要在中断处理程序中进行。所以图 6-10 中的中断处理程序中有保护现场和恢复现场程序段。

2. 实现优先级处理

通常，一个系统中可有多个中断源。可能会出现两个或多个中断源同时提出中断请求的情况。为了解决 CPU 先响应哪一个中断源的中断请求问题，就应明确中断源的中断优先级。应该根据任务的轻重缓急，为每一个中断源确定一个中断优先级。显然，级别高的应该优先响应，在 CPU 为优先级高的中断源服务完后，再响应级别低的中断源。

中断系统应具有识别中断源并区别其优先级的能力。先响应优先级高的中断源而屏蔽优先级低的中断源。

3. 中断嵌套

当 CPU 响应某一中断源的请求,进行中断处理时,可能会出现级别更高的中断源发出的中断申请。一种办法是不理睬这个中断请求,一直到该中断处理结束后,再响应这个更高级中断源的中断请求。此种方法的缺点是,在低优先级中断处理时不响应高优先级的中断请求,使优先级的性能不能充分体现出来。所以在中断系统中,应该设有使高优先级的中断请求可以中断正在执行中的低优先级中断处理程序的能力。当然,对被中断的低优先级的处理程序的断点也要进行保护,以便在高优先级的中断处理程序执行完之后,再返回断点处,继续执行刚才被中断了的低优先级的处理程序。

如果新的中断请求的中断源优先级与正在处理中的中断源优先级同级或级别更低时,则CPU 就不响应这个中断请求,直到正在处理的中断处理程序执行完后,才去处理新的中断请求。这种高优先级中断请求可以中断低优先级中断处理,转为处理高优先级中断处理程序的能力称为中断嵌套。它使中断优先级的功能体现得更彻底,也使重要的处理任务及时地得到响应和处理。图 6-11 给出了中断嵌套程序执行过程。

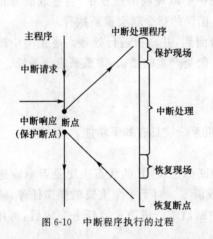

图 6-10　中断程序执行的过程　　　　　图 6-11　中断嵌套程序执行过程

上面提到的三点,是实现一个中断系统所应具有的基本要求。它们必须通过系统的设计,软、硬件的密切配合才能实现。所以,中断程序设计是一个综合软、硬件技术的程序设计。在后面介绍的中断程序设计中将会涉及这些功能的运用。

6.2.7　微机系统的中断处理过程

一个完整的中断应包括中断请求、中断判优、中断响应、中断处理和中断返回等。

1. 中断请求

外设向 CPU 发出中断请求,需要具备两个条件:一是外设已处于准备就绪状态;二是系统允许该外设发出中断请求。

2. 中断判优

当有多个中断源同时请求时,CPU 就要辨别和比较它们的优先级,先响应优先级最高的中断源。确定中断优先级的方法可采用以下几种方法。

（1）软件查询方式

当 CPU 检测到中断后，用软件查询以确定是哪些外设发出中断申请，并判断它们的优先级。一个典型的优先级接口电路如图 6-12 所示。

图 6-12 中，将 8 个外设的中断请求接到同一个中断请求锁存器，将各个外设的中断请求信号相"或"后作为 INTR 信号，只要其中有一个中断请求，都可向 CPU 发出 INTR 信号。当 CPU 响应中断后，把中断请求锁存器的状态读入 CPU，逐个检查它们的状态，根据相对应的位判断出相应的设备，则转到相应的服务程序的入口。其流程如图 6-13 所示。

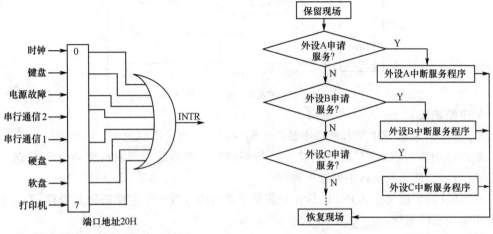

图 6-12　软件查询方式的优先级接口电路　　　图 6-13　软件查询方式程序流程

软件方法实现简单、省省器件，但由查询转至相应中断服务程序的入口时间长，减慢了响应速度。

（2）硬件优先级排队电路

采用硬件排队电路（如菊花链电路）对中断源进行排队，如图 6-14 所示。

当多个外设同时向 CPU 发出中断请求时，CPU 如果允许中断，则会发出低电平的 $\overline{INTA}$ 信号，如果位于链首的设备没有发中断请求信号，那么这级的中断逻辑电路会允许 $\overline{INTA}$ 原封不动地向下一级传递，这样，$\overline{INTA}$ 信号在中断源形成的这种链式结构中逐级传输，就可以送到发出中断请求的接口，该设备便得到了响应。如果某一外设发出了中断请求信号，则本级收到 $\overline{INTA}$ 中断响应信号后，$\overline{INTA}$ 被截取，不再往下传。因此已从硬件角度根据接口在链中的位置决定了它们的优先级，在链式电路中，排在链的最前面（即靠近 CPU）的中断源的优先级最高。

当某一接口收到 $\overline{INTA}$ 信号后，就撤销中断请求信号，随后往总线上发送中断类型号，CPU 就可进入相应的中断服务程序执行。这种方式的优点是响应速度快，但连接固定，中断优先级不易调整。

（3）专用硬件方式

当前，在微机系统中采用既要具有中断响应速度快，又易于进行中断优先级管理的方式，最常用的办法是采用可编程的中断控制器。可编程的中断控制器一般可接收多级中断请求，对多级中断请求的优先级进行排队，从中选出级别最高的中断请求，将其传给 CPU，又可通过编程选择不同的排队策略，还可编程设置中断屏蔽字，并支持中断的嵌套。在后面将具体介绍专用中断控制器 8259A 的功能。

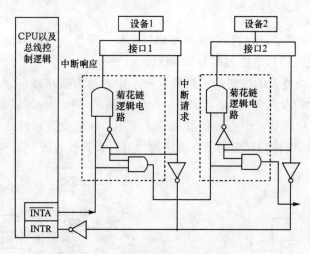

图 6-14　菊花链式优先级排队电路

3. 中断响应

8086/8088 对软件中断和硬件中断的中断响应过程也是不同的。

对内部中断请求,CPU 在当前指令执行到最后一个总线周期的最后一个 T 状态予以响应,响应后接着就转向执行中断服务程序。

对 NMI 的中断请求,CPU 也是在当前指令周期的最后一个 T 状态对其采样,若为 1 则进入中断响应总线周期。

对经 INTR 来的外部中断请求,CPU 首先检查 IF 是否等于 1,当 IF=1 则允许响应中断,当前指令结束后进入中断响应周期;首先关中断,以便中断响应周期不被其他的中断干扰,接着由硬件电路保护断点和当前状态,最后寻找中断服务程序的入口地址。

若 IF=0,则对 INTR 脚上的中断请求不予响应。

如图 6-15 所示为 8086/8088 中断响应的流程图。从图 6-15 中可见,8086/8088 响应中断的次序为:软件中断→NMI 端中断→INTR 端中断→单步中断。

4. 中断处理

中断响应后,进入中断处理,执行中断服务程序。如图 6-16 所示为中断处理的过程流程图。

在图 6-16 中,第一次开中断是为实现中断嵌套,允许其他中断进入;第二次开中断是因为在恢复现场前已关中断,防止恢复过程中其他中断破坏现场,所以在中断返回前应先开中断,以便中断返回后让其他中断申请信号能得到响应。

5. 中断返回

通常,中断服务程序的最后一条指令是一条中断返回指令,这条指令将把堆栈中的 CS、IP、FR 恢复到相应的寄存器,原来被中断的程序就可以从断点继续执行了。

6.2.8　8259A 中断控制器

1. 一般中断控制器的功能

中断控制器是进行中断管理的器件。一般中断控制器的主要功能有:

(1)对外部多个中断源进行管理,接收中断请求,并将其送至 CPU 的 INTR 端。

(2)对申请的中断源进行优先级判断,将优先级最高的中断源的中断类型码提供给 CPU。

(3)能实现中断嵌套管理。

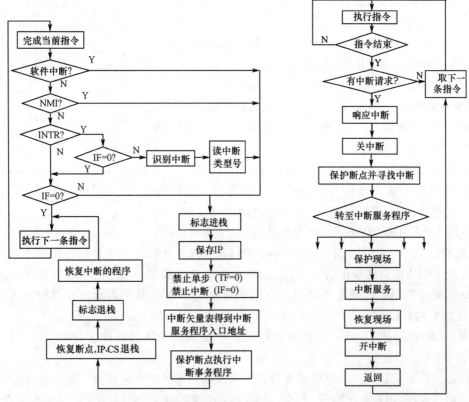

图 6-15　8086/8088 中断响应的流程图　　　　　图 6-16　中断处理的过程流程图

2. 可编程中断控制器 8259A 主要功能

从 80X86 到 Pentium 微机,所管理的中断源越来越多,中断系统的功能越来越强,但它们的中断机制和功能都是以可编程中断控制器 8259A 为基础并与之兼容的。这里以具有代表性的 8259A 为例介绍中断控制器的工作原理和使用方法。

8259A 中断控制器是一个可编程的芯片。它可以接入 8 个外部设备的中断请求信号,分别命名为 $IRQ_0 \sim IRQ_7$。优先级判别逻辑将它们划分为 8 个等级,IRQ_0 优先级最高,依次降低,IRQ_7 最低。当有两个以上中断源同时发中断请求时,8259A 中断控制器先响应优先级高者。当为高优先级中断源服务完毕之后,才能响应低优先级的中断源,只要 $IRQ_0 \sim IRQ_7$ 任一中断源发出中断请求信号,8259A 的 INT 端就将发出中断请求信号给 CPU。只要此时允许中断,CPU 将响应中断,$\overline{INTA}$ 有效信号将送回 8259A,8259A 则将对应于该中断源的中断类型号通过数据总线送给 CPU。CPU 读回此中断类型号,并将自动转入相应的中断处理程序。

(1)8259A 的主要功能

①具有 8 级优先级控制,通过级联的方式,可扩展至 64 级优先级,并实现中断嵌套。

②能实现中断屏蔽,每一级中断都可以屏蔽或允许。

③能实现中断响应,在中断响应周期,8259A 可提供相应的中断类型号,从而能迅速地为 CPU 提供中断服务程序入口地址指针。

④由于 8259A 是可编程的,所以使用起来非常灵活。实际系统中,可以通过编程使 8259A 工作在多种不同的方式。

（2）8259A 的外部引脚及内部结构

①8259A 引脚信号

如图 6-17 所示为 8259A 的引脚图。除了电源和接地以外，8259A 其他引脚上的信号和含义如下：

$D_0 \sim D_7$：8 位数据总线，双向。在系统中，它们和系统（CPU）数据总线相连，从而实现和 CPU 的数据交换。

INT：中断请求线，输出。它和 CPU 的 INTR 端相连，用来向 CPU 发中断请求。

$\overline{\text{INTA}}$：中断响应，输入。它用来接收来自 CPU 的中断应答信号。8259A 要求中断应答信号由两个负脉冲组成。在 8086/8088 系统中，如果 CPU 在前一个总线周期接收到中断请求信号，并允许中断，且正好一条指令执行完毕，那么，在当前总线周期和下一个总线周期中，CPU 将在 $\overline{\text{INTA}}$ 引脚上分别发一个负脉冲作为中断响应信号。第二个 $\overline{\text{INTA}}$ 作为读操作信号，CPU 读取 8259A 送到数据总线上的中断类型号。

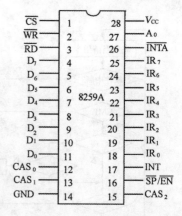

图 6-17　8259A 引脚分布图

$\overline{\text{RD}}$：读命令端，输入，低电平有效。它用来通知 8259A 将某个内部寄存器的内容或中断类型码送到数据总线上。

$\overline{\text{WR}}$：写命令端，输入，低电平有效。它用来通知 8259A 从数据线上接收 CPU 往 8259A 发送的命令字。

$\overline{\text{CS}}$：芯片选通信号，输入，低电平有效。它通过地址译码逻辑电路接收地址总线控制。

A_0：端口选择，用来指出当前 8259A 的哪个端口被访问。8259A 有若干个内部寄存器，对应两个端口地址，其中一个为偶地址，一个为奇地址，并且要求偶地址较低，奇地址较高。由 A_0 端输入电平决定访问哪个端口。

$IR_0 \sim IR_7$：外界中断请求输入线，用来从 I/O 设备接收中断请求，高电平有效。在采用主从式级联的多片 8259A 的系统中，主片的 $IR_0 \sim IR_7$ 分别和各从片的 INT 端相连，用来接收来自从片的中断请求。

$CAS_0 \sim CAS_2$：级联端，用来指出具体的从片。在采用主从式级联的多片 8259A 的系统中，主从片的 $CAS_0 \sim CAS_2$ 对应连接在一起。对主片这三条是输出线，它们的不同组合 000~111 分别确定连在哪个 IR_i 上的从片工作。对从片这三条是输入线，用来判别本从片是否被选中。

$\overline{\text{SP}}/\overline{\text{EN}}$：主从片/缓冲器允许，双功能引脚，双向。它有两个用处：当作为输入时，用来决定本片 8259A 是主片还是从片。如 $\overline{\text{SP}}/\overline{\text{EN}}=1$，则为主片；如 $\overline{\text{SP}}/\overline{\text{EN}}=0$，则为从片。当作为输出时，由 $\overline{\text{SP}}/\overline{\text{EN}}$ 引出的信号在数据从 8259A 往 CPU 传时，作为总线启动信号，以控制总线缓冲器的接收和发送。$\overline{\text{SP}}/\overline{\text{EN}}$ 到底作为输出还是输入，取决于 8259A 是否采用缓冲方式工作。如果采用缓冲方式，则 $\overline{\text{SP}}/\overline{\text{EN}}$ 端为输出；如果采用非缓冲方式，则 $\overline{\text{SP}}/\overline{\text{EN}}$ 端为输入。

在 8088 系统中，数据总线是 8 位的，所以，8259A 的数据线 $D_0 \sim D_7$ 可以和系统的数据总线相连，让地址总线的最低位 A_0 和 8259A 的 A_0 端相连，就能满足 8259A 对端口地址的编码要求。但是，在 8086 系统中，数据总线是 16 位的，而 8259A 只有 8 条数据引线，这时，把地址总线的 A_1 线和 8259A 的 A_0 端相连，让 CPU 和 8259A 的所有数据传输都局限在数据总线的低 8 位上进行。

为什么要这样做呢？因为，在 8086 系统中约定，CPU 用数据总线传输 16 位数据时，总是把数据送到以偶地址开头的两个相邻单元或者两个相邻端口,或者从这样两个单元或两个端口取数。偶地址的端口和内存单元总是和数据总线的低 8 位相联系,而奇地址的端口和内存单元总是和数据总线的高 8 位相联系。现在,将地址总线的 A_1 和 8259A 的 A_0 端相连,就可以用两个相邻的偶地址来作为 8259A 的端口地址,从而可保证用数据总线的低 8 位和 8259A 交换数据。

②8259A 内部结构

如图 6-18 所示是 8259A 内部结构图。

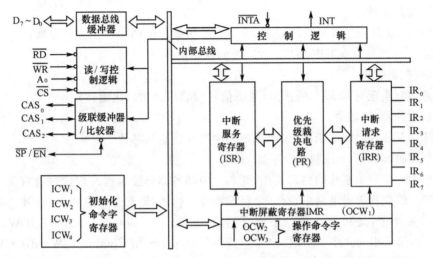

图 6-18　8259A 内部结构图

具体各个部分的功能如下:

- 中断请求寄存器 IRR(Interrupt Request Register)

IRR 是具有锁存功能的 8 位寄存器,存放外部输入的中断请求信号;当第 i 个 IR 端有中断请求时,IRR 中的相应位置为"1",当中断请求响应时,IRR 的相应位复位为"0"。其内容可用操作命令字 OCW_3 读出。外设产生中断请求的方式有两种:一种是边沿触发方式,另一种是电平触发方式,可通过编程来设置。

- 中断服务寄存器 ISR(Interrupt Service Register)

ISR 是 8 位寄存器,与 8 级中断 $IR_0 \sim IR_7$ 相对应。用来保存正在处理的中断请求。分两种情况:

a. 当 CPU 不处于中断服务状态,这时有 N 个未被屏蔽的中断请求,只有优先级最高的请求才被响应。例如第 i 个 IR 被响应,则在第一个 $\overline{INTA}$ 周期 ISR_i 置"1",而 IRR_i 清"0"。ISR_i 置"1",表示当前正在处理 IR_i;IRR_i 清"0"表示 IR_i 端的中断请求已被响应。

b. CPU 正在为中断源提供服务时,如果有更高优先级的中断源提出中断请求,ISR 还包括中断服务过程中其他被打断的中断源,因此 ISR 中可有多位同时被置"1"。例如 CPU 正在处理 IR_4 端的中断服务时,如果更高优先级的 IR_2 又申请中断且中断被允许,则 CPU 会暂停 IR_4 的中断处理,而转为响应 IR_2 的中断请求,这时,ISR_2 和 ISR_4 均为"1",表示 IR_2 和 IR_4 的中断处理均未结束。ISR_i 从 1 变为 0 表示中断源 IR_i 的中断服务结束。

- 优先级裁决器 PR(Priority Resolve)

用来管理和识别各中断信号的优先级别。分两种情况:

a. 在 IRR 中的各个中断请求,经过判断确定最高的优先级,并在中断响应周期把它选通送入 ISR 的对应位。

b. 新出现的中断请求比正在被服务的中断具有更高的优先级时,则通过控制电路向 CPU 发出中断申请信号,并在 8259A 获得前一个中断响应信号$\overline{\text{INTA}}$时使 ISR 寄存器中相应位置"1",进入中断嵌套。

* 中断屏蔽寄存器 IMR(Interrupt Mask Register)

IMR 是一个 8 位寄存器,与 8259A 的 $IR_0 \sim IR_7$ 相对应。当 IMR 的某一位 IMR_i 被置"0",表示对应的中断 IR_i 允许;当 IMR_i 被置"1",表示对应的中断 IR_i 被屏蔽。

* 数据总线缓冲器

它是 8 位的双向三态缓冲器,是 8259A 与系统数据总线的接口。8259A 通过它接收 CPU 发来的控制字,也通过它向 CPU 发送 8259A 的状态信息。

* 读/写控制逻辑

CPU 通过它实现对 8259A 的读出(状态信号)和写入(初始化编程)。

* 级联缓冲器/比较器

实现 8259A 芯片之间的级联,用以确定是主芯片还是从芯片。

* 控制逻辑部分(7 个控制命令字)

该模块控制 8259A 芯片的内部工作,使芯片内部各部分按编程的规定进行有条不紊的工作。在 8259A 的控制逻辑电路中,有 7 个可编程寄存器,它们都是 8 位的。7 个寄存器被分为两组,第一组 4 个,是初始化命令字寄存器(Initialization Command Word,ICW),分别为 $ICW_1 \sim ICW_4$;第二组 3 个,是操作命令字寄存器(Operation Command Word,OCW),分别为 $OCW_1 \sim OCW_3$。但它们仅占用两个端口地址。

a. 偶地址($A_0 = 0$)

ICW_1——芯片控制的初始化命令字。

OCW_2——设置优先级循环及结束方式的操作命令字。

OCW_3——设置特殊屏蔽、中断查询方式和读内部寄存器的操作命令字。

b. 奇地址($A_0 = 1$)

OCW_1——中断屏蔽操作命令字,又称中断屏蔽寄存器(IMR)。

ICW_2——设置中断类型的初始化命令字。

ICW_3——标志主/从片的初始化命令字。

ICW_4——方式控制字的初始化命令字(设置特殊全嵌套、自动结束和缓冲方式)。

初始化命令字往往是计算机系统启动时由初始化程序设置的,初始化命令字一旦设定,一般在系统工作过程中就不再改变。操作命令字则是由应用程序设定的,它们用来对中断处理过程做动态控制。在一个系统运行过程中,操作命令字可以被多次设置。

鉴于 8259A 的命令字之多(7 个)、工作方式之复杂(17 种)是其他接口芯片所无法比拟的,因此,分清每个命令字的格式和含义,掌握每种工作方式的功能、特点和使用方法将是本课程的难点和重点。

6.2.9　8259A 的工作原理

8259A 对外部中断请求的处理过程如下:

(1)当 8259A 接收来自引脚 $IR_0 \sim IR_7$ 的某一引脚的中断请求后,IRR 寄存器中的对应位便被置"1",即对这一中断请求做了锁存。

（2）锁存之后，逻辑电路根据中断屏蔽寄存器 IMR 中的对应位决定是否屏蔽此中断请求。如果 IMR 中的对应位为 0，则表示允许此中断请求，让它进入中断优先级裁决器 PR 作裁决；如果 IMR 中的对应位为 1，则说明此中断受到屏蔽，禁止它进入中断优先级裁决器 PR。

（3）中断优先级裁决器 PR 把新进入的中断请求和当前正在处理的中断比较，从而决定哪一个优先级更高。如果新进入的中断请求具有更高的优先级，那么，PR 会通过相应的逻辑电路使 8259A 的输出端 INT 为 1，从而向 CPU 发出一个中断请求。

（4）如果 CPU 的中断允许标志 IF 为 1，那么，CPU 执行完当前指令后，就可以响应中断，这时，CPU（对 8086 而言）从 $\overline{\text{INTA}}$ 线上往 8259A 回送第一个 $\overline{\text{INTA}}$ 脉冲。第一个负脉冲到达时，8259A 完成以下三个任务：

①使 IRR 锁存功能失效。这样，在 $\text{IR}_0 \sim \text{IR}_7$ 线上的中断请求信号就暂时不予接收，直到第二个负脉冲到达时，才又使 IRR 的锁存功能有效。

②使当前中断服务寄存器 ISR 中的相应位置"1"，以便为中断优先级裁决器以后的工作提供判断依据。

③使 IRR 寄存器中的相应位清"0"。在此周期中，8259A 并不向系统数据总线送任何内容。

（5）接着 CPU 启动第二个中断响应周期，输出另一个 $\overline{\text{INTA}}$ 脉冲。在此周期，8259A 完成下列动作：

①恢复 IRR 对外部中断请求的锁存功能。

②将中断类型寄存器中的内容 ICW_2 送到数据总线的 $\text{D}_0 \sim \text{D}_7$，CPU 读入。CPU 读取此向量，从而获得中断服务程序的入口地址（包括段地址和段内偏移量）。

③中断响应周期完成后，CPU 就可以转至中断服务程序。

若 8259A 工作在自动中断结束方式，即 AEOI 模式，在第二个 $\overline{\text{INTA}}$ 脉冲结束时，使 ISR 的相应位复位；否则，直至中断服务程序结束，发出 EOI 命令，才使 ISR 的相应位复位。

8259A 向 CPU 输送的中断类型号见表 6-1。

表 6-1　　8259A 输送的中断类型号

中断请求输入线	D_7 位	D_6 位	D_5 位	D_4 位	D_3 位	D_2 位	D_1 位	D_0 位
IR_7	T_7	T_6	T_5	T_4	T_3	1	1	1
IR_6	T_7	T_6	T_5	T_4	T_3	1	1	0
IR_5	T_7	T_6	T_5	T_4	T_3	1	0	1
IR_4	T_7	T_6	T_5	T_4	T_3	1	0	0
IR_3	T_7	T_6	T_5	T_4	T_3	0	1	1
IR_2	T_7	T_6	T_5	T_4	T_3	0	1	0
IR_1	T_7	T_6	T_5	T_4	T_3	0	0	1
IR_0	T_7	T_6	T_5	T_4	T_3	0	0	0

其中的 $\text{T}_3 \sim \text{T}_7$ 是由用户在 8259A 的初始化编程中规定的，而低 3 位则是由 8259A 自动插入的。

6.2.10　8259A 的工作方式

8259A 有多种工作方式，这些工作方式都可以通过编程来设置，所以使用起来很灵活。

在讲述 8259A 的编程之前,先简要介绍 8259A 的工作方式。

1. 设置优先级的方式

按照优先级设置方法来分,8259A 有如下几种工作方式:

(1)全嵌套方式

全嵌套方式是 8259A 默认的嵌套模式,是最常用的工作方式,如果对 8259A 进行初始化编程时没有设置其他优先级方式,那么,8259A 就按全嵌套方式工作。在全嵌套方式中,初始化编程以后,中断优先级是固定的,中断优先级由高到低的顺序是 $IR_0 \sim IR_7$。

全嵌套方式的工作过程:当一个中断被响应时,中断类型码被放到数据总线上,当前中断服务寄存器 ISR 中的对应位 ISR_i 被置"1",然后进入中断服务程序。一般情况下(除自动中断结束方式外),在 CPU 发出中断结束命令(EOI)前,此对应位一直保持"1",以便中断优先级裁决器将新收到的中断请求和当前中断服务寄存器中的 ISR_i 位进行比较,判断新收到的中断请求的优先级是否比当前正在处理的中断的优先级高,如果是,则实行中断嵌套。

系统真正按照全嵌套方式工作是有一定条件的,即:

①主程序必须执行开中断指令,使 IF 为 1,才有可能响应中断。

②每当进入一个中断处理程序时,系统会自动关中断,因此,只有中断处理程序中再次开中断,才有可能被较高级的中断所嵌套。

③每个中断处理程序结束时,必须执行中断结束命令,清除对应的 ISR_i 位,才能返回断点。

(2)特殊全嵌套方式

特殊全嵌套方式和全嵌套方式基本相同,只有一点不同:在特殊全嵌套方式下,当处理某一级中断时,如果有优先级相同的同级中断请求,也会给予响应,即实现同级中断的嵌套。而在全嵌套方式中,只有当更高级的中断请求来到时,才会进行嵌套,当同级中断请求来到时,不会给予响应。

特殊全嵌套方式一般用在 8259A 级联的系统中。在这种情况下,将主片设为特殊全嵌套方式,从片仍处于其他优先级方式(比如全嵌套方式或者后面要讲到的优先级自动循环方式或优先级特殊循环方式)。这样,当来自某一从片的中断请求正在处理时,一方面,和普通全嵌套方式一样,对来自优先级较高的主片其他引脚上由其他从片引入的中断请求开放;另一方面,对来自同一从片的较高优先级请求也会开放。从主片看来,从同一从片来的中断请求都是同一级的。但是,在从片内部看,新来的中断请求一定比当前正在处理的中断的优先级别高。否则,通过从片中的中断优先级裁决电路裁决之后,就不会发出 INT 信号,从而也就不会在主片引脚上产生中断请求信号。但要真正让从片内部的优先级得到系统的确认,就必须让主片工作在特殊全嵌套方式。

如果主片工作在一般全嵌套方式或其他优先级方式,则尽管从片可以识别片内优先级,但主片却无法识别。所以,特殊全嵌套方式是专门为多片 8259A 系统提供的用来确认从片内部优先级的工作方式。

由此可见,在使用单片 8259A 的系统中,不宜设置成特殊全嵌套方式。因为在中断请求频繁时,可能会造成不必要的同级中断的多重嵌套,从而引起混乱。

特殊全嵌套方式由初始化命令字 ICW_4 的 D_4 位设置。

(3)优先级自动循环方式

优先级自动循环方式一般用在系统中多个中断源优先级都差不多的场合。在这种方式下,初始优先级队列从高到低依次为 IR_0、IR_1、IR_2、…、IR_6、IR_7,但优先级队列是在变化的,一个设备得到中断服务以后,它的优先级自动降为最低。

例如,在优先级自动循环方式中,初始优先级队列规定为 IR_0、IR_1、IR_2、$\cdots$、IR_6、IR_7,如果这时,IR_1 端正好有中断请求,则进入 IR_1 的中断处理子程序,IR_1 处理完后,如果又有 IR_3 中断请求,则处理 IR_3。处理完 IR_3 后,IR_4 为最高优先级,然后依次为 IR_5、IR_6、IR_7、IR_0、IR_1、IR_2、IR_3,依次类推。

优先级自动循环方式是由 8259A 的操作命令字 OCW_2 来设定的。设置优先级自动循环方式的指令如下:

```
MOV    AL,80H        ;设置 OCW₂ 的 R、SL、EOI＝100
OUT    PORT1,AL      ;PORT1 为 OCW₂ 的端口地址
```

清除优先级自动循环方式的指令如下:

```
MOV    AL,00H        ;设置 OCW₂ 的 R、SL、EOI＝000
OUT    PORT1,AL      ;PORT1 为 OCW₂ 的端口地址
```

(4)优先级特殊循环方式

优先级特殊循环方式和优先级自动循环方式相比,只有一点不同,就是在优先级特殊循环方式中,初始的最低优先级是由编程确定的,从而其他中断请求的优先级也就相应固定了。比如,确定 IR_5 为最低优先级,那么,IR_6 就是最高优先级。而在优先级自动循环方式中,一开始的最高优先级一定是 IR_0。

优先级特殊循环方式也是由 8259A 的操作命令字 OCW_2 来设定的。

优先级设置如下:设置 OCW_2 的 R＝1,SL＝1,EOI＝0,此时规定 $L_0 \sim L_2$ 为最低优先级中断请求线的编码。另外优先级还可以在执行 EOI 命令时予以改变,这就要使 OCW_2 的 R＝1,SL＝1,EOI＝1,同样 $L_0 \sim L_2$ 为要改变为最低优先级中断源的编码。例如:

```
MOV    AL,11100011B  ;设置在执行 EOI 时改变优先级
OUT    PORT1,AL      ;PORT1 为 OCW₂ 的端口地址
```

此命令使 IR_3 端的中断结束,同时 IR_3 的优先级降为最低,IR_4 的优先级最高。

2. 屏蔽中断源的方式

按照对中断源的屏蔽方式来分,8259A 有如下几种工作方式:

(1)普通屏蔽方式

在普通屏蔽方式中,8259A 的每个中断请求输入端都可以通过对应屏蔽位的设置被屏蔽,从而使这个中断请求不能从 8259A 送到 CPU。

8259A 内部有一个屏蔽寄存器 IMR,它的每一位对应一个中断请求输入,可以用操作命令字 OCW_1 动态地设置屏蔽寄存器的内容,从而可按系统运行的需要来开放或屏蔽中断源。

例如,有一个计算机通信系统,将接收中断的优先级设得比较高。当一个计算机发送信息时,可对接收中断进行屏蔽,以免本站的发送过程被其他站点的发送过程所打断,而在完成本站发送过程后,再立即开放接收中断。这一切,就是通过用 OCW_1 对中断屏蔽寄存器中某一位的置"1"/置"0"来实现的。

(2)特殊屏蔽方式

在有些场合中,希望一个中断服务程序能动态地改变系统的优先级结构。例如,在执行中断服务子程序中,希望能够开放比本级优先级更低的中断请求。

为了达到这样的目的,可在此中断服务程序中使用普通屏蔽方式将屏蔽寄存器中本级中断的对应位置"1",屏蔽本级中断。这样,便可以为开放较低级中断请求提供可能。但是,这样

做有一个问题。因为每当一个中断请求被响应时,当前中断服务寄存器中的对应位 ISR_i 置"1",只要中断处理程序没有发出中断结束命令 EOI,ISR_i 不会被清"0"。8259A 就会据此而禁止所有优先级比它低的中断请求,所以,较低级的中断请求在当前中断处理完之前仍得不到响应。于是引进了特殊屏蔽方式。利用 OCW_3 中的 ESMM=1,SMM=1,设定为特殊屏蔽方式。在该模式下,8259A 的 8 个中断请求线的每一条都可根据需要单独屏蔽,即由 OCW_1 写入屏蔽字,将 IMR 对应位置位实现该中断请求线的屏蔽,同时使当前中断服务寄存器中的对应位 ISR_i 清"0"。这样,尽管系统当前仍然在处理一个较高级的中断,但是,从外界看来,由于 8259A 的当前中断服务器中的对应位被清"0"了,好像不再处理任何中断,所以这时即使有低级的中断请求,也会得到响应。

若 OCW_3 中的 ESMM=1,而 SMM=0,则恢复为正常的屏蔽方式。后面,我们将用具体的程序段来进一步说明特殊屏蔽方式的设置过程。

3. 结束中断处理的方式

首先说明一下中断结束处理的必要性和中断结束处理的具体动作。不管用哪种优先级方式工作,当一个中断请求得到响应时,8259A 都会在当前中断服务寄存器中设置相应位 ISR_i,作为此后中断裁决器工作的依据。当中断处理程序结束时,必须使 ISR_i 位清"0",否则,8259A 的中断控制功能就会不正常。这个使 ISR_i 位清"0"的动作就是中断结束处理。

按照对中断处理的结束方法来分,8259A 有两类工作方式:即自动中断结束方式和非自动中断结束方式。而非自动中断结束方式又分为两种:一种叫作一般的中断结束方式,另一种叫作特殊的中断结束方式。

下面,具体介绍 8259A 的这两类中断结束方式。

(1)自动中断结束方式(AEOI)

ICW_4 中的 AEOI 位可以规定 8259A 工作在这种方式。这种方式只能用在系统中只有一片 8259A,并且多个中断不会嵌套的情况。

在自动中断结束方式中,系统一进入中断过程,8259A 就自动将当前中断服务寄存器中的对应位 ISR_i 清除,这样,尽管系统正在为某个设备进行中断服务,但对 8259A 来说,当前中断服务寄存器中却没有对应位做标示,所以,好像已经结束了中断服务一样。这是最简单的中断结束方式。

自动中断结束方式的设置方法:在对 8259A 初始化时,使初始化命令字 ICW_4 的 AEOI 位置"1"。在这种情况下,当第二个中断响应脉冲 $\overline{INTA}$ 送到 8259A 后,8259A 就会自动清除当前中断服务寄存器中的对应位 ISR_i。

(2)非自动中断结束方式(EOI)

这种方式由 OCW_2 规定。在这种方式下,中断服务程序执行完毕,返回断点之前,必须用程序发送中断结束 EOI 命令给 8259A。

EOI 命令又有两种形式:一般的中断结束方式和特殊的中断结束方式。

①一般的中断结束方式

一般的中断结束方式用在全嵌套情况下。当 CPU 向 8259A 发出一般中断结束命令时,8259A 就会把当前中断服务寄存器中的最高优先级的非零 ISR 位复位。因为在全嵌套方式中,最高优先级的非零 ISR 位对应了最后一次被响应的和被处理的中断,也就是当前正在处理的中断。所以,最高优先级的非零 ISR 位的复位相当于结束了当前正在处理的中断。

②特殊的中断结束方式

在非全嵌套方式下,根据当前中断服务寄存器的内容无法确定哪一级中断为最后响应和处理的,也就是说,无法确定当前正在处理的是哪一级中断,这时,就要采用特殊的中断结束方式。

所谓特殊的中断结束方式,就是 CPU 要向 8259A 发一个特殊中断结束命令字,这个命令字中明确指出了要清"0"当前中断服务寄存器中的哪一个 ISR 位。

特殊的中断结束方式是通过 8259A 的操作命令字 OCW_2 来设置。当 OCW_2 中的 EOI=1,SL=1,且 R=0 时,就是一个特殊的中断结束命令,此时,OCW_2 中的 L_2、L_1、L_0 这 3 位指出了到底要对哪一个 ISR 位进行复位。

还要指出一点,在级联方式下,一般不用自动中断结束方式,而用非自动中断结束方式。这时,不管是用一般的中断结束方式,还是用特殊的中断结束方式,一个中断处理程序结束时,都必须发两次中断结束命令,先发送一个送给从片,然后发送另一个送给主片(若在特殊嵌套方式下,必须在确定这片从片的所有中断请求都已经被服务了,才向主 8259A 送出另一个 EOI 命令)。

4. 连接系统总线的方式

按照 8259A 和系统总线的连接来分,有下列两种方式:

(1)缓冲方式

在多片 8259A 级联的大系统中,8259A 通过总线驱动器和数据总线相连,这就是缓冲方式。

在缓冲方式下,需要解决总线驱动器的启动问题,为此,将 8259A 的 $\overline{SP}/\overline{EN}$ 端和总线驱动器的允许端相连,因为 8259A 工作在缓冲方式时,会在读写数据的同时,从 $\overline{SP}/\overline{EN}$ 端输出一个低电平,此低电平正好可作为总线驱动器的启动信号。

缓冲方式是用 8259A 的初始化命令字 ICW_4 来设置的。

(2)非缓冲方式

当系统中只有单片 8259A 时,一般将它直接与数据总线相连。在另外一些不太大的系统中,即使有几片 8259A 工作在级联方式,只要片数不多,也可以将 8259A 直接与数据总线相连。这时,8259A 就工作在非缓冲方式。

在非缓冲方式下,8259A 的 $\overline{SP}/\overline{EN}$ 端是输入端,表示 $\overline{SP}$ 信号。当系统中只有单片 8259A 时,此 8259A 的 $\overline{SP}/\overline{EN}$ 端必须接高电平;当系统中有多片 8259A 时,主片的 $\overline{SP}/\overline{EN}$ 端接高电平,而从片的 $\overline{SP}/\overline{EN}$ 端接低电平。

非缓冲方式也是通过 8259A 的初始化命令字 ICW_4 设置的。

5. 引入中断请求的方式

按照中断请求的引入方法来分,8259A 有如下工作方式:

(1)边沿触发方式

在边沿触发方式下,8259A 将中断请求输入端出现的上升沿作为中断请求信号。中断请求输入端出现上升沿触发信号以后,可以一直保持高电平。

边沿触发方式是通过初始化命令字 ICW_1 来设置的。

(2)电平触发方式

8259A 工作时,把中断请求输入端出现的高电平作为中断请求信号,这就是电平触发方式。

在电平触发方式下,有效高电平需保持到中断响应到来,即 $\overline{\text{INTA}}$ 出现。要注意的一点是,当中断输入端出现一个中断请求并得到响应后,输入端必须及时撤除高电平,如果在 CPU 进入中断处理过程并且开放中断前未去掉高电平信号,则可能引起不应该有的第二次中断。

电平触发方式由初始化命令字 ICW_1 设置。

(3)中断查询方式

中断查询方式既有中断的特点,又有查询的特点。外设仍然通过往 8259A 发中断请求信号要求 CPU 服务,申请中断既可以用边沿触发方式,也可以用电平触发方式(这取决于 8259A 初始化命令字 ICW_1 中的 LTIM 位);但 8259A 不使用 INT 信号向 CPU 发中断请求信号,而是由 CPU 靠查询方式来确定是否有设备要求中断服务以及确定要为哪个设备服务。

查询命令是通过往 8259A 发送相应的操作命令字 OCW_3 来实现的。当 CPU 往 8259A 发出查询性质的 OCW_3 时,如果这之前,正好有外设发出过中断请求,那么 8259A 就会在当前中断服务寄存器中设置好相应的 ISR 位,于是,CPU 就可以在查询命令之后的下一个读操作时,从当前中断服务寄存器中读取这个优先级。因此,从 CPU 发出查询命令到读取中断优先级期间,CPU 所执行的查询程序段应该包括下面几个环节:系统先关中断,然后用输出指令将 OCW_3 送到 8259A,接着用输入指令读取 8259A 的查询字。

用 OCW_3 构成的查询命令格式如下:

D_7	D_6	D_5	D_4	D_3	D_2	D_1	D_0
x	0	0	0	1	1	0	1

其中,D_2 位为 1 使 OCW_3 具有查询性质。

8259A 得到查询命令后,立即组成查询字,等待 CPU 来读取,所以,CPU 执行下条输入指令时,便可读到如下格式的查询字。

D_7	D_6	D_5	D_4	D_3	D_2	D_1	D_0
I	--	--	--	--	W_2	W_1	W_0

查询字中,如 I 为 1,表示有设备请求中断服务;如 I 为 0,表示没有设备请求中断服务。W_2、W_1、W_0 组成的代码表示当前中断请求的最高优先级。

中断查询方式一般用在多于 64 级中断的场合,也可以用在一个中断服务程序中的几个模块分别为几个中断设备服务的情况。在这两种情况下,CPU 用查询命令得知中断优先级后,可以在中断服务程序中进一步判断运行哪个模块,从而转到此模块,为一个指定的外部设备进行服务。

在采用中断查询方式的系统中,除了中断控制器 8259A 以外,一般总要借助一些附加电路来完成最后的查询任务。所以,从根本上来讲,中断查询是用 8259A 来替代完全查询方式系统中的大部分查询电路的一种工作方式。

6.2.11　8259A 编程

1.8259A 的初始化编程

初始化命令字通常是系统开机时,在 8259A 进入工作之前,由初始化程序填写的,而且在整个系统工作过程中保持不变。

初始化编程完成的任务有:

（1）设置外设申请中断的方式:边沿触发方式还是电平触发方式。

（2）设置 8259A 是单片还是多片级联工作方式。

（3）设置 8259A 管理的中断类型码基值,即 IR_0 对应的中断类型码。

（4）设定中断优先级的设置方式。

（5）设定总线驱动方式。

（6）设定中断的结束处理方式。

初始化是通过将初始化命令字写入 8259A 的端口实现的,端口地址取决于硬件连线。而每片 8259A 的初始化流程则要遵守固定的次序。

如图 6-19 所示为 8259A 的初始化流程图。

对上述初始化流程做如下几点说明:

（1）在这个流程中,并没有指出端口地址,但设置初始化命令字时,端口地址是有规定的,即 ICW_1 必须写入偶地址端口,$ICW_2 \sim ICW_4$ 必须写入奇地址端口。

（2）$ICW_1 \sim ICW_4$ 的设置顺序是固定不变的,不可颠倒。

（3）对每一片 8259A,ICW_1 和 ICW_2 都是必须设置的,但 ICW_3 和 ICW_4 并非每片 8259A 都要设置。而是否需要设置 ICW_3、ICW_4,在 ICW_1 中需预先指明。

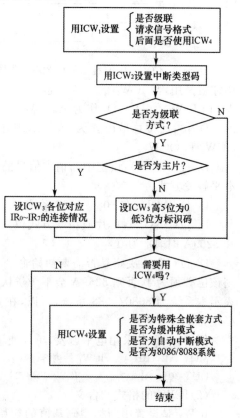

图 6-19　8259A 的初始化流程图

在单片情况下,不需要设置 ICW_3;只有在级联方式下,才需要设置 ICW_3(不管是主片还是从片均要设置)。只有在 8086/8088 系统需要设置特殊全嵌套方式、缓冲模式、自动中断结束方式情况下,才需要设置 ICW_4。

（4）在级联情况下,主片与从片都必须初始化。

主片初始化时,与前面所讲的单片情况下的初始化过程差不多,只是有下列几点差别:

①ICW_1 中的 SNGL 位必须设置为 0,而在单片情况下,则为 1。

②必须设置初始化命令字 ICW_3,对主片设置 ICW_3 时,如果某个 IR 引脚上连有从片,则 ICW_3 的对应位就设置为 1,如未连从片,则设置为 0。

③ICW_4 中的 SFMM 位如果设为 1,则将主片设置为特殊全嵌套工作方式,这是一种专门用于主从式中断系统的工作方式。当然,主从式系统中也可以不用特殊全嵌套工作方式。

在对从片 8259A 进行初始化时,要注意以下两点:

①从片的 ICW_1 中,SNGL 位也要设置为 0。

②从片也必须设置 ICW_3,从片的 ICW_3 中,高 5 位为 0,低 3 位为本片的标识码。而从片的标识码又与它到底连接在主片 $IR_0 \sim IR_7$ 中的哪一条引脚有关。

2. 8259A 的初始化命令字

（1）ICW_1 的格式和含义

ICW_1 叫作芯片控制初始化命令字。必须写在偶地址端口中(即让 8259A 的 A_0 端为 0)。

ICW_1 各位的具体定义如图 6-20 所示。

A_0	D_7	D_6	D_5	D_4	D_3	D_2	D_1	D_0
0	A_7	A_6	A_5	1	LTIM	ADI	SNGL	IC_4
16 位 CPU 无效				特征位	电平触发	无效	单片	要 ICW_4

图 6-20 ICW_1 格式

$D_5 \sim D_7$ 位:这几位在 8086/8088 系统中不用,可为 1,也可为 0。它们在 8080/8085 系统中才被使用,与 ICW_2 的 8 位一起组成中断服务程序的页面地址,ICW_1 的 $D_5 \sim D_7$ 作为 $A_5 \sim A_7$,而 ICW_2 的 $D_5 \sim D_7$ 作为 $A_8 \sim A_{15}$。

D_4 位:此位总是设置为 1,表示现在设置的是初始化命令字 ICW_1 而不是操作命令字 OCW_2 和 OCW_3。

D_3 位(LTIM):设定中断请求信号的触发方式。LTIM=0 为边沿触发方式;LTIM=1 为电平触发方式。

D_2 位(ADI):在 8086/8088 系统中不起作用,可为 0,也可为 1。

D_1 位(SNGL):单片或级联方式位。当系统中只有一片 8259A 时,D_1 为 1;当系统中有多片 8259A 时,D_1 为 0。

D_0 位(IC_4):决定是否需要初始命令字 ICW_4 配合。如果初始化程序最后要设置 ICW_4,则该位必须为 1,否则 8259A 会不予辨认 ICW_4。由于 ICW_4 的第 0 位(D_0)设置为 1 时,用来表示本系统为 8086/8088 系统,所以,在 8086/8088 系统中,ICW_4 是必须使用的,此时,ICW_4 必定为 1。

例如,8259A 采用电平触发,单片使用,需要 ICW_4,则设置 ICW_1 的指令片段为:

```
MOV AL,1BH      ;ICW₁ 的内容
OUT 20H,AL      ;写入 ICW₁ 的端口(A₀＝0),PC 系统的 ICW₁ 端口地址为 20H
```

(2)ICW_2 的格式和含义

ICW_2 是设置中断类型码基值的初始化命令字,必须写到 8259A 的奇地址端口中(即让 8259A 的 A_0 端为 1)。

ICW_2 格式如图 6-21 所示。

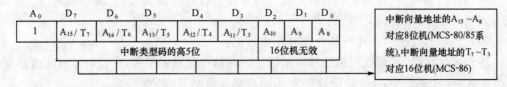

A_0	D_7	D_6	D_5	D_4	D_3	D_2	D_1	D_0	
1	A_{15}/T_7	A_{14}/T_6	A_{13}/T_5	A_{12}/T_4	A_{11}/T_3	A_{10}	A_9	A_8	中断向量地址的 $A_{15} \sim A_8$ 对应8位机(MCS-80/85系统),中断向量地址的 $T_7 \sim T_3$ 对应16位机(MCS-86)
	中断类型码的高5位					16位机无效			

图 6-21 ICW_2 格式

实际上,中断类型码的具体取值不但和 ICW_2 有关,也和引入中断的引脚 $IR_0 \sim IR_7$ 有关,如前面表 6-1 所示。

归纳起来,ICW_2 和中断类型码之间的关系如下:

①ICW_2 是任选的,而 ICW_2 一旦确定下来,8259A 的 8 个中断请求信号输入引脚 $IR_0 \sim IR_7$ 所对应的 8 个中断类型码也就确定了。

②ICW_2 在 8086/8088 系统中,其 $D_3 \sim D_7$ 用以确定中断类型号的 $T_3 \sim T_7$,此时 ICW_2 的 $D_0 \sim D_2$ 位无用,而中断类型码的低 3 位是由引入中断请求的引脚 $IR_0 \sim IR_7$ 决定的。比如,ICW_2 为 30H,则 8259A 的 $IR_0 \sim IR_7$ 对应的 8 个中断类型码为 30H、31H、32H、33H、34H、35H、36H、37H;如果设 ICW_2 为 40H,则 8 个中断类型码为 40H、41H、42H、43H、44H、45H、46H、47H。

(3)ICW_3 的格式和含义

ICW_3 是标志主片/从片的初始化命令字,必须写到 8259A 的奇地址端口中(即让 8259A

的 A_0 端为 1)。

当系统中包含多片 8259A 时，ICW_1 的 D_1 位(SNGL)＝0，这时才设置 ICW_3。

ICW_3 的具体格式与本片到底是主片还是从片有关。

主片的 ICW_3 格式如图 6-22 所示。

A_0	D_7	D_6	D_5	D_4	D_3	D_2	D_1	D_0
1	IR_7	IR_6	IR_5	IR_4	IR_3	IR_2	IR_1	IR_0

图 6-22　主片的 ICW_3 格式

$D_7 \sim D_0$ 对应于 $IR_7 \sim IR_0$ 引脚上的连接情况。如果某一个引脚上连有从片，则对应位为 1；如果未连从片，则对应位为 0。比如当 ICW_3＝B0H(10110000B)时，表示在 IR_7、IR_5、IR_4 引脚上连有从片，而 IR_6、IR_3、IR_2、IR_1、IR_0 引脚上未连从片。设置主 ICW_3 的指令片段为：

```
MOV AL,B0H    ;主片 ICW₃ 的内容
OUT 21H,AL    ;写入主片 ICW₃ 的端口(A₀＝1),PC 系统的 ICW₃ 端口地址为 21H
```

从片的 ICW_3 格式如图 6-23 所示。

A_0	D_7	D_6	D_5	D_4	D_3	D_2	D_1	D_0
1	0	0	0	0	0	ID_2	ID_1	ID_0
	无放					从片标示码		

图 6-23　从片的 ICW_3 格式

也就是说，如果本片为从片，则 ICW_3 的 $D_7 \sim D_3$ 不用，可为 1 也可为 0，但为了和以后的产品兼容，所以使它们为 0。$D_2 \sim D_0$ 的值等于本从片的输出端 INT 连接到主片的中断请求输入引脚 IR_i 的序号 i。比如，某片从片的 INT 引脚连在主片的 IR_5 引脚上，则此从片的 ICW_3 中的 $D_0 \sim D_2$ 应为 101，设置 ICW_3 的指令片段为：

```
MOV AL,05H    ;从片 ICW₃ 的内容
OUT 21H,AL    ;写入从片 ICW₃ 的端口(A₀＝1)
```

在多片 8259A 级联的情况下，主片 CAS_2、CAS_1、CAS_0 和所有从片的 CAS_2、CAS_1、CAS_0 分别连在一起。主片的 CAS_2、CAS_1、CAS_0 作为输出，从片的 CAS_2、CAS_1、CAS_0 作为输入，当 CPU 发出第一个中断响应负脉冲时，作为主片的 8259A 通过 CAS_2、CAS_1、CAS_0 发出一个编码 ID_2、ID_1、ID_0，此编码和发出中断请求的从片有关，具体对应关系见表 6-2。

表 6-2　从片所收到的编码 $ID_2 \sim ID_0$

编码 ＼ 从片和主片连接	IR_0	IR_1	IR_2	IR_3	IR_4	IR_5	IR_6	IR_7
ID_2	0	0	0	0	1	1	1	1
ID_1	0	0	1	1	0	0	1	1
ID_0	0	1	0	1	0	1	0	1

从片的 CAS_2、CAS_1、CAS_0 接收主片发来的编码，并将这一编码和本身 ICW_3 的 $D_0 \sim D_2$ 位比较，如果相等，则在第二个 $\overline{INTA}$ 负脉冲到来时，将自己的中断类型码送到数据总线。由此可见，从片的 ICW_3 实际上是一个标识码。如某一从片与主片的 IR_3 相连，则此从片的 ICW_3 为 03H；又如另一个从片与主片的 IR_7 相连，则此从片的 ICW_3 为 07H。标识码的确定也遵循表 6-2 的对应关系，主片正是通过标识码来与从片联络的。

(4)ICW_4 的格式和含义

ICW_4 叫作方式控制初始化命令字，它也要求写入奇地址端口(即让 8259A 的 A_0 端为 1)。

只有在 ICW$_1$ 的第 0 位为 1 时,才有必要设置 ICW$_4$,否则,就不必设置。因此,A$_0$=1,D$_5$~D$_7$=000 时为 ICW$_4$ 的命令字,其格式如图 6-24 所示。

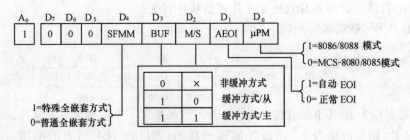

图 6-24　ICW$_4$ 的格式

D$_7$~D$_5$ 位:这 3 位总是为 0,用来作为 ICW$_4$ 的标识码。

D$_4$ 位(SFMM):如为 1,则为特殊的全嵌套方式。

D$_3$ 位(BUF):如为 1,则为缓冲方式。此时,引脚 $\overline{SP}/\overline{EN}$ 作为输出端来用。在非缓冲方式,则 BUF 设置为 0。

D$_2$ 位(M/S):主从标志位。缓冲方式用来表示本片为主片还是从片,即 BUF=1 时,如果 M/S 为 1,则表示本片为主片,如 M/S 为 0,则表示本片为从片。当 BUF=0 时,则 M/S 不起作用,可为 1,也可为 0。

D$_1$ 位(AEOI):自动中断结束方式位。如 AEOI 为 1,则设置为自动中断结束方式。如 AEOI 为 0,则设置为非自动中断结束方式。

D$_0$ 位(μPM):8086/8088 系统标志位。μPM 为 1,则表示 8259A 当前所在系统为 8086/8088 系统;如 μPM 为 0,则表示 8259A 当前所在系统为 8080/8085 系统。IBM PC 系统中,该位为 1。

3.8259A 的操作命令字

在初始化编程后,在系统运行过程中,需向 8259A 发出各种操作命令字 OCW,以实现其各种工作方式。

8259A 有 3 个操作命令字,即 OCW$_1$~OCW$_3$。操作命令字设置时,次序上没有严格的要求,并且可以根据需要多次设置,但是,对端口地址有严格规定;OCW$_1$ 必须写入奇地址端口,OCW$_2$ 和 OCW$_3$ 必须写入偶地址端口。

(1)OCW$_1$ 的格式和含义

OCW$_1$ 叫作中断屏蔽操作命令字,要求写入 8259A 的奇地址端口(即 A$_0$=1)。OCW$_1$ 的具体格式如图 6-25 所示。

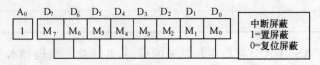

图 6-25　OCW$_1$ 的格式

在 8259A 中设置了中断屏蔽寄存器,可以利用 OCW$_1$ 对其进行读、写。当 OCW$_1$ 中某一位为 1 时,对应于这一位的中断请求就受到屏蔽;如某一位为 0,表示对应的中断请求得到允许。

比如,OCW$_1$=06H,则 IR$_2$ 和 IR$_1$ 引脚上的中断请求被屏蔽,其他引脚上的中断请求则允许。

（2）OCW_2 的格式和含义

OCW_2 是用来设置优先级循环方式和中断结束方式的操作命令字，要求写入偶地址端口（即 $A_0=0$）。OCW_2 的具体格式如图 6-26 所示。

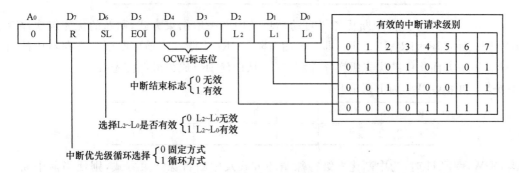

图 6-26　OCW_2 的格式

D_7 位（R）：中断优先级循环方式位。如为 1，表示采用优先级循环方式；如为 0，则为非循环方式。

D_5 位（EOI）：中断结束命令位。当 EOI 为 1 时，使当前中断服务寄存器中的对应位 ISR_i 复位。

D_6 位（SL）：决定了 OCW_2 中的 L_0、L_1、L_2 是否有效，如为 1，则有效，否则为无效。

当 SL＝1 时，L_0、L_1、L_2 位有两个作用：一是当 R＝0 而 EOI＝1 时，L_0、L_1、L_2 指出了具体要清除当前中断服务器中的哪一位 ISR_i；二是当 R＝1 时，L_0、L_1、L_2 指出了循环开始时哪个中断的优先级最低。

因此，OCW_2 的功能包括两方面，一方面，它可以决定 8259A 是否采用优先级循环方式；另一方面，它可以组成两类中断结束命令，一类是一般的中断结束命令，一类是特殊的中断结束命令。

下面表 6-3 列出对 OCW_2 两方面的功能做具体的说明。

表 6-3　　　　　　　　　　　OCW_2 规定的 8259A 工作方式

D_7 D_6 D_5 R SL EOI	工作方式	$L_0L_1L_2$ 值含义	说　明
0　0　0	设定固定优先级	无意义	只规定了中断优先级方式
0　0　1	中断一般结束方式		
0　1　0	无意义		
0　1　1	中断特殊结束方式	指明初始最低中断级	只规定了中断优先级方式
1　0　0	中断优先级自动循环方式	无意义	中断返回前执行的中断一般结束命令，使 $ISR_i＝0$
1　0　1	中断优先级自动循环方式及中断一般结束方式	无意义	规定了中断优先级循环方式，并执行了中断返回的中断一般结束命令，使对应 $ISR_i＝0$
1　1　0	特殊优先级循环方式	指明 ISR 中被清除的具体位 ISR_i	中断返回前执行的中断特殊结束命令，使 $ISR_i＝0$
1　1　1	中断优先级特殊循环方式和特殊的中断结束方式	指明初始优先级最低的中断源	

🐛 **注意**：$D_4D_3＝00$——OCW_2 的寻址特征位，$D_2D_1D_0$——$L_2L_1L_0$ 位。

例 6-1 当前,最高优先级为 IR_5,当 OCW_2 为下列值时:

R	SL	EOI	0	0	L_2	L_1	L_0
1	0	1	0	0	0	0	0

当 $OCW_2 = A0H$ 时,为中断优先级自动循环及中断一般结束方式,则新的优先级次序为 IR_6、IR_7、IR_0、IR_1、IR_2、IR_3、IR_4、IR_5,即一方面清除了 IR_5 中断在当前中断服务寄存器中的对应位 ISR_5,另一方面将中断优先级次序左移一位,从而使 IR_5 成为最低优先级。

例 6-2 如果 OCW_2 为下列值时:

R	SL	EOI	0	0	L_2	L_1	L_0
1	1	1	0	0	0	1	0

当 $OCW_2 = E2H$ 时,为中断优先级特殊循环方式及中断特殊结束方式,则使当前中断服务寄存器中的对应位 ISR_2 被清除,并使优先级次序改为 IR_3、IR_4、IR_5、IR_6、IR_7、IR_0、IR_1、IR_2。

例 6-3 如果 OCW_2 为下列值时:

R	SL	EOI	0	0	L_2	L_1	L_0
0	1	1	0	0	0	1	1

当 $OCW_2 = 63H$ 时,为特殊的中断结束方式,则 IR_3 在当前中断服务寄存器中的对应位 ISR_3 被清除。

从上面可见,当 $EOI = 1$ 时,OCW_2 用来作为中断结束命令,同时使系统按照某一种方式继续工作。具体采取哪种工作方式,则决定于 R 和 SL 位的值。

(3)OCW_3 的格式和含义

操作命令字 OCW_3 的功能有三个方面:

① 设置和撤销特殊屏蔽方式。

② 设置中断查询方式。

③ 用来设置对 8259A 内部寄存器的读出命令。

OCW_3 必须被写入 8259A 的偶地址端口(即 $A_0 = 0$),它的具体格式如图 6-27 所示。

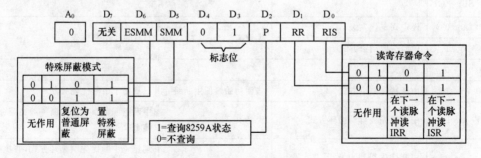

图 6-27 OCW_3 的格式

其中,ESMM 称为特殊的屏蔽模式允许位,SMM 为特殊屏蔽模式位,通过在这两个数值上置"1",便可使 8259A 脱离当前的优先级方式,而按照特殊屏蔽方式工作。当再发送一个使 $ESMM = 1$,$SMM = 0$ 的 OCW_3 之后,系统又恢复为原来的优先级方式。

如果使 OCW_3 中的 ESMM 位为 0,那么 SMM 位将没有任何作用。

OCW$_3$ 中的 P 位称为查询方式位,当 P=1 时,使 8259A 设置为中断查询工作方式。P=0 为非查询方式。

当 CPU 往 8259A 发出查询命令(OCW$_3$ 的 P=1)后,再执行一条输入指令就可以读入一个字节的查询字,查询字中表明了当前外设有没有中断请求,并且表明了当前优先级最高的中断请求到底是哪个。

例如,P=1 时,优先级次序为 IR$_2$、IR$_3$、IR$_4$、IR$_5$、IR$_6$、IR$_7$、IR$_0$、IR$_1$,而当前在 IR$_4$ 和 IR$_0$ 引脚上有中断请求,那么,CPU 再执行一条输入指令,便可得到下列查询字如图 6-28 所示。

A$_0$	D$_7$	D$_6$	D$_5$	D$_4$	D$_3$	D$_2$	D$_1$	D$_0$
0	I	···	···	···	···	W$_2$	W$_1$	W$_0$
1	···	···	···	···		1	0	0

图 6-28　查询字

这个查询字说明了当前级别最高的中断请求为 IR$_4$,于是 CPU 便可转入对 IR$_4$ 中断处理子程序的处理。

当 OCW$_3$ 中的 P=0 时,通过使 OCW$_3$ 中的 RR 位为 1,便可以构成对 8259A 内部寄存器的读出命令,来读取寄存器 IRR 和 ISR 的内容。中断请求寄存器 IRR 和当前中断服务寄存器 ISR 的读出过程:先用输出指令往 8259A 的偶地址端口发读出命令,接着用输入指令从 8259A 的偶地址端口读取寄存器 IRR 或者 ISR 的内容。

如果 OCW$_3$ 中的 RR=1,RIS=0,则为对 IRR 寄存器的读出命令,下一条输入指令读出的是 IRR 寄存器的值。

如果 OCW$_3$ 中的 RR=1,RIS=1,则为对 ISR 寄存器的读出命令,下一条输入指令读出的是 ISR 寄存器的值。

例如:

```
MOV    AL,0AH          ;RR=1,RIS=0
OUT    PRT1,AL         ;PRT1 为端口地址
CALL   DELAY           ;调用 DELAY 子程序
IN     AL,PRT1         ;读入中断请求寄存器的状态
MOV    AL,0BH          ;RR=1,RIS=1
OUT    PRT1,AL         ;PRT1 为端口地址
CALL   DELAY           ;调用 DELAY 子程序
IN     AL,PRT1         ;读入中断服务寄存器的状态
```

6.3　应用案例——8259A 的几种经典用法

中断处理技术是计算机最核心技术之一,中断处理技术不仅增强了计算机处理的灵活性,还增强了系统的功能和运行效率,掌握了中断处理技术就等于掌握了计算机技术的精髓。下面将通过几个具体例子,进一步说明 8259A 的工作原理和使用方法。

例 6-4　初始化编程例子。

在 IBM PC/XT 中,采用单片 8259A 作为中断控制,其与系统总线的连接如图 6-29 所示。

从图 6-29 中可见,它具有以下的特点:

微课

BM PC XT 中断控制系统

（1）提供了 8 级向量中断,这 8 级中断优先级由高到低依次为:时钟中断、键盘中断、保留、COM_2 中断、COM_1 中断、硬盘中断、软盘中断、打印机中断。

（2）系统分配给 8259A 的 I/O 端口地址为:20H 和 21H。

（3）外部中断请求信号采用边沿触发。

（4）中断嵌套方式采用全嵌套方式,优先级由高到低的顺序为 $IR_0 \sim IR_7$。

（5）采用非缓冲方式,$\overline{SP/EN}$ 端接 +5 V。

（6）设定 $IR_0 \sim IR_7$ 级中断的类型码为 08H~0FH。

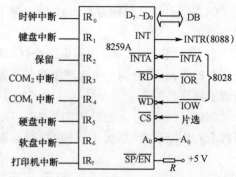

图 6-29　IBM PC/XT 中断控制系统

按照上述特点,初始化程序如下:

```
INTP0    EQU 020H      ;8259A 端口 0
INTP1    EQU 021H      ;8259A 端口 1
         ⋮
MOV      AL,13H        ;写入 ICW₁:边缘触发,要 ICW₄;单片方式;不设置 ICW₃
OUT      INTP0,AL
MOV      AL,08H        ;写入 ICW₂:设置中断向量,起始的中断向量为 08H
OUT      INTP1,AL
MOV      AL,05H        ;写入 ICW₄:非总线缓冲,普通全嵌套,正常的中断结束(EOI)
OUT      INTP1,AL
         ⋮
```

例 6-5　关于中断全嵌套方式的例子。

设系统中只有一片 8259A,主程序对 8259A 完成初始化后,执行了一条中断允许指令 STI,此后,遇到 IR_3 请求中断。

于是,CPU 响应 IR_3 中断而进入 IR_3 对应的中断处理程序,此时 ISR_3 置位。每当 CPU 响应一个中断时,会自动关中断,从而使 IF=0。

IR_3 中断处理程序在执行期间,又有 IR_2 请求中断,但由于此时系统没有开中断,所以,IR_2 中断没有得到响应,直到 IR_3 中断处理程序执行了 STI 指令后,CPU 才响应 IR_2 中断请求。于是,将 IR_3 中断处理程序暂时挂起,而转入对 IR_2 的中断处理程序。此时,ISR_2 置位,ISR_3 仍保持置位,表示这两级中断均未处理完毕。

IR_2 中断处理程序结束时,必须执行中断结束命令,使 ISR_2 复位,再执行中断返回指令,CPU 才能返回 IR_3 中断处理程序。此后,如果又有 $IR_0 \sim IR_2$ 中断请求,IR_3 会再次被嵌套。

例 6-6　多片 8259A 组成的主从式中断系统。

如图 6-30 所示是两片 8259A 组成的主从式中断系统的原理图。

图 6-30 中系统使用了 2 片 8259A,其中主 8259A 的 IR_2 连接一片从 8259A,级联后系统可处理 15 级中断。系统优先级从高到低排列为:主片 IR_0、IR_1、从片 IR_0、IR_1、IR_2、IR_3、IR_4、IR_5、IR_6、IR_7、主片 IR_3、IR_4、IR_5、IR_6、IR_7。系统地址总线的 A_1 与 8259A 的 A_0 相连。

8259A 级联工作时,主、从 8259A 的初始化应分别进行。对两片 8259A 的初始化如下:

```
;对主 8259A 的初始化
INTMP0    EQU    200H       ;主 8259A 端口 0
```

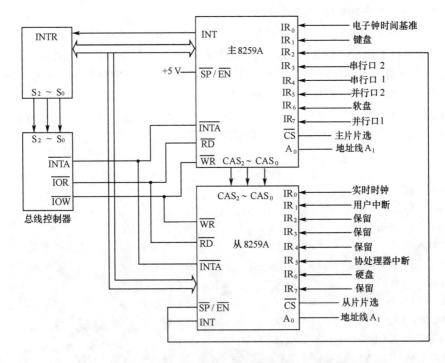

图 6-30　两片 8259A 组成的主从式中断系统的原理图

INTMP1	EQU	202H	;主 8259A 端口 1
⋮			
MOV	AL,11H		;写入 ICW_1:边沿触发,要 ICW_4,级联方式,设置 ICW_3
OUT	INTMP0,AL		
MOV	AL,28H		;写入 ICW_2:设置主片的中断向量,起始的中断向量为 28H
OUT	INTMP1,AL		
MOV	AL,04H		;写入 ICW_3:设在主片的 IR_2 接从片
OUT	INTMP1,AL		
MOV	AL,1DH		;写入 ICW_4:非总线缓冲,特殊全嵌套,正常的中断结束(EOI)
OUT	INTMP1,AL		
⋮			
;对从片 8259A 的初始化			
INTSP0	EQU	204H	;从 8259A 端口 0
INTSP1	EQU	206H	;从 8259A 端口 1
⋮			
MOV	AL,11H		;写入 ICW_1:边沿触发,要 ICW_4,级联方式,设置 ICW_3
OUT	INTSP0,AL		
MOV	AL,70H		;写入 ICW_2:设置从片的中断向量,起始的中断向量为 70H
OUT	INTSP1,AL		
MOV	AL,02H		;写入 ICW_3:设置从片的识别标志,指定对应主片的 IR_2
OUT	INTSP1,AL		
MOV	AL,09H		;写入 ICW_4:总线缓冲,全嵌套,正常的中断结束(EOI)
OUT	INTSP1,AL		
⋮			

例 6-7　8259A 中断程序实现时钟计时。

8259A 的 IRQ₀ 中断请求来自定时器 8253A 的通道 0。系统中设置它为每隔 55 ms 产生一次中断,并提供了完成时钟计时功能的中断服务程序。本程序替代系统计时程序,使得每次中断显示一串信息。本程序是一个完整的汇编语言源程序。当它运行时,每隔 55 ms 显示一串信息,显示 10 次后中止,程序返回 DOS(本程序是一个完整的基于汇编指令编写的源程序,可以编译执行。作者并对程序做了较详细解释,尽可能帮助读者加深对程序的理解)。

```
STACK SEGMENT STACK              ;定义堆栈段
    DB    256 DUP(0)             ;定义 256 字节单元,初始值为 0
STACK    ENDS                    ;定义堆栈段结束
DATA     SEGMENT                 ;定义数据段
MSG   DB 'A 8259A interrupt!',0DH,0AH   ;显示信息,共 20 个字符
COUNTER   DB 0                   ;中断次数记录单元
INTSEG    DW ?                   ;保存原中断服务程序的入口地址,段基址
INTOFF    DW ?                   ;保存原中断服务程序的入口地址,偏移量
INTIMR    DB ?                   ;保存原 IMR 内容
DATA     ENDS                    ;定义数据段结束
CODE SEGMENT                     ;定义代码段
ASSUME CS:CODE,DS:DATA,SS:STACK
START: MOV   AX,DATA             ;建立数据段基址,并送入 AX
       MOV   DS,AX               ;将 DATA 段基址装填到 DS
       MOV   AX,3508H            ;取原中断向量内容到 ES、BX 寄存器
       INT   21H                 ;调用中断 INT 21H
       MOV   INESEG,ES           ;保存原中断向量内容,ES 内容送入
       MOV   INTOFF,BX           ;保存原中断向量内容,BX 内容送入
       CLI                       ;关中断
       PUSH  DS                  ;保护 DS 内容,设置中断向量新内容
       MOV   AX,SEG INTPROC      ;取 INTPROC 中断子程序段基址到 AX
       MOV   DS,AX               ;AX 送 DS(不能直接将段基址送 DS)
       MOV   DX,OFFSET INTPROC   ;取 INTPROC 中断子程序段基址到 DX
       MOV   AX,2508H            ;中断调用信息送 AX
       INT   21H                 ;调用 INT 21H
       POP   DS                  ;中断调用结束,恢复 DS
       IN    AL,21H              ;读出 IMR
       MOV   INTIMR,AL           ;保存原 IMR 内容
       AND   AL,0FEH             ;允许 IRQ₀,其他不变
       OUT   21H,AL              ;设置新 IMR 内容
       MOV   COUNTER,0           ;设量中断次数初值
       STI                       ;开中断
START1: CMP  COUNTER,10          ;循环等待中断
        JB   START1              ;中断 10 次退出
        CLI                      ;关中断
        MOV  AL,INTIMR           ;恢复 IMR
        OUT  21H,AL              ;AL 内容通过 21H 端口输出
        MOV  DX,INTOFF           ;恢复中断向量内容
```

```
        MOV    AX,INTSEG           ;将 INTSEG 内容通过 AV 送 DS
        MOV    DS,AX
        MOV    AX,2508H            ;中断调用信息送 AX
        INT    21H                 ;再次调用 INT 21H
        STI                        ;开中断
        MOV    AX,4C00H            ;返回 DOS
        INT    21H                 ;主程序结束
INTPROC  PROC                      ;中断服务程序
        STI                        ;开中断
        PUSH   AX                  ;保护现场
        PUSH   BX
        PUSH   CX
        PUSH   DS
        MOV    AX,DATA             ;取 INTPROC 中断子程序段基址
        MOV    DS,AX               ;在真正由外部随机信号引起的中断中,通常
                                   ;在中断的时刻,数据段地址 DS 是不确定的
                                   ;所以服务程序中必须设置 DS
        INC    COUNTER             ;中断次数加 1
        MOV    BX,OFFSET MSG       ;显示信息
        MOV    CX,20               ;20 个字符
        CALL   DISPLAY             ;调用 DISPLAY 子程序
        MOV    AL,20H              ;AL 设置为 20H,为中断子程序结束服务
        POP    DS                  ;恢复现场
        POP    CX
        POP    BX
        POP    AX
        IRET                       ;中断返回
INTPROC  ENDP                      ;中断服务程序结束
DISPLAY  PROC                      ;定义 DISPLAY 子程序
        PUSH   AX                  ;保护 AX 内容
DISP1:  MOV AL,[BX]                ;入口参数:BX=字符串首址
        CALL   DISPCHAR            ;CX=显示字符串个数
        INC    BX                  ;BX 内容加 1
        LOOP   DISP1               ;循环执行
        POP    AX                  ;恢复 AX 内容
        RET                        ;中断返回
DISPLAY  END                       ;DISPLAY 子程序结束 P
DISPCHAR  PROC                     ;调用 ROM-BIOS 功能显示 AL 中的字符
        PUSH   BX                  ;保护 BX 内容
        MOV    BX,0000H            ;BX 初始化为 0000H
        MOV    AH,0EH              ;INT 21H 的 0EH 号子功能
        INT    21H                 ;中断调用
        POP    BX                  ;恢复 BX 内容
        RET                        ;子程序返回
```

DISPCHAR ENDP ;DISPCHAR 子程序结束	
CODE ENDS	;代码段结束
END START	;从 START 标号处开始执行程序

例 6-8 为了说明 AT 机在 8259A 的应用,下面给出一个 IRQ_{12} 的中断服务程序,其功能是向端口 340H 和 341H 输出 0。

PORT-INT PROC		
PUSH	AX	;保护现场
PUSH	DX	;保护现场
XOR	AL,AL	;AL 清 0,数据输出程序段也可为 XOR AX,AX;(16 位)
MOV	DX,340H	;数据输出程序段也可为 MOV DX,340H
OUT	DX,AL	;数据输出程序段也可为 OUT DX,AX 如数据 16 位
INC	DX	;DX 内容加 1
OUT	DX,AL	;将 AL 内容输出到 DX 指定的端口中
MOV	AL,20H	;20H 端口地址送 AL
OUT	0A0H,AL	;向从 8259A 发 EOI 命令
OUT	20H,AL	;向主 8259A 发 EOI 命令
POP	DX	;恢复现场
POP	AX	;恢复现场
IRET		;IRET 为段间中断调用返回
PORT-INT ENDP		

6.4 串行通信技术

所谓通信,是指计算机与外部设备、计算机与计算机之间的信息交换。通信的基本方法包括并行通信和串行通信两种。串行通信是在单条 1 位宽的导线上将二进制数的各位数一位一位地按顺序分时传输。

6.4.1 串行通信的特点

随着计算机应用的日益广泛,串行通信技术显得越来越重要,其应用已从单机逐渐转向多机或联网发展,有些并行通信的场合已逐渐被串行通信取代。

串行通信与并行通信是两种基本的数据通信方式。与并行通信相比,串行通信适合远距离数据传输,远距离的通信线路费用比并行通信的费用显然低得多;从抗干扰性能上看,串行通信信号线间的互相干扰比并行通信少得多;在短距离内,虽然并行接口的数据传输速率明显比串行接口的传输速率高得多,由于串行通信的通信时钟频率较并行通信容易提高,而且接口简单,抗干扰能力强,因此很多高速外设,如数码相机、移动硬盘等,也往往使用串行通信方式与计算机通信。

能够完成异步通信的硬件电路称为 UART(Universal Asynchronous Receive/Transmitter),典型的可编程 UART 有 INS8250、MC6850-ACIA、MC6852-SSDA。

能够完成同步通信的硬件电路称为 USRT(Universal Synchronous Receive/Transmitter)。

既可完成异步通信,又可完成同步通信的硬件电路称 USART(Universal Synchronous Asynchronous Receive/Transmitter),如 Intel 的 8251A 和 AMD 9551 基本相同,支持单通道

双缓冲结构,是较简单的 USART 器件。Z80-SIO 和 8274 基本相同,它们能支持双通道四缓冲结构,支持 HDLC/SDLC 协议,并进行 CRC 校验,是性能较强的 USART 器件。本书主要介绍 USRT。

6.4.2　串行通信基础

在串行通信中,按照数据流的方向可分为四种基本传输方式(信道利用方式):单工、半双工、全双工和多工传输方式,如图 6-31 所示。

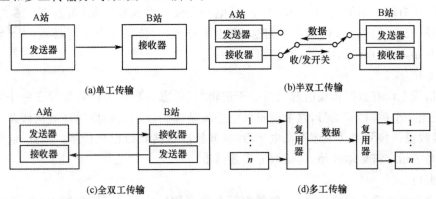

图 6-31　四种基本传输方式

(1)单工方式:这种方式,任何时刻数据只按照一个固定的方向传输流动。如图 6-31(a)所示为单工传输方式,即设备 1 总是发送数据,设备 2 总是接收数据。

(2)半双工方式:如图 6-31(b)所示。

半双工通信表示设备 1 与设备 2 都可发送或接收数据,但它们不能同时发送,每次只能有一个设备发送,另一个设备接收。一般不工作时,两个设备均处于接收状态,以便随时接收对方发来的数据。

(3)全双工方式:这种方式下,通信双方可以同时发送和接收信息,如图 6-31(c)所示。

(4)多工传输方式,如图 6-31(d)所示。

上述前三种传输方式的共同特点是基于在一条线路上传输一种信号频率。如果使用多路复用器或多路集中器等专用通信设备,通过将一个信道(即传输信号的线路)划分为若干频带或时间片的复用技术,从而使多路信号同时共享信道,这就是多工传输方式,如图 6-31(d)所示。使用复用器和集中器可以降低成本,提高通信网的传输效率。

6.4.3　串行通信协议

根据同步方式的不同,串行通信分为两种方式:异步串行通信和同步串行通信。

1. 异步通信

(1)特点及传输格式

异步传输格式亦称起止式异步协议。其特点是通信双方以一个字符(包括特定附加位)作为数据传输单位,且发送方传输字符的间隔时间是不定的。在传输一个字符时总是以起始位开始,以停止位结束。异步通信方式,双方应约定通信规则,例如数据格式、通信速率、校验方式等,达成通信协议。异步串行通信规定了字符数据的传输格式,即每个数据以相同的帧格式传输,如图 6-32 所示。每一帧信息由起始位、数据位、奇偶校验位和停止位组成。

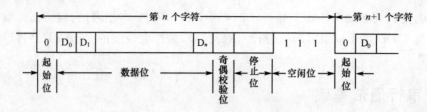

图 6-32　异步串行通信的数据传输格式

异步串行通信的
数据传输格式

从图 6-32 可以看出，一个字符单位除表示字符信息的数据位（长度 5～8 位可选）外，还有若干附加位：起始位（1 位，低电平有效），奇偶校验位（可选有无），停止位（长度 1 位、1.5 位和 2 位可选，高电平有效）。传输一个字符必须以起始位开始，以停止位结束，这个过程称为一帧。

①起始位

在通信线上没有数据传输时起始位处于逻辑"1"状态。当发送设备要发送一个字符数据时，首先发出一个逻辑"0"信号，这个逻辑低电平就是起始位。起始位通过通信线路传向接收设备，当接收设备检测到这个逻辑低电平后，就开始准备接收数据位信号。因此，起始位所起的作用就是表示字符传输开始，通信双方实现同步。

②数据位

当接收设备收到起始位信息后，紧接着就会收到数据位信息，数据位的个数可以选择 5、6、7、8 位数据。在字符数据传输过程中，数据位从最低位开始传输。

③奇偶校验位

数据位发送完之后，可以发送奇偶校验位。奇偶校验用于有限差错检测，通常分为奇校验和偶校验两种方式，通信双方在通信时，需约定一致的奇偶校验方式。

④停止位

在奇偶位或数据位（当无奇偶校验时）之后发送的是停止位，可以是 1 位、1.5 位或 2 位，停止位是一个字符数据的结束标志。

在异步通信中，字符数据以图 6-32 所示的格式一个接一个地传输。在发送间隙，即空闲时，通信线路总是处于逻辑"1"状态（高电平），每个字符数据的传输均以逻辑"0"（低电平）开始。

异步通信协议还规定：信号 1（低电平状态）称为传号（或称标志状态 MARK），信号 0（高电平状态）为空号（或称间隔状态 SPACE）。

异步通信的一帧传输由五个步骤组成。

①无传输

发送方连续发送传号，处于信号 1 状态，表明通信双方无数据传输。

②开始传输

发送方在任何时刻将传号变为空号（由 1 变为 0），并且持续 1 位时间，表明发送方开始传输。与此同时，接收方收到空号后，开始与发送方同步，并且期望收到随后的数据。

③数据传输

数据位长度可由双方事先确定，可选择 5～8 位，数据传输规定低位在前，高位在后。

④奇偶校验

数据传输之后是可供选择的奇偶校验位发送和接收，奇偶位的状态取决于选择的奇偶校验类型。如果选择奇校验，则该字符数据中为 1 的位数与校验位相加，结果应为奇数。

⑤停止传输

在奇偶位(选择有奇偶校验)或数据位(选择无奇偶校验)之后发送或接收的是停止位。其状态恒为 1。停止位的长度可在 1 位、1.5 位或 2 位三者中选择。

由以上分析可知,在发送方发送一帧字符之后,可以用下面两种方式发送下一帧字符。

①连续发送,即在上一帧停止位之后立即发送下一帧的起始位。

②随机发送,即在上一帧停止位之后仍然保持传号状态,直至开始发送下一帧时再变为空号。

例如,选择数据位长度为 7 位,奇校验,停止位为 1 位,采用连续发送方式,则传输一个字符 E 的 ASCII 码(45H)的波形如图 6-33 所示。传输时数据的低位在前,高位在后。

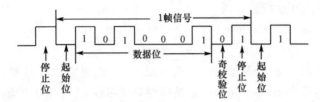

图 6-33　传输字符 E 的 ASCII 码(45H)的波形

(2)异步传输的错误检测

由于线路或程序出错等原因,使得通信过程中经常产生传输错误。异步通信的实质是字符的发送是随机的,接收方通常可检测到如下三种错误:

①奇偶错(Parity Error)

在通信线路上因噪声干扰而引起的某些数据位的改变,引起奇偶校验错。一般,接收方检测到奇偶错时,要求发送方重新发送。

②超越错(Overrun Error)

在上一个字符还未被处理器读出之前,本次又接收到了一个字符,则会引起超越错。如果处理器周期检测"接收数据就绪"的速率小于串行接口从通信线上接收字符的速率,就会引起超越错。通常,接收方检测到超越错时,可以提高处理器周期检测的速率或者接收和发送双方重新修改数据传输速率。超越错也称为溢出错。

③帧格式错(Frame Error)

接收方在停止位上检测到一个空号(信息 0),则会引起格式错。一般来说,帧格式错的原因较复杂,可能是双方协议数据格式不匹配;或线路噪声改变了停止位的状态;因时钟不匹配或不稳,未能按照协议装配成一个完整的字符帧等。通常,当接收方检测到一个格式错时,应按各种可能性做相应的处理,比如要求重发等。

2. 同步通信

在异步通信中,每一个字符都要用起始位和停止位作为字符开始和结束的标志,导致占用了时间。所以在数据块传输时,为了提高通信速度,常去掉这些标志,而采用同步传输。同步通信是通过同步字符(SYNC)在每个数据块传输开始时使收/发双方同步,其数据传输格式如图 6-34 所示。

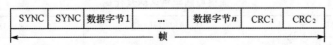

图 6-34　同步通信的数据传输格式

同步通信的特点如下：

①以同步字符作为传输的开始，从而使收/发双方取得同步。

②每位占用的时间都相等。

③字符数据之间不允许有空隙，当线路空闲或没有字符可传输时，发送同步字符。

同步字符可由用户选择 1 个或 2 个特殊的 8 位二进制码组成，同步通信的收/发双方必须使用相同的同步字符。

作为应用，异步通信常用于传输信息量不太大、传输速度比较低的场合，例如双机之间、局域网等，每秒 50～9600 位；在信息量很大，传输速度要求较高的场合，常采用同步通信，速度可达每秒 8×10^5 位。例如互联网均采用同步通信方式。

④同步通信多采用冗余校验方式。

（1）面向字符（Character Oriented）

①特点与格式

这种协议的典型代表是 IBM 公司在 20 世纪 60 年代制定的二进制同步通信协议 BSC（Binary Synchronous Communication）。它是按照对话习惯，为半双工传输线设计的面向字符同步通信协议。特点是一次传输由若干字符组成的数据块，而不是只传输一个字符，并且规定 10 个特殊字符作为这个数据块的开头与结束标志以及整个传输过程的控制信息，它们也叫通信控制字。由于被传输的数据块是由一个序列字符组成的，故被称作面向字符同步协议。面向字符同步协议的一帧数据格式如图 6-35 所示。

图 6-35　面向字符同步协议的一帧数据格式

一个面向字符的数据帧由几个控制字符开始，紧跟着是数据位数相同的各字符（1～n），最后以校验字段结束。

②控制字符的定义

在面向字符同步协议帧数据格式中规定了 10 种通信控制字符。

SYNC 是同步字符（Synchronous Character），每帧开始处都有 SYNC，加一个 SYNC 称单同步，加两个 SYNC 称双同步，同步字符作用是为了联络。在传输数据时，接收端不断检测，一旦出现同步字符，就知道是一帧开始了。接着是序始字符 SOH（Start of Header），它表示标题的开始，标题中包含源地址、目标地址和路由指示等信息。STX（Start of Text）是文始字符，它标志着传输的正文（数据块）开始，数据块是被传输的正文内容，由多个字符组成。数据块后面是组终字符 ETB（End of Transmission Block）或文终字符 ETX（End of Text）。如果正文很长，需要把正文分成若干份数据块分别在不同帧中发送时，在每个分数据块后面用组终字符 ETB，而在最后一个分数据块后用文终字符 ETX。面向字符协议中规定的 10 种通信控制字符的名称及代码见表 6-4。其中，EBCDIC（Extended Binary-Coded Decimal Interchange Code）表示扩充二进制编码的十进制交换码。

表 6-4　　　　　　　　通信控制字符名称及代码

名称	ASCII 码	EBCDIC 码
序始（SOH）	0000001	00000001

（续表）

名称	ASCII 码	EBCDIC 码
文始（STX）	0000010	00000010
组终（ETB）	0010111	00100110
文终（ETX）	0000011	00000011
同步（SYN）	0010110	00110010
选毕（EOT）	0000100	00110111
询问（ENQ）	0000101	00101101
确认（ACK）	0000110	00101110
否认（NAK）	0010101	00111101
转义（DLE）	0010000	00010000

面向字符的同步通信允许连续发送一系列字符，而每个字符的数据位数都相同，且没有起始位和停止位，这是有别于异步通信的特点。通常，一个数据帧内包含成百甚至上千个字符，而附加的控制信息仅几个字符。这样，使附加信息只占 1％，然而在异步传输中，一个字符帧内附加位约占 20％，因此，面向字符的同步传输效率要比异步传输高得多。

由于在面向字符的同步通信协议中采用一些传输控制字，从而增强了通信控制能力和校验功能，但也出现了一些问题，例如如何区别数据字符代码和特定字符代码，如果在数据块中出现与特定的通信控制字符完全相同的数据字符，接收端就可能把它误认为正文结束，因而产生错误。因此，通信协议应当具有将特定字符作为普通数据处理的能力，这种能力叫作"数据透明"。为此，协议中设置了转义字符 DLE（Data Link Escape）。当把一个字符看成数据时，就要在它前面加一个 DLE，每当接收器收到一个 DLE 就可预知下一个字符是数据字符。由于 DLE 本身也是特定字符，当它出现在数据块中时，也要在它前面再加上另一个 DLE。这种方法称为字符填充，而字符填充与字符编码有关，故实现起来相当麻烦。为了克服以上的缺点，故又提出面向比特同步协议。

③块校验

在一帧的最后是校验码，即块校验。由于奇偶校验仅能校验出奇数个位出错，而对于偶数个位同时出错（如同时有两个数据位出错），则奇偶校验法就不能检测错误。所以，为了提高检错能力，尤其对于同步串行通信来说，在一帧信息里就包含数百个字符，在此情况下若再采用简单的奇偶检验方法显然是不合适的，通常取而代之的是循环冗余校验 CRC（Cyclic Redundancy Check）。

设一个长度为 K 位的二进制信息码，其对应的多项式为：

$$D(X) = d_{k-1}X^{k-1} + d_{k-2}X^{k-2} + \cdots\cdots + d_1X^1 + d_0X^0$$

若在 $D(X)$ 的最低位之后附加上一个 $r=(n-k)$ 的位校验码，便组成一个总长度为 n 位的循环码。此时的 $D(X)$ 相当于左移了 r 位而提高了 X^r 阶，变为 $X^rD(X)$。如果 $X^rD(X)$ 除以生成多项式 $G(X)$，可得到商多项式 $Q(X)$ 和余数多项式 $R(X)$，即有

$$\frac{X^r \cdot D(X)}{G(X)} = Q(X) + \frac{R(X)}{G(X)}$$

$$X^r \cdot D(X) = G(X) \cdot Q(X) + R(X)$$

$$X^r \cdot D(X) - R(X) = G(X) \cdot Q(X) \tag{6-1}$$

考虑到这里只是对二进制多项式的系数进行校验，而非计算其真正的二进制多项式的数值，故这里的二进制多项式的减法运算可简化为对应项的系数进行模 2 加运算（即串不进位）。按模 2 加运算的法则可知，此时两个二进制多项式相减和相加的结果是一致的，故式（6-1）可变为

$$X^r \cdot D(X) + R(X) = G(X) \cdot Q(X) \tag{6-2}$$

由式（6-2）可知：信息码多项式 $X^r \cdot D(X)$ 和余数多项式 $R(X)$ 可以构成一个新的多项式 $P(X)$，而且这个新的多项式 $P(X) = X^r \cdot D(X) + R(X)$，是生成多项式 $G(X)$ 的整数倍，即能被 $G(X)$ 整除。而在这个新的循环码多项式 $P(X)$ 中，其高次多项式 $X^r \cdot D(X)$ 的系数仍是原信息码，而其低次多项式就是余数多项式 $R(X)$，它的各项系数作为校验码，这就是 CRC 校验码。

常用的生成多项式 $G(X)$ 有：$x^{16} + x^{12} + x^5 + 1$ 和 CRC-16 多项式 $x^{16} + x^{15} + x^2 + 1$。

显然在同步串行通信中，发送方和接收方必须选用同一生成多项式（如 CCITT 多项式）。发送方在发送信息码的同时，用信息码除以生成多项式（如 CCITT 多项式），并且在信息码发送完后，紧跟着发送由除法运算所得的余数多项式，即 CRC 校验码。然后，在接收方把接收到的整个传输码（包含信息码和 CRC 校验码）除以同一个生成多项式（如 CCITT 多项式）。此时，若余数为 0（即能被整除），则数据传输正确；否则余数不为 0，传输出错。

实现上述 CRC 校验的办法，可由硬件实现，也可以由软件实现。例如在 Z80-SIO 芯片中就有 CRC 校验的硬件电路，使用十分方便。

（2）面向比特同步协议

① 特点与格式

面向比特同步传输又称二进制同步传输，在面向比特同步协议中，最有代表性的同步协议有如下三种：

• 同步数据链路控制规程（Synchronous Data Link Control，SDLC），由 IBM 公司制定。

• 高级数据链路控制规程（High Level Data Link Control，HDLC），由国际标准化组织 ISO（International Standards Organization）制定。

• 先进数据通信控制规程（Advanced Data Communication Control Procedure，ADCCP），由美国国家标准协会制定。

这些协议的特点是所传输的一帧数据可以是任意位，它是靠约定的位组合模式标志帧的开始和结束的，而不是靠特定字符来标志帧的开始和结束。面向比特同步协议的帧格式如图 6-36 所示，该传输格式中不是以字符而是以二进制位为最小传输单位，故称为"面向比特"协议。

8 b	8 b	8 b	≥0 b	16 b	8 b
01111110	A	C	I	FC	01111110
开始标志	地址场	控制场	信息场	帧检验场	结束标志

图 6-36　面向比特同步协议的帧格式

② 帧信息的分段

SDLC/HDLC 的一帧信息包括以下五个场，所有场都是从最低有效位开始传输。

• SDLC/HDLC 的标志场

SDLC/HDLC 协议规定，所有信息传输必须以一个标志符开始，且以同一个标志符结束。这个标志符是 01111110，称为标志场（Flag）。从开始标志到结束标志之间构成一个完整的信

息单位,称为一帧(Frame)。所有的信息是以帧的形式传输的,而标志符提供每帧的边界。接收端可以通过搜索 01111110 来确定帧的开头和结束,以此建立帧同步。

• 地址场和控制场

在标志场之后,可以有一个地址场 A(Address)和一个控制场 C(Control)。地址场用来规定与之通信的次站地址,控制场可规定若干个命令。SDLC 规定 A 场和 C 场的宽度为 8 位。HDLC 则允许 A 场可为任意长度,C 场可为 8 位或 16 位。接收方必须检查每个地址字节的第一位,如果为 0,则后边跟着另一个地址字节,若为 1,则该字节就是最后一个地址字节。同理,如果控制场第一个字节的第一位为 0,则还有第二个控制场字节,否则就只有一个字节。

• 信息场(数据场)

跟在控制场之后的是信息场 I(Information)。I 场包含传输的数据,并不是每一帧都必须有信息场,即信息场可为 0。当它为 0 时,则这一帧主要是控制命令。

• 帧校验场

紧跟在信息场之后的是两字节的帧校验场,称为 FC(Frame Check)或帧校验序列 FCS (Frame Check Sequence)。SDLC/HDLC 均采用 16 位循环冗余校验码 CRC,其生成多项式为 CCITT 多项式 $x^{16}+x^{12}+x^5+1$。除标志场和自动插入的"0"位外,所有的信息都参加 CRC 计算。

③实际应用时的几个技术问题

• "0"位插入/删除技术

SDLC/HDLC 协议规定以 01111110 为标志字节,但在信息场中也完全有可能有同一种模式的字符。为了能把它与标志字节区分开来,所以采取了"0"位插入/删除技术。在发送端发送所有信息时(除标志字节外),只要遇到连续 5 个"1",就自动插入一个"0";当接收端在接收数据时(除标志字节外),如果连续收到 5 个"1",就自动将其后的一个"0"删除,以恢复信息的原有形式。这种"0"位的插入/删除过程是由硬件自动完成的。

• SDLC/HDLC 异常结束

如果在发送过程中出现错误,则 SDLC/HDLC 协议用异常结束(Abort)字符,或称失效序列使本帧作废。在 HDLC 规程中,7 个连续的"1"作为失效字符,而在 SDLC 中失效字符是 8 个连续的"1"。当然,在失效序列中不使用"0"位插入/删除技术。

SDLC/HDLC 协议规定,在一帧之内不允许出现数据间隔。在两帧信息之间,发送器可以连续输出标志字符序列,也可输出连续的高电平,它被称为空闲(Idle)信号。

• HDLC 的三种基本通信操作方式

a. 正常响应方式(NRA),用于由一个主站和多个从站组成的多点式结构。

b. 异步响应方式(ARM),用于一个主站和一个从站组成的点-点式结构,或者通信双方均由主站-从站叠加而成的"平衡型"结构。

c. 异步平衡方式(ABM),主要用于通信双方都是复合站的结构(即平衡型),目的是消除主站-从站的不对称性,并使通信双方地位相同,都具有发送命令和进行链路控制的能力。

• 同步通信中的纠错与数据帧重发

面向比特同步协议中,由标志字段开始,紧跟着几千比特的信息,最后以 CRC 校验码结束。一般,CRC 校验码取 16 位或 32 位,因此,附加位信息也不超过整个帧的 1%。

无论面向比特同步传输,还是面向字符同步传输,当接收方检测到不能自动排除的错误时,通常也要求发送方重新发送一帧或多帧。

(3)典型同步通信接口的基本结构

上述两种通信协议中,所采用的通信控制字符较多(达 10 个之多),故控制较为复杂,一般适用于速度要求高,传输数据多的网络通信的场合。对于仅有标准串行通信接口芯片(如8250,8251A)的普通串行通信系统,当采用同步通信方式时,虽然也采用面向字符型的通信协议,但其数据格式仅简化为三种,如图 6-37 所示。

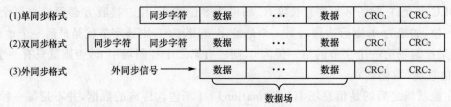

图 6-37　典型的面向字符型同步通信数据格式

单同步格式指的是在数据块之前仅有一个同步字符 SYNC,接收方检测到一个同步字符后便开始接收数据,双同步格式则在数据块之前安排两个同步字符;外同步格式则在数据块之前不含同步字符,而用一条专用控制线来传输同步字符;接收方由专用的同步字符检测电路来接收和检测同步字符,以实现收发双方的同步操作。三种同步格式中共同之处是不论任何一帧信息,其最后的两个字节必为循环冗余校验码 CRC_1 和 CRC_2。

典型的同步通信接口的基本结构如图 6-38 所示。

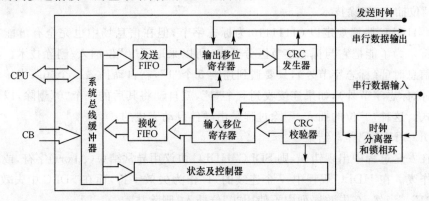

图 6-38　典型的同步通信接口的基本结构

FIFO(先进先出缓冲器):它是由多个寄存器组成的,因此在发送时 CPU 可以预先装入几个字符,接收时 CPU 也可一次连续读取几个字符。

发送 FIFO:它通过系统总线缓冲器并行接收来自 CPU 的数据。

输出移位寄存器:它并行接收来自发送 FIFO 的数据,以发送时钟的速率把发送数据以串行的方式输出。

CRC 发生器:它把输出移位寄存器发送的字符信息(包括 SYNC 字符和数据)除以生成多项式,获得 CRC 校验码。

输入移位寄存器:它从串行数据输入线上以时钟分离器提取出来的时钟速率接收串行数据流,每接收完一个字符数据便把它并行送往接收 FIFO。

CRC 校验器:它把输入移位寄存器接收到的字符数据,除以生成多项式而获得新的 CRC 校验码,再与输入移位寄存器接收到的原 CRC 校验码比较,以判定传输是否有错。

接收 FIFO:它并行接收来自输入移位寄存器的数据,并且通过系统总线缓冲器把数据并行送 CPU。

　　系统总线缓冲器：它是 CPU 与 FIFO（发送和接收）交换数据的双向缓冲器。通过它，CPU 向发送 FIFO 发送数据，且从接收 FIFO 接收输入的数据；同时，CPU 也通过它向接口发送控制命令和读取接口的状态信息。

　　时钟分离器和锁相环：用来从串行输入数据流中提取时钟信号，保证接收时钟与发送时钟的同频同相。

　　同步串行通信接口的工作过程简介如下：发送时，CPU 将要发送的数据信息经系统总线缓冲器并行发送到发送 FIFO，在输出移位寄存器接收发送 FIFO 的数据之前，接口内部的控制逻辑电路自动向输出移位寄存器送去 1～2 个同步字符，待同步字符发送完后，输出移位寄存器才接收发送 FIFO 的数据信息，在发送时钟的作用下将串行数据信息逐位移出，送到串行数据输出线上。与此同时，CRC 发生器对所发送的数据信息进行 CRC 校验，并且产生两组校验码（CRC_1 和 CRC_2）。在数据信息发送完毕之后，把所得的 CRC_1 和 CRC_2 也依次发送出去。接收时，输入移位寄存器从串行数据输入线上接收串行的代码。当接收到约定的位数时，就与内部设定的同步字符比较。若相等，则继续接收第二个同步字符（设采用双同步格式）；然后进行第二个同步字符的比较，若也相等，才开始接收数据信息。每当接收到所规定的位数就将它并行送入接收 FIFO。接收 FIFO 缓冲器收到数据后，即通过状态字或中断请求方式通知 CPU 及时把数据取走。重复上述过程，直至全部数据信息接收完毕。最后接收 CRC 校验码，且把接收到的校验码与从接收数据流中产生的新的校验码进行比较，若相等，表明数据传输正确，否则置位相应的状态标志位，表明传输有错。

　　（4）异步通信与同步通信的比较

　　由以上讨论可知，异步通信是指通信中两个字符间时间间隔是不固定的，而在同一字符中两个相邻位代码间的间隔是固定的。但是在同步通信中，每时每刻在链路上都有字符信息传输，而且通信中的每两个字符间的时间间隔是相等的。此外，每个字符中各个相邻位代码间的时间间隔也是固定的。

　　在网络通信中，同步通信以其高传输效率和传输速度得到广泛的应用。虽然，同步传输错误校验码检错和纠错的能力比异步传输的奇偶校验码有较大提高，但由于传输帧内的信息量大大增加（几百倍），因此，对通信双方的时钟同步要求甚严。如果两者稍有差异，几千位的累积误差会导致通信完全失败。由于同步通信一般用在远距离网络通信中，要专门增设时钟信号线并不现实，而且易受噪声干扰，故发送方通常采用曼彻斯特编码，形成含有时钟同步的数据信息流，在接收方利用数字锁相技术跟随发送频率，并且通过数据同步分离电路提取时钟同步检测，从而得到发送方的原数据序列。当然，为了获得高效率、高质量的数据传输，同步传输要付出设备繁多，控制复杂的代价。

　　对于近距离（几百米之内）的点-点式数据通信，若不要求太高的数据传输速率（例如不超过 9600 bps），则通常采用设备简单、控制容易的异步传输为好，这就是本节重点介绍的异步串行通信。

3. 波特率和接收/发送时钟

　　（1）波特率

　　在并行通信中，以每秒传输多少字节（Bps）表示数据传输速率；在串行通信中，则波特率是每秒传输的位（bit）数，单位为波特（bps）。

　　（2）接收时钟和发送时钟

　　二进制数据在串行传输过程中以数字信号波形的形式出现。不论接收还是发送，都必须有时钟信号对传输的数据进行定位。接收/发送时钟就是用来控制通信设备接收/发送字符数据速度的,并使数据信号能够移入或移出,该时钟信号通常由外部时钟电路产生。

在发送数据时,发送器用发送时钟的下降沿将移出移位寄存器的数据串行移位输出,并且对准数据位的前沿;在接收数据时,接收器用接收时钟的上升沿将数据位移入移位寄存器,对准数据位的中间位置,以保障可靠的接收数据。发送/接收时钟的时序如图 6-39 所示。

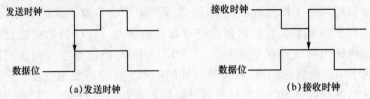

图 6-39　发送/接收时钟的时序图

发送/接收时钟是对数字信号的每位进行同步控制,而发送/接收时钟的快慢将直接影响通信设备发送/接收的速度。

发送/接收时钟频率与波特率的关系如下:

$$发送/接收时钟频率＝n×发送/接收波特率$$

$$发送/接收波特率＝\frac{发送/接收时钟频率}{n}$$

其中 n 称为波特率因子,其单位为脉冲个数/位,一般可取 1、16 或 64。

6.4.4　串行通信的物理标准

1. EIA RS-232C 标准

一个完整的串行通信系统结构如图 6-40 所示。

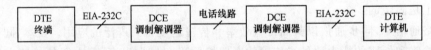

图 6-40　串行通信系统结构图

图 6-40 中,数据终端设备 DTE 是产生二进制数字信号的数据源,它可以是计算机,也可以是其他类型的数据设备,如打印机、绘图仪等。数据调制解调设备 DCE 的作用是将二进制数字信号变成适合于通信传输的形式,并提供数据终端设备与通信线路之间通信的建立、维持和释放连接等功能,如 Modem 就是常用的 DCE 设备。

串行接口标准是数据终端设备 DTE 的串行接口电路与 DCE 之间的连接标准。串行接口标准有很多,其中最著名、应用最广泛的是美国电子工业协会(EIA)制定的 RS-232C 标准。该标准与国际电报电话咨询委员会(CCITT,现改为电信联盟 ITU-T)制定的串行接口标准V.24 基本相同。

RS-232C 标准主要包括以下四个方面的内容:接口的机械特性、功能特性、电气特性和规程特性。

(1)机械特性

RS-232C 规定了一个 25 引脚 D 形连接器,实际只用了 21 个引脚,如图 6-41 所示。

(2)功能特性

RS-232C 的功能特性就是规定各接口线的功能。

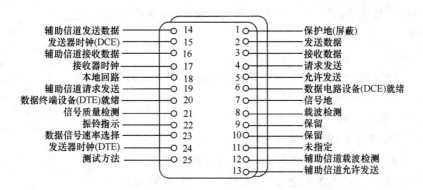

图 6-41 RS-232C 内部连接器

RS-232C 定义了 25 引脚连接器中的 22 条连接线,见表 6-5。

表 6-5 **RS-332C 的信号定义**

针号	EIA 名称	CCITT	名称	缩写	功能
1	AA	101	保护地	GND	作为设备接地端
2	BA	103	发送数据(出)	T_xD	将数据送调制解调器
3	BB	104	接收数据(入)	R_xD	从调制解调器接收数据
4	CA	105	请求发送	RTS	在半双工方式下控制发送器的开或关
5	CB	106	允许发送	CTS	指出调制解调器准备好发送
6	CC	107	数据电路设备就绪	DSR	指出调制解调器不处在测试模式,而是可进入工作状态
7	AB	102	信号地	SG	作为所有信号的公用地
8	CF	109	载波检测	DCD	指出调制解调器正在接收另一端送来的信号
9			空		
10			空		
11			空		
12	SCF		辅助信道载波检测		指出在第二通道上检测到信号
13	SCB		辅助信道允许发送		指出第二通道准备好发送
14	SBA	118	辅助信道发送数据		往调制解调器以较低速率输出
15	DB	113	发送器时钟		为调制解调器提供发送器定时信号
16	SBB	119	辅助信道接收数据		从调制解调器以较低速率输入
17	DD	115	接收器时钟		为接口和终端接收器提供信号定时
18	LL		空		
19	SCA		辅助信道请求发送		闭合第二通道的发送器
20	CD	108	数据终端设备就绪		调制解调器连接到链路,并开始发送
21	CG		空		
22	CE	125	振铃指示		指出在链路上检测到音响信号
23	CH	111	数据信号速率选择		可选择两个同步数率之一
24	DA	114	发送器时钟		为接口和终端提供发送器定时信号
25	TM		空		

但在一般的计算机和调制解调器的连接中通常仅用 9 个信号,如图 6-42 所示。下面对它们做简单介绍。

T_xD——发送数据线,由计算机到 Modem。

R$_X$D——接收数据线,由 Modem 到计算机。Modem 将收到的数据经 R$_X$D 线送到计算机。

RTS——请求发送,由计算机到 Modem。

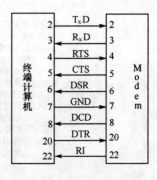

CTS——清除发送,由 Modem 到计算机。当有字符发送时,计算机用 RTS 信号通知 Modem,当 Modem 认为可以发送数据时,就发出 CTS 信号应答计算机,然后发送才可开始。当进行全双工通信时,RTS 和 CTS 线应保持恒定的接通电平。

DSR——数据(通信)装置准备好,由 Modem 到计算机。通常表示调制解调器 Modem 已连到通信线路上,并工作在数据模式下,已可以使用。

图 6-42　调制解调器连接信号

DCD——载波检测,由 Modem 到计算机。当 Modem 接收到通信线路另一端 Modem 送来的正确的载波信号时,调制解调器向 DTE 发 DCD 信号。DTE 需先收到 DCD 信号才可向 Modem 传输数据,在传输过程中 DCD 信号也应保持接通不变。

RI——振铃指示,由 Modem 到计算机。Modem 收到一个电话振铃信号时就发出该信号通知计算机。

DTR——数据终端准备好,由计算机到 Modem,计算机收到 RI 信号时,发出该信号回答 Modem,表明终端/计算机可用。

GND——信号地,它是其他信号的公共参考点。

(3)电气特性

RS-232C 的电气特性规定接口线电路采用公共地线非平衡驱动/接收的电路连接方式。

接口线的信号电平:RS-232C 采用负逻辑规定逻辑电平,信号电平与通常的 TTL 电平不兼容,RS-232C 对 T$_X$D 和 R$_X$D 线规定:$-15\sim-3$ V 规定为"1",$+3\sim+15$ V 规定为"0"。

控制信号的接通电平规定为 $+3\sim+15$ V,而断开电平是 $-15\sim-3$ V。

计算机发送器/接收器的输出信号为 TTL 电平,由于 RS-232C 的信号电平与 TTL 不兼容,故它们之间的连接必须经过电平转换电路。图 6-43 是 TTL 标准和 RS-232C 标准之间的电平转换电路。图中采用 1488 和 1489 芯片作为电平转换电路,该芯片采用单一 $+5$ V 供电,由内部电路提供 RS-232C 所需的电平。它可同时实现 2 路 TTL 电平转换为 RS-232C 电平($T_1I{\rightarrow}T_1O,T_2I{\rightarrow}T_2O$),2 路 RS-232C 电平转换为 TTL 电平($R_1I{\rightarrow}R_1O,R_2I{\rightarrow}R_2O$)。

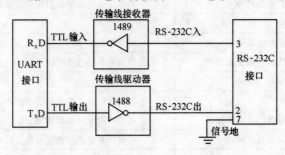

图 6-43　TTL 电平转 RS-232C 电平接口转换电路

RS-232C 采用这样的逻辑电平标准是为了增强抗干扰性能,一般连接电缆线不要超过 15 米,可以进行正常的传输。

(4)规程特性

RS-232C 的规程特性指各种事件发生的合法顺序,还有各种可能的组合。图 6-44 为不同组合方式下的远程系统连接。下面以图 6-44(b)为例,简要说明主叫 DTE A 与被叫 DTE B 进行拨号半双工通信所涉及的过程。

①置 DTE A 接通 DTR,通过 TxD 送电话号码给 Modem A,让 Modem A 拨号。

②当拨号信息传到 Modem B 时,它的 RI 接通,DTE B 置 DTR 为通。然后 Modem B 向 Modem A 发出载波信号,并置 DSR 接通,表示它准备好接收数据。

③当 Modem A 接收载波信号后,它通过 DCD 通知 DTE A,还通过接通 DSR 告诉 DTE A 已经建立一条通信通路。

④然后 Modem A 产生载波信号给 Modem B,Modem B 则通过 DCD 向 DTE B 报告。

⑤当 DTE A 要发送数据时,其置 RTS 为接通,Modem A 用 CTS 响应。

⑥DTE A 通过 T_xD 发送数据,Modem A 将数据调制为模拟信号,送到线路上。

⑦Modem B 将模拟信号还原为数字形式,并通过 R_xD 线送给 DTE B。

⑧DTE A 发送完毕,置 RTS 断开,Modem A 的 CTS 断开,并关闭载波。

⑨Modem B 将 DCD 断开,DTE B 将 DTR 断开。

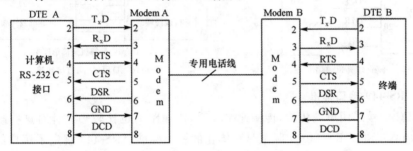

(a)专用电话线连接通信

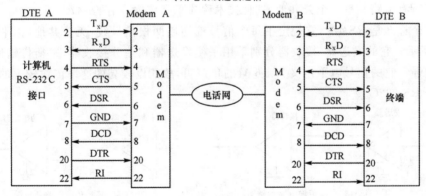

(b)通过电话网连接通信

图 6-44　DTE 通过电话线通信示意图

2. 终端/计算机通信互连方式

远距离通信时,一般要加 Modem,当计算机与 Modem 连接时,只要将编号相同的引脚连起来即可,如图 6-45 所示。

近距离通信时(小于 15 m),不需要使用 Modem,两个计算机的 RS-232C 接口可以直接互连,如图 6-46 所示。图 6-46(a)是常用信号引脚的连接。图中,为了交换信息,T_xD 和 R_xD 交叉连接。RTS、CTS 和 DCD 互接,即用请求发送 RTS 信号来产生清除发送 CTS 和载波检测 DCD 信号,以满足全双工通信的控制逻辑。用类似的方式可将 DTR、DSR 和 RI 互连,用数据终端准备好来产生数据装置准备好和振铃指示,以满足 RS-232C 通信控制逻辑的要求。这种方法连线较多,但能够检测通信双方是否已准备就绪,故通信可靠性高。图 6-46(b)给出最简单的互连方式,只需使用 3 根线便可进行基本的数据传输,但许多功能(如流控)没有了。

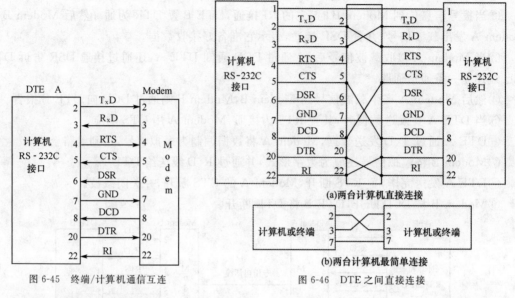

图 6-45　终端/计算机通信互连

图 6-46　DTE 之间直接连接

3. EIA RS-449 接口标准

RS-232C 信号采用单端传输,传输速率较低,传输距离也比较短。针对这些缺点,EIA 又提出了 RS-449 标准。RS-449 实际上是一体化的三个标准。RS-449 规定了接口的机械、功能和规程特性。而电气特性有两个不同的标准定义:第一个是 RS-423 标准,它与 RS-232C 相似之处在于所有电路共享一个公共地,这种技术称非平衡传输,如图 6-47 所示。

第二个标准是 RS-422,它规定了每个信号都使用两根信号线,无公共地,称平衡传输,如图 6-48 所示。它的发送器、接收器分别采用平衡发送器和差分接收器,平衡传输使抗串扰能力大大增强。它的信号电平定义为 $\pm 6\,V$ 的负逻辑,故能以较高的速率传输较远的距离,性能远远优于 RS-232C。

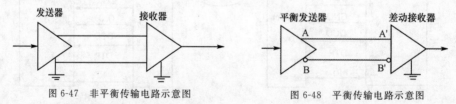

图 6-47　非平衡传输电路示意图

图 6-48　平衡传输电路示意图

由于 RS-422 的接收器采用高输入阻抗和发送驱动器比 RS-232C 更强的驱动能力,因而RS-422 支持点-多点的双向通信。

6.4.5　可编程串行通信控制器 8251A

1. 8251A 的主要特征

8251A 是继 8250 之后的又一可编程的串行通信接口芯片,在某些功能上与 8250 芯片有相同之处,但它比 8250 结构简单,8250 为双列直插 40 引脚,而 8251A 仅有 28 引脚,在某些小规模的通信系统中使用更加方便。概括起来,它具有以下五个主要特性:

①通过编程,该芯片可以工作于同步方式或异步方式。工作于同步方式时,其波特率为

0～64 Kbps,工作于异步方式时,其波特率为 0～19.2 Kbps。

②在同步方式时,每个字符可选 5～8 位数据位表示,且其内部控制逻辑电路能够自动检测同步字符和自动插入同步字符(当字符之间有间隔时)。此外,8251A 也允许同步方式下增加奇偶校验位进行校验。

③在异步方式时,每个字符可选 5～8 位数据位表示。且其内部控制逻辑电路自动增加 1 位起始位,依编程可增加 1 位奇偶校验位,选择 1 位、1.5 位或 2 位停止位。

④该芯片具有发送缓冲器和接收缓冲器,可以工作于全双工方式。

⑤该芯片具有出错检验功能,自动检测奇偶错、超越错和帧格式错。

2. 8251A 芯片和引脚信号

8251A 是一个采用 NMOS 工艺制造的 28 引脚双列直插式封装的芯片,其外部引脚信号如图 6-49 所示。其引脚按连接功能可分为以下五种不同类型。

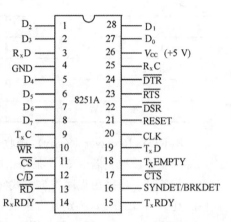

图 6-49　8251A 引脚信号

(1)与 CPU 相连接信号(12 条)

①$D_7 \sim D_0$:8 位双向三态的数据总线,8251A 通过它与系统总线相连接。因此,CPU 通过它向 8251A 传输模式字、控制字、同步字符、状态字和输入/输出数据。

②$\overline{CS}$:片选信号,低电平有效。$\overline{CS}$有效,表示该 8251A 芯片被选,通常由端口地址译码得到。

③$\overline{RD}$和$\overline{WR}$:读和写控制信号,由 CPU 输入,低电平有效。

④$C/\overline{D}$(Control/Data):控制/数据信号。$C/\overline{D}=1$ 表示当前通过数据总线传输的是控制字或状态信息;$C/\overline{D}=0$,表示当前通过数据总线传输的是数据,可由一位地址码来选择。

由$\overline{CS}$、$C/\overline{D}$、$\overline{RD}$和$\overline{WR}$信号组合起来可确定 8251A 的操作。8251A 读/写操作方式见表 6-6。

表 6-6　　　　　　　　　　　8251A 读/写操作方式

$\overline{CS}$	$C/\overline{D}$	$\overline{RD}$	$\overline{WR}$	操作
0	0	0	1	读数据 CPU←8251A
0	1	0	1	读状态 CPU←8251A
0	0	1	0	写数据 CPU→8251A
0	1	1	0	写控制字 CPU→8251A
0	×	1	1	8251A 数据总线浮空
1	×	×	×	8251A 未被选,数据总线浮空

(2)收发联络信号(4 条)

①$T_X RD Y$(Transmitter Ready):发送器准备好信号。

当 $T_X RDY$=发送缓冲器空・$T_X EN$・CTS=1 时,表示 8251A 已准备好发送,等待 CPU 发送下一个数来。发送缓冲器空信号($T_X RDY$)在状态字中的第 D_0 位表现出来。当该位为 1 时,表示发送缓冲器已准备好接收数据。$T_X EN$ 信号在控制字中的第 D_0 位,当该位为 1 时,表示允许发送。CTS 为外设对 CPU 端口引脚信号$\overline{RTS}$的回答。当$\overline{CTS}$=0 时,即 CTS=1,表示外设已准备好接收数据。

上式的关系表明,只有当发送缓冲器为空,T_XEN 和 CTS 全为 1 时,引脚 T_XRDY 才为 1。可见,使用中断方式时,该信号可以作为中断请求信号;当用程序查询方式时,该信号可以作为状态信号,但一般 CPU 仅读出状态字并检测其 D_0 位的状态来决定是否发送数据。

当 CPU 向 8251A 写入一个字符后,T_XRDY 信号变为低电平。

②T_XEMPTY(Transmitter Empty):发送器空信号,输出信号线,高电平有效,表示8251A 的发送移位寄存器已空。当 T_XEMPTY=1 时,CPU 可向 8251A 的发送缓冲器写入数据。T_XRDY 及 T_XEMPTY 两信号所表示发送器的状态见表 6-7。

表 6-7   8251A 发送器状态

T_XRDY	T_XEMPTY	发送器状态
0	0	发送缓冲器满,发送移位寄存器满
1	0	发送缓冲器空,发送移位寄存器满
1	1	发送缓冲器空,发送移位寄存器空
0	1	不可能出现

③R_XRDY(Receiver Ready):接收器已准备好信号,表示接收缓冲器中收到一个数据字符,等待 CPU 读取。若 8251A 采用中断方式与 CPU 交换数据,则 R_XRDY 信号用作向 CPU发出中断请求。当采用程序查询方式时,此信号作为状态信号,一般 CPU 通过读取状态字并且检测其 D_1 位的状态,决定是否读取 8251A 中的数据。

当 CPU 取走接收缓冲器数据后,同时将 R_XRDY 变为低电平。

④SYNDET/BRKDET(SyncHronous Detect/Break Detect):同步检测/间断检测信号,双功能检测信号,高电平有效。

对于同步方式,它是同步控制信号,双向信号线,究竟是输入还是输出取决于外同步还是内同步。若采用内同步,当 R_XD 端上收到一个(单同步)或两个(双同步)同步字符时,SYNDET 输出高电平,表示达到同步,后续接收的便是有效数据。若采用外同步,该信号为输入;当外部电路检测到同步字符时,使 SYNDET 变为高电平,表明收发双方实现同步操作,接下来的 R_XC 的下降沿便开始接收数据代码且装配字符。

对于异步方式,BRKDET 用于检测线路处于工作状态还是断缺状态。当 R_XD 端上连续收到八个"0"信号,则 BRKDET 变为高电平,表示当前处于数据断缺状态。

(3)与外设或 Modem 联络的信号(4 条)

①$\overline{DTR}$(Data Terminal Ready):数据终端准备好信号,输出,低电平有效。CPU 通过控制字的 D_1 位(DTR)经 8251A 送往外设或 Modem,表示 CPU 要求与外设交换数据。

②$\overline{DSR}$(Data Set Ready):数据装置准备好信号,输入,低电平有效。$\overline{DSR}$ 有效,表示调制解调器或外设已准备好发送数据,它实际上是对 $\overline{DTR}$ 的回答信号。CPU 可利用 IN 指令读入8251A 状态寄存器内容,检测 D_7 位(DSR 位)状态,当 DSR=1 时,表示 $\overline{DSR}$ 有效。

③$\overline{RTS}$(Request To Send):请求发送信号,输出,低电平有效,可由软件定义。$\overline{RTS}$ 有效,表示 CPU 已准备好发送数据。控制字中 RTS 位=1 时,输出 $\overline{RTS}$ 有效信号。

④$\overline{CTS}$(Clear To Send):清除发送信号,输入,低电平有效。$\overline{CTS}$ 有效,表示调制解调器已做好接收数据准备,同意发送,它实际上是对 $\overline{RTS}$ 的回答信号。控制字中 T_XEN 位为 1,$\overline{CTS}$有效时,发送器才可串行发送数据。如果在数据发送过程中使 $\overline{CTS}$ 无效,或 T_XEN=0,发送器

将正在发送的字符发送完则停止继续发送。

一般情况下,上述两对联络信号仅使用其中一对就足够。然而,由于$\overline{CTS}=0$ 时,才能使引脚信号 T_XDRY 变为高电平,CPU 才能经 8251A 发送数据。所以,若使用第一对联络信号($\overline{DTR}$和$\overline{DSR}$)时,必须把$\overline{CTS}$的引脚接地。

(4)数据信号线(2 条)

①T_XD(Transmit Data):发送数据端,输出串行数据。

②R_XD(Receive Data):接收数据端,输入串行数据。

(5)时钟信号及复位信号(4 条)

①CLK(Clock):主时钟,向 8251A 输入。

其最低的频率应不低于 64×19.2 k$=1.2288$ MHz。

②T_XC(Transmitter Clock):发送器时钟,外部输入。发送器时钟控制发送数据的速度,对于同步方式,T_XC 时钟频率应等于发送数据的波特率;对于异步方式,T_XC 时钟频率应是发送数据的波特率乘以波特率因子,而波特率因子究竟选 1、16 或 64,则由编程指定。

③R_XC(Receiver Clock):接收器时钟,由外部输入。接收器时钟控制接收数据的速度。若采用同步方式,R_XC 时钟频率应等于发送数据的波特率;若采用异步方式,R_XC 时钟频率应是发送数据的波特率乘以波特率因子,可见,R_XC 与 T_XC 是类似的,在实际应用中,往往把 R_XC 和 T_XC 连在一起,由同一个外部时钟电路产生,CLK 则由另一个频率更高的外部时钟提供。

④RESET:复位信号,向 8251A 输入,高电平有效。RESET 有效,迫使 8251A 中各寄存器处于复位状态,收、发线路处于空闲状态。

3.8251A 芯片内部结构

8251A 由发送器、接收器、数据总线缓冲器、读/写控制逻辑电路及调制/解调控制电路五部分组成,其引脚、内部结构如图 6-50 所示。

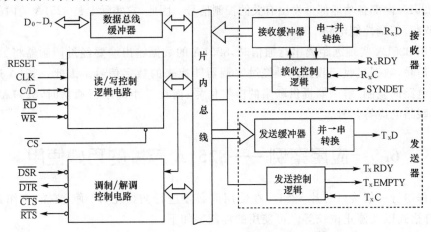

图 6-50　8251A 引脚内部结构

(1)接收器

8251A 的接收器包括接收缓冲器、接收移位寄存器(串→并转换)及接收控制电路三部分。

外部通信数据从 R_XD 端,逐位进入接收移位寄存器中。如果采用同步方式,则要检测同步字符,确认已经达到同步,接收器才可开始串行接收数据,待一组数据接收完毕,便把移位寄存器中的数据并行置入接收缓冲器中。如果采用异步方式,则应识别且删除起始位和停止位。

这时 $R_X RDY$ 线输出高电平,表示接收器准备好数据,等待 CPU 读取。8251A 接收数据的速率由 $R_C X$ 端输入的时钟频率决定。

接收缓冲器和接收移位寄存器构成接收器的双缓冲结构。

(2)发送器

8251A 的发送器包括发送缓冲器、发送移位寄存器(并→串转换)及发送控制逻辑电路三部分。CPU 需要发送的数据经数据发送缓冲器并行输入,锁存到发送缓冲器中。如果采用同步方式,则在发送数据之前,发送器将自动送出一个(单同步)或两个(双同步)同步字符(SYNC)。然后,逐位串行输出数据。如果采用异步方式,则由发送控制电路在其首尾加上起始位和停止位,然后从起始位开始,经移位寄存器从数据输出线 $T_X D$ 逐位串行输出,其发送速率有 $T_X C$ 端发送时钟频率决定。

当发送器做好发送数据准备后,由发送控制电路向 CPU 发出 $T_X RDY$ 有效信号,CPU 立即向 8251A 并行输出数据。如果 8251A 与 CPU 之间采用中断方式交换信息,那时 $T_X RDY$ 作为向 CPU 发出的发送中断请求信号。待发送器中的 8 位数据发送完毕时,由发送控制电路向 CPU 发出 $T_X EMPTY$ 有效信号,表示发送器中移位寄存器已空,因此,发送缓冲器和发送移位寄存器构成发送器的双缓冲结构。

(3)数据总线缓冲器

数据总线缓冲器是 8251A 用于连接系统总线的双向三态 8 位缓冲器。它除直接与数据发送缓冲器和数据接收缓冲器连接外,还包括多个命令缓冲寄存器(在图中未画出),如模式字、控制字、两个同步字符和状态字寄存器等。因此,在对 8251A 进行初始化时,CPU 可向 8251A 写入模式字、同步字符、控制字符等,而在发送和接收过程中,CPU 可从 8251A 读取状态字,并且通过数据总线缓冲器向 8251A 输出数据和读入数据。

(4)读/写控制逻辑电路

读/写控制逻辑电路用来接收 CPU 送来的一系列控制信号,由它们确定 8251A 处于什么状态,且向 8251A 内部各功能部件发出有关的控制信号。因此,它实际上是 8251A 的内部控制器。

(5)调制/解调控制电路

当使用 8251A 实现远距离串行通信时,8251A 的数据输出端要经过调制器将数字信号转换成模拟信号,数据接收端收到的是经过解调器转换来的数字信号。因此,8251A 通过调制/解调控制电路向调制/解调器提供联络的应答信号;而在近距离串行通信时,8251A 通过它与外设提供联络的应答信号。

6.5 应用案例——8251A 芯片的巧妙使用

可编程串行通信接口芯片 8251A 在使用前必须进行初始化,以确定它的工作方式、传输速率、字符格式以及停止位长等。可使用的控制字如下:

6.5.1 8251A 芯片的控制字

1. 方式选择控制字

8251A 的方式选择控制字格式如图 6-51 所示。

$B_2 B_1$ 位用来定义 8251A 的工作方式是同步方式还是异步方式。异步方式还可由 $B_2 B_1$ 的取值来确定传输速率,×1 表示输入的时钟频率与波特率相同;×16 表示输入的时钟频率是波

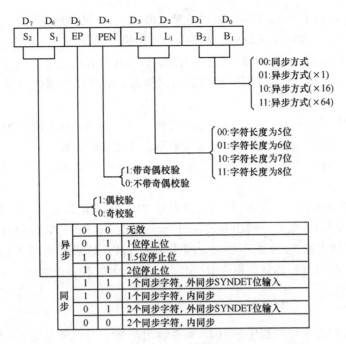

图 6-51　8251A 的方式选择控制字格式

特率的 16 倍；×64 表示输入的时钟频率是波特率的 64 倍,因此通常称 1、16 和 64 为波特率因子,它们之间存在如下的关系:

$$发送/接收时钟频率=发送/接收波特率×波特率因子$$

L_2L_1 位用来定义数据长度,可为 5、6、7 或 8 位。

PEN 位用来定义是否带奇偶校验,称作校验允许位。在 PEN=1 的情况下,由 EP 位定义采用奇校验还是偶校验。

S_2S_1 位用来定义异步方式的停止位长度(1 位、1.5 位或 2 位);对于同步方式,S_1 用来定义外同步($S_1=1$)还是内同步($S_1=0$),S_2 位用来定义单同步($S_2=1$)还是双同步($S_2=0$)。

2. 操作命令控制字

8251A 的操作命令控制字格式如图 6-52 所示。

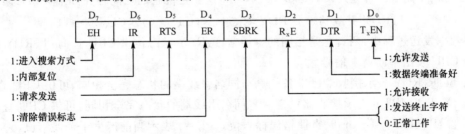

图 6-52　8251A 的操作命令控制字格式

D_0 位:T_XEN(Transmit Enable)是允许发送位。$T_XEN=1$,发送器才能通过 T_XD 线向外部串行发送数据。

D_1 位:DTR(Data Terminal Ready)是数据终端准备好位。DTR=1,强迫 8251A 的 $\overline{DTR}$ 引脚输出低电平,表示 CPU 要求与外设交换信息。

D_2 位:R_XE(Receive Enable)是允许接收位。$R_XE=1$,接收器才能通过 R_XD 线从外部串行接收数据。

D_3 位：SBRK(Send Break Character)是发送断缺字符（又称终止字符）位。SBRK＝1，强迫 T_XD 端一直发送"0"信号，正常通信过程中 SBRK 位应保持为"0"。

D_4 位：ER(Error Reset)是清除错误标志位。8251A 设置有 3 个出错标志，分别是奇偶校验错误标志 PE，溢出错误标志 OE 和帧校验错误标志 FE。ER＝1 时将 PE、OE 和 FE 标志同时清"0"。

D_5 位：RTS(Request To Send)是请求发送信号位。RTS＝1，迫使 8251A 输出 $\overline{RTS}$ 有效，表示 CPU 做好发送数据准备，请求向调制解调器或外设发送数据。

D_6 位：IR(Internal Reset)是内部复位信号位。IR＝1，迫使 8251A 回到接收方式，选择控制字的状态。

D_7 位：EH(Enter Hunt Mode)是进入搜索方式位。EH 位只对同步方式有效，EH＝1，表示开始搜索同步字符，因此对于同步方式，一旦允许接收（R_XE＝1），必须同时使 EH＝1，且使 ER＝1，清除全部错误标志，才能开始搜索同步字符。从此以后所有写入 8251A 的控制字都是操作命令控制字，只有外部复位命令 RESET＝1 或内部复位命令 IR＝1 才能使 8251A 回到接收方式选择字状态。

3. 状态字

CPU 可在 8251A 工作过程中利用 IN 指令读出当前 8251A 的状态，如图 6-53 所示。

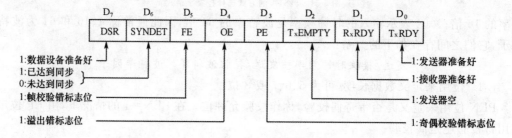

图 6-53 8251A 的状态字

D_0 位：T_XRDY 是发送器准备好标志，它与引线端 T_XRDY 的意义有些区别。T_XRDY 状态标志为"1"只反映当前发送数据缓冲器已空，而 T_XRDY 引线端为"1"，除发送数据缓冲器已空外，还有两个附加条件是 $\overline{CTS}$＝0 和 T_XEN＝1，这就是说它们之间存在如下关系，即：

$$T_XRDY \text{ 引线端} = T_XRDY \text{ 状态位} \times (\overline{CTS}=0) \times (T_XEN=1)$$

在数据发送过程中，两者总是相同的。通常 T_XRDY 状态位供 CPU 查询，T_XRDY 引线端用作向 CPU 发出中断请求信号。

D_1 位：R_XRDY 表示接收器已准备好。与同名引线端的状态完全相同，可供 CPU 查询。

D_2 位：T_XEMPTY 表示接收器已空。与同名引线端的状态完全相同，可供 CPU 查询。

D_3 位：PE(Parity Error)是奇偶错误标志位。PE＝1 表示当前产生了奇偶错误，它不中止 8251A 的工作。

D_4 位：OE(Overrun Error)是溢出错误标志位。OE＝1，表示当前产生了溢出错误。在数据接收过程，当串/并移位寄存器收到一个完整的字符时，它把这个字符数据并行送往接收缓冲器，CPU 及时把这个字符取走。若 CPU 来不及取走这个字符，则串/并行移位寄存器接收好的第二个字符数据就不能送往接收缓冲器，这样，第三个字符数据照样接收进入串/并行移位寄存器，从而覆盖了第二个字符数据。这就发生了溢出错误，检错逻辑会把 OE 位置位。

D_5 位：FE(Frame Error)是帧校验错误标志位。FE 只对异步方式有效，FE＝1，表示未检测到停止位,不中止 8251A 工作。

$D_3 \sim D_5$ 这 3 个标志位允许用操作命令控制字中的 ER 位复位。

D_6 位:SYNDET(Synchronous Detect)同步检测。SYNDET=1 表示已达到同步;SYNDET=0 表示未达到同步。

D_7 位:DSR(Data Set Ready)是数据装置准备好位。DSR=1,表示外设或调制解调器已准备好发送数据,这时输入引线端$\overline{DSR}$有效。

6.5.2　8251A 芯片的初始化约定

通过对以上两个控制字和一个状态字的格式及其含义的分析可知,方式控制字只是约定双方的通信方式(同步/异步)、数据格式(数据位和停止位的长度、校验特性和同步字符特性)和传输速率(波特率因子)等参数,没有规定双方的数据传输方向(发送/接收),故还不能进行数据的传输。操作命令控制字虽然能够控制数据的发送/接收,但究竟何时才能进行数据的发送或接收还需取决于状态字的状态,只有 8251A 进入接收或发送准备好的状态,CPU 才能通过 8251A 进行数据传输。可见,为使 8251A 正确地配合 CPU 进行通信,需对 8251A 进行初始化,即对 8251A 写入方式控制字和操作命令字初始化,可是这两个控制字只占用一个端口地址,而且它们本身又没有标志位加以分开,因此对 8251A 写入控制字时,必须严格按照一定顺序写入,这就是 8251A 的初始化约定。

①复位后第一次用奇地址(设 A_0 接 C/$\overline{D}$)端口写入的数值必为方式控制字,它被送往方式控制字寄存器中。

②若方式控制字中规定 8251A 工作于同步方式(即 B_1B_0),则接着往奇地址端口写入的是 1～2 个同步字符,它们分别被送往同步字符寄存器。

③接着往奇地址端口写入操作命令控制字,把它送入操作命令控制字寄存器中。若方式控制字规定 8251A 工作于异步方式,则免去第②步,即写入方式控制字后,接着写入操作命令控制字。

④往偶地址端口写入的是数据,它被送到发送缓冲寄存器。

8251A 的初始化流程图如图 6-54 所示。

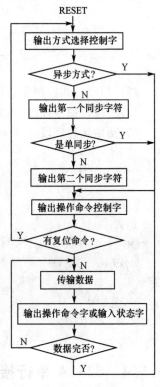

图 6-54　8251A 初始化流程图

6.5.3　8251A 的初始化举例

例 6-9　设 8251A 工作于异步方式,字符为 7 位,偶校验,2 位停止位,波特率因子为 16,工作于接收和发送状态,且使$\overline{RTS}$和$\overline{DTR}$为低电平。若 8251A 的端口地址为 50H 和 51H,其系统连接图如图 6-55 所示。试编写初始化程序段。

8251A 端口地址的求解:从图中可以看出输入给$\overline{CS}$端的片选信号为来自系统地址线 $A_7A_6A_5A_4A_3A_2A_1A_0$ 的逻辑组合,接到 138 译码器的$\overline{Y_4}$脚,其中 A_7A_5 经过两级非门连接到 138 译码器的$\overline{G_{2A}}$,其他引脚分别连接 $A_6A_4A_3A_2$,A_1A_0 对 8251A 片选地址译码不起作用,其逻辑值为 010100××B,即 50～53H。

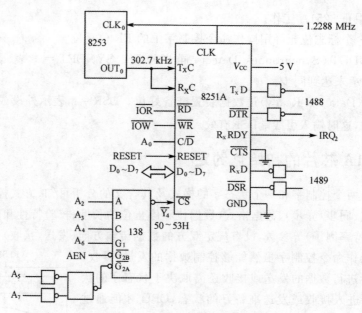

图 6-55 8251A 系统连接图

解:(1)求方式控制字:0FAH。

(2)求操作命令控制字:37H。

(3)初始化程序段。

XOR	AL,AL	;AL 内容清 0
OUT	51H,AL	;对 8251A 内部寄存器进行初始化
OUT	51H,AL	;对 8251A 内部寄存器进行初始化
OUT	51H,AL	;对 8251A 内部寄存器进行初始化
MOV	AL,40H	;将接收命令控制字送入 AL
OUT	51H,AL	;将接收命令控制字通过 51H 端口送入 8251A
MOV	AL,0FAH	;将方式控制字送入 AL
OUT	51H,AL	;将方式控制字字通过 51H 端口送入 8251A
MOV	AL,37H	;将操作命令控制字送入 AL
OUT	51H,AL	;将操作命令控制字通过 51H 端口送入 8251A
⋮		

6.5.4 8251A 串行接口应用——双机通信

采用 8251A 实现串行接口通信是在两台微机中各设一个 RS-232C 串行接口。每个 RS-232C 串行接口采用一片 8251A 芯片,其通信结构如图 6-56 所示,可以采用异步或同步方式实现单工、双工或半双工通信。

当采用查询方式、异步传输、双方实现半双工通信时,初始化程序由两部分组成。一部分是将一方定义为发送器,另一部分是将对方定义为接收器。发送器 CPU 每查询 T_XRDY 有效时,则向 8251A 并行输出一个字节数据;接收端 CPU 每查询到 R_XRDY 有效时,则从 8251A 并行输入一个字节数据;一直进行到全部数据传输完毕为止。

例 6-10 试为两台 8086 单片机设计串行通信接口。现假设:

①通信协议:甲机发送,乙机接收。两台 CPU 与 8251A 均采用查询方式交换数据,异步工作方式,数据格式为:8 位数据,1 位停止位,偶校验位,取波特率因子为 64。

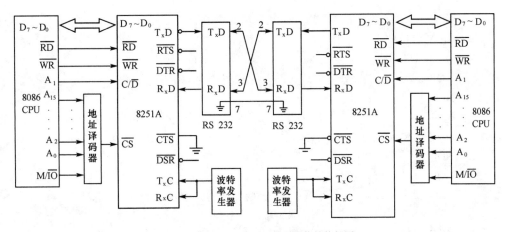

图 6-56 8251A 串行接口双机通信结构框图

②假设 8251A 控制端口地址为 20AH，数据端口地址为 208H。

③甲、乙两机发送和接收数据都存放在数据段，且地址分别为 SOUR 和 DIST，数据块长度为 COUNT。

* 硬件连接

硬件连接见图 6-56，因两机相距较近，故不需要用 Modem。它们之间仅有三条线相连，即 T_XD、R_XD 和信号地，而少量的附加电路，如电平转换器、波特率发生器、地址锁存器和译码器都未详细画出。

* 软件设计

```
;甲机发送程序
DATA SEGMENT              ;定义数据段
SOUR DB XX,YY,…          ;定义变量 XX,YY 等
COUNT DB 100             ;定义 COUNT 变量初始值为 100
DATA ENDS                ;定义数据段结束
STACK SEGMENT            ;定义堆栈段
SPACE DW 100 DUP(?)      ;设置堆栈段空间为 100 个字长度
STACK ENDS              ;定义堆栈段结束
CODE SEGMENT            ;定义代码段
   ASSUME CS:CODE,DS:DATA,SS:STACK
START:MOV AX,DATA
      MOV  DS,AX         ;设置数据段寄存器初值
      MOV  AX,STACK
      MOV  SS,AX         ;设置堆栈段寄存器初值
      MOV  DX,20AH       ;8251A 控制端口
      MOV  AL,00H        ;8251A 内部清零
      OUT  DX,AL
      NOP
      NOP
      MOV  AL,00H
      OUT  DX,AL
      NOP
```

```
          NOP
          MOV  AL,00H
          OUT  DX,AL
          NOP
          NOP
          MOV  AL,40H              ;复位 8251A
          OUT  DX,AL
          NOP
          NOP
          MOV  AL,7FH              ;工作方式控制字,8 位数据,1 位停止位,偶校验位,
                                   ;波特率因子为 64
          OUT  DX,AL
          MOV  AL,11H              ;命令字,清除出错标志,允许发送
          OUT  DX,AL
          MOV  DI,OFFSET SOUR      ;置发送数据缓冲区首地址
          MOV  CX,COUNT            ;数据块长度
NEXT:     MOV  DX,20AH
          IN   AL,DX               ;读状态字
          AND  AL,01H              ;检测状态字的 D0 位(TxRDY=1?)
          JZ   NEXT                ;D0≠1,发送未准备好,则等待
          MOV  DX,208H             ;8251A 的数据端口
          MOV  AL,[DI]
          OUT  DX,AL               ;从发送缓冲区取一个字节数据送 8251A
          INC  DI                  ;修改地址指针
          LOOP NEXT                ;未发送完,则继续发送
          MOV  AH,4CH              ;全部发送完毕,返回 DOS
          INT  21H                 ;MOV AH,4CH 和 INT 21H 构成程序结束返回
          CODE ENDS               ;代码段结束
          END  START
;乙机接收程序
DATA   SEGMENT
DIST   DB 100 DUP(?)
COUNT    DB 100
DATA   ENDS
STACK   SEGMENT
SPACE   DW 100 DUP(?)
STACK   ENDS
CODE   SEGMENT
       ASSUME CS:CODE,DS:DATA,SS:STACK
START:MOV  AX,DATA
          MOV  DS,AX              ;设置数据段寄存器初值
          MOV  AX,STACK
          MOV  SS,AX              ;设置堆栈段寄存器初值
```

```
        MOV   DX,20AH              ;8251A 控制端口
        MOV   AL,00H
        OUT   DX,AL
        NOP
        NOP
        MOV   AL,00H
        OUT   DX,AL
        NOP
        NOP
        MOV   AL,00H
        OUT   DX,AL
        NOP
        NOP
        MOV   AL,40H               ;复位 8251A
        OUT   DX,AL
        NOP
        NOP
        MOV   AL,7FH               ;工作方式控制字
        OUT   DX,AL
        MOV   AL,04H               ;操作命令字,RxE=1,允许接收
        OUT   DX,AL
        MOV   DI,OFFSET DIST       ;接收数据缓冲区首址
        MOV   CX,COUNT             ;数据块长度
COMT:   MOV   DX,20AH
        IN    AL,DX                ;读状态字
        ROR   AL,1                 ;测 RxRDY 位
        ROR   AL,1
        JNC   COMT                 ;接收未准备好
        ROR   AL,1                 ;测 PE 位
        ROR   AL,1
        JC    ERR                  ;奇偶有错,则转出错处理程序
        MOV   DX,208H
        IN    AL,DX
        MOV   [DI],AL              ;接收一个字节并且存入存储单元
        INC   DI                   ;修改接收存储单元地址
        LOOP  COMT                 ;接收未完,继续接收
        MOV   AH,4CH               ;接收完毕
        INT   21H                  ;返回 DOS
CODE ENDS
        END START
```

点评:串行通信是完成长距离传输的最有效方法,具有抗干扰能力强、降低成本造价等优势,对互联网的发展做出了很大的贡献。因此,本案例的实现方法和措施具有一定的指导意义。

6.6　计数器/定时器

在微机应用系统中,经常会提出这样的要求:一种是要求产生一些外部实时时钟,以实现延时控制或计时;另一种是要求具有能对外部事件计数的计数器。实现上述要求可采用三种方法。

(1)设计数字逻辑电路来实现计数或计时要求,即由硬件电路实现的计数器或定时器,这种电路,若要改变计数或定时的要求,必须改变电路参数,通用性、灵活性差。

(2)编制一些程序,用软件来实现计数或定时的要求。这种方法通用性和灵活性都好,但要占用 CPU 的时间。

(3)采用可编程计数器/定时器。其定时与计数功能可由程序灵活地设定,设定后与 CPU 并行工作,不占用 CPU 的时间。

本节介绍的 8253-5(Programmable Interval Timer,PIT)就是一种可编程计数器/定时器芯片,又称为"可编程间隔计时器"。

6.6.1　8253-5 的结构

1. 结构

8253-5(PIT)具有三个独立的 16 位计数器,它可用程序设置成多种工作方式,按十进制 BCD 码或二进制数进行减法计数,最高计数速率可达 2.6 MHz。8253-5 能工作于定时方式,OUT 引脚产生周期性的输出波形,例如作为可编程方波频率发生器、分频器、实时时钟等,也可工作于计数器方式,OUT 脚产生非周期性的输出波形,例如作为程控单脉冲发生器、事件计数器等。8253-5 的引脚排列如图 6-57 所示,8253-5 内部结构框图如图 6-58 所示。

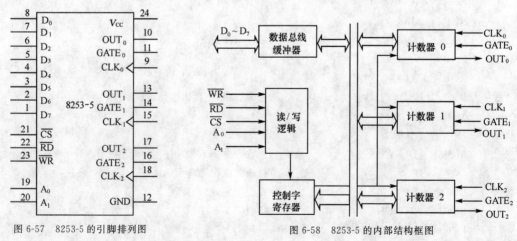

图 6-57　8253-5 的引脚排列图　　　　图 6-58　8253-5 的内部结构框图

其中,$D_0 \sim D_7$ 为 8 条双向数据线,$\overline{WR}$ 为写输入信号,$\overline{RD}$ 为读输入信号,$\overline{CS}$ 为片选输入信号,A_1、A_0 为片内寄存器地址输入信号,上述信号线除 $\overline{CS}$ 外,都与系统总线直接相接。在 3 个计数器中各自都有 3 条信号线:计数信号输入 CLK——用于输入计时基准脉冲或计数脉冲;输出信号 OUT——以相应的输出脉冲波形来指示计数器的状态;门控输入 GATE——用于控制计数器的计数操作,以使计数器和计测对象同步,其功能见表 6-8。

表 6-8　　　　　　　　　　　　选通信号 GATE 功能

工作方式	GATE 引脚输入状态所起的作用				OUT 引脚输出状态
	低电平	下降沿	上升沿	高电平	
方式 0	禁止计数	暂停计数	置入初始值后,由 $\overline{WR}$ 上升沿开始计数,由 GATE 的上升沿继续计数	允许计数	计数过程中输出低电平。计数至 0,输出高电平(单次)
方式 1	不影响计数	不影响计数	置入初始值后,由 GATE 的上升沿触发开始计数,或重新开始计数	不影响计数	输出宽度为 n 个 CLK 的低电平(单次)
方式 2	禁止计数	暂停计数	置入初始值后,由 $\overline{WR}$ 上升沿开始计数,由 GATE 的上升沿重新开始计数	允许计数	输出周期为 n 个 CLK,宽度为 1 个 CLK 的负脉冲(重复波形)
方式 3	禁止计数	暂停计数	置入初始值后,由 $\overline{WR}$ 上升沿开始计数,由 GATE 的上升沿重新开始计数	允许计数	输出周期为 n 个 CLK 的方波(重复波形)
方式 4	禁止计数	暂停计数	置入初始值后,由 $\overline{WR}$ 上升沿开始计数,由 GATE 的上升沿继续计数	允许计数	计数至 0,输出宽度为 1 个 CLK 的负脉冲(单次)
方式 5	不影响计数	不影响计数	置入初始值后,由 GATE 的上升沿触发开始计数,或重新开始计数	不影响计数	计数至 0,输出宽度为 1 个 CLK 的负脉冲(单次)

每个计数器都有三个寄存器:

(1)6 位的控制字寄存器——初始化时,将控制字寄存器低 6 位写入该寄存器,从而控制计数器的工作方式。

(2)计数初值寄存器——初始化时写入该计数器的初始值。

(3)减 1 计数寄存器——计数开始时,将计数初值从初值寄存器送入减 1 计数寄存器,当计数输入端 CLK 输入一个计数脉冲后,减 1 计数寄存器内容减 1;当减 1 计数寄存器内容发生变化时,OUT 脚输出相应信号反映当前计数状态。

8253-5 的读/写控制逻辑接收系统总线的输入信号,当 $\overline{CS}$ 端接收到低电平时,8253-5 根据 $\overline{WR}$ 和 $\overline{RD}$ 端的电平,控制本器件接收 CPU 的读/写访问,双向三态的 8 位数据总线缓冲器由此接收来自总线的数据或发送数据到总线上。这些访问一是写 8253-5 工作方式控制字,二是装入各计数器的初始值,还能读出各计数器的当前值。

地址输入信号 A_0 和 A_1 决定数据总线缓冲器的数据最初来源于内部的哪个寄存器,最终又送给内部的哪个寄存器,8253-5 内部寄存器操作见表 6-9。

表 6-9　　　　　　　　　　　　8253-5 内部寄存器操作

$\overline{CS}$	A_1	A_0	读 $\overline{RD}$	写 $\overline{WR}$	BIOS 使用的地址
0	0	0	读减 1 计数器 0 当前的计数器值	写计数器 0 的初始值	40H
0	0	1	读减 1 计数器 1 当前的计数器值	写计数器 1 的初始值	41H
0	1	0	读减 1 计数器 2 当前的计数器值	写计数器 2 的初始值	42H
0	1	1		写工作方式寄存器	43H
0	×	×	无效		

工作方式寄存器(又称为控制字寄存器)是只写寄存器,它接收 CPU 写入的控制字,然后将低 6 位写入计数器各自的 6 位控制字寄存器,这决定计数器的工作方式,按十进制或二进制计数,并控制 CPU 访问这些计数器的方法,其余两位用于选择计数器,其内容如下所述。

2. 工作方式控制字

D_7	D_6	D_5	D_4	D_3	D_2	D_1	D_0
SC_1	SC_0	RL_1	RL_0	M_2	M_1	M_0	BCD
计数器选择		读写字节数		工作方式			码制

(1)D_0(BCD)：用来指定计数器的码制，按二进制计数还是按 BCD 码计数。

$D_0=0$(二进制计数)；　　　$D_0=1$(BCD 码计数)。

(2)$D_3 \sim D_1$($M_2 \sim M_0$)：用来选择计数器的工作方式。

$M_2 M_1 M_0=000$——方式 0；　　　$M_2 M_1 M_0=011$——方式 3；

$M_2 M_1 M_0=001$——方式 1；　　　$M_2 M_1 M_0=100$——方式 4；

$M_2 M_1 M_0=010$——方式 2；　　　$M_2 M_1 M_0=101$——方式 5。

(3)$D_5 D_4$($RL_1 RL_0$)：用来控制计数器读/写的字节数(1B 或 2B)及读写高低字节的顺序。

$RL_1 RL_0=00$——特殊命令(即锁存命令)，把由 $SC_1 SC_0$ 指定的计数器的当前值锁存在锁存寄存器中，以便随时读取它。

$RL_1 RL_0=01$——仅读/写一个低字节。

$RL_1 RL_0=10$——仅读/写一个高字节。

$RL_1 RL_0=11$——仅读/写两个字节，先低字节，后高字节。

(4)$D_7 D_6$($SC_1 SC_0$)：用于选择计数器。

$SC_1 SC_0=00$——选择 0 号计数器；$SC_1 SC_0=01$——选择 1 号计数器。

$SC_1 SC_0=10$——选择 2 号计数器；$SC_1 SC_0=11$——非法。

例如，选择 2 号计数器，工作在方式 2，计数初值为 533H，采用二进制计数，初始化程序段为：

```
TIMER    EQU    40H        ;定义 0 号计数器端口地址
MOV      AL,0B4H           ;2 号计数器的方式控制字,10110100B
OUT      TIMER+3,AL        ;写入控制字寄存器
MOV      AX,533H           ;计数初值
OUT      TIMER+2,AL        ;先送低字节到 2 号计数器
MOV      AL,AH             ;取高字节
OUT      TIMER+2           ;后送高字节到 2 号计数器
```

写入计数初值时还需注意：若在工作方式控制字中的 BCD 位为 1，即为 BCD 码计数，但在写入指令中还必须写成十六进制数。例如计数初值为 50，采用 BCD 计数，则指令中的 50 必须写为 50H。只有这样 CPU 给计数器写入的才是 50；否则 CPU 给计数器写入的是 32。下面举一个例子来说明上述过程。

要求计数器 0 工作在方式 3，输出方波的频率为 2 kHz，计数脉冲输入为 2.5 MHz，采用 BCD 计数，试写出初始化程序段。

计算计数初值：TC=2.5 MHz/2 kHz=1250(这是十进制数)。

工作方式控制字为 00110111=37H，即 0 号计数器、写 16 位、方式 3、BCD 计数。

设 8253-5 的端口地址为 90H、91H、92H、93H，则初始化程序为：

```
MOV    AL,37H     ;工作方式控制字
OUT    93H,AL     ;写入控制字寄存器
MOV    AL,50H     ;写入计数初值低 8 位 50,虽然是 BCD 码计数,但要加 H
```

OUT	90H,AL	;通过端口 90H 写入计数初值低 8 位
MOV	AL,12H	;写入计数初值高 8 位,也要加 H
OUT	90H,AL	;通过端口 90H 写入计数初值高 8 位

3. 读当前计数值——锁存后读

在事件计数器的应用中,需要读出计数过程的计数值,以便根据这个值做计数判断。为此,8253-5 内部逻辑提供了将当前计数值锁存后读操作功能。先发一条锁存命令(即方式控制字中的 $RL_1RL_0=00$),将当前计数值锁存到输出锁存器;然后,执行读操作,即可得到锁存器的内容。

例如,要求读出并检查 1 号计数器的当前计数值是否是全"1"(假定计数值只有低 8 位),其程序段为:

L:MOV	AL,01000000B	;1 号计数器的锁存命令
OUT	TIMER+3,AL	;写入控制字寄存器
IN	AL,TIMER+1	;读 1 号计数器的当前计数器值
CMP	AL,0FFH	;比较
JNE	L	;非全"1",再读
HLT		

8253-5 的 3 个计数器是独立的 16 位减法计数器。计数器在编程写入方式字和初始值后,即可按所设定方式工作。CPU 访问计数器(写初值或读计数值)时,必须先设定工作方式控制字中的 RL_1RL_0 位。

6.6.2　8253-5 的工作方式与初始化

8253-5 的 3 个计数器按照各控制字寄存器中的设置进行工作,可以选择的工作方式有六种。

微课

8253-5 的工作
方式与初始化

1. 方式 0——软件触发计数结束产生中断

方式 0 波形如图 6-59 所示。

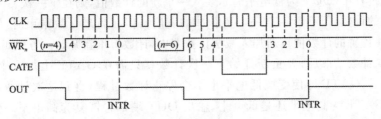

图 6-59　方式 0 波形

当 CPU 把控制字写入 8253-5 的控制字寄存器时,若工作在方式 0,则该计数器的输出 OUT 立即变为低电平。在计数初值写入该计数器后,输出仍将保持为低电平,若 GATE=1,则计数器开始减 1 计数。当计数器从初值减到全 0 时,输出 OUT 便变为高电平。高电平一直保持到该计数器装入新的工作方式控制字或计数值为止,故称为软件触发。利用此输出信号可向 CPU 发出中断请求,若 GATE=0,则停止计数器计数,OUT 保持低电平不变,直到 GATE=1,又继续计数。

若在计数过程中装入新的初值,那么在下一个时钟周期,新的初值被送到执行部件,计数器则按新的初值重新计数。若初值为两个字节,则会导致装入第一个字节停止现行计数,装入第二个字节后从新的初值开始计数。

例如,使计数器 T_1 工作在方式 0 进行 16 位二进制计数,假设 8253-5 的端口地址为 300H、301H、302H、303H。其初始化程序段为:

MOV	DX,303H	;控制端口地址
MOV	AL,01110000B	;方式控制字
OUT	DX,AL	;写入控制字寄存器
MOV	DX,301H	;T_1 数据口
MOV	AL,BYTEL	;计数值低字节
OUT	DX,AL	;写入计数值低字节
MOV	AL,BYTEH	;计数值高字节
OUT	DX,AL	;写入计数值高字节

2. 方式 1——可重触发的单稳触发器

方式 1 波形如图 6-60 所示。

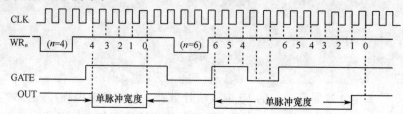

图 6-60　方式 1 波形

在控制字设定计数器按方式 1 工作时,输出 OUT 变为高电平。

CPU 执行输出指令装入计数初值时,OUT 仍保持为高电平。在 GATE 的上升沿信号后的时钟脉冲 CLK 的下降沿,将计数初值装入减 1 计数器,同时使 OUT 变为低电平,然后开始递减计数过程,直至减 1 计数器为 0 时,OUT 将变为高电平。在 GATE 输入上升沿的信号后,若计数初值为 n,则 OUT 输出的负脉冲宽度为 n 个输入脉冲的间隔时间。此时,GATE 信号实际上是单稳态线路的触发信号。

若在计数过程中(OUT 为低电平时),装入一个新的计数值,则在下一次 GATE 触发之前不影响计数器的计数,即不影响上一个负脉冲的宽度。但在尚未计数结束时,GATE 又出现一个上升沿,使预置的计数值重新加入减法计数器中,计数将重新开始。方式 1 的计数是可重触发的,在一次计数结束后,要重新开始下一次计数就只需在 GATE 上加一个上升沿信号。在已触发计数后,GATE 即使变成低电平也不会停止计数过程,直到这次计数结束。当计数结束时,不管 GATE 为高电平还是低电平,输出 OUT 端都将恢复为高电平。任何时刻都可以读出计数器的当前值,而不影响计数。

例如,使计数器 T_2 工作在方式 1 进行 8 位二进制计数,假设 8253-5 的端口地址为 300H、301H、302H、303H。其初始化程序段为:

MOV	DX,303H	;控制端口地址
MOV	AL,10010010B	;方式控制字
OUT	DX,AL	;写入控制字寄存器
MOV	DX,302H	;T_2 数据口
MOV	AL,BYTEL	;计数值低字节
OUT	DX,AL	;写入计数值低字节
MOV	AL,BYTEL	;计数值高字节
OUT	DX,AL	;写入计数值高字节

3. 方式 2——可软件/硬件触发的分频器

方式 2 波形如图 6-61 所示。

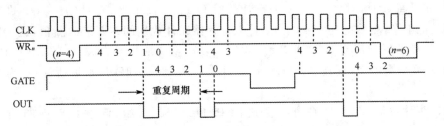

图 6-61　方式 2 波形

在写入控制字后,OUT 输出为高电平作为初始状态,写入初值后,在下一个时钟周期,初值到达减 1 计数器,计数执行部件启动计数,当减为 1 时,OUT 输出低电平,当减为 0 时,OUT 又变为高电平,并且把初值寄存器的预置值又重新装入减 1 计数器中,自动地重复该计数过程。因此其输出信号是一个周期信号,负脉冲的宽度为一个时钟周期宽,正脉冲的宽度为 $n-1$ 个时钟周期宽,周期是预置计数值与 CLK 端输入的时钟周期的乘积,当 $n=2$ 时,对 CLK 分频。

在 GATE=1 时,为软件同步方式,写入控制方式字和初值,即启动计数,如果在计数过程中,对初值寄存器装入新的初值,现行计数过程不受影响,但下一周期将反映新的计数初值;当 GATE=0 时,将迫使 OUT 为高电平,并使计数结束。当 GATE 再次变为高电平时,那么在下一个时钟周期就把初值寄存器中的新的计数初值装入减 1 计数器,开始更新计数。这时,GATE 信号就可用作计数器的硬件同步控制信号。

例如,使计数器 T_0 工作在方式 2 进行 16 位二进制计数,假设 8253-5 的端口地址为 300H、301H、302H、303H。其初始化程序段为:

```
MOV     DX,303H         ;控制端口地址
MOV     AL,00110100B    ;方式控制字
OUT     DX,AL           ;写入控制字寄存器
MOV     DX,300H         ;T_0 数据口
MOV     AL,BYTEL        ;计数值低字节
OUT     DX,AL           ;写入计数值低字节
MOV     AL,BYTEH        ;计数值高字节
OUT     DX,AL           ;写入计数值高字节
```

4. 方式 3——可软、硬件触发的方波发生器

方式 3 波形如图 6-62 所示。

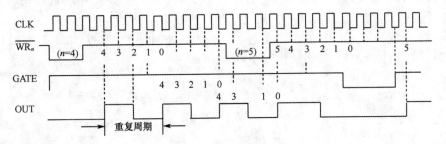

图 6-62　方式 3 波形

这种方式类似于方式 2,不同的是 OUT 输出的是方波。当计数值是偶数时,在计数完成一半之前 OUT 保持为高电平,对另一半计数时 OUT 将变为低电平,然后重复上述计数操作;当计数值 n 是奇数时,对 $(n+1)/2$ 进行计数时 OUT 是高电平,而对 $(n-1)/2$ 进行计数时 OUT 则是低电平,然后重复计数。如果计数寄存器在计数期间重新装入新值,这个新值将在下一个计数周期反映出来。GATE=1,软件触发产生周期性的方波;GATE=0 时,计数结束,OUT 端变为高电平,直到 GATE=1,上升沿装入新的初值,开始重新计数,为硬件触发方式。

例如,使计数器 T_2 工作在方式 3 进行 16 位二进制计数,假设 8253-5 的端口地址为 300H、301H、302H、303H。其初始化程序段为:

```
MOV    DX,303H        ;控制端口地址
MOV    AL,10110110B    ;方式控制字
OUT    DX,AL          ;写入控制字寄存器
MOV    DX,302H        ;T2 数据口
MOV    AL,BYTEL       ;计数值低字节
OUT    DX,AL          ;写入计数值低字节
MOV    AL,BYTEH       ;计数值高字节
OUT    DX,AL          ;写入计数值高字节
```

5. 方式 4——软件触发的选通信号发生器

方式 4 波形如图 6-63 所示。

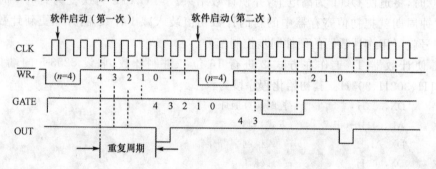

图 6-63 方式 4 波形

设定方式 4 后,OUT 将变成高电平。在 CPU 执行 OUT 指令时把计数值装入初值寄存器后,在下一个时钟脉冲的下降沿把计数值装入减 1 计数器中,在 GATE=1 时,计数器开始计数。在计数结束时,OUT 输出一个时钟周期的低电平,然后再次变为高电平。这种方式不能自动重复工作,而要以软件装入计数值作为触发信号,使计数器开始计数。如果在计数过程中写入一个新的计数值,则不会影响本次计数,但在下一个计数周期中将起作用。当 GATE=0(低电平时),禁止计数,GATE=1(高电平时),计数器将继续计数,直到减为 0。

例如,使计数器 T_1 工作在方式 4 进行 16 位二进制计数,假设 8253-5 的端口地址为 300H、301H、302H、303H。其初始化程序段为:

```
MOV    DX,303H        ;控制端口地址
MOV    AL,01111001B    ;方式控制字
OUT    DX,AL          ;写入控制字寄存器
MOV    DX,301H        ;T1 数据口
MOV    AL,BYTEL       ;计数值低字节
OUT    DX,AL          ;写入计数值低字节
```

| MOV | AL,BYTEH | ;计数值高字节 |
| OUT | DX,AL | ;写入计数值高字节 |

6. 方式 5——硬件触发的选通信号发生器

方式 5 波形如图 6-64 所示。

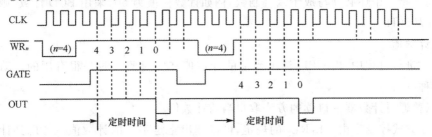

图 6-64　方式 5 波形

这种方式类似于方式 4,不同的是由 GATE 来启动计数。在 GATE 端出现上升沿后的一个时钟脉冲的下降沿,将计数值装入减 1 计数器,然后开始计数过程。在计数结束时,OUT 将输出一个时钟周期的低电平,故从 GATE 有效到 OUT 产生一个负脉冲,共需 $n+1$ 个时钟周期。计数器是可重触发的,在 GATE 端加上升沿信号,就可把计数初值重新送入计数器,然后开始计数过程。

例如,使计数器 T_1 工作在方式 5 进行 16 位二进制计数,假设 8253-5 的端口地址为 300H、301H、302H、303H。其初始化程序段为:

MOV	DX,303H	;控制端口地址
MOV	AL,01111010B	;方式控制字
OUT	DX,AL	;写入控制字寄存器
MOV	DX,301H	;T_1 数据口
MOV	AL,BYTEL	;计数值低字节
OUT	DX,AL	;写入计数值低字节
MOV	AL,BYTEH	;计数值高字节
OUT	DX,AL	;写入计数值高字节

6.7　应用案例——8253-5 的几种综合用法

6.7.1　8253-5 的编程

1. 写入工作方式控制字

使用任一计数器,首先要向该计数器写入工作方式控制字,以确定该计数器的工作方式。注意,虽然三个计数器用的控制字端口地址是相同的,但三个控制字写入后却存入计数器对应的控制字寄存器中。

2. 写入计数初值

某个计数器在写入了工作方式控制字后,任何时候都可以按 $RL_1 RL_0$ 的规定写入计数初值,对某一计数器的写入次序是必须严格遵守的,但是在符合次序情况下,允许在中间穿插着对别的计数器的读写操作。

当 $RL_1 RL_0 = 01$ 时,只写入低 8 位,高 8 位自动置"0"。

当 $RL_1RL_0 = 10$ 时，只写入高 8 位，而低 8 位自动置"0"。

当 $RL_1RL_0 = 11$ 时，写入 16 位，先写低 8 位，后写高 8 位。

写入计数初值时，还需注意的是：如果在工作方式控制字中的 BCD 位为 1，即为 BCD 计数，但在写入指令中还必须写成十六进制数，例如计数初值为 50，采用 BCD 计数，则指令中的 50 必须写为 50H。

3. 读计数值

在计数进行过程中，由 CPU 读出当前的计数值在实时监控时是很有用的。动态读计数值时有两种办法。

(1)以普通对计数器端口读的方法取得当前计数值

按工作方式控制字中 RL_1RL_0 的规定，可以读出指定字节的计数值。考虑到计数器正在进行计数，若从计数器直接读，可能会使读出的数值不稳定。为此，在使用这种直接读数的方法时，可以用 GATE 无效或阻断时钟输入等方法，使计数器暂停计数，保证 CPU 读到稳定的计数值。

由于 8253-5 内部逻辑安排，按 RL_1RL_0 的规定读完全部规定字节是绝对必要的，如果规定要读两个字节，那么必须在读出两个字节后，才有可能正确地向计数器写初值。

(2)先锁存计数器的当前计数值，后通过对计数器端口读的方法取得当前计数值

写一个方式控制字到控制口，其中 SL_1SL_0 指定要锁定的计数器号，$RL_1RL_0 = 00$，其余 4 位内容可以不考虑，就可把当前减 1 计数器的值锁存到数据输出寄存器，而计数器可以继续工作。此后，CPU 就可按初始化时，工作方式控制字规定读取的方式，访问计数器的数据口得到稳定的计数值。这种方法唯一的限定也是必须读完规定的字节数。

6.7.2　PC 机上的 8253-5

PC 机系统板上使用了一个可编程计数器/定时器 8253-5，将它的三个计数器分别用作系统时钟计时、动态 RAM 刷新定时及扬声器用的频率发生器，如图 6-65 所示。

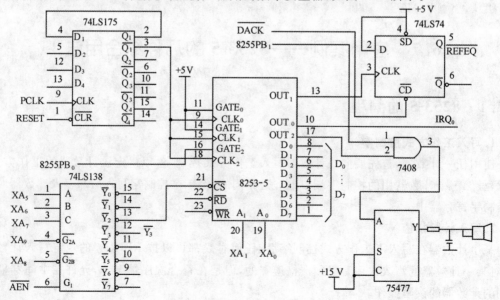

图 6-65　PC 定时器/计数器系统组成原理图

(1)硬件连接

①I/O 端口地址

图 6-65 中 74LS138 译码器的 $\overline{Y_2}$ 输出用作 8253-5 的片选信号。接在输入端的门控信号是 A_9、A_8，它们必须为 0，而 $\overline{AEN}$ 只要是非 DMA 操作时就为 1。译码输入端的三个信号是 $A_7 \sim A_5$。为了输出低电平，相应的地址位应是 $A_9 \sim A_5 = 00010B$，另外注意到地址的 $A_1 A_0$ 直接与 8253-5 的相应端连接，而 $A_4 \sim A_2$ 这三位没有参加译码。可以知道，8253-5 可用的地址范围是 0040H～005FH 共 32 个单元，确切地说 0040H、0044H 等 8 个地址都是对计数器 0 寻址的地址。同样可以知道其他计数器也有 8 个重复的地址。实际在使用时人们总是习惯于用 0040H～0043H 这 4 个地址，0040H：通道 0 计数器；0041H：通道 1 计数器；0042H：通道 2 计数器；0043H：工作方式控制字寄存器。片上的 $\overline{WR}$、$\overline{RD}$ 与控制总线上的 $\overline{IOR}$、$\overline{IOW}$ 直接相连，数据引脚 $D_0 \sim D_7$ 则接在系统板的数据线上。

②计数器的时钟供给

三个计数器的基准时钟都由一个二分频电路提供，而分频器的输入为 PCLK，它是频率为 2.38 MHz 的方波，所以加到计数输入的时钟为 1.193 MHz，周期为 838 ns。

(2)计数器的工作方式

①计数器 0

计数器 0 的门控端 $GATE_0$ 接高电平，输出端直接作为 0 级可屏蔽中断请求的 IRQ_0 送 8259A 中断控制器。这个计数器用作"日时钟"的基本计时电路。在编程时将它编成工作方式 3，即方波发生器方式工作，计数器的预置值为 0，使之产生最大的计数值为 65536。所以它在 OUT_0 的输出信号频率应为 $1.193/65536 = 18.2$ Hz，计数器 T_0 每秒输出 18.2 个中断请求 IRQ_0，或者说每隔 54.934 ms 即产生一次中断请求。故其相应的初始化程序为：

```
MOV     AL,36H          ;写入方式控制字到 AL
OUT     43H,AL          ;通过端口 43H 写入方式控制字
MOV     AL,00           ;写入计数初始值低 8 位到 AL
OUT     40H,AL          ;通过端口 40H 写入计数初始值低 8 位(8 位端口,所以分 2 次)
OUT     40H,AL          ;通过端口 40H 写入计数初始值高 8 位
```

每次计数到 0 后产生一次中断，由 BIOS(基本输入输出程序)中的 INT 08H 中断处理程序处理。

INT 08H 中断服务程序的第一项功能是完成日时钟的计时。BIOS 数据区的 40:6CH 和 40:6FH 是一个双字的系统计时器。每次中断计时操作就是对该系统计时器进行加 1 操作。因为计数器 0 中断频率为每秒 18.2 次，计满 24 小时需要中断 $18.2 \times 3600 \times 24 = 1572480$（001800B2H）次。每次中断总是对低字进行加 1，当低字计满为 0 时，高字加 1。当高字计到 0018H、低字计到 00B2H 时，表示计满 24 小时，双字复位清零，并建立计满 24 小时标志，置 40:70H 单元为 1。任何一次对中断 INT 1AH 的调用，BIOS 中的中断服务程序将撤销其标志，将 40:70H 单元复位为 0。

INT 08H 中断服务程序的第二项功能是实现软盘驱动器的马达开加时间管理，使其开启一段时间、完成数据存取操作后自动关闭。在系统初始化时，系统设定的延迟时间为 2 s。系统控制延迟停机的工作原理是：在软盘存取操作后从磁盘基数区域读取一个延迟常数到 BIOS 数据区单元 40:40H，然后利用计数器 0 的每秒 18.2 次的中断，对 40:40H 单元值进行减 1 操作，当减为 0 时，发出关闭软盘驱动电机的命令。由于计数器 0 的中断间隔时间为 54.934 ms，

达到延迟 2 s 所需要的延迟常数就为 37(54.934×37=2 s)。INT 08H 服务程序处理了日时钟计时操作后,紧接着对 40:40H 单元减 1,并判断是否为 0。

INT 08H 中断服务程序的最后一项功能是进行 INT 1CH 软中断调用。AT 机系统设置 INT 1CH 的目的在于建立一个用户可用的定时操作服务程序入口。如果用户没有编制新的 INT 1CH 中断服务程序,并修改 1CH 的中断向量地址,则 INT 08H 调用了 1CH 号中断后立即从 INT 1CH 中断返回,因为 AT 系统原来的 INT 1CH 中断服务程序仅由一条中断返回指令 IRET 组成。

②计数器 1

计数器 1 作为 RAM 刷新定时器用。动态存储器芯片要求在 2 ms 内对它全部 128 行存储单元刷新一场。PC 中采取定时等间隔地逐行刷新的策略,那么两次刷新的最大时间间隔就是 2 ms/128=15.6 μs。

根据这个要求把计数器 1 设置成方式 2(频率发生器),使它可以自动连续工作。计数器的计数值可设定为 18,这样使两个输出之间的时间间隔就是 18×0.838 μs=15.084 μs,符合时间间隔在 15.6 μs 以内的要求。相应的初始化程序如下:

```
MOV     AL,54H      ;写入方式控制字
OUT     43H,AL      ;将方式控制字通过端口 43H 输出
MOV     AL,18D      ;写入计数初值低 8 位
OUT     41H,AL      ;将计数初始值低 8 位通过端口 41H 输出
```

计数器 1 的输出端 OUT_1 输出的负脉冲,置一个触发器,由触发器输出作为 DMA 操作的请求,动态存储器的刷新就是在 DMA 周期中完成的。如前所述,DMA 请求一直要到 DMA 操作正式开始后才能撤销。图中 $\overline{DACK}$ 信号将使上述的触发器复位。

③计数器 2

计数器 2 输出一个 1000 Hz 左右的音频信号,用作使扬声器发声的音频信号,作为机器的警告或伴音信号。

计数器 2 的输入控制门 $GATE_2$ 接并行接口芯片 8255A 的 PB_0 位,用这个输出位的状态控制计数是否进行,当然也就控制了计数器 2 的输出与否。计数器 2 的输出 OUT_2 还要通过一个与门的控制,与门的控制信号由 8255A 的 PB_1 位提供。这样,扬声器就有好几个因素控制发声。

当计数器 2 不工作时,输出端 OUT_2 为高电平,这时可由 8255A 的 PB_1 位产生一个音频范围内的信号,就可以使扬声器发声,见下述的 8255A 的发声系统。

用 PB_0 控制 8253-5 的 $GATE_2$,使计数器 2 的计数器工作或不工作,从而在 OUT_2 得到一种音频范围内的输出,也可以使扬声器发声。

当然,对计数器 2 的编程可以方便地达到所需的频率。假如要得到 896 Hz 的信号,程序段为:

```
MOV     AL,0B6H         ;写入工作方式控制字
OUT     43H,AL
MOV     AX,533H         ;写入计数初始值低 8 位
OUT     42H,AL
MOV     AL,AH           ;写入计数初始值高 8 位
OUT     42H,AL
```

除了计数器 2 输出 896 Hz 的方波外,用 PB_0 和 PB_1 也可以输出不同频率的信号,它们可

以起到对 896 Hz 调制的作用。

从与门得到的输出信号是一个数字信号,谐波很多不好听。所以在送入扬声器前,让这个信号先经过一个 RC 滤波器,去掉一些频率太高的信号,以免发声时刺耳。

6.7.3　PC 系列发声应用

(1)扬声器通用发声子程序

前面已指出,当计数器 2 初值设置为 533H 时,即可得到频率为 896 Hz 的声波。因此,欲产生一个任意频率的声波,其时间常数只需将 533H 与 896 两者乘积去除指定频率值,即

$$533H \times 896 \div 给定频率 = 123280H \div 给定频率$$

假设指定的频率值存入 DI 寄存器,那么除法的商(在 AX 中)即为送到计数器 2 的初值。如下述一段代码所示:

```
MOV     DX,12H
MOV     AX,533H×896
DIV     DI
```

另外,考虑到程序的通用性,延迟百分之一秒(10 ms)不能采用软件延迟的办法,而应通过前后两次读取日时钟时间值比较来确定。因最小单位取 10 ms,故使用 DOS 功能(INT 21H 的 AH=2CH)获取时间。该时间的返回参数是:

CH(小时):CL(分):DH(秒):DL(百分之一秒)

于是,编制一个通用时间延时的子过程需完成下述步骤。

①用 INT 21H 的 AH=2CH 读取当前时间。

②将当前时间与延时时间相加得到一目标时间。

③调整目标时间使之在规定范围内,即小时不超出 23,分和秒不超过 59,百分之一秒不超出 99,这中间包括了低单位向高单位的进位。

④两次读时间进行比较,直到当前时间达到或超过目标时间。

该子程序取名为 DELAY,它要求的入口参数是(假定延迟时间不超过 1 小时):

AL(延时的分):BH(延时的秒):BL(延时的百分之一秒)

如果使用下述一段代码,即可产生 20 ms 的延迟:

```
SUB     AL,AL
MOV     BH,AL
MOV     BL,2
CALL    DELAY
```

因此,一个扬声器通用发声子程序 GEN_SOD 代码如下:

```
        ;输入参数
        ;DI=选择音调频率(单位:Hz,可选 16～65535)
        ;CL=音调持续时间(单位:min,可选 0～255)
        ;BH=音调持续时间(单位:s,可选 0～255)
        ;BL=音调持续时间(单位:ms,可选 0～99)
        ;输出一个指定频率和持续时间的音调
GEN_SOD    PROC NEAR              ;保存寄存器
        PUSH       AX
        PUSH       CX
```

```
        PUSH    DX
        PUSH    DI
        MOV     AL,0B6H         ;通道 2 方式字
        OUT     43H,AL
        MOV     DX,12H
        MOV     AX,533H×896     ;对指定频率计算初值
        DIV     DI
        OUT     42H,AL          ;送给初值寄存器
        MOV     AL,AH
        OUT     42H,AL
        IN      AL,61H          ;开启扬声器的控制端
        MOV     AH,AL
        OR      AL,3
        OUT     61H,AL
        MOV     AL,CL           ;取持续时间分→AL,BX 为持续秒和百分之一秒
        CALL    DELAY           ;延时
        MOV     AL,AH           ;时间到,恢复 PB 口原值
        OUT     61H,AL
        POP     DI              ;恢复寄存器
        POP     DX
        POP     CX
        POP     AX
        RET                     ;返回调用者
GEN_SOD ENDP
    ;延迟一个指定时间的子程序
    ;输入参数(在一小时内)
    ;AL＝延迟的分
    ;BH＝延迟的秒
    ;BL＝延迟的百分之一秒
DELAY   PROC    NEAR
        PUSH    AX              ;保存寄存器
        PUSH    BX
        PUSH    CX
        PUSH    DX
        MOV     AH,2CH          ;读当前时间
        INT     21H
        POP     AX
    ;把当前时间与输入延迟位相加
        ADD     AL,CL           ;加分
        ADD     BH,DH           ;加秒
        ADD     BL,DL           ;加百分之一秒
    ;调整目标时间使之在规定范围内
        CMP     BL,100          ;百分之一秒小于 100
        JB      SECS
```

```
            SUB     BL,100
            INC     BH
SECS：CMP    BH,60                       ;秒小于 60
            JB      MINS
            SUB     BH,60
            INC     AL
MINS：CMP    AL,60                       ;分小于 60
            JB      HRS
            SUB     AL,60
            INC     CH
HRS：CMP     CH,24                       ;小时小于 24
            JNE     CHECK
            SUB     CH,CH
;等待时间延迟
CHECK：PUSH   AX
            MOV     AH,2CH                ;再次读当前时间
            INT     21H
            POP     AX
            CMP     CL,AL                 ;比较分
            JA      QUIT                  ;超过,退出
            JB      CHECK                 ;小于,继续
            CMP     DX,BX                 ;等于,比较秒
            JB      CHECK                 ;小于,继续
QUIT：POP    DX                          ;时间到,恢复寄存器
            POP     CX
            POP     BX
            POP     AX
            RET                           ;返回调用
DELAY ENDP
```

（2）奏乐曲的发声程序

GEN_SOD 的功能是按给定的频率发出某音调且持续一定时间,于是,分解一个乐曲,只需给出一张频率表和一张持续时间表,连续调用 GEN_SOD 过程即可演奏乐曲。

演奏乐曲除了熟悉音符外,另一关键是掌握乐曲的节拍。根据节拍确定每个音符发音的持续时间。例如,在 4/4 拍的乐曲中,每一小节有 4 拍,一个全音符持续 4 拍,一个二分音符持续 2 拍,一个四分音符持续 1 拍,一个八分音符持续半拍等。为此,根据乐曲每个音符的实际状况建立一张持续时间表。如设定一个全音符持续时间为 1 秒,一个二分音符持续时间为 1/2 秒,一个四分音符持续时间为 1/4 秒等。而在另一张乐曲频率表内分别列出乐曲音符的频率,并在最后标记为 -1,表示乐曲的结束。下面的程序实现演奏"玛丽有只小羊羔"。

```
TITLE    MARY_MARY Had a Little Lamb
DATA     SEGMENT
MARY_FAR   DW 330,294,262,294,3 DUP(330)
           DW 294,294,294,330,392,392
           DW 330,294,262,294,4 DUP(330)
```

```
              DW 294,294,330,294,262,−1
MARY_TIME DB 6 DUP(25),50
              DB 2 DUP(25,25,50)
              DB 12 DUP(25),100
DATA    ENDS
CODE    SEGMENT
ASSUME CS:CODE;DS:DATA
SRART: MOV     AX,DATA
        MOV     DS,AX
        MOV     OFFSET SI,MARY_FAR      ;SI 指向频率表
        MOV     OFFSET BP,MARY_TIME     ;BP 指向持续时间表
FREQ:   MOV     DI,[SI]                 ;取音符频率
        CMP     DI,−1                   ;判断是否结束
        JE      ED                      ;是,退出
        MOV     BL,DS:[BP]              ;取音符持续时间
        SUB     CL,CL                   ;分清零
        SUB     BH,BH                   ;秒清零
        CALL    GEN_SOD                 ;调用发声子程序
        ADD     SI,2                    ;取下一音符频率
        INC     BP                      ;指向下一持续时间
        JMP     FREQ                    ;继续演奏
ED:     MOV     AX,4C00H                ;结束返回 DOS
        INT     21H
GEN_SOD  PROC NEAR                      ;延时子程序
WATING:MOV      CX,0CFFFH               ;利用 CX 作为计数器
DELAY: LOOP     DELAY                   ;等待
        DEC     BX                      ;BX 减 1
        JNZ     WATING                  ;BX 不等于 0 转 WATING
        RET                             ;子程序返回
GEN_SOD  ENDP
CODE    ENDS
END     START
```

6.7.4 8253-5 的实际应用——监视生产流水线

用 8253-5 监视一个生产流水线,每通过 50 个元件,扬声器响 5 秒,频率为 1000 Hz。

(1)硬件连接

该设备的示意图如图 6-66 所示。

图中工件从光源与光敏电阻之间通过时,在晶体管的发射极上会产生一个脉冲,此脉冲作为 8253-5 计数器 0 的计数输入 CLK_0,当计数满 50 后,由 OUT_0 输出负脉冲,经反相后作为 8259A 的一个中断请求信号,在中断服务程序中,由 $8255PA_0$ 启动 8253-5 计数器工作,由 OUT_1 连续输出 1000 Hz 的方波,持续 5 秒钟后停止输出。

本例中,计数器 0 工作于方式 2,计数器 1 工作于方式 3,计数器 1 的门控信号 $GATE_1$ 由 8255A 的 PA_0 控制,输出方波信号经驱动、滤波后送扬声器。

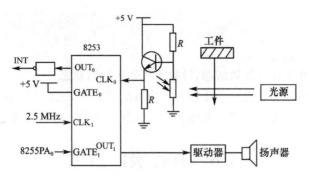

图 6-66　8253-5 的实际应用

（2）控制字设置

计数器 0 工作于方式 2，采用 BCD 计数，计数初值为 50，采用 $RL_1RL_0 = 01$（读/写计数器的低 8 位），则工作方式控制字为 00010101B。

计数器 1 工作于方式 3，CLK_1 接 2.5 MHz 时钟，要求产生 1000 Hz 的方波，则计数初值应为 $2.5 \times 1000000 \div 1000 = 2500$，采用 $RL_1RL_0 = 11$（先读/写低 8 位，后读/写高 8 位），BCD 计数，则工作方式控制字为 01110111B。

（3）应用程序

设：计数器 0 的地址为 40H，计数器 1 的地址为 41H，控制地址为 43H，8255A 的 PA 口地址为 80H。

则主程序为：

```
      MOV    AL,15H      ;通道 0 初始化
      OUT    43H,AL
      MOV    AL,50H      ;计数初值
      OUT    40H,AL
      STI                ;开中断
LP:   HLT
      JMP    LP
```

中断服务程序为：

```
      MOV    AL,01H      ;通道 1 的 GATE1 置"1",启动计数
      OUT    80H,AL
      MOV    AL,77H      ;通道 1 写入工作方式控制字
      OUT    43H,AL
      MOV    AL,00H      ;通道 1 写入计数初值
      OUT    41H,AL
      MOV    AL,25H
      OUT    41H,AL
      CALL   DL5         ;延时 5 秒
      MOV    AL,00H
      OUT    80H,AL
      IRET
DL5 PROC
      MOV    CX,0000H
LP：  NOP
```

```
NOP
LOOP
RET
```

在本例中,计数 0 工作于计数状态,计数 1 工作于计时状态。

点评:定时/计数器 8253 是一个非常有用的可编程芯片,工作方式灵活多样,能够对该系列芯片正确有效地使用,对其他与之类似的芯片的使用具有一定的借鉴意义。

6.8　并行接口技术

并行接口应用广泛,在各种驱动电路、直流和步进电机控制、红外和无线遥控、数字和模拟开关设计、数据采集系统中,都离不开它。

8255(改进型为 8255A 及 8255A-5)是 Intel 系列的可编程外设并行接口电路,具有 24 条输入/输出引脚、可编程的通用并行输入/输出接口电路。它是一片使用单一＋5 V 电源的 40 引脚双列直插式大规模集成电路。8255A 的通用性强,使用灵活,不需要附加外部电路,通过它 CPU 可直接与外设相连接。

6.8.1　8255A 的引脚信号

8255A 的引脚分布如图 6-67 所示。

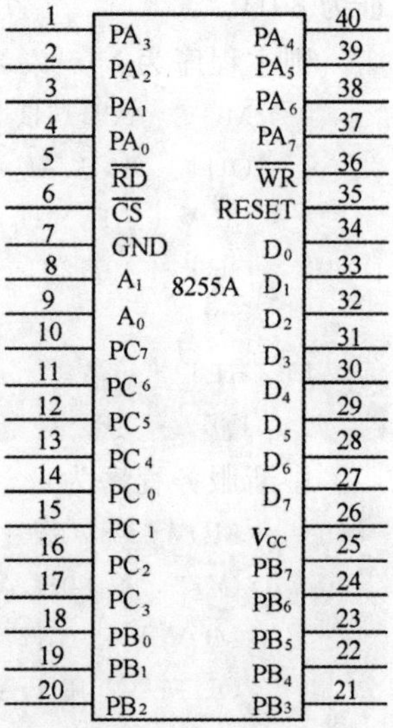

1. 与外设连接部分

这一部分是端口 A、B、C 对外的数据连线。

$PA_0 \sim PA_7$:A 组数据信号。

$PB_0 \sim PB_7$:B 组数据信号。

$PC_0 \sim PC_7$:C 组数据信号。

2. 与处理器接口部分

$D_0 \sim D_7$:8255A 与系统数据总线相连的数据线。

RESET:复位输入信号,高电平有效。当系统送来复位信号时,8255A 内部控制字寄存器被清除,且将各端口置成输入端口。

$\overline{CS}$:片选信号,低电平有效。一般是系统高位地址经译码器译码后对 8255A 片选,启动 8255A 与 CPU 间的通信。

$\overline{RD}$:读输入信号,低电平有效。当它有效时,CPU 通过数据总线从 8255A 中读入数据。

$\overline{WR}$:写输入信号,低电平有效。当它有效时,CPU 通过数据总线从 8255A 中写入控制字或数据。

图 6-67　8255A 芯片引脚图

A_1、A_0:8255A 片内端口寻址信号。它们可以对 8255A 内部的 3 个数据端口、1 个控制端口进行寻址。具体的端口选择和操作在表 6-10 中列出。A_1、A_0 为 00 时,选中端口 A;为 01 时,选中端口 B;为 10 时,选中端口 C;为 11 时则选中控制端口。

这里需要说明的是,如果 8255A 处于 8088 系统中,那么直接把 8088 的 8 位数据总线连到 8255A 的 $D_0 \sim D_7$,用地址总线的最低两位 AD_1、AD_0 连接 8255A 的 A_1 和 A_0 即可。

但对于 8086 这样一个 16 位系统而言,偶地址端口进行的读/写操作,数据是通过数据总线的低 8 位完成的,奇地址端口进行的读/写操作,数据是通过数据总线的高 8 位完成的。如果

8255A 的 $D_0 \sim D_7$ 连接 8086 数据总线低 8 位,这时既要满足 CPU 的偶地址要求,又要满足 8255A 的端口地址 $A_1 A_0$ 为 00、01、10、11 的要求,那么可以采取将 8255A 的 A_1、A_0 分别连接 8086 地址总线的 A_2、A_1,而 8086 的 A_0 始终设置为 0。8255A 端口选择和操作示意见表 6-10。

表 6-10　　　　　　　　　　　　　　**8255A 端口选择和操作示意**

$\overline{CS}$	A_0	A_1	$\overline{RD}$	$\overline{WR}$	操作	类型
0	0	0	0	1	数据总线←端口 A	读端口 A
0	1	0	0	1	数据总线←端口 B	读端口 B
0	0	1	0	1	数据总线←端口 C	读端口 C
0	0	0	1	0	数据总线→端口 A	写端口 A
0	1	0	1	0	数据总线→端口 B	写端口 B
0	0	1	1	0	数据总线→端口 C	写端口 C
0	1	1	1	0	若 $D_7 = 1$,则数据总线→控制字寄存器; 若 $D_7 = 0$,则数据总线→端口 C 置位/复位	写控制字寄存器 ($D_7 = 1$)
1	×	×	×	×	数据总线→高阻	断开
0	1	1	0	1	非法条件	断开
0	×	×	1	1	数据总线→高阻	断开

6.8.2　8255A 的结构

8255A 具有两个 8 位(A 和 B 口)和两个 4 位(C 口高/低 4 位)并行输入输出端口芯片,它为 Intel 系列 CPU 与外部设备之间提供 TTL 电平兼容的接口,并且它的 C 口还具有按位置位/复位功能,为按位控制提供了强有力的支持。8255A 的内部结构如图 6-68 所示。

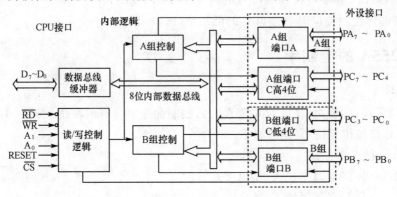

图 6-68　8255A 内部结构图

由 6-68 图可见,8255A 包括与外设连接的 A、B、C 数据端口,与处理器连接的读/写控制逻辑和数据总线缓冲器以及 A 组控制和 B 组控制。

1. 与外设连接部分

这一部分包括三个 8 位的数据端口:端口 A、端口 B 和端口 C,其中端口 C 可以分为端口 C 高 4 位和端口 C 低 4 位。它们可以通过编程分别作为输入端口或输出端口。

端口 A:它对应 1 个 8 位数据输入锁存器、1 个 8 位数据输出锁存器/缓冲器,因而无论它作为输入还是输出端口,数据都会被锁存。

端口 B:它对应 1 个数据输入缓冲器和 1 个 8 位数据输出锁存器缓冲器。

端口 C:它对应 1 个数据输入缓冲器和 1 个 8 位数据输出锁存器缓冲器。对于端口 B 和 C,作为输入端口时,数据不锁存,而作为输出端口时,数据会被锁存。端口 C 通常通过控制命令被划分成两个 4 位端口,各位可以分别单独置位或复位,每个 4 位端口包含 1 个 4 位的数据输入缓冲器和 1 个 4 位的数据输出锁存器/缓冲器,分别用来为端口 A 和端口 B 提供控制、状态信号。

2. 与处理器接口部分

读/写控制逻辑:它负责管理 8255A 的数据传输过程,与 CPU 地址总线中的 A_1、A_0 及 RESET、$\overline{RD}$ 和 $\overline{WR}$ 相连,具有 6 根控制线,负责把 CPU 的控制命令或输出数据传给相应的端口或把外设的状态信息和输入数据通过相应的端口送给 CPU。其中 RESET 信号用于 8255A 内部复位,清除控制字寄存器,置 A、B、C 端口为输入方式。$\overline{CS}$ 和地址 A_1、A_0 用于片选和片内端口的寻址,启动 8255A 与 CPU 间的通信,并选择 A、B、C 端口和控制字寄存器。$\overline{RD}$ 和 $\overline{WR}$ 用于 8255A 的数据读写,将 CPU 发到总线上的数据或命令写进 8255A,或将 8255A 的输出数据及状态信息送到系统总线上。8255A 收到这些信号后,对它们进行组合,得到对 A 组控制部件和 B 组控制部件的控制命令,并将命令发给它们,以完成对数据、状态信息和控制信息的传输。

数据总线缓冲器:这是一个 8 位双向三态缓冲器,是 8255A 与系统数据总线的接口。

所有数据输入/输出以及对 8255A 发的控制字和从 8255A 读入的状态信息,都是通过这个缓冲器来传输的。

3. 内部逻辑部分

这一部分包括 A 组控制和 B 组控制电路。它们一方面接收 8255A 内部总线上的控制字,一方面接收来自读/写控制逻辑电路的读/写命令,以决定两组端口的工作方式和读/写操作。

A 组控制部件控制端口 A 和端口 C 的高 4 位($PC_4 \sim PC_7$)。

B 组控制部件控制端口 B 和端口 C 的低 4 位($PC_0 \sim PC_3$)。

6.8.3　8255A 的控制字

1. 控制字

在使用 8255A 时,要由 CPU 对 8255A 写入控制命令字。有两种命令字:一种是控制命令字,另一种是 C 口按位置位/复位控制字。

8255A 有三种工作方式:

①方式 0(mode 0)是基本输入/输出方式。

②方式 1(mode 1)是选通输入/输出方式。

③方式 2(mode 2)是双向传输方式。

8255A 可以通过写入控制字来决定它的工作方式。在了解它的工作方式模式之前,先来了解 8255A 的控制字。8255A 通过写入工作方式控制字来决定 A、B 和 C 三个端口采用哪种工作方式,即是方式 0、方式 1 还是方式 2。通过写入端口 C 置"1"/置"0"控制字对 C 口中的位分别进行置位或复位。

在 $\overline{CS}$ 片选有效且 $A_1 A_0 = 11$ 的时候,从数据总线输入 8255A 的被认为是控制字,至于是方式选择控制字还是端口 C 置位/复位控制字,由最高位 D_7 决定,若 $D_7 = 1$,则写入的是方式控制字;若 $D_7 = 0$,则写入的是端口 C 置位/复位控制字。

(1)工作方式控制字($D_7 = 1$)

工作方式控制字由 CPU 按一定格式写到 8255A 控制字寄存器中,用以选择 8255A 的工作方式。工作方式字的格式如图 6-69 所示。

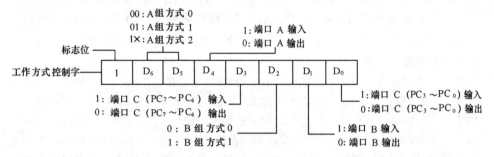

图 6-69　8255A 工作方式控制字格式

8255A 的三种基本工作方式已经在图 6-69 中列出,端口 A 可以工作在三种方式的任何一种,端口 B 只能工作在方式 0 和方式 1,端口 C 可以工作在方式 0,但它一般用来与端口 A 和端口 B 配合,提供控制信号和状态信号。

各个端口工作在输入还是输出方式,并不互相影响,也就是说,如果端口 A 工作在输入方式,它不影响端口 B 的输入/输出。输入/输出由方式控制字的 D_0、D_1、D_3、D_4 各自设置。

$D_0 \sim D_2$:3 位用来对 B 组的端口进行工作方式设定。其中:D_2 设定 B 组的工作方式,$D_2 = 1$ 为方式 1,$D_2 = 0$ 为方式 0;D_1 位设定 B 口输入或输出,$D_1 = 1$ 为输入,$D_1 = 0$ 为输出;D_0 位用来设定 C 口低 4 位的输入或输出,"1"为输入,"0"为输出。

$D_3 \sim D_6$:4 位用来对 A 组的端口进行设定。其中:$D_6 D_5 = 00$ 为方式 0,$D_6 D_5 = 01$ 为方式 1,$D_6 D_5 = 10$ 和 11 为方式 2;D_4 位用来设定 A 口的输入或输出,"1"为输入,"0"为输出;D_3 位用来设定 C 口高 4 位的输入或输出,"1"为输入,"0"为输出。

不管选用什么控制字,在使用 8255A 之前,首先要把控制字送入控制字寄存器,这个过程称为初始化。

(2)端口 C 置"1"/置"0"控制字($D_7 = 0$)

也叫作按位置位/复位控制字。端口 C 的任一位常常作为控制位来使用,所以,在设计 8255A 芯片时,应使端口 C 中的各个位可以用置"1"/置"0"控制字来单独设置。其具体格式如图 6-70 所示。

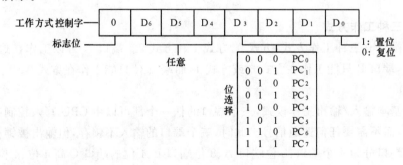

图 6-70　端口 C 置"1"/置"0"控制字

D_7 位是端口 C 置"1"/置"0"控制字的标志,必须为 0。$D_6 \sim D_4$ 位无作用,可以置为任意值。$D_3 \sim D_1$ 指出需要对端口 C 的哪个位进行置位/复位。同时由 D_0 指出对该位置"1"还是置"0",若 $D_0 = 1$,则该位置"1",否则置"0"。

注意：尽管端口 C 置"1"/置"0"控制字是对端口 C 进行位的操作，但它必须写入控制端口（$A_1A_0=11$），而不是写入端口 C（$A_1A_0=10$）。

例：用程序 PC 口的第 7 位置"1"，第 6 位置"0"，设控制字的地址为 63H。

第 7 位的编码为 $D_3D_2D_1=111$，使之置"1"的控制字编码为：00001111B=0FH。

第 6 位的编码为 $D_3D_2D_1=110$，使之置"0"的控制字编码为：00001100B=0CH。

则写入该控制字的程序为：

MOV	AL,0FH	;设置 PC₇ 为"1"的控制字送 AL
OUT	63H,AL	;将控制字送 8255A 控制字寄存器
MOV	AL,0CH	;设置 PC₆ 为"0"的控制字送 AL
OUT	63H,AL	;将控制字送 8255A 控制字寄存器

在选通方式工作时，利用 C 口的按位置位/复位功能，控制 8255A 能否提出中断。

2. 初始化编程

8255A 工作前必须进行初始化编程。从控制字可知，A 组有三种方式（方式 0、1、2），B 组有两种方式（方式 0、1）。C 口分成两部分，高 4 位属 A 组，低 4 位属 B 组；置"1"指定为输入，置"0"指定为输出。利用工作方式控制字的不同代码组合，可以分别选择 A 组和 B 组的工作方式和各端口的输入/输出。

例如，要把端口 A 设为方式 1 输入（$D_6D_5D_4=011$），端口 B 设为方式 0 输出（$D_1=0$），端口 C 高 4 位配合端口 A 工作，D_3 可任意为 1 或 0，D_2 为任意，端口 C 低 4 位为模式 0 输入（$D_0=1$）。此时，控制字为 10110001B（0B1H）。

若将此控制字的内容写到 8255A 的控制字寄存器（设端口地址为 303H），则实现对 8255A 的工作方式设定，或者叫作完成了对 8255A 的初始化。初始化程序段为：

MOV	AL,0B1H	;工作方式控制字
MOV	DX,303H	;控制口地址为 303H
OUT	DX,AL	;控制字送到控制口

若端口地址在一个字节范围内，可以直接寻址。设定端口地址为 63H。初始化程序为：

MOV	AL,0B1H	;工作方式控制字
OUT	63H,AL	;控制字送到控制口 63H

6.8.4　8255A 的工作方式详解

1. 8255A 三种工作方式

8255A 的端口有三种工作方式：方式 0、方式 1 和方式 2。端口 A 可以工作在这三种方式下的任意一种，端口 B 只能工作在方式 0 或方式 1，而端口 C 只能工作在方式 0。

（1）方式 0

方式 0 为基本输入/输出工作模式，三个端口的任一个都可以由 CPU 写入控制字，选定作为输入或输出，而不需要任何选通信号。此时，三个端口的输入不锁存，但输出被锁存。

这时三个端口分为 4 个端口：8 位端口 A、8 位端口 B、4 位的端口 C 高 4 位、4 位的端口 C 低 4 位。这 4 个端口均可通过编程作为输入口或输出口。根据微处理器的接口要求，作为输入端口都有三态缓冲器的功能，但无锁存，输出端口都有数据锁存器功能。

在方式 0 时，各个端口的输入、输出可以有 16 种不同的组合。各个端口的输入、输出并不互相影响。

当方式 0 用于无条件传输方式时,其接口电路非常简单。这时不需要应答信号,A、B、C 三个都可以用作数据端口,方式 0 的工作控制字如图 6-71 所示。

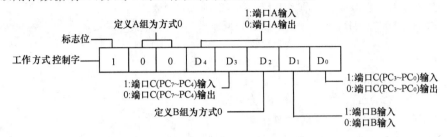

图 6-71　8255A 工作方式 0 控制字

方式 0 也可用于查询传输方式。例如:可以设置端口 A、端口 B 为数据端口,高 4 位端口 C 作为控制信号输出口,而低 4 位端口 C 作为状态信号输入口,利用端口 C 配合端口 A、端口 B 的输入/输出。

设 8255A 用于 8086 系统,控制端口的地址为 0027H,各个端口都处于模式 0,若将端口 A 作为输入,端口 B 作为输出,端口 C 的高 4 位作为控制输出,端口 C 的低 4 位作为状态输入,则其方式控制字为 10010001B(91H),则可用下列两条指令来设置工作方式控制字。

```
MOV    AL,91H        ;控制字 91H 送 AL
MOV    DX,0027H      ;控制字送 8255A 的控制字寄存器
OUT    DX,AL
```

(2)应用举例

打印机接口设计。某应用系统配置一个并行打印接口,端口地址为 300H～303H。通过接口,CPU 采用查询方式把存放在 2000H 单元开始的 256 个字符 ASCII 码送出打印。打印机工作时序和接口电路原理如图 6-72、图 6-73 所示。

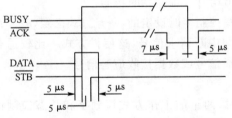

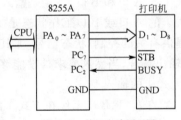

图 6-72　8255A 为接口的打印机工作信号时序图　　　图 6-73　接口电路原理图

图 6-73 中 8255A 口作为输出数据口,工作于方式 0,C 口高 4 位工作于输出方式,PC_7 产生 $\overline{STB}$ 信号;C 口低 4 位工作于输入方式,PC_2 接收打印机的 BUSY 信号。方式字 $D_7=1$, $D_6D_5=00$,$D_4=0$,$D_3=0$,$D_2=0$,$D_1=0$,$D_0=1$(10000001B=81H)。打印字符在内存首地址为 2000H,打印机接口控制程序如下:

```
        MOV    DX,303H      ;8255A 命令口地址为 303H
        MOV    AL,81H       ;8255A 工作方式控制字
        OUT    DX,AL        ;A 口方式 0,C 口高 4 位输出,C 口低 4 位输入
        MOV    AL,0FH       ;设置 PC7 为"1"
        OUT    DX,AL
        MOV    SI,2000H     ;内存首址
        MOV    CX,100H      ;打印字节数
L:      MOV    DX,302H      ;8255A 的 C 口地址
```

```
IN      AL,DX
AND     AL,04H          ;查 BUSY 是否忙
JNZ     L               ;忙则等待,不忙,则向 A 口送数
MOV     DX,300H         ;8255A 的 A 口地址
MOV     AL,[SI]         ;从内存取数
OUT     DX,AL           ;送数到 A 口
MOV     DX,303H         ;8255A 命令口
MOV     AL,0EH          ;设置 PC7 为"0"
OUT     DX,AL           ;产生负脉冲
NOP                     ;延时,形成一定的负脉冲宽度
NOP
MOV     AL,0FH          ;设置 PC7 为"1"
OUT     DX,AL           ;完成信号
INC     SI              ;内存地址加 1
LOOP    L               ;未完,继续
HLT
```

①方式 1

选通的输入/输出工作模式,A 口和 B 口作为 8 位输入或输出端口,C 口作为 A 口、B 口输入/输出的选通/应答信号。

方式 1 将三个端口分为 A、B 两组,即 A 口与 C 口中的 3 位为一组;B 口与 C 口中的其他 3 位为另一组。C 口中余下的两位仍可作为输入/输出用。C 口用作控制状态端口的各个位的功能是固定的,不能用程序改变。

如果 A 口、B 口只有一个工作在方式 1,则与之配合的 C 口的 3 个位必须用作控制/状态位,而另一个端口和 C 口的剩余位仍可以工作在方式 0。

方式 1 的 A 口和 B 口,不论是输入还是输出均有数据锁存的功能。

方式 1 的 A 口或 B 口工作状态是由 CPU 写控制字时设定的,一旦方式已定,8255A 就会自动地提供有关的控制/状态信号,尤其是相应的中断请求信号,这使得方式 1 比较适合于中断输入/输出场合,当然这要求外设能够提供选通信号或数据接收应答信号。

• 方式 1 的输入

8255A 的 A 口、B 口工作在方式 1 的输入时,两组的工作方式控制字和状态控制信号如图 6-74 所示。

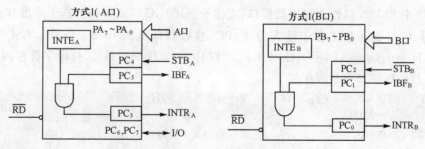

图 6-74　8255A 方式 1 的输入接口电路原理图

C 口用作控制信号的各个位与控制信号的对应关系已在图 6-74 中给出,剩余 PC_6、PC_7 两位未用到,如果要利用它们,可用工作方式控制字中的 D_3 来设定它们的传输方向。

对于各个控制信号说明如下:

$\overline{STB}$：选通信号输入（Strobe），低电平有效。由外设送入 8255A，当其有效时，由输入设备来的 8 位数据将送入对应端口的输入锁存器。

IBF：输入缓冲器满信号（Input Buffer Full），高电平有效。8255A 输出的状态信号；当其有效时，表明数据已送入输入缓冲器，它一般供 CPU 查询用。

INTR：8255A 送往 CPU 的中断请求信号（Interrupt Request），高电平有效。当选通信号结束，一个数据送进输入缓冲器，输入缓冲器满信号为有效电平时，8255A 就用 INTR 输出端（高电平）向 CPU 提供中断请求信号，以请求 CPU 为其服务，即 $\overline{STB}$ 为低电平、IBF 和 INTE 为高电平时，INTR 输出才为高电平。

$INTE_A$：A 口中断允许信号（Interrupt Enable A），控制中断允许或中断屏蔽的信号，由软件对 PC_4 的置"1"/置"0"来控制，$PC_4=1$ 时，允许 A 口中断。

$INTE_B$：B 口中断允许信号（Interrupt Enable B），控制中断允许或中断屏蔽的信号，由软件对 PC_2 的置"1"/置"0"来控制，$PC_2=1$ 时，允许 B 口中断。

- 方式 1 的输出

A 口、B 口工作在方式 1 的输出时，两组的方式控制字和状态控制信号如图 6-75、图 6-76 所示。

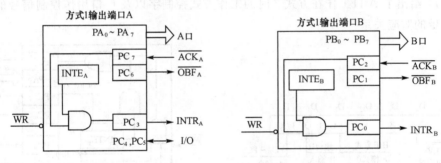

图 6-75　方式 1 输出接口电路原理图

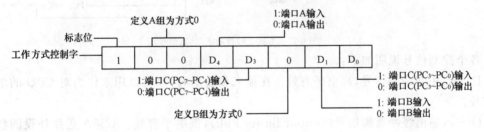

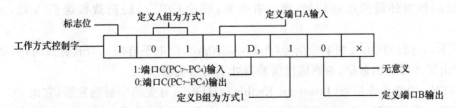

图 6-76　方式 1 时输入口对应的控制字/状态信号和方式 1 时输出口对应的控制字/状态信号

C 口用作控制信号的各个位与控制信号的对应关系已在图 6-76 中给出，剩余 PC_4、PC_5 两位未用到，如果要利用它们，可用工作方式控制字中的 D_3 来设定它们的传输方向。

对于各个控制信号说明如下：

$\overline{OBF}$：输出缓冲器满信号（Output Buffer Full），低电平有效。由 8255A 输出给外设，通知

外设取走数据的信号。当它有效时,表明 CPU 已经将数据输出到指定的端口,外设可以把该数据取走。

$\overline{ACK}$:外设响应信号(Acknowledge),低电平有效。外设送给 8255A 的响应信号,当它有效时,表明 CPU 输出给 8255A 的数据已经由外设接收。

INTR:中断请求信号(Interrupt Request),高电平有效。当输出设备已经接收了 CPU 输出的数据,发出 $\overline{ACK}$ 信号后,8255A 就用 INTR 向 CPU 发出中断请求信号,要求 CPU 继续输出数据。INTR 是当 $\overline{ACK}$、$\overline{OBF}$ 和 INTE 都为高电平时,才被置为高电平。

$INTE_A$:A 口中断允许信号(Interrupt Enable A),控制中断允许或中断屏蔽的信号,由软件对 PC_6 的置"1"/置"0"来控制。

$INTE_B$:B 口中断允许信号(Interrupt Enable B),控制中断允许或中断屏蔽的信号,由软件对 PC_2 的置"1"/置"0"来控制。

②方式 2

应答式双向输入/输出工作方式。这时 A 口作为双向输入/输出端口,C 口中的 5 位作为相应的应答控制信号,余下的 B 口和 C 口的 $PC_0 \sim PC_2$ 可处于方式 1 或者方式 0 的工作状态。

图 6-77 给出了 A 口工作在方式 2 时的工作方式控制字以及 C 口用作控制信号的各个位与控制信号的对应关系。

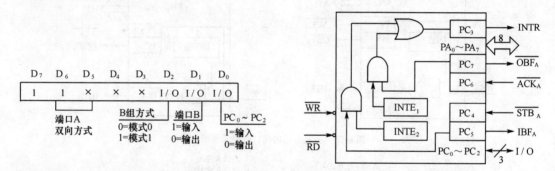

图 6-77 方式 2 的控制字/状态信号

各个控制信号说明如下:

INTR:中断请求信号,高电平有效。在输入和输出时,都可以用来作为对 CPU 的中断请求信号。

$\overline{OBF}_A$:输出缓冲器满信号(Output Buffer Full),低电平有效。8255A 送往外设的状态信号,可以用作对外设的选通信号,当它有效时,表示 CPU 已经把数据送至 A 口,通知外设取走。

$\overline{ACK}_A$:外设对 $\overline{OBF}_A$ 的响应信号(Acknowledge),低电平有效。当其有效时,启动 A 口的三态输出缓冲器送出数据,否则输出缓冲器处于高阻抗状态。

$INTE_1$:中断允许信号(Interrupt Enable),与 $\overline{OBF}_A$ 有关的中断触发器,它由 PC_6 置位/复位来控制。当 $INTE_1 = 1$ 时,允许 8255A 通过 INTR 向 CPU 发送中断请求信号,通知 CPU 往 8255A 输出一个数据;当 $INTE_1 = 0$ 时,中断被屏蔽。

$\overline{STB}_A$:选通输入(Strobe),低电平有效。外设提供给 8255A 的选通信号,当其有效时,将外设的输入数据选通输入锁存器。

IBF_A:输入缓冲器满(Input Buffer Full),高电平有效。这是一种 8255A 提供给 CPU 的状态信息,当其有效时,表示一个新数据已进入输入锁存器,等待 CPU 取走。

INTE$_2$：中断允许信号(Interrupt Enable)，与 IBF$_A$ 有关的中断触发器，它由 PC$_4$ 的置位/复位来控制。当 INTE$_2$＝1 时，允许 8255A 通过 INTR 向 CPU 发送中断请求信号，通知 CPU 从 8255A 取走新数据；当 INTE$_2$＝0 时，中断被屏蔽。

方式 2 是一种双向工作方式，如果一个外设既作为输入设备又作为输出设备，而且输入/输出的动作不会同时进行，那么这个外设比较适合于方式 2 下的 A 口连接。

③工作状态读取

当 8255A 工作在方式 1 或方式 2 时，C 口根据不同的模式，产生或接收状态控制信号。将 C 口的状态应用于编程，通过读取 C 口状态位的内容，就可以测试或检查每个外设的状态，并相应改变程序流程。这可以按照 C 口的地址，通过执行正常的读操作来实现。

方式 1 和方式 2 状态字的格式如图 6-78 和图 6-79 所示。

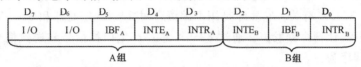

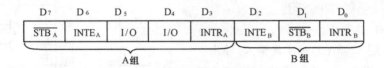

图 6-78　方式 1 的状态字格式

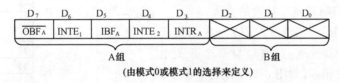

图 6-79　方式 2 的状态字格式

2. 中断控制功能

总结 8255A 的工作方式可知，在方式 1 和方式 2 下，8255A 能提供一个控制信号，用来作为对 CPU 的中断请求信号，而且该中断可以通过软件编程对 C 口进行置"1"/置"0"来允许或者屏蔽。

方式 1 时，A 口输入操作的中断请求信号 INTE$_A$ 由 PC$_4$ 的置位/复位来控制；输出操作的中断请求信号 INTE$_A$ 由 PC$_6$ 的置位/复位来控制。对于 B 口，不论是输入操作还是输出操作，中断请求信号 INTE$_B$ 均由 PC$_2$ 的置位/复位来控制。

方式 2 时，只有 A 口可以在此方式下工作，此时规定：若输出操作，则 INTE$_1$（与 $\overline{OBF_A}$ 有关的中断触发器）由 PC$_6$ 的置位/复位控制；若输入操作，则 INTE$_2$（与 IBF$_A$ 有关的中断触发器）由 PC$_4$ 的置位/复位来控制。

以上的中断触发器都是 INTE＝1 时允许中断；INTE＝0 时禁止中断。

例如，8255A 控制端口地址为 0026H，编程使在模式 2 输出操作时允许中断，则 PC$_4$ 置位的程序段如下：

```
MOV    AL,09H          ;将 PC₄ 置"1"的控制字送 AL
```

```
MOV   DX,0026H        ;AL 内容送 8255A 控制字寄存器
OUT   DX,AL
```

6.9　应用案例——并行接口应用设计

6.9.1　8255A 作为并行 I/O 的使用

并行接口有多种用途,它可以连接外部设备,进行数据传输;可以与其他计算机连接,进行数据通信;也可以是外部总线的一部分,与其他设备相连。作为并行接口芯片的 8255A,在实际中也有广泛的应用。例如本教材中曾设计过让计算机发声和唱歌的程序,这个实现过程就跟并行接口芯片 8255A 有关。它实际是用汇编语言对 8253-5 定时器和 8255A 可编程并行通信控制器进行编程,让扬声器发声。通过 8255A 芯片产生门控信号和送数信号,由 8255A 打开扬声器的门,程序为:

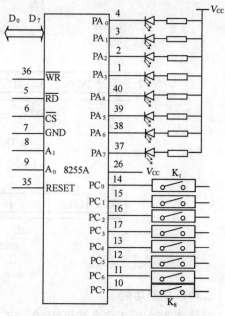

```
IN    AL,61H
MOV   AH,AL
OR    AL, 3    ;PB_0,PB_1 置"1"
OUT   61H,AL
```

例 6-11　用 8255A 芯片实现输入/输出。

本例中,使用 8 位开关电路,8 位发光二极管和一个 8255A 可编程并行口芯片,通过开关控制发光二极管的亮灭。C 口做输入,检测开关状态;A 口做输出,控制发光二极管的亮灭。

将 8255A 的 $PA_0 \sim PA_7$(A 口)与 8 个发光二极管相连,将 $PC_0 \sim PC_7$(C 口)与 8 个开关电路的开关 $K_1 \sim K_8$ 相连,如图 6-80 所示。

设 8255A 口地址为:

A 口:00A0H;B 口:00A2H。

C 口:00A4H;控制口:00A6H。

要求:当开关闭合时相应的发光二极管灯亮,否则灭。

图 6-80　8255A 芯片输入/输出功能实现

实验程序如下:

```
D8255  EQU   00A6H    ;8255A 控制口地址
D8255A EQU   00A0H    ;8255A PA 口地址
D8255B EQU   00A2H    ;8255A PB 口地址
D8255C EQU   00A4H    ;8255A PC 口地址
          ⋮
       CALL  DLY           ;延时
       MOV   DX,D8255
       MOV   AL,90H
       ;置 8255A 工作方式选择控制字,方式 0,B 口、C 口输出,A 口输入
       OUT   DX,AL
```

```
ROT: MOV DX,D8255C    ;读开关状态
     IN   AL,DX        ;当开关闭合时,读入的 C 口为高电平
     NOT  AL           ;将 C 口的电源取反
     NOP               ;延时
     MOV DX,D8255A     ;控制对应的发光二极管亮
     OUT DX,AL
     JMP  ROT
DLY: MOV CX,200H       ;延时子程序
     NOP
     LOOP DLY
     RET
     END
```

例 6-12　用方式 0 与打印机接口,时序和连接如图 6-81 所示。

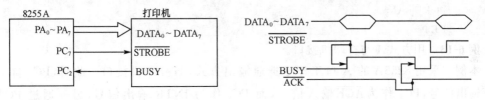

图 6-81　方式 0 的打印机接口

目前打印机一般采用并行接口 Centronics 标准,其主要信号与传输时序:

打印机接收主机传输数据的过程是这样的:当主机准备好输出打印的一个数据时,通过并行接口把数据送给打印机接口的数据引脚 $DATA_0 \sim DATA_7$,同时送出一个数据选通信号 $\overline{STROBE}$ 给打印机。

打印机收到该信号后,把数据锁存到内部缓冲区,同时在 BUSY 信号线上发出忙信号。待打印机处理好输入的数据时,打印机撤销忙信号,同时又向主机送出一个响应信号 $\overline{ACK}$。

主机可以利用 BUSY 信号或 $\overline{ACK}$ 信号决定是否输出下一个数据。

此例中采用 8255A 作为与打印机接口的电路,CPU 与 8255A 利用查询方式输出数据。

设计思想是:A 口为方式 0 输出打印数据,用 C 口的 PC_7 引脚产生负脉冲选通信号,PC_2 引脚连接打印机的忙信号查询其状态。

假设 8255A 的 A、B 口和 C 口的 I/O 地址为 0FFF8H、0FFFAH 和 0FFFCH,控制端口的地址为 0FFFEH。

```
;初始化程序段
     MOV  DX,0FFFEH
     MOV  AL,81H        ;A 口方式 0 输出,C 口上半部输出,下半部输入
     OUT  DX,AL         ;输出工作方式控制字
     MOV  AL,0FH        ;使 PC₇=1,即置 STROBE=1
     OUT  DX,AL
;输出打印数据(在 AH 寄存器中)子程序
     PUSH AX            ;保护 AX,DX 寄存器内容
     PUSH DX
PRN: MOV  DX,0FFFCH     ;查询 PC₂
     IN   AL,DX         ;判断 BUSY 是否为 0
```

AND	AL,04H	
JNZ	PRN	;忙,则等待
MOV	DX,0FFF8H	;不忙,则输出数据
MOV	AL,AH	
OUT	DX,AL	
MOV	DX,0FFFEH	
MOV	AL,0EH	;使 $PC_7=0$,即置$\overline{STROBE}=0$
OUT	DX,AL	
NOP		;适当延时,产生一定宽度的低电平
NOP		
MOV	AL,0FH	;使 $PC_7=1$,置$\overline{STROBE}=1$
OUT	DX,AL	;最终,产生低脉冲$\overline{STROBE}$信号
POP	DX	;恢复 AX、DX 寄存器内容
POP	AX	
RET		

例 6-13 用方式 1 与打印机接口。

本例中采用 8255A 的 A 口工作于选通输出方式,与打印机接口。此时,PC_7 自动作为 $\overline{OBF}$输出信号,PC_6 作为 $\overline{ACK}$ 输入信号,而 PC_3 作为 INTR 输出信号,另外通过 PC_6 控制 $INTE_A$,决定是否采用中断方式。

打印机接口的时序与 8255A 的选通输出方式的时序类似,但略有差别,用单稳电路 74LS123 可满足双方的时序要求,如图 6-82 所示。

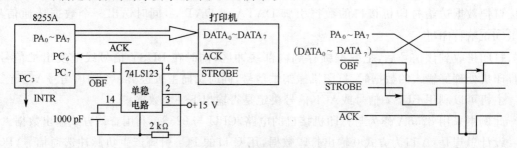

图 6-82　方式 1 的打印机接口和时序图

假设 8255A 的 A 口、B 口和 C 口的 I/O 地址为 0FFF8H,0FFFAH 和 0FFFCH,控制端口的地址为 0FFFEH。如下为采用查询方式输出缓冲区 BUFFER 的打印符的子程序,输出的字节数为 COUNTER。

MOV	DX,0FFFEH	;设定 A 口为选通输出方式
MOV	AL,0A8H	
OUT	DX,AL	
MOV	AL,0CH	;使 $INTE_A$(PC_6)为 0,禁止中断
OUT	DX,AL	;通过控制口置 $PC_6=0$
⋮		
MOV	CX,COUNTER	;打印字节数送 CX
MOV	BX,OFFSET BUFFER	;取缓冲区首地址送 BX
CALL	PRINT	;调用打印子程序
⋮		

```
PRINT          PROC FAR
    PUSH       AX                    ;保护寄存器
    PUSH       DX
PRINT1:MOV     AL,[BX]               ;取一个数据
    MOV        DX,0FFF8H
    OUT        DX,AL                 ;从 A 口输出
    MOV        DX,0FFFCH             ;送 C 口地址到 DX,准备读 C 口
PRINT2:IN      AL,DX                 ;读 C 口
    TEST       AL,80H                ;检测 OBF(PC₇)是否为 1
    JZ         PRINT2                ;为 0,说明打印机没有响应,则继续检测
    INC        BX                    ;为 1,说明数据已输出,指向下一个数据地址
    LOOP       PRINT1                ;打印字节数减 1 不为 0,准备取下一个数据输出
    POP        DX                    ;打印结束,恢复寄存器
    POP        AX
    RET
PRINT ENDP
```

此例中,也可以允许中断,但并不真正地使用 INTR 引脚,而是在查询时检测 $INTR_A$ (PC_3)位。请对照 8255A 选通输出方式的时序,说明两者的区别。其中的关键是:只要 $\overline{ACK}$ 为低即引起 $\overline{OBF}$ 为高,而只有 $\overline{ACK}$ 恢复为高才会使 INTR 为高。

6.9.2　8255A 的编程举例——使 PC 机发声

在 PC 机上操作时,时常听到"滴滴"的声音。它是系统通过软件程序控制,由定时器 8253-5 芯片和并行接口 8255A 芯片输出信号到扬声器而产生的。

下面将给出一个可以控制扬声器发声的程序。

1. 硬件连接

其硬件连接示意图如图 6-83 所示。

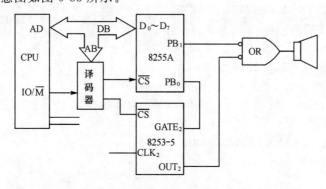

图 6-83　PC 发声硬件连接示意图

并行接口芯片 8255A 在 PC 机中做扬声器、键盘、盒式磁带机等的 I/O 接口。这是一个可编程的通用 8 位并行接口芯片。它有三个 I/O 端口(A、B、C)。每个端口都可以提供输入和输出操作。为使 8255A 工作在某种工作方式,可通过程序向 8255A 中写入一个方式控制字,由它指定工作方式。在 PC 机中,8255A 的三个端口地址分别是:A 口地址为 60H,B 口地址为 61H,C 口地址为 62H,控制端口地址为 63H。

本程序使用 8255A 的 B 口使扬声器发声。

8253-5 定时器是一个具有定时和计数功能的芯片。它有三个独立的定时器通道(通道 0、通道 1、通道 2),每个通道都是可编程的。每个通道有一个门选通信号和时钟输入信号。门选通信号可以控制该定时通道的打开和关闭。

作为定时器或计数器时,每当计数值到 0,将从 OUT 引脚端输出一个信号。

本例中,不使用定时器方式发声,故可通过 8255A 的 B 口(PB₀)输出将通道 2 关闭。

本例程序,是通过 8255A 使扬声器发声。实现发声的基本原则是:通过 8255A 的 B 口(地址为 61H)PB₁ 位向扬声器发送变化的电平信号,使其在音频范围之间,扬声器就可以发出人们可听得见的声音了。

2. 音频的确定

8088 微机的时钟频率为 4.77 MHz,其时钟周期为 210 ns。在下面的程序中,使用 LOOP 循环指令以产生方波的持续时间。

该指令执行时,在有转移情况下,所需时钟周期为 17;在无转移情况下,所需时钟周期为 5 ns。如以 CX 寄存器控制其循环次数,则执行该循环指令的持续时间可表达为下式:

$$持续时间\ T = CX \times (17+5) \times 时钟周期 \approx CX \times 17 \times 210\ ns$$

产生方波的频率为 2 倍 T 值的倒数:$f = 1/2T$。

故可求出:

$$CX = \frac{10^9}{2 \times f \times 17 \times 210}$$

当要求 $f = 600$ Hz 时,可求出 CX = 233。

600 Hz 信号的周期时间为 1/600 = 1.66 ms。如要求实现 2 秒钟的发声时,则应产生 2 s/1.66 ms = 1200 个周期的方波。

当改变 CX 的数值时,即可以改变发出声音的频率。推而广之,当把这个信号输出时,可看作是一个可变的信号发生器。

源程序:

```
STACK SEGMENT PARA STACK 'STACK'
        DB 256 DUP(0)
STACK     ENDS
DATA      SEGMENT PARA PUBLIC 'DATA'
FREQ    DW    233                    ;600 Hz 所需的 CX 值
DURA    DW    1200                   ;2 秒声响所需周期数
DATA    ENDS
CODE      SEGMENT PARA PUBLIC 'CODE'
START   PROC FAR
  ;标准程序
    ASSUME CS:CODE;DS:DATA
      PUSH    DX                     ;为返回 DOS 做准备
      MOV     AX,0
      PUSH    AX
      MOV     AX,DATA                ;加载数据段基址
      MOV     DS,AX
  ;生成 600 Hz 音调 2 秒
```

```
        CLI                          ;禁止所有中断
        MOV    DX,DURA              ;置音调持续时间
AGAIN:IN     AL,61H                 ;强制关定时器 2 选通(PB₀＝0)
        AND    AL,0FEH
        OR     AL,2                  ;置扬声器数据 PB₁＝1
        OUT    61H,AL               ;写 B 口,输出 1 信号
        MOV    CX,FREQ              ;置持续时间
WAIT1:LOOP  WAIT1                   ;持续扬声器输出 1
        AND    AL,0FCH             ;置扬声器数据 PB₁＝0
        OUT    61H,AL               ;写 B 口,输出 0 信号
        MOV    CX,FREQ              ;置持续时间
WAIT2:LOOP  WAIT2                   ;持续扬声器输出 0
        DEC    DX                   ;周期数减 1
        JNE    AGAIN                ;未完,循环
    ;完成发声,退出
        STI                         ;开中断
        RET
START ENDP
CODE ENDS
        END START
```

6.9.3　8253-5、8255A 及 8259A 的综合应用实例

这里利用前面学习过的接口芯片设计一个小型应用系统,其目的是进一步了解计算机接口技术,掌握计算机硬、软件综合应用。

例 6-14　图 6-84 为基于 8088 CPU PC 机设计时间型顺序控制接口电路。

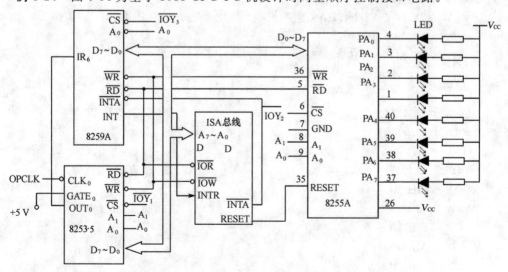

图 6-84　8088CPU PC 机设计时间型顺序控制接口电路

设计要求:8253-5 通道 0 工作在方式 3,定时产生中断请求信号,连接 8259A 的 IR_6,一次中断为一个时间片,不同中断次数决定工序时间,8255A 的 PA 口 8 位指示工序状态,灯亮表示进入工作状态。

　　硬件连接如图 6-84 所示,8253-5 口地址为 40H~43H,系统外部脉冲 OPCLK 作为通道 0 计数脉冲 CLK_0、OUT_0 连接 8259A 的 IR_6 请求中断,一次中断为一个时间片,$DATA_1$ 是时间系数表,时间到 8255A 改变工序状态。8259A 口地址为 20H~21H,8088 PC 机上电完成 8259A 初始化。本程序中改写屏蔽字用 OCW_1,地址是 21H,关中断用 OCW_2,地址是 20H。8255A 口地址为 60H~63H,PA 口地址是 60H。

　　程序分为主程序和中断服务子程序两段,主程序完成程序初始化和接口芯片初始化,采用直接法填写中断矢量,由于初始化时 ICW_2 = 08H 中断请求信号 OUT_0 连接 8259A 的 IR_6,所以中断类型码等于 0EH,中断矢量填入 0EH×4 = 0038H 开始的 4 个字节单元中。中断服务子程序完成工序状态输出。

```
DATA    SEGMENT
DATA0   DB 7FH 0BFH 0DFH 0EFH 0F7H 0FBH 0FDH 0FEH  ;工序状态表
DATA1   DB 28H 32H 3CH 46H 50H 5AH 64H 6DH          ;时间系数表
DATA    ENDS
STACK   SEGMENT PARA STACK 'STACK'
STA     DB 50 DUP(?)
TOP     EQU LENGTH STA
STACK   ENDS
CODE    SEGMENT
    ASSUME    CS:CODE;DS:DATA;SS:STACK
STA:MOV    AX,DATA                              ;填写段寄存器
    MOV    DS,AX
    MOV    AX,STACK
    MOV    SS,AX
    MOV    AX,TOP
    MOV    SP,AX
    MOV    AX,OFFSET INTHAND                    ;填写中断矢量
    MOV    ES:[0038H],AX
    MOV    AX,SEG INTHAND
    MOV    ES:[003AH],AX
    CLI
    IN     AL,21H                               ;改写 OCW₁,开放 IR₆
    AND    AL,0BFH
    OUT    21H,AL
    MOV    AL,36H                               ;8253-5 通道 0 工作于方式 3
    OUT    43H,AL
    MOV    AL,6CH                               ;8253-5 通道 0 计数初值
    OUT    40H,AL
    MOV    AL,0E8H
    OUT    40H,AL
    MOV    AL,80H                               ;8255A 工作方式控制字
    OUT    63H,AL
    MOV    AL,0FFH                              ;通过 PA 口信号
    OUT    60H,AL
```

```
L:    MOV     CX,0008H                    ;共 8 道工序
      MOV     DI,OFFSET DATA0
      MOV     SI,OFFSET DATA1
L1:   MOV     BL,[SI]                     ;取时间系数
L2:   STI                                 ;开中断
      CMP     CX,0000H
      JZ      L                           ;运行完 8 道工序,重新开始
      CMP     BL,00H
      JZ      L1                          ;本工序时间到,取下一工序时间系数
      JMP     L2                          ;主程序段完
INTHAND    PROC    NEAR                   ;中断服务子程序
      MOV     AL,[DI]
      OUT     60H,AL
      DEC     BL                          ;时间系数减 1
      CMP     BL,00H
      JNE     L3
      INC     DI
      INC     SI
      DEC     CX
L3:   MOV     AL,20H                      ;OCW₂=20H,关中断
      OUT     20H,AL
      CLI
      IRET
INTHAND    ENDP
      CODE    ENDS
      END    START
```

点评:本案例的精要之处是将 8255 可编程芯片应用到实际案例中,对芯片的初始化,参数设定以及硬件连接都给予很详细的介绍,读者可参考完成自己的实际应用系统,对读者在实际工作中解决真实的项目具有一定的指导意义和参考价值。

6.10 DMA 技术

虽然高速的 CPU 通过程序查询或中断的方式,能对数据进行快速的处理,但当计算机需要非常大量的数据交换或处理时,这两种方式就显得"无能为力"了,甚至大大地降低 CPU 的工作效率,在这种情况下,可以采用 DMA 方式,数据交换不通过 CPU,大大提高数据传输速度。下面将详细介绍 DMA 概念、DMA 控制器(DMAC)、DMA 传输方式、8237 的工作原理以及应用程序设计。

6.10.1 DMA 基础

DMA(Direct Memory Access)即直接存储器传输方式,是指外部设备不通过 CPU 而利用专门的接口电路直接与系统存储器交换数据的接口技术。在这种方式下,数据交换不经过 CPU,传输的速度就只取决于存储器和外设的工作速度。

1. DMA 传输方式的作用

采用 CPU 程序查询或中断方式,把外设的数据读入内存或把内存的数据传输到外设,都要通过 CPU 控制完成。虽然利用中断进行数据传输,可以大大提高 CPU 的利用率,但每次进入中断处理程序,CPU 都要执行指令保护断点、保护现场、进入中断服务程序,中断服务完毕又要恢复现场、恢复断点、返回主程序。这些和数据传输没有直接联系的指令,在中断较少的情况下,对系统效率的影响并不明显。但是在需要大量数据交换,中断频繁的情况下,例如从磁盘调入程序或图形数据,执行很多与数据传输无关的中断指令,就会大大降低系统的执行效率,无法提高数据传输速率。另外,频繁的进出中断,频繁的指令队列清除也使 BIU 和 EU 部件并行工作机制失去功能。因而对于一个高速 I/O 设备以及批量交换数据的情况,宜于采用 DMA 方式。

DMA 传输主要应用于高速度、大批量数据传输的系统中,如磁盘存取、图像处理、高速数据采集系统等,以提高数据的吞吐量。DMA 传输一般有三种形式:

(1)存储器与 I/O 设备之间的数据传输。

(2)存储器与存储器之间的数据传输。

(3)I/O 设备与 I/O 设备之间的传输。

通常,系统的地址总线、数据总线和控制总线都是由 CPU 或者总线控制器管理的。在利用 DMA 方式进行数据传输时,当然要利用这些系统总线,因而接口电路要向 CPU 发出请求,使 CPU 把这些总线让出来(即 CPU 连到这些总线上的线处于第三态——高阻状态),而由控制 DMA 传输的接口电路接管总线控制权,控制传输的字节数,判断 DMA 是否结束以及发出 DMA 结束信号。这种接口电路称为 DMA 控制器(DMAC)。

2. DMA 控制器的功能

DMA 控制器是可以独立于 CPU 进行操作的专用接口电路,它能提供内存地址和必要的读写控制。DMA 控制器必须有以下功能:

(1)能接收外设发出的 DMA 请求信号,然后向 CPU 发出总线接管请求信号。

(2)当 CPU 发出总线请求允许信号并放弃对总线的控制后,DMAC 能接替对总线的控制,进入 DMA 方式。

(3)DMAC 得到总线控制权后,要往地址总线发送地址信号,能修改地址指针,并能发出读/写控制信号。

(4)能决定本次 DMA 传输的字节数,判断 DMA 传输是否结束。

(5)DMA 过程结束时,能发出 DMA 结束信号,将总线控制权交还给 CPU。

DMA 的工作流程如图 6-85 所示。

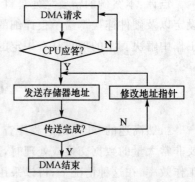

图 6-85　DMA 的工作流程

典型的 DMA 控制器有 IBM PC/XT 采用的 8237 芯片,后来的 DMA 硬件电路一般都集成到超级输入/输出(SUPER I/O)。

3. DMAC 的结构

为了实现 DMA 传输数据的功能,DMAC 应具有总线控制功能,能独立对存储器和 I/O 设备进行存取数据,因此,一个 DMAC 必须有相应的硬件支持,其硬件结构示意图如图 6-86 所示。

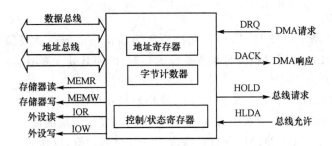

图 6-86　DMAC 硬件结构示意图

地址寄存器：存放地址信息，指出下一个要访问的内存单元的地址。每传输完一个字节以后，地址寄存器的内容加 1 或者减 1（取决于 DMAC 的设置）。

字节计数器：存放传输的字节数。每传输完一个字节以后，字节计数器减 1。

控制字寄存器：规定数据传输方向，确定是读操作还是写操作；设置 DMA 传输方式；启动 I/O 操作；控制是否允许 DMA 请求等。数据从外设到存储器称为写操作，从存储器到外设称为读操作。

状态寄存器：指示数据块传输是否结束等。

在 DMAC 中，除了状态寄存器，其他寄存器在数据块传输前都要进行初始化，具体如下：

(1)字节计数器：设置计数初值，以确定数据传输长度。

(2)地址寄存器：设置地址初值，以确定数据传输所用的存储区域的首地址。

(3)控制字寄存器：设置控制字以指示数据传输方向、是否进行块传输，并启动数据传输操作。

DMAC 的可能引脚说明：

数据总线：用于传输数据。

地址总线：发出要访问的存储器地址。

控制总线：数据传输的读写控制信号，包括存储器读信号、存储器写信号、外设读信号、外设写信号等。

DMA 请求（DRQ）：外设向 DMAC 发出的 DMA 请求信号。

DMA 响应：DMAC 响应外设 DMA 请求的 DMA 响应信号，表示外设向 DMAC 的请求已经收到且正进行处理。

总线请求：DMAC 向 CPU 要求让出总线的总线请求信号。

总线允许：CPU 向 DMAC 表示允许 DMAC 接管总线控制权的总线响应信号。

4. DMA 的过程

外设使用 DMA 方式往内存传输一个数据块时，一个完整的 DMA 过程应包括：初始化、DMA 请求、DMA 响应、DMA 传输、DMA 结束五个阶段，具体过程如下：

(1)初始化

在启动 DMA 传输之前，DMAC 与其他芯片一样受 CPU 的控制，由 CPU 执行指令来对 DMAC 进行初始化编程，以确定通道的选择、数据传输方式、传输类型、字节总数等。一般当 DMA 结束后，要由中断请求 CPU 做结束处理，因此还包括对中断的初始化。

(2)DMA 请求

当外设准备就绪时，它就通过接口向 DMAC 发出一个 DMA 请求 DRQ，DMAC 接到此信号后，经优先级排队（如需要的话），向 CPU 发总线请求 HOLD，请求 CPU 脱离对系统总线的控制。

（3）DMA 响应

CPU 接到总线请求信号 HOLD 后,在执行完当前指令的当前总线周期后,向 DMAC 发出总线响应信号 HLDA,同时脱离对系统总线的控制（即使其处于高阻态）。

（4）DMA 传输

DMAC 收到 HLDA 信号后,即取得了总线控制权。DMAC 向 I/O 设备发出 DMA 应答信号 DACK。DMAC 向地址总线上发送地址信号,同时发出相应的读/写信号,完成一个字节的传输。每传输一个字节,DMAC 会自动修改地址寄存器的值,以指向下一个要传输的字节,同时修改字节计数器值,并判断本次传输是否结束,如果没结束,继续传输。

（5）DMA 结束

当字节计数器的值达到计数终点时,DMA 过程结束。这时 DMAC 向 CPU 发结束信号,将总线控制权还给 CPU。发送结束信号有两种方式：一种是以计数器的回零信号通知 CPU；一种是向 CPU 发中断请求信号。

可见,DMAC 具有两种工作状态：

（1）被动态：它是一个接口电路,受 CPU 的控制。CPU 可通过它的端口地址对 DMAC 的寄存器进行读写操作。当它需要使用系统总线控制进行 DMA 传输时,必须先向 CPU 发出总线申请,待 CPU 响应后才能开始传输操作。这时也称 DMAC 为受控器。

（2）主动态：当 DMAC 取代 CPU 获得总线控制权,可提供一系列控制信号,控制存储器和外设之间的数据传输。这时也称 DMAC 为主控器。

5. DMA 的传输方式

根据 DMAC 对总线的控制方式不同,DMA 的数据传输可分为三种方式,即单字节方式传输、成组连续传输和请求传输。

（1）单字节方式

每次 DMA 请求只传输一个字节数据,每传输完一个字节,都撤销 DMA 请求信号,释放总线返回给 CPU,这样 CPU 至少可以获得一个总线周期。

当存储器的速度远高于外设速度时常采用这种方式。因为完成一个字节的传输后,外设准备数据的时间较长,在这期间将总线控制权交还 CPU,可提高系统效率。在单字节传输方式中,DMA 请求、响应和返回总需要一定的时间,当外设的速度接近存储器的速度时,单字节传输方式就会影响传输速度。这时,采用成组连续传输方式更合理。

（2）成组连续传输方式

即块传输方式,每次 DMA 请求获得 CPU 响应后,DMAC 就连续占用多个总线周期,传输一个数据块,待规定长度的数据块传输完毕,或外部作用要求强行结束 DMA 传输,才撤销 DMA 请求,释放总线。

（3）请求传输

此方式与成组连续传输方式类似,即每次 DMA 请求允许传输多个字节的数据。但它比成组连续传输方式多了一种结束方式,请求传输的结束方式有三种情况：

①一组数据传输完毕（计数次数到）。

②外部信号强行要求结束 DMA 传输。

③DMA 请求信号变为无效。

因此,在请求方式下,DMAC 每传输一个字节就检测 DMA 请求信号是否仍然有效,一旦 DMA 请求无效就释放总线。如果一组数据没传输完毕,释放总线后,DMAC 仍然继续检测 DMA 请求端,一旦 DMA 请求有效,马上恢复 DMA 传输。

6.10.2　8237 DMA 控制器

1. 8237 的引脚信号

（1）引脚信号

8237 是 40 个引脚的双列直插式器件,其引脚分布图如图 6-87 所示。下面分模块介绍各个引脚信号的意义。

①时序和控制逻辑（下文中的输入、输出是对 8237A 而言）。

CLK:时钟输入端。用于控制 8237 内部的操作和数据传输的速度,对标准的 8237A 频率为 3 MHz,对 8237A-4 为 4 MHz,8237A-5 则为 5 MHz。

$\overline{CS}$:片选输入端（Chip Select）,低电平有效。当 8237 在空闲周期时,$\overline{CS}$有效就把 8237 作为一个外设,通过数据总线与 CPU 通信。

RESET:复位输入端,高电平有效的异步信号。芯片复位时,屏蔽寄存器被置"1"、其他寄存器均被清"0"。在复位以后,8237 工作在空闲周期。

READY:准备就绪输入端（Ready）,这是外设输给 8237 的高电平有效信号。

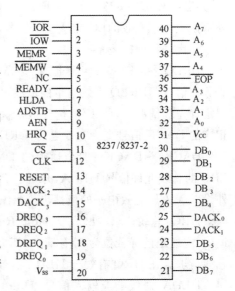

图 6-87　8237 引脚分布图

当外设和存储器比较慢时,需要延长传输时间,此时 READY 线就为低电平,并保持到准备就绪为止。

当 8237 在 S_3 状态以后的时钟下降沿检测到 READY 无效,则插入 SW 状态,直至 READY 线有效才进入 S_4 状态完成数据传输。

ADSTB:地址选通输出信号（Address Strobe）,高电平有效。在 DMA 传输时,此信号把在 $DB_0 \sim DB_7$ 上输出的高 8 位地址锁存至外部锁存器中。

AEN:地址允许输出信号（Address Enable）,高电平有效。它把锁存在外部锁存器中的高 8 位地址放到系统的地址总线,与芯片直接输出的低 8 位地址共同构成内存单元地址的偏移量。AEN 在 DMA 传输时也可以用来屏蔽别的系统总线驱动器。

$\overline{IOR}$:输入/输出设备读信号（I/O Read）,低电平有效的双向三态信号线。当 8237 处于空闲周期作为受控器时,这是一条输入控制信号,CPU 利用这个信号读取 8237 内部寄存器的状态。而 8237 作为主控器控制 DMA 传输时,这是一条输出控制信号,与$\overline{MEMR}$相配合,控制数据由外设传输至存储器（DMA 写传输）。

$\overline{IOW}$:输入/输出设备写信号（I/O Write）,低电平有效的双向三态信号线。当 8237 处于空闲周期作为受控器时,它是一个输入控制信号,CPU 利用它把编程数据写入 8237 内部寄存器。而 8237 作为主控器控制 DMA 传输时,它是一条输出控制信号,与$\overline{MEMR}$配合,控制数据从存储器送至外设（DMA 读传输）。

$\overline{MEMR}$:存储器读信号（Memory Read）,低电平有效的三态输出信号,只用于 DMA 传输。此信号有效时,所选中的存储器单元的内容被读到数据总线。

$\overline{\text{MEMW}}$：存储器写信号（Memory Write），低电平有效的三态输出信号，只用于 DMA 传输。此信号有效时，数据总线上的内容被写入所选中的存储器单元。

$\overline{\text{EOP}}$：DMA 传输结束信号（End of Process），低电平有效的双向信号。在 DMA 传输时，当任一通道的字节数计数器减到零时，在$\overline{\text{EOP}}$引线上输出一个有效脉冲，作为 DMA 传输结束信号；若由外部往 8237 送一个$\overline{\text{EOP}}$信号时，则 DMA 传输被强迫结束。不论是由内部还是由外部产生一个有效的$\overline{\text{EOP}}$信号，都会终结 DMA 服务，使 8237 内部寄存器复位。

②优先级编码逻辑

$\text{DREQ}_0 \sim \text{DREQ}_3$：四个通道的 DMA 请求输入信号（DMA Request），是外设请求 DMA 服务的信号。DREQ 有效电平的极性可由编程确定，但在复位以后 DREQ 为高电平有效。在固定优先级情况下，DREQ_0优先级最高。8237 用 DACK 信号作为对 DREQ 的响应，所以在相应的 DACK 信号变为有效之前，DREQ 信号必须维持有效。

$\text{DACK}_0 \sim \text{DACK}_3$：四个通道的 DMA 应答输出信号（DMA Acknowledge）。8237 获得 CPU 的总线允许信号 HLDA，开始了 DMA 传输以后，便产生有效的 DACK 信号送到相应的外设。DACK 有效电平的极性也可由编程确定，但在复位以后规定为低电平有效。

HRQ：总线请求输出信号（Hold Request），高电平有效。如果 8237 的任一个未屏蔽的通道（相应通道的屏蔽位为 0）有请求，都可以使 8237 向 CPU 输出一个有效的 HRQ 信号，发出总线请求。在 HRQ 有效至 HLDA 有效之前至少有一个时钟周期。

HLDA：总线响应输入信号（Hold Acknowledge），又称为总线保持响应信号，高电平有效。CPU 在接收到 HRQ 信号后，在现行总线周期结束以后让出总线，并使 HLDA 信号有效。8237 接收到有效 HLDA 信号就可以获得总线控制权，开始 DMA 传输。

③数据、地址缓冲器组

$\text{DB}_0 \sim \text{DB}_7$：8 位双向三态数据线（Data Bus），与系统的数据总线相连。在空闲周期，经 CPU 的 I/O 读命令，将内部寄存器的内容送到数据总线上；也可以通过 CPU 的 I/O 写命令，对内部寄存器编程。

在 DMA 传输时，$\text{DB}_0 \sim \text{DB}_7$输出地址的高 8 位，由 ADSTB 信号锁存至 8237 外部的锁存器中。在存储器到存储器传输的过程中，从存储器读出数据通过这些数据线进入 8237 的内部，又由这些数据线把数据送至新的存储单元。

$\text{A}_0 \sim \text{A}_3$：最低 4 位地址线（Address），双向三态信号线。在空闲周期它们是地址输入线，CPU 用这四条地址线选择 8237 内部不同的寄存器。在 DMA 传输时，这四条是地址输出线，提供要访问的存储单元的最低 4 位地址。

$\text{A}_4 \sim \text{A}_7$：三态地址输出线（Address）。它们始终工作于输出状态或浮空状态，在 DMA 传输时，由它们输出要访问的存储单元地址 8 位中的高 4 位。

（2）工作周期

8237 可处于两种工作周期：空闲周期和操作周期，每一个周期又是由若干个状态所组成的。8237 中设定了七种独立的状态 S_1、S_0、S_1、S_2、S_3、S_4 和 S_W。

①空闲周期 S_1（Idle Cycle）

8237 在各个通道都无请求时，就进入空闲周期，在空闲周期 8237 始终执行 S_1（非操作态，也称为空闲态）。在每一个时钟周期都采样通道的请求输入线 DREQ，只要无请求就始终停留在 S_1 状态。

在 S_1 状态下，8237 芯片可作为从模块，由 CPU 编程操作方式，或被读取状态。8237 在 S_1 状态下也始终采样选片信号 $\overline{CS}$，若 $CS=0$ 并且 4 个通道的 DREQ 无效，则 8237 作为从模块工作，CPU 可以对 8237 进行设置或读取状态，由 $\overline{IOR}$ 控制读操作，由 $\overline{IOW}$ 控制写操作，而地址信号 $A_3 \sim A_0$ 用来选择 8237 内部的不同寄存器。由于 8237 内部的地址寄存器和字节数计数器都是 16 位的，而数据线是 8 位的，所以，在 8237 的内部有一个触发器，称为高/低触发器，由它来控制写入 16 位寄存器的高 8 位还是低 8 位。另外，8237 还具有一些软件命令，这些命令是通过对地址 $A_3 \sim A_0$ 和 $\overline{IOW}$、$\overline{CS}$ 信号的译码决定的，不使用数据总线。

②操作周期（Active Cycle）

如果在空闲周期里，有一个通道的 DREQ 端变为有效电平，则 8237 就将 HRQ 驱动为有效电平向 CPU 发总线请求，并脱离 S_1 进入 S_0 状态。S_0 状态就是总线请求状态，是 DMA 服务的第一个状态，该状态一直重复直到 CPU 发出 DMA 响应信号 HLDA。当接收到 HLDA，8237 就进入工作状态，开始 DMA 传输，工作状态由 S_1、S_2、S_3、S_4 组成。

S_1 状态下，8237 用来传输地址有效信号以便锁存地址的 $A_8 \sim A_{15}$。一般这些位的地址不用改变，此时 S_1 被跳过，直接进入 S_2 状态。

S_2 状态用来修改存储单元的低 16 位地址，此时 8237 从 $DB_0 \sim DB_7$ 输出 $A_8 \sim A_{15}$，从 $A_0 \sim A_7$ 输出低 8 位地址。但 $A_8 \sim A_{15}$ 在 S_3 状态时才出现在地址总线上。若外设的数据传输速度较慢，不能在 S_4 之前完成，则可由 READY 线在 S_2 或 S_3 与 S_4 之间插入 S_W 状态。

S_3 状态并不是必需的，当 8237 工作在普通时序时，就需要 S_3，在此状态下把 $A_8 \sim A_{15}$ 送到地址总线上。当 8237 工作在压缩时序时，就不需要 S_3 状态，而直接进入 S_4 状态，此时高位地址 $A_8 \sim A_{15}$ 不改变，只改变 $A_0 \sim A_7$。

S_4 状态下，8237 对传输模式进行测试，若既不是块传输模式又不是请求传输模式，则测试完以后立即回到 S_2 状态。

8237 工作于普通时序还是压缩时序是由控制字寄存器的 D_3 位决定的。当工作于普通时序时，每进行一次 DMA 传输需要三个时钟周期：S_2、S_3、S_4；当工作于压缩时序时，只需要两个时钟周期：S_2 和 S_4。大部分情况下 8237 都是工作于压缩时序的。

在存储器与存储器之间的传输，需要完成从存储器读和存储器写的操作，所以每一次传输需要 8 个时钟周期，在前四个周期 S_{11}、S_{12}、S_{13}、S_{14} 完成从存储器读，另外四个周期 S_{21}、S_{22}、S_{23}、S_{24} 完成存储器写。

2.8237 的结构和功能

IBM PC/XT 采用的是 Intel 8237 DMA 控制器，在后来的系统中，DMA 控制器电路被集成到 Hub 等一些芯片中，但基本原理没变。因而这里仍以 Intel 8237 DMAC 为例进行介绍。

Intel 8237 是一种高性能可编程的 DMA 控制器，数据传输速率可达到 1.5 Mbps。8237 的内部结构图如图 6-88 所示。

它的主要功能有：

(1)一片 8237 中有四个相互独立的 DMA 通道，每个通道可独立进行初始化。

(2)每个通道的 DMA 请求有不同的优先级，优先级可以由编程规定为固定优先级或循环优先级。

(3)各个通道的 DMA 请求都可以分别允许和禁止。

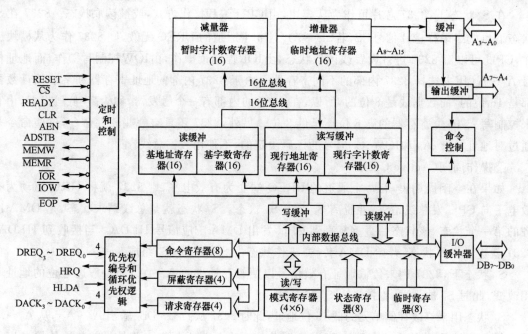

图 6-88　8237 内部结构图

（4）每个通道可以在存储器与外设间进行数据传输，也可以在存储器的两个区域之间进行传输，一次传输数据块的最大长度为 64 KB。

（5）8237 有四种工作方式：单字节传输方式、成组连续传输方式、请求传输方式和级联方式。

（6）可以通过级联任意扩展通道数。

从图 6-88 中可见，8237 的结构主要由时序控制逻辑、优先级编码逻辑、程序命令控制逻辑、数据地址缓冲器组及内部寄存器等模块组成，它们的功能如下：

（1）时序控制逻辑：接收外界时钟和片选、定时读写信号，根据编程规定的 DMAC 的工作模式，产生内部的时序控制以及对外的控制信号。

（2）优先级编码逻辑：对同时提出 DMA 请求的多个通道进行优先级的排队判优。在 8237 中通道的优先级可能是固定的，也可以是循环的。

（3）程序命令控制：在 DMA 服务之前，对 CPU 送来的程序命令字和模式控制字进行译码，以确定 DMA 服务类型。

（4）数据地址缓冲器组：使 8237 可以接管也可以释放总线。

（5）内部寄存器组：图中只画出了一个通道的寄存器情况，事实上每个通道都有一个基地址寄存器（16 位）、基字节数计数器（16 位）、当前地址寄存器（16 位）、当前字节数计数器（16位）和一个 6 位的模式寄存器用来控制该通道的不同工作模式。另外，8237 内部还包含各个通道公用的控制字寄存器和状态寄存器。这些寄存器将在后面结合工作方式做详细的介绍。

3. 8237 的内部寄存器及控制字

（1）8237 内部寄存器

8237 的内部寄存器与它的工作方式有着密切的联系，不同的工作方式、传输数据块的大小等都是通过对寄存器编程来实现的。下面将介绍 8237 的内部寄存器，寄存器的名称、容量和数量列表见表 6-11。

表 6-11　　　　　　　　　　　　　8237 内部寄存器

寄存器	寄存器容量/B	数量
基地址寄存器	16	4
基字节数计数器	16	4
当前地址寄存器	16	4
当前字节数计数器	16	4
临时地址寄存器	16	1
临时字节数计数器	16	1
状态寄存器	8	1
控制字寄存器	8	1
临时寄存器	8	1
模式寄存器	8	4
屏蔽寄存器	4	1
请求寄存器	4	1

基地址和基字节数寄存器、当前地址和当前字节数寄存器。

每个通道有一对 16 位的基地址寄存器和基字节数计数器和一对当前地址寄存器和当前字节数计数器。当前寄存器的内容是不断修改的,而基地址寄存器的内容则维持不变(除非重新编程)。

基地址寄存器用来存放本通道 DMA 传输时的地址初值。当前地址寄存器用来存放 DMA 传输的地址值。基地址寄存器的初值在 CPU 编程时写入,该初值也同时被写入当前地址寄存器。当前地址寄存器在每次传输后,值自动增量或减量。

基字节数计数器用来存放 DMA 传输时字节数的初值,初值比实际传输的字节少 1。当前字节数计数器保持着要传输的字节数。基字节数计数器在编程时由 CPU 写入,该初值也同时被写入当前字节数计数器。在 DMA 传输时,每传输一个字节,当前字节数计数器自动减 1,当它由零减为 FFFFH 时,将产生 $\overline{EOP}$ 信号。

在自动初始化情况下,当前地址寄存器和当前字节数计数器中的值在每次 $\overline{EOP}$ 产生后,会根据基寄存器的内容恢复到初始值。基寄存器的内容不能读出,但是当前寄存器的值可以由 CPU 通过输入指令,分两次读出,每次读 8 位。

(2)工作方式控制字寄存器

8237 的每个通道有一个 8 位的模式寄存器以规定通道的工作模式,如图 6-89 所示。

D_7、D_6 用来设置四种工作模式的一种。D_3、D_2 两位规定 DMA 数据传输类型,是读传输、写传输或是校验传输。

D_5 位用于规定每次传输以后,地址是增量修改还是减量修改,它决定了在内存中存储数据和读取数据的顺序。

D_4 位规定是否允许自动初始化。$D_4 = 1$ 时工作在自动初始化方式,则每当产生 $\overline{EOP}$ 信号(无论内部还是外界产生)时,当前寄存器从相应的基寄存器中恢复初始值。在自动初始化以后通道就做好了进行另一次 DMA 传输的准备。

最低两位 D_1、D_0 用来选择编程时写入哪个通道的模式寄存器。

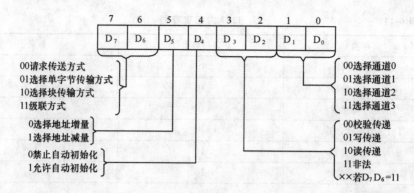

图 6-89　8237 工作方式控制字寄存器格式

（3）控制字寄存器

这是一个公用的 8 位寄存器，用以控制 8237 的工作，可以通过 CPU 的写入进行编程。其命令字的格式如图 6-90 所示。

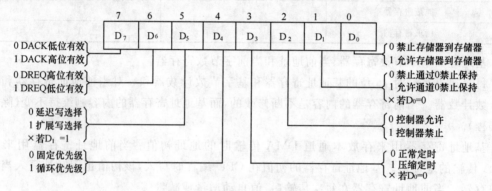

图 6-90　8237 命令字的格式

注意：① D_0 位用来规定 8237 是否工作在存储器到存储器传输方式。

② D_4 位用来选择是固定优先级还是循环优先级。8237 有两种优先级管理方式：固定优先级和循环优先级。在前种方式下，通道的优先级是固定的，通道 0 的优先级最高，通道 3 的优先级最低；在后种方式下，通道的优先级依次循环，刚服务过的通道的优先级变为最低，其他通道的优先级也做相应的循环。例如，在某次传输之前，优先级顺序是 3→0→1→2，如果通道 3 没有 DMA 请求，而通道 0 有请求，那么，在通道 0 完成 DMA 传输后，优先级顺序就成为 1→2→3→0。通过对优先级进行循环，可以防止某个通道单独垄断总线。

（4）请求寄存器和屏蔽寄存器

8237 的每个通道有一个 DMA 请求触发器和一个 DMA 屏蔽触发器，分别用来设置 DMA 请求标志和屏蔽标志。4 个请求触发器构成 1 个请求寄存器，4 个屏蔽触发器构成 1 个屏蔽寄存器。

各个通道上的 DMA 请求在硬件上是通过 DREQ 请求线引入的，在软件上则是通过对 DMA 请求标志进行设置来发出请求的，即软件请求。所以，在 8237 中需要设置请求寄存器，它的格式如图 6-91 所示。当 $\overline{EOP}$ 端有效时，DMA 请求标志被清除。

在 DMA 请求寄存器中，最低两位用来指定通道号，而 D_2 是设置请求标志，用来表示是否对相应的通道设置 DMA 请求。$D_2=1$ 时相应的请求触发器置位，产生 DMA 请求，若为 0 则无请求。软件 DMA 请求的优先级同样受优先级逻辑的控制。软件请求位由 TC 或 $\overline{EOP}$ 外部

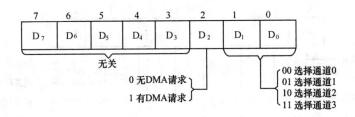

图 6-91　8237 请求寄存器格式

信号复位。RESET 信号使整个寄存器清除。只有在数据块传输方式,才允许使用软件请求。若用于存储器到存储器传输,则通道 0 必须用软件请求,以启动传输过程。

当一个通道的 DMA 屏蔽标志为 1 时,所有的 DMA 请求都不会被受理,屏蔽寄存器的格式如图 6-92 所示。

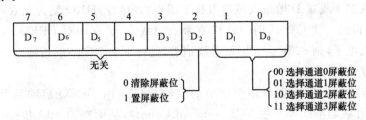

图 6-92　8237 屏蔽寄存器格式

如果一个通道没有设置自动预置功能,那么 $\overline{\text{EOP}}$ 有效时会自动设置屏蔽标志。

在如图 6-92 所示的 DMA 屏蔽寄存器中,最低两位用来指定通道号,而 D_2 用来设置屏蔽标志。$D_2 = 1$ 时相应的屏蔽触发器置位,设置 DMA 屏蔽。

另外,8237 还可以使用综合屏蔽命令字设置通道的屏蔽触发器。如图 6-93 所示,一次性完成对 4 个通道的屏蔽设置。

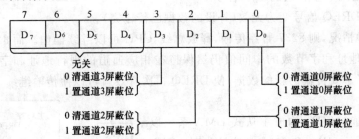

图 6-93　一次性完成 8237 4 个通道的屏蔽寄存器格式

(5)状态寄存器

状态寄存器格式如图 6-94 所示。状态寄存器中的低 4 位用来反映在读命令这个瞬间,4 个通道的字节计数状态,如 $D_0 = 1$ 表示通道 0 计数为 0,达到计数结束状态。高 4 位则反映每个通道的 DMA 请求情况。

(6)临时寄存器

它是一个 8 位的寄存器,用在存储器到存储器的传输方式下,存放从源存储区读出的数据,又由它写入至目的存储区。在传输完成时,它保留传输的最后一个字节,此字节可由 CPU 读出。

4. 8237 的工作方式说明

(1)工作方式

8237 的每个通道可以有四种工作方式。工作方式的选择是通过对模式寄存器的第 6、7 位

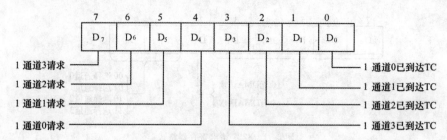

图 6-94   8237 状态寄存器格式

进行设置而实现的。

①单字节传输方式

在这种方式下,一次只传输一个字节。8237 每传输完一个字节,内部字节计数器减量,地址寄存器的值也加 1 或减 1(增量或减量取决于编程)。接着,HRQ 变为无效,释放系统总线,使 CPU 至少可得到一个总线周期。8237 在释放总线后,会立即对 DREQ 端进行采样,一旦 DREQ 回到有效电平,则 8237 会立即发总线请求,进行下一个字节的传输。

②块传输方式

这种传输方式可以连续进行多个字节的传输。8237 由 DREQ 启动后就连续地传输数据,直至字节数计数器减到零产生 TC(Terminal Count),从而在 $\overline{EOP}$ 输出一个负脉冲或者由外部输入有效的 $\overline{EOP}$ 信号来终结 DMA 传输。

③请求传输方式

这种方式与块传输方式类似,8237 可以进行连续的数据传输,当出现以下三种情况之一时停止传输:

- 字节数计数器减到 0,发生 TC。
- 由外界送来一个有效的 $\overline{EOP}$ 信号。
- 外界的 DREQ 信号变为无效(外设的数据已传输完)。

若是第三种情况,则 8237 暂停传输,释放总线,CPU 可以继续操作。而 8237 对 DREQ 端仍然进行测试,地址和字节数的中间值仍然保持在相应通道的现行地址和字节数寄存器中。只要外设准备好了要传输的新的数据,使 DREQ 再次有效就可以使传输继续下去。

④级联方式

几个 8237 通过级联,构成主从式 DMA 系统以扩展通道。从片的 HRQ 和 HLDA 信号分别连到主片的 DREQ 和 DACK 上,而主片的 HRQ 和 HLDA 连接到系统总线。如图 6-95 所示。

从片的优先级等级与所连的通道相对应。在这种工作情况下,主片只起优先级网络的作用,除了由某一个从片的请求向 CPU 输出 HRQ 信号外,并不

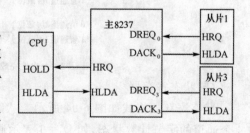

图 6-95   8237 级联示意图

输出任何其他信号,实际的 DMA 操作是由从片完成。若有需要还可扩展到三级级联等。级联时,主片可通过软件在模式寄存器中设置为级联传输方式,而从片不需要设置为级联方式,但要设置为其他的三种方式之一。

(2)DMA 传输方式

在 8237 的前三种工作方式下,DMA 传输有三种类型:DMA 读、写和校验。

读传输是把数据从存储器读出送到外设,操作时由$\overline{\text{MEMR}}$有效从存储器读出数据,$\overline{\text{IOW}}$有效把数据传输至外设。

写传输是将外设输入的数据写入存储器。操作时由有效的信号从外设输入数据,$\overline{\text{MEMW}}$有效把数据写入内存。

校验传输用来对读传输和写传输功能进行校验,它是一种虚拟传输,8237 像 DMA 读或 DMA 写传输一样产生地址信号和时序,但是存储器和 I/O 控制线保持无效,所以并不进行传输。而外设可以利用这样的时序进行校验。

(3)存储器到存储器的传输

前面说过,DMA 传输并不只限于外设与存储器之间,在存储器之间一样可以利用 DMA 通道进行数据传输,8237 通过寄存器的设置(控制字寄存器的 D_0 位置"1")可以管理内存区域到内存区域之间的传输。

8237 工作在这种工作方式时,需要用到两个通道,而且固定用通道 0 的地址寄存器存放源区地址;通道 1 的地址寄存器和字节数寄存器存放目的区地址和传输的字节数。传输由设置一个通道 0 的软件 DREQ 启动,8237 向 CPU 发出 DMA 请求信号 HRQ,收到 HLDA 响应信号后,传输就可以开始。每传输一个字节要用 8 个时钟周期,前 4 个周期通道 0 从源区读数据送入 8237 的临时寄存器,后 4 个周期通道 1 把临时寄存器中的数据写入目的区。每传输一个字节,源地址和目的地址都要修改(可增量也可以减量修改),字节数减量。传输一直进行到通道 1 的基字节数计数器减到零或外部送来一个$\overline{\text{EOP}}$信号为止。

这种方式可用于数据块搜索,当发现匹配时,发出$\overline{\text{EOP}}$信号停止传输。另外,在传输时,源地址寄存器的值还可以通过对控制字寄存器的设置(D_1 位为 1)保持恒定,使同一个数据传输到整个内存区域。

6.11　应用案例——8237 的编程

6.11.1　8237 内部寄存器和编程地址

1. 寄存器端口地址和软件命令

8237 的编程命令是通过对内部寄存器的写操作来执行的,而状态寄存器中的状态字和临时寄存器中的内容可以通过读操作来获得。在进行读/写寄存器操作时,$\overline{\text{CS}}$、$\overline{\text{IOR}}$、$\overline{\text{IOW}}$ 和 $A_0 \sim A_3$ 都要送出相应的信号。$\overline{\text{CS}}$ 使 8237 被选中,而 $A_0 \sim A_3$ 对应各个寄存器的端口地址。表 6-12 给出了各通道的地址寄存器和字节计数器对应的端口地址。

表 6-12　　　　　　　　　　　地址寄存器和字节计数器端口地址

DMA 通道	基地址寄存器和当前地址寄存器	基字节计数器和当前字节计数器
通道 0	DMA+0	DMA+1
通道 1	DMA+2	DMA+3
通道 2	DMA+4	DMA+5
通道 3	DMA+6	DMA+7

注意:DMA 表示 8237 的起始地址,它对应于 $A_0 = A_1 = A_2 = A_3 = 0$。

　　表中可见,基地址寄存器和当前地址寄存器合用一个端口地址,基字节计数器和当前地址寄存器也合用一个端口地址。也就是说 CPU 把初始值在写入基地址寄存器的同时,也会把相同的内容写入相应的当前地址寄存器。由表中的地址可以看出,对基地址寄存器和当前地址寄存器的操作,$A_3 = 0$,A_2、A_1 合起来表示通道号,而 $A_0 = 0$ 则表示访问地址寄存器,$A_0 = 1$ 表示访问字节计数器。

2. 复位命令

　　复位命令又叫综合清除命令,功能与硬件的 RESET 信号有相同的功能,即它使控制字寄存器、状态寄存器、DMA 请求寄存器、临时寄存器以及内部的先/后触发器清零,使屏蔽寄存器置位(即屏蔽状态);使 8237 进入空闲周期,以便进行编程。

3. 清除先/后触发器

　　先/后触发器用以控制 DMA 通道中基地址计数器和基字节数计数器的初值设置。由于这些寄存器是 16 位的,而 8237 只有 8 位数据线,所以通过先/后触发器的设置控制写入或读出寄存器的高字节还是低字节。若触发器为"0",则对低字节进行操作;若为"1",则对高字节进行操作。此触发器复位以后被清零,每当对 16 位寄存器进行操作,此触发器改变状态。为了保证能正确设置初值,应该首先发清除先/后触发器命令。

　　表 6-13 给出了 8237 有关信号和各种命令的对应关系,注意,表中信号的其他组合都是无意义的。

表 6-13　　　　　　　　　软件命令格式

A_3	A_2	A_1	A_0	$\overline{IOR}$	$\overline{IOW}$	$\overline{CS}$	命令
0	0	0	0	0	1	0	读通道 0 当前地址寄存器
0	0	0	0	1	0	0	写通道 0 基地址与当前地址寄存器
0	0	1	0	0	1	0	读通道 1 当前地址寄存器
0	0	1	0	1	0	0	写通道 1 基地址与当前地址寄存器
0	1	0	0	0	1	0	读通道 2 当前地址寄存器
0	1	0	0	1	0	0	写通道 2 基地址与当前地址寄存器
0	1	1	0	0	1	0	读通道 3 当前地址寄存器
0	1	1	0	1	0	0	写通道 3 基地址与当前地址寄存器
0	0	0	1	0	1	0	写通道 0 当前字节计数器
0	0	0	1	1	0	0	写通道 0 基字节与当前字节计数器
0	0	1	1	0	1	0	读通道 1 当前字节计数器
0	0	1	1	1	0	0	写通道 1 基字节与当前字节计数器
0	1	0	1	0	1	0	读通道 2 当前字节计数器
0	1	0	1	1	0	0	写通道 2 基字节与当前字节计数器
0	1	1	1	0	1	0	读通道 3 当前字节计数器
0	1	1	1	1	0	0	写通道 3 基字节与当前字节计数器
1	0	0	0	0	1	0	读状态寄存器
1	0	0	0	1	0	0	写控制字寄存器
1	0	0	1	1	0	0	写请求寄存器
1	0	1	0	1	0	0	写单个屏蔽寄存器位

（续表）

A₃	A₂	A₁	A₀	$\overline{IOR}$	$\overline{IOW}$	$\overline{CS}$	命令
1	0	1	1	1	0	0	写模式寄存器
1	1	0	0	1	0	0	清先/后触发器
1	1	0	1	0	1	0	读临时寄存器
1	1	0	1	1	0	0	主清除命令
1	1	1	0	1	0	0	清除屏蔽寄存器
1	1	1	1	1	0	0	综合屏蔽命令

6.11.2　8237 的编程步骤

（1）输出复位命令。

（2）写入基地址与当前地址寄存器，先写入低 8 位，后写入高 8 位。

（3）写入基地址寄存器与当前字节数计数器，写入值为传输的字节数减 1，先写入低 8 位，后写入高 8 位。

（4）写入模式寄存器。

（5）写入屏蔽寄存器。

（6）写入控制字寄存器。

（7）写入请求寄存器。

若有软件请求，就通过步骤（7）写入指定通道，可以开始 DMA 传输的过程。若无软件请求，则在完成了（1）～（6）的步骤后，由通道的 DREQ 启动 DMA 传输过程。

6.11.3　编程举例

例 6-15　用通道 0 将外设的一个长度为 16 KB 的数据块，传输至内存 0200H 开始的区域（增量传输），外设的 DREQ 和 DACK 都为高电平有效，采用块连续传输的入式，传输完不自动初始化。

CPU 地址线的高 4 位 $A_7 \sim A_4$ 经译码后，连至选片端 $\overline{CS}$，假定选中时 $A_7 \sim A_4 = 1100H$。地址的低 4 位用以区分 8237 的内部寄存器，即初始化为 0C0H～0CFH。

根据要求，可以得到各个寄存器的值：地址寄存器初始值＝0200H；字节计数器初始值＝4000H；模式寄存器＝10000100B；屏蔽字＝00H；控制字寄存器＝10100000B。

初始化程序如下：

```
OUT   0CDH,AL      ;写入复位命令
MOV   AL,00H
OUT   0C0H,AL      ;写入基地址和当前地址的低 8 位
MOV   AL,02H
OUT   0C0H,AL      ;写入基地址和当前地址的高 8 位
MOV   AL,0FFH      ;给基地址和当前字节数计数器赋值,4000H-1=3FFFH
OUT   0C1H,AL
MOV   AL,3FH
OUT   0C1H,AL
```

```
MOV    AL,84H      ;输出模式字
OUT    0CBH,AL
MOV    AL,00H      ;输出屏蔽字
OUT    0CAH,AL
MOV    AL,0A0H     ;输出控制字
OUT    0C8H,AL
```

例 6-16 DMA 读传输。

图 6-96 为一个用于 IBM PC 系列机的 DMA 读传输的接口电路。

每当外设准备好接收数据时,提出一次 DMA 请求,经过 D 触发器产生 DRQ_1 有效信号。当微机系统允许 DMA 操作时,它就会输出 DMA 通道 1 响应信号 $\overline{DACK_1}$,同时在 DMAC 输出 I/O 写信号 $\overline{IOW}$ 的控制下,将内存 40000H 起始的数据经数据总线 $D_0 \sim D_7$ 写入锁存器提供给外设。另外,DMA 响应信号 $\overline{DACK_1}$ 还使 DRQ_1 请求信号无效,保证了 DMA 请求信号保持到 DMA 响应为止,说明一次 DMA 传输结束。现要求共传输 2 KB 数据到外设。

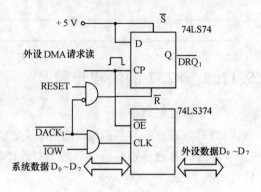

图 6-96 DMA 读传输的接口电路

下面是汇编语言程序段,重点给出了对 8237A 通道 1 的编程部分。由于 PC 系列机中 8237A 的工作方式已经设定,即已写入命令字,所以,对通道 1 的编程主要是写入模式字、地址寄存器和页面寄存器、字节数寄存器,最后复位 DMA 屏蔽位允许通道工作。本例中采用程序查询方式检测传输是否完成。

源程序如下:

```
        MOV    AL,49H
        OUT    0BH,AL      ;工作模式为 DMA 读传输,地址增量,禁止自动初始化
        PUSH   AX          ;延时
        POP    AX
        OUT    0CH,AL      ;清高/低触发器命令
        MOV    AL,0
        OUT    02H,AL      ;写入低 8 位地址到地址寄存器
        MOV    AL,0
        OUT    02H,AL      ;写入中 8 位地址到地址寄存器
        MOV    AL,4
        OUT    83H,AL      ;写入高 4 位地址到页面寄存器
        MOV    AX,2048-1
        OUT    03H,AL      ;送字节数低 8 位到字节数寄存器
        MOV    AL,AH       ;送字节数高 8 位到字节数寄存器
        OUT    03H,AL
        MOV    AL,01
        OUT    0AH,AL      ;选屏蔽字,允许通道 1 请求
        ⋮                  ;其他工作
DAP:    IN     AL,08H      ;读状态寄存器
```

```
        AND    AL,02H              ;判断通道 1 是否传输结束
        JZ     DAP                 ;传输结束,处理转换数据
        ...
```

例 6-17　DMA 设定子程序。

系统 ROM-BIOS 的软盘 I/O 功能调用中有一个 DMA 设定子程序 DMA_SETUP,它被读软盘、写软盘和软盘检验等程序调用。这段程序在 PC/XT 和 PC/AT 机上是完全一样的。

入口参数:AL=DMA 模式字;写软盘时为 4AH,表示通道 2 单字节 DMA 读;读软盘时为 46H,表示通道 2 单字节 DMA 写;软盘校验时为 42H,表示通道 2 单字节检验。

ES:BX=DMA 传输的内存缓冲区首地址。

DH=DMA 传输的扇区数。

出口参数:AX 被破坏,标志 CF=1 表示预置不成功,CF=0 表示预置成功。

程序中形成 20 位内存地址的方法是用软件模仿 Intel 8088 微处理机中总线接口单元 BIU 的加法器功能来实现的,即将段基地址左移 4 位,与偏移量相加。然后低 16 位送地址寄存器,高 4 位送页面寄存器。由于在页面寄存器中的高 4 位地址值在传输过程中不会变动,所以低 16 位地址值与传输的字节数相加之后(程序设定 8237A 为地址增量工作方式)若有进位,则说明这一内存缓冲区跨了两个物理段(一个物理段为 64 KB,边界地址低 16 位为 0)。这时必须重新设置内存缓冲区首地址或分成两部分处理,该子程序仅置标志 CF=1,并未处理。

```
DMA_SETUP PROC
        PUSH   CX                  ;保存 CX
        CLI                        ;关中断,因软盘传输后要请求中断
        OUT    0CH,AL              ;清高/低触发器命令
        PUSH   AX
        OUT    0BH,AL              ;将 AL 模式字写入通道 2
        MOV    AX,ES               ;形成 20 位内存地址
        MOV    CL,4
        ROL    AX,CL               ;段地址左移四位
        MOV    CH,AL
        AND    CH,0FH
        ADD    AX,BX               ;加段内偏移量
        JNC    J33
        INC    CH                  ;20 位物理地址形成
J33:    PUSH   AX                  ;保存 AX
        OUT    04H,AL              ;写入地址寄存器
        MOV    AL,AH
        OUT    04H,AL
        MOV    AL,CH
        AND    AL,0FH
        OUT    81H,AL              ;写入页面寄存器
        MOV    AH,DH               ;取扇区数,计算传输的字节数
        SUB    AL,AL               ;AX 为扇区数乘 256
        SHL    AX,1                ;AX 为扇区数乘 512
        PUSH   AX                  ;暂存 AX 入堆栈
```

```
          MOV     BX,6
          CALL    GET-PARM              ;调用参数子程序(注)
          MOV     CL,AH                 ;以返回值(0/1/2/3)为左移计数值
          POP     AX                    ;恢复 AX
          SHL     AX,CL                 ;左移后,AX 为 DMA 传输的字节数
          DEC     AX                    ;字节数减 1
          PUSH    AX                    ;保存
          OUT     05H,AL                ;写入字节数寄存器
          MOV     AL,AH
          OUT     05H,AL
          STI                           ;开中断
          POP     CX                    ;弹出传输字节数
          POP     AX                    ;弹出内存低 16 位地址
          ADD     AX,CX                 ;相加,根据结果建立标志 CF
          POP     CX                    ;恢复 CX
          MOV     AL,02H                ;清除通道屏蔽位,允许对 DRQ₂ 响应
          OUT     0AH,AL
          RET                           ;返回
DMA_SETUP ENDP
```

注意:GET_PARM 是取参数的子程序,要求入口参数 BX=字节索引×2,在 AH 返回该索引的字节数。在这里是从磁盘基数表中取每扇区字节数的代码。返回值 AH=0/1/2/3 分别代表每扇区 128/256/512/1024 字节。

程序最后,如果出现数据缓冲区被分在两个 64 KB 内存段中的问题,则设置出错标志(CF=1)。另外,传输过程结束是用 $\overline{EOP}$(和 $\overline{DACK_1}$)信号产生中断请求信号,用中断方式处理的。

6.12　数/模和模/数转换

数据采集系统是将现实世界的自然信息进行采集,变成能被计算机自动处理的信号,便于进行自动化的控制。随着计算机技术和网络技术的迅猛发展,信息采集技术在工业控制、科学研究、军事和国防等领域发挥着越来越重要的作用。现将对信息采集系统的组成、作用和相关器件进行讲解。

6.12.1　数据采集系统

在现实世界中,人们要对许多自然信号进行研究,例如温度、压力、速度等。这些自然信号被称为模拟量。这些模拟量是一些时间连续、取值连续的物理量,不能被计算机直接处理,需要先采集它们,加工后转换成为数字信号,然后再输入计算机中进行处理。

这种由模拟信号到数字信号的转换过程称为模拟/数字(A/D)转换。反之,将数字信号转换成为模拟信号的过程称为数字/模拟(D/A)转换。

所谓数据信息采集系统是从模拟信号到数字信号的一个接口,它把从传感器或其他途径获得的模拟信号,经过必要的处理后转换成数字信号,以供传输、处理、存储或显示。

　　数据信息采集系统的功能部件包括传感器、对模拟信号进行采样的采样电路、模/数转换电路、数据缓冲器等,为了对多个模拟信号源进行处理,可能需要多路开关,另外由于传感器的输入可能还需要进行一些处理之后才能送到采样电路处理,所以还需要一个信号调制电路。

　　典型的计算机数据信息采集系统框图如图 6-97 所示。

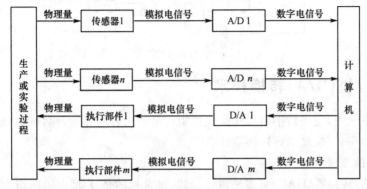

图 6-97　计算机数据信息采集系统

　　(1)传感器。它是把各种物理量如温度、压力等转换成电信号的器件。例如:热电偶、热敏电阻用于测量温度;压力传感器、应变片用于测量机械力;位移传感器用于测量位移等。模拟通道的输出常采用单输入多输出,这时每个模拟通道输出信号都需要增加一个保持电路。

　　(2)A/D 转换器。它的功能是对输入信号的幅值进行量化,完成模拟信号到数字信号之间的转换。A/D 转换器的性能衡量包括:分辨率、精度、转换速度、温度范围等。

　　A/D 转换可以采用软件或者硬件的方式实现,当然,采用软件实现模数转换的成本自然会低得多。

　　A/D 转换的结果可以采用中断的方式提交给 CPU。中断方式利用变换结束信号作为中断请求信号,由中断处理子程序将数据取走。

　　另外还可以采用 CPU 等待方式提交数据:在 A/D 转换期间,使 CPU 的 READY 端为低电平,暂停 CPU 的工作,变换结束后,READY 升为高电平,CPU 可以将转换结果取走,这种方式的效率自然会低些。

　　除此之外,还有软件延时的方式:CPU 发出启动命令后,调用延时程序,等待一段足够长的时间,然后再处理变换结果。这种方法比较简单,充分利用软件资源,无须增加新硬件。

　　模拟通道接口包含数/模(D/A)(Digit to Analog)和模/数(A/D)(Analog to Digit)转换器两部分。

　　D/A 和 A/D 转换器是计算机与外部世界联系的重要接口。

　　在一个实际的计算机控制系统中,如图 6-98 所示,计算机作为系统的一个环节,它的输入和输出都是数字信号,而外部受控对象往往是一个模拟部件,它的输入和输出必然是模拟信号。这两种不同形式的信号要在同一环路中进行传递,就必须经过信号变换,在系统中完成模拟信号转换成数字信号的装置叫作 A/D 转换器;反之,完成数字信号转换成模拟信号的装置叫作 D/A 转换器。

　　A/D 转换器接口也称模数通道接口或 A/D 接口,D/A 转换器接口也称数模接口或 D/A 接口。两部分合称模拟通道接口,目前,A/D 和 D/A 都可分别用一个芯片来实现,甚至可与 CPU 做在一起(如 Intel 80196),这种高集成度的芯片使其可靠性大大提高,成本下降,而应用则更简单。

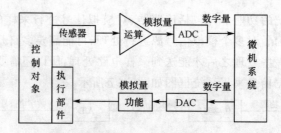

图 6-98　计算机控制系统

6.12.2　数/模(D/A)转换技术

在计算机系统中,完成数字信号转换成模拟信号的过程叫作数/模(D/A)转换,完成数/模转换的装置就叫作数/模(D/A)转换器(DAC)。

1. 数/模转换原理

数/模(D/A)转换器(DAC)有多种设计形式,最常见的是 T 型电阻网络形式,如图 6-99 所示。

数模(D/A)转换原理

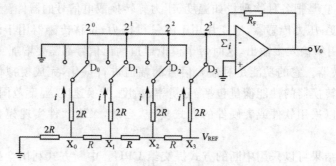

图 6-99　T 型电阻网络的 DAC 结构

以一个 4 位数/模(D/A)转换器为例,D 为二进制的数字量,数字量的每一位 $D_0 \sim D_3$ 分别控制一个模拟开关。当某一位为 1 时,对应开关倒向右边,电阻网络成为运算放大器的输入阻抗,为运放输入端提供输入电流,此时,电阻网络接到"虚地";反之,开关倒向左边,电阻网络接到真正的"地"端。电阻网络中的电阻只需 R 和 $2R$ 两种阻值。容易看出图中 $X_0 \sim X_3$ 各点的对应电位分别为 $-V_{REF}$、$-V_{REF}/2$、$-V_{REF}/4$、$-V_{REF}/8$,而与开关方向无关。

计算公式为:

$$\sum_i = \frac{V_{X_3}}{2R} \times D_3 + \frac{V_{X_2}}{2R} \times D_2 + \frac{V_{X_1}}{2R} \times D_1 + \frac{V_{X_0}}{2R} \times D_0$$

$$= \frac{1}{2R \times 2^3} V_{REF}(D_3 \times 2^3 + D_2 \times 2^2 + D_1 \times 2^1 + D_0 \times 2^0)$$

$$V_0 = -R_F \sum_i = -\frac{R_F}{2R \times 2^3} V_{REF} \sum_{i=1}^{3} D_i \cdot 2^i$$

从计算公式中可以看出,输出电压正比于数字量的值。

上式中,V_{REF} 是标准电压,被设置成具有足够的精度,电阻网络中的开关运动可对应各位 D_i 的数值位取值,分别形成 0000~1111 共 16 种状态,在输出端将得到不同的输出电压,且是阶梯波形状。

2. 主要性能指标

D/A 转换器的主要技术指标有分辨率、转换精度、转换速率、建立时间等。这些也是我们通常所关心的 D/A 转换器的性能参数。

(1)精确度(精度级别)

精确度是指精密度和准确度二者意义的总和,精确度通常用精度级别来表示。

精度级别:在工程测试中为表示仪器测量结果的可靠程度引入的一个表示仪器精确度等级的概念,以 A 表示。A 以一系列百分比数值表示,它通常是仪器在规定工作条件下其最大允许误差 ΔY 相对于仪器示值满量程(FS)的百分数。表示为:

$$A = [\Delta Y/Y(FS)] \times 100\%$$

式中,ΔY 可以是仪器的非线性、重复性、回滞性等各单项的最大误差值(此时的 A 就成为各单项的精度级别)。在这些单项指标中,通常以非线性度最为重要,故常用它代表总体的精度级别,当然也可用各单项指标中 A 值最大者作为总体的精度级别。

精度级别记为:$A\%FS$,如 $A=0.1$,则记为 $0.1\%FS$,或称精度级别为 0.1 级。

(2)分辨率(Resolution)

D/A 转换器的分辨率是 D/A 转换器所能分辨的最小电压,即能够对转换结果发生影响的最小输入量,用最小输出电压与最大输出电压之比来表示。最小输出电压对应输入数字量的最小值,即输入数字量最低有效位为 1,其余位均为 0;最大输出电压对应输入数字量的最大值,即输入数字量有效位全为 1。

$$分辨率 = 2^{-n}/(1-2^{-n}) = 1/(2^n-1)$$

式中 n 为二进制数位的位数。例如一个 4 位的 D/A 转换器的分辨率为 $1/(2^4-1)=1/15$。一个 8 位的 D/A 转换器的分辨率为 $1/(2^8-1)=1/255$。分辨率也可用百分数表示,如 4 位 D/A 转换器的分辨率为 6.67%,8 位 D/A 转换器的分辨率为 0.392%,10 位 D/A 转换器的分辨率为 0.098% 等。可以看出,使用的转换位数越多,分辨率就越高,分辨能力便越灵敏。

(3)输入/输出特性

①灵敏度(S):它表明传感器稳定工作时输出增量对输入增量的比值,即 $S=\Delta Y/\Delta X$,如图 6-100 所示。

为了使用方便,显然希望 S 为某一恒值,即希望输入/输出特性是一条直线,此时,称传感器工作于线性状态。S 用输出/输入量的实际单位表示,如 mV/mm,或 mV/V。

②线性度:指传感器的实际输入/输出关系特性与理想的输入/输出关系特性的重合程度,如图 6-101 所示。

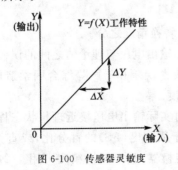

图 6-100 传感器灵敏度

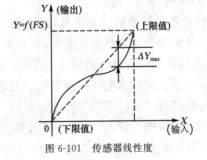

图 6-101 传感器线性度

设线性度为 E,则有:

$$E = [\Delta Y_{max}/Y(FS) \times 100\%]$$

图中,虚线为理想的输入/输出关系特性,它是一条直线。而实线是实际的输入/输出关系特性曲线,它是一条特性曲线。

ΔY_{max}是实际特性与理想特性的最大误差值。

线性度是传感器的一个重要特性,有一套完整的标定和评价方法。传感器研究过程中有大量的工作用于改善线性度,常见的"非线性度"的提法,实际上与线性度是一个概念。

③回滞(又称迟滞):它是指输入量在进程和回程时输入/输出关系特性不一致的程度,如图6-102所示。

设回滞为H,则有:

$$H=[\Delta Y_{max}/Y(FS)\times100\%]$$

④量程:指测量上下限值的范围。

(4)稳定性

稳定性是工作条件不变,工作性能在规定时间内保持不变的能力。常见的稳定性指标为室温零点漂移参数。该参数在规定的 3 小时内,在室温条件下,传感器零点输出偏差除以满量程输出值,再乘以 100%,记为"$C\%FS/3H$"。典型的压力传感器零点漂移值 C 为 0.02,即室温零点漂移为 $0.02\%FS/3H$,即传感器的稳定性为 $0.02\%FS/3H$。

(5)动态特性

动态特性包括频率响应特性和稳定时间两个参数。

①频率响应:指传感器能保持其各项性能指标的情况下,能够工作的最高频率(有时也顾及最低频率)。

②稳定时间:指从输入信号阶跃变化开始,到输出信号进入并不再超过对最终稳态值 Y 规定的允许误差区 e 时间间隔 t_m,如图 6-103 所示。该传感器的稳定时间为 t_m。t_m 的大小涉及该传感器转换速度的快慢,在要求高速转换的系统中,该参数尤为重要。

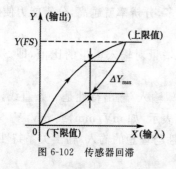

图 6-102　传感器回滞

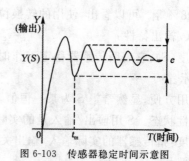

图 6-103　传感器稳定时间示意图

(6)转换精度(Accuracy)

D/A 转换器的转换精度有绝对转换精度和相对转换精度之分。

绝对转换精度以理想状态为参照,是转换器实际输出电压与理论值之间的误差,这种误差是由于 D/A 转换器固有的增益误差、零点误差、非线性误差和噪声等综合因素造成的。绝对转换精度反映了实际输出电压对理想状态接近的程度。

相对转换精度是实际应用中常用的指标,也是对实际输出电压接近理想状态程度的描述。是指在满刻度已校准的情况下,绝对转换精度相对于满刻度(FS)的百分比,或直接用最低有效位(LSB)的几分之几来表示。如一个 8 位 D/A 转换器,相对转换精度可用 1/2 LSB 表示,也可表示成 0.195%。对于一个相对转换精度为 1/2 LSB 的 D/A 转换器,最大相对误差为:$FS/(2^n-1)$,其中 n 表示 D/A 转换器的转换位数。

精度和分辨率是 D/A 转换器两个重要的参数指标,它们是两个不同的概念。分辨率由转换器位数决定,精度则由转换器结构体系决定。对于某个 D/A 转换器,其分辨率很高,并不代表它的精度也很高。学习者要注意区分。

（7）转换速率（Rate）和建立时间（Setting Time）

转换速率指 D/A 转换器输出电压的最大变化速度。D/A 转换器的建立时间，又称转换时间，是对 D/A 转换器转换速度快慢的敏感性能描述指标。实际应用时，D/A 转换器的转换时间必须不大于数字量的输入信号发生变化的周期。建立时间定义为从 D/A 转换器中输入端进行变化开始，到其输出模拟电压（或电流）达到某个规定值，一般是满度值±1/2 LSB 时所需要的时间。

建立时间越大，转换速率就越低。

（8）线性误差（Linearity）

D/A 转换器的线性误差，也叫非线性度，是指实际转换特性曲线（数字量的输入值所对应的模拟输出值而形成的曲线）与理想特性曲线（起点和终点所连的直线）之间的最大偏差值。

理想的 D/A 转换器在数据的连续转换过程中，输入的数字量是逐渐加 1 或减 1 操作，对应的输出模拟电压应该是线性的，但因实际误差的存在，输出特性出现偏离，则转换特性曲线并非是理想的线性。

一般要求非线性误差不大于±1/2 LSB。线性误差小，则线性程度好，D/A 模拟量输出和理想值的偏差也就小。

3. 数/模转换芯片

在数/模转换芯片中，基本上使用的是集成芯片。常用的 8 位芯片通常分辨率较低，价位也较低；16 位芯片则速度和分辨率较高，价位也较高。

几种常用的 D/A 芯片见表 6-14。

表 6-14　　　　　　　　　　常用 D/A 芯片

类型	位数	转换时间(ns)	线性误差%	工作电压(V)
DAC0832	8	1000	0.2～0.05	+5～+15
AD7520	10	500	0.2～0.05	+5～+15
AD561	10	250	0.05～0.025	V_{CC}:+5～+15 V_{EE}:-10～-16
AD7521	12	500	0.2～0.05	+5～+15
DAC1210	12	1000	0.05	+5～+15

D/A 转换器集成芯片可分为两种类型：第一类结构简单，价值较低，如 AD7520、AD7521、DAC0808 等，这些芯片不能和总线直接相连，芯片内部没有数据输入寄存器和参考电源，使用它们与微机接口时必须增加数据输入寄存器、参考电源和输出电流到电压的转换电路；第二类则可以直接与系统总线相连，内部有输入锁存器，与微机完全兼容。如 DAC0832、DAC1210 等。

对于第一类不带数据输入寄存器的 D/A 芯片，在与微机系统总线连接时，必须在转换器之前附加数据锁存器。在这类控制系统中，CPU 执行输出指令后，数据在总线上的保存时间大约为 2 个或 2 个以下时钟周期，D/A 转换后，模拟量在输出端的保持时间也很短，不利于对实际对象的控制和处理。因此，D/A 转换器前要附加数据锁存器，才能与总线相连。如图 6-104 所示。

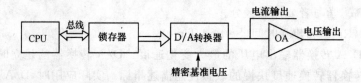

图 6-104　不带数据输入寄存器的 D/A 芯片与微机的连接

DAC0832 是美国 NSC 公司的 8 位双缓冲 D/A 转换器,内部有 T 型电阻网络实现 D/A 转换,片内带有两级数据锁存器,分别是输入寄存器和 DAC 寄存器,可与通常的微处理器直接接口,以双缓冲、单缓冲或直接输入方式工作。尤其适用于要求几个模拟量同时输出的场合。

(1)主要性能指标

分辨率:8 位。

建立时间:1 μs,电流型输出。

单电源:$+5\sim+15$ V。

低功耗:20 mW。

基准电压范围:$-10\sim+10$ V。

(2)内部结构和引脚

DAC0832 由 8 位输入锁存器、8 位 DAC 寄存器组成。DAC0832 的引脚功能见表 6-15,DAC0832 引脚图如图 6-105 所示,转换电路组成结构如图 6-106 所示。

表 6-15　　　　　　　　　　　　DAC0832 的引脚功能

引脚	功能	引脚	功能
$D_0\sim D_7$	数据输入	V_{CC}	电源输入
ILE	数据允许信号,高电平有效	I_{OUT1},I_{OUT2}	电流输出线,$I_{OUT1}+I_{OUT2}=$常数
$\overline{CS}$	输入寄存器选择信号,低电平有效	AGND	模拟信号地
$\overline{WR_1}$	输入寄存器写选通信号,低电平有效	DGND	数字地
$\overline{WR_2}$	DAC 寄存器写选通信号,低电平有效	R_F	反馈信号输入
$\overline{XFER}$	数据传输信号,低电平有效	V_{REF}	基准信号输入

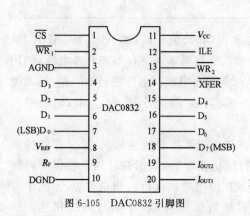

图 6-105　DAC0832 引脚图

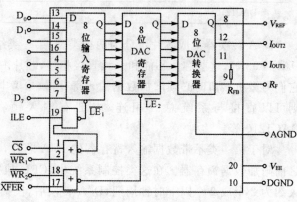

图 6-106　DAC0832 内部结构框图

如图 6-106 所示为 DAC0832 内部结构框图。芯片内有一个 8 位输入寄存器,8 位 DAC 寄存器,8 位 D/A 转换器,形成两级缓冲方式,支持 DAC 在转换输出前一个数据的同时,采集下一个数据并送到 8 位输入寄存器,以提高 D/A 的转换速度。在多个转换器分时进行 D/A 转换时,可以同时输出模拟信号,使多个转换器并行工作,以增加转换位数,达到提高转换精度的目的。

在图 6-106 中,LE 是寄存器命令。当 LE＝1 时,寄存器的输出随输入变化,当 LE＝0 时,数据允许锁存在寄存器中,而不再随数据总线上的数据变化而变化。当 ILE 为高电平,$\overline{CS}$ 与 $\overline{WR_1}$ 同时为低电平时,使 $LE_1＝1$,寄存器的输出随输入变化;当 $\overline{WR_1}$ 变高电平时,LE_1 成为低电平,此时 8 位输入寄存器便将输入数据锁存,输入寄存器的输出端将不随外部数据的变化而变化。当 $\overline{WR_1}$ 与 $\overline{WR_2}$ 同时为低电平时,便得 $LE_2＝1$,则 8 位 DAC 寄存器的输出随输入而变化,$\overline{WR_2}$ 由低到高的电平变化,又使 $LE_2＝0$,则输入寄存器的信息被锁存在 DAC 寄存器中。

DAC0832 引脚主要信号定义如下:

$\overline{CS}$:片选信号。它与 ILE 组合,决定 $\overline{WR_1}$ 是否起作用。

ILE:允许输入锁存信号。

$\overline{WR_1}$:写信号 1。在 $\overline{CS}$ 和 ILE 有效时,将输入信号锁存到输入寄存器中。

$\overline{WR_2}$:写信号 2。在 $\overline{XFER}$ 有效时,将锁存在输入寄存器中的数据传输到 8 位 DAC 寄存器中进行锁存。

$\overline{XFER}$:传输控制信号,控制 $\overline{WR_2}$ 是否起作用。

$D_0 \sim D_7$:8 位数据输入端。

I_{OUT1}:模拟电流输出端 1,是逻辑电平为 1 的各位输出电流之和。

I_{OUT2}:模拟电流输出端 2,是逻辑电平为 0 的各位输出电流之和。

R_F:反馈电阻,在芯片内,用作运算放大器的反馈电阻。

V_{REF}:基准电压输入端,$-10 \sim +10$ V,外电路提供。

V_{CC}:工作电压,$+5 \sim +15$ V,最佳工作电压为 $+15$ V。

(3)DAC0832 的工作方式

来自微处理器 CPU 的 8 位数据,在 ILE、$\overline{CS}$、$\overline{WR}$ 信号有效时,被锁存到 8 位输入寄存器中,在 $\overline{XFER}$ 与 $\overline{WR_2}$ 信号有效时,又被锁存到 8 位 DAC 寄存器中,并送到 8 位 D/A 转换器中进行转换。

根据对 DAC0832 的输入锁存器和 DAC 寄存器的不同的控制方法,DAC0832 有如下三种工作方式:

①单缓冲方式。两个寄存器中的其中一个接成直通方式,输入数据只经过一级缓冲便进行 D/A 转换,只执行一次写操作。此方法适用于只有一个模拟量输出或几个模拟量非同步输出的情形,如图 6-107 所示。

有关程序段如下:

```
MOV    DX,280H      ;DAC0832 的地址为 280H
OUT    DX,AL        ;AL 中数据 DAC 转换
```

②双缓冲方式。数据通过两个寄存器锁存,经过两级缓冲,执行两次写操作后再送入 D/A 转换电路,完成一次 D/A 转换。此方式适用于多路 D/A 同时输出的情形:使各路数据分别锁存于各输入寄存器,然后同时(相同控制信号)打开各 DAC 寄存器,实现同步转换,如图 6-108 所示。

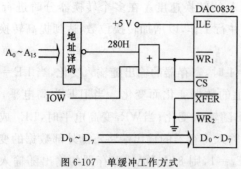

图 6-107　单缓冲工作方式

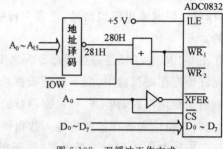

图 6-108　双缓冲工作方式

有关程序段如下：

```
MOV     DX,280H         ;DAC0832 的输入锁存器的地址为 280H
OUT     DX,AL           ;AL 中数据 DATA 送输入寄存器
MOV     DX,281H         ;DAC0832 的 DAC 锁存器的地址为 281H
OUT     DX,AL           ;数据 DATA 写入 DAC 锁存器并转换,此句中 AL 的值任意
```

③直通方式。输入寄存器和 DAC 寄存器都接成直通方式，即 ILE、$\overline{CS}$、$\overline{WR}$ 和 $\overline{XFER}$ 信号均有效，数据被直接送入 D/A 转换电路进行 D/A 转换。该方法用于非微机控制的系统中。如图 6-109 所示。

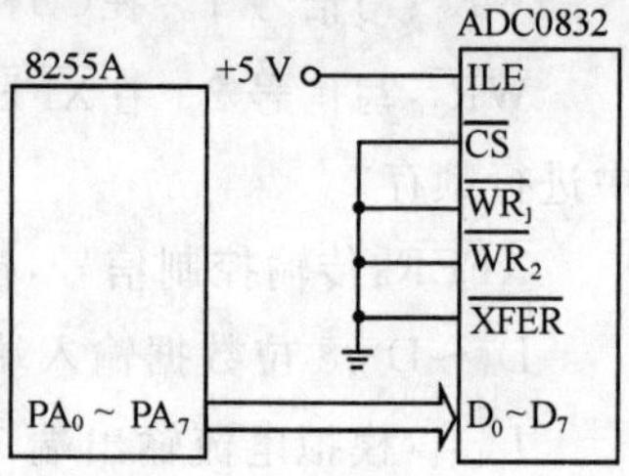

有关程序段如下：

```
MOV     DX,PA8255       ;设 8255A 口地址为 PA8255
OUT     DX,AL           ;AL 中数据送 A 口锁存并转换
```

图 6-109　直通工作方式

（4）DAC0832 的输出方式

DAC0832 可提供单极性和双极性两种输出方式。

①单极性输出方式。当输入数据为单极性数据时，输出即为单极性输出，可在 DAC0832 的电流输出端接一个运算放大器，成为单极性电压输出，如图 6-110 所示。

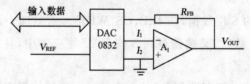

图 6-110　DAC0832 单极性输出方式

其中基准电压 V_{REF} 可以是直流电压，也可在 $-10\sim+10$ V 可变，输出电压 V_{OUT} 的极性与 V_{REF} 的极性相反。

②双极性输出方式。当输入为双极性数字时，要求双极性输出。它是在图 6-110 的基础上增加一级运算放大器 A_2，电路接法如图 6-111 所示。

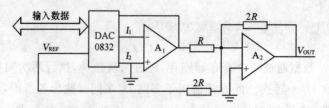

图 6-111　DAC0832 双极性输出方式

(5)DAC0832 的应用

通过对 DAC0832 的介绍,我们知道它的内部结构具有 T 型电阻网络,用以实现 D/A 转换。对于二进制的数字输入,在输出端将得到在数值上和时间上连续的锯齿波。这种线性增长的锯齿波电压可以用来控制一个实际巡检过程,或做扫描电压控制示波管中电子束的移动。产生锯齿波步骤如下:

第一步,设置 DAC0832 端口号。

第二步,置初值。

第三步,初值加 1,并向 D/A 转换器的相应端口输出,产生锯齿波的上升沿。

第四步,继续第三步的执行,到满足要求为止。

第五步,对锯齿波的下降沿只要将第三步的初值加 1 变成初值减 1,其他完全相同。

如图 6-112 所示为采用 DAC0832 的单缓冲工作方式,8255A 作为 DAC 和 CPU 的接口芯片。

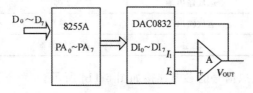

图 6-112　采用 DAC0832 的单缓冲工作方式

程序如下:

```
       ;8255A 初始化
       MOV    DX,0XXXH        ;8255A 控制口地址
       MOV    AL,80H          ;8255A 控制字,A 口输出
       OUT    DX,AL
       MOV    DX,0YYYH        ;8255A 的 A 口地址
AA0:MOV    AL,00H          ;输出数据初值
AA1:OUT    DX,AL
       INC    AL              ;产生锯齿波的上升沿
       JNZ    AA1
AA2:MOV    AL,0FEH         ;产生锯齿波下降沿的初值
       DEC    AL
       DEC    AL
       OUT    DX,AL
       JNZ    AA2
       JMP    AA0             ;生成循环锯齿波
```

注意:本程序产生的锯齿波的波形上升和下降时间比为 2∶1,读者对上述程序稍加改动,就可以生成各种形状的波形。

6.12.3　12 位 AD567

AD567 是美国 AD 公司的产品,是高速 12 位电流输出型 D/A 转换器。片内有稳定的基准电压,双缓冲输入锁存器。

1. AD567 的功能特点和引脚

AD567 的引脚图如图 6-113 所示。

(1)各引脚的功能

①DB$_0$～DB$_{11}$:12 位数字量输入。

②引脚 1～4:模拟量输出,可双极性±2.5～±5 V 或±10 V 输出,也可以单极性 0～5 V、0～10 V 输出,各种输出电压范围(均对应数字量变化范围 000H～0FFFH)的引脚连接见表 6-16。

表 6-16　　　　　　　　　　　　　　各种输出范围的引脚连接

输出范围	连接 3 脚到	连接 4 脚到	连接 1 脚到
0～+5 V	运放输出端	2 脚	5 脚
0～+10 V	运放输出端	运放输出端	5 脚
−2.5～+1.5 V	运放输出端	2 脚	6 脚(串 50 电阻)
−5～+5 V	运放输出端	运放输出端	6 脚(串 50 电阻)
−10～+10 V	悬空	运放输出端	6 脚(串 50 电阻)

其中±5 V 输出时模拟信号的参考连接如图 6-114 所示。

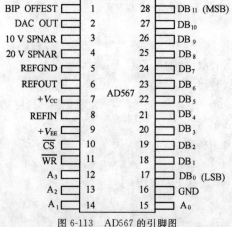

图 6-113　AD567 的引脚图

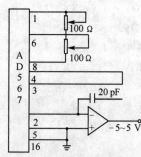

图 6-114　双极性±5 V 输出

③引脚 10～15:控制信号,输入锁存器由地址信号 A$_0$～A$_3$、片选$\overline{CS}$和写信号$\overline{WR}$控制,真值表见表 6-17。

表 6-17　　　　　　　　　　　　　　AD567 控制真值表

$\overline{CS}$	$\overline{WR}$	A$_3$	A$_2$	A$_1$	A$_0$	操作
1	×	×	×	×	×	—
×	1	×	×	×	×	—
0	0	1	1	1	0	锁存第一级缓冲器低 4 位
0	0	1	1	0	1	锁存第一级缓冲器中 4 位
0	0	1	0	1	1	锁存第一级缓冲器高 4 位
0	0	0	1	1	1	锁存第二级缓冲器
0	0	0	0	0	0	所有锁存器均透明

引脚 15(模拟地)和引脚 16(数字地)通常在设计 D/A 或 A/D 接口时,模拟地和数字地只有一点连接,有利于提高输出精度和抗干扰性。AD567 的功能框图如图 6-115 所示。

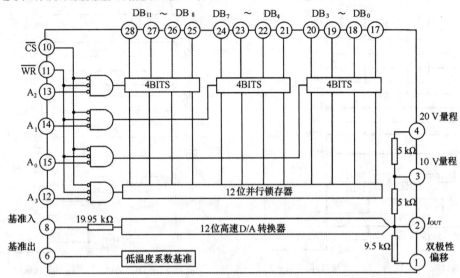

图 6-115　AD567 的功能框图

其主要特性为:

- 单片设计,内部基准源基准 10 V±1 mV。
- 输入双缓冲结构,可直接连接 8 位或 16 位数据线,与 TTL 和 CMOS 电平兼容。
- 分辨率 12 位,非线性误差小于 1 LSB。
- 电流型输出,最大 2 mA 建立时间 500 ns。
- 电源电压范围:12~15 V,低功耗 300 mW。

2. AD567 与 CPU 的接口

AD567 和 8 位数据总线连接时,待转换的 12 位数字量至少分两次送出。控制逻辑使它能使用向左或向右对齐的数据格式,如图 6-116 所示为向左对齐和向右对齐的数据实现方式。

DB_{11}	DB_{10}	DB_9	DB_8	DB_7	DB_6	DB_5	DB_4	高
DB_3	DB_2	DB_1	DB_0	×	×	×	×	低

(a)向左对齐

×	×	×	×	DB_{11}	DB_{10}	DB_9	DB_8	高
DB_7	DB_6	DB_5	DB_4	DB_3	DB_2	DB_1	DB_0	低

(b)向右对齐

图 6-116　8 位总线与 12 位数据格式

图 6-117 为 AD567 与 8 位总线接口(向右对齐)的连接方式,如果想实现左对齐应将数据总线的 D_0~D_7 和 AD567 的 DB_4~DB_{11} 相连,同时 D_0~D_3 与 AD567 的 DB_0~DB_3 相连,这里就不再给出,请读者自己画出。

设待转换的数据在 AX 中,对应的地址编码为 280H~281H,其输出程序为:

```
MOV    DX,280H
OUT    DX,AL        ;打开第一级缓冲器中 4 位和低 4 位
INC    DX
MOV    AL,AH
OUT    DX,AL        ;同时打开第一级缓冲器高 4 位(写入原 AH 中低 4 位)
                    ;第二级缓冲器(写入第一级缓冲器的 8 位锁存器)
```

AD567 与 12 位总线接口时比较简单,单缓冲即可,实现方式如图 6-118 所示。

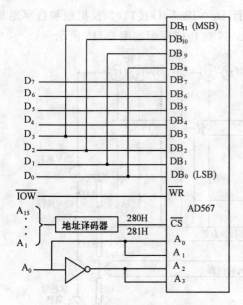

图 6-117　AD567 与 8 位总线接口（向右对齐）

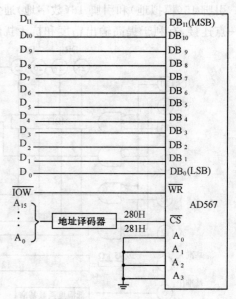

图 6-118　AD567 与 12 位总线接口

6.12.4　模/数(A/D)转换技术

在控制系统中，完成模拟信号转换成数字信号的过程叫作模/数(A/D)转换，完成模/数转换的装置就叫作模/数(A/D)转换器。

1. 模/数转换原理

图 6-119 给出一个实际应用框图。

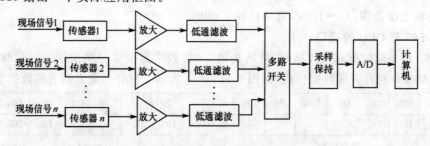

图 6-119　模拟量输入接口

在实际运用中，经常要把从传感器得到的现场的各种物理参数（如温度、压力、流量、加速度、位移、角度等）测量出来，然后转换成电信号，经过放大、滤波处理，再通过多路开关的切换和采样/保持电路，送到 A/D 转换器，由 A/D 转换器进行模拟量到数字量的转换（也简称ADC），转换后的数字量送到计算机。

实现 A/D 转换的方法很多，常用的主要有逐次逼近法、双积分法、电压频率转换法等。这里简单介绍一下这几种转换方法。

（1）逐次逼近法 A/D 转换器

如图 6-120 所示，逐次逼近法的主要原理为：将一个待转换的模拟输入信号 V_{IN} 与一个"推测"信号相比较，根据推测信号是大于还是小于输入信号来决定减小还是增大该推测信号 V_O，以便向模拟输入信号逼近。

推测信号由 D/A 转换器的输出 V_O 获得，当推测信号与模拟输入信号"相等"时，向 D/A

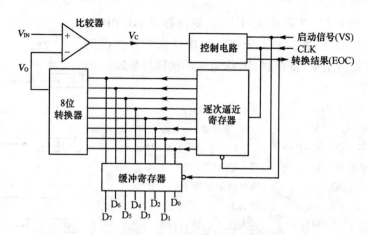

图 6-120 逐次逼近法 A/D 转换器

输入的数字即为对应的模拟输入的数字。

推测的算法是这样的,它使二进制计数器中二进制数的每一位从最高位起依次置"1"。每接一位时,都要进行测试。若模拟输入信号 V_{IN} 小于推测信号 V_1,则比较器的输出为 0,并使该位置"0";否则比较器的输出为 1,并使该位保持 1。无论哪种情况,均应该继续比较下一位,直到末尾为止。此时 D/A 转换器的数字输入即为对应于模拟输入信号的数字量,将此数字输出,即完成其 A/D 转换过程。

下面说明如何用软件实现逐次逼近过程。用软件实现 A/D 转换的接口电路如图 6-121 所示。

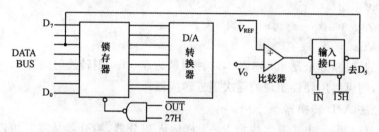

图 6-121 用软件实现 A/D 转换的接口电路

现假设在 8 位的情况下,转换一个相当于数 113 的模拟电压,搜索过程见表 6-18。

表 6-18 逐次逼近过程

试探值	响应	和
128	太高,不加到和上	0
64	太低,把它加到和上,继续往下进行	64
32	64+32=96,还是太低,把 32 再加到和上,继续往下进行	96
16	64+32+16=112,还是太低,把 16 再加到和上,继续往下进行	112
8	和太高,不把 8 加上去	112
4	和太高,不把 4 加上去	112
2	和太高,不把 2 加上去	112
1	64+32+16+1=113 刚好相等	113

软件实现该过程的流程图如图 6-122 所示。

如果使用如图 6-122 所示的接口电路,则寄存器 AL 用于
I/O 数据传输和位操作,寄存器 DH 存放每次试探的数据,寄
存器 DL 存放累加的结果,寄存器 CL 作为循环次数计数器。

具体实现程序如下:

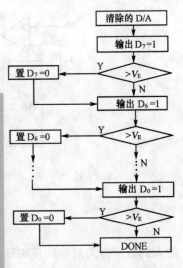

```
            ORG    100H
START: SUB  AL,AL        ;清除 AL
       MOV  DX,8000H     ;置 DH=80H,DL=00H
       MOV  CL,8         ;置 CL 为循环次数
AGAIN: OR   AL,DH        ;建立新的试探值
       MOV  DL,AL        ;存入 DL 中
       IN   AL,15H       ;输入比较结果的状态
                         ;若 Vx>Vc,则 D5=0
       AND  AL,20H       ;屏蔽除了 D5 以外的所有位
       JZ   PP           ;小于 Vx 转到 PP
       MOV  AL,DH
       NOT  AL
       AND  AL,DL        ;把新的试探位置"0"
       MOV  DL,AL        ;把和值存入 DL
PP:    SHL  DH           ;转移到下一位试探值
       MOV  AL,DL
       DEC  CL
       JNZ  AGAIN        ;未完,则进入下一个循环
       HLT
```

图 6-122　用软件实现逐次逼近的流程

对于 8 位的转换,如果是 8088 CPU,时钟周期为 500 ns,则转换时间为 240 μs。若要以更
快的速度转换,则可以用硬件实现的逐次逼近转换器。

(2)双积分法 A/D 转换器

如图 6-123(a)所示,电子开关先把 V_x 采样输入积分器,积分器从零开始进行固定时间 t
的正向积分,时间 t 到后,开关将与 V_x 极性相反的基准电压 V_{REF} 输入积分器进行反相积分,到
输出为零伏时停止反向积分。积分器输出波形如图 6-123(b)所示。

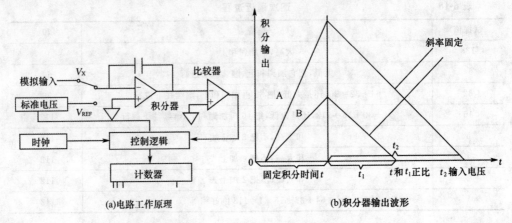

(a)电路工作原理　　　　　　　　　　　　　　　(b)积分器输出波形

图 6-123　双积分法 A/D 转换原理

从积分器输出波形可以看出:反相积分时积分器的斜率是固定的,V_X 越大、积分器的输出电压越大、反相积分时间越长。计数器在反相积分时间内所积的数值就是与输入电压在时间 t 内的平均值对应的数字量。这种 A/D 的转换速度较慢,但抗高频干扰性好。

(3)电压频率转换法(V/F,Voltage to Frequency)A/D 转换器(VFC)

当电压 V_X 加至 VFC 的输入端后,便产生频率 f 与 V_X 成正比的脉冲。由微机对该脉冲计数,每个单位时间内的计数值正比于输入电压 V_X,从而完成 A/D 变换。VFC 与微机结合起来可方便地构成多位高精度的 A/D 转换器,且具有以下特点:零点漂浮及非线性误差等性能优于逐次逼近法 A/D 转换器;易于实现远距离和隔离传输;抗干扰性好。缺点是转换速度较慢。

2. A/D 转换器的主要性能指标

A/D 转换器是通过一定的工作过程将模拟量转变为数字量的器件,它的主要性能指标有:分辨率、量化误差、转换时间、转换精度等。

(1)分辨率

分辨率是指 A/D 转换器对模拟输入信号的分辨能力,即能分辨的最小模拟输入量,通常指数值输出的最低位(LSB)所对应的输入电平值,以二进制位数表示。如 ADC0809 的分辨率为 8 位,AD574 的分辨率为 12 位等。位数越多,分辨率越高。例如对于 8 位 A/D 转换器,输入电压满刻度为 5 V 时,其输出数字量的变化范围为 0～255,则转换电路对输入模拟电压的分辨率为 5 V/255＝19.5 mV。对于 10 位 A/D 转换器,输入电压满刻度为 5 V 时,其输出数字量的变化范围为 0～1023,则转换电路对输入模拟电压的分辨率为 5 V/1023＝4.875 mV。

(2)量化误差

量化误差是在 A/D 转换器中进行整数量化时产生的固有误差。A/D 转换过程实质上是量化取整过程,对于四舍五入量化法,量化误差在±1/2 LSB 间。

4 位 A/D 的理想转换特性,从 6.875－1/2×(0.625)～6.875＋1/2×(0.625)范围内所反映的数字量都是 1011。所以存在＋1/2 LSB 的量化误差,这个误差是量化过程不可避免的。

(3)转换精度

转换精度分为绝对转换精度和相对转换精度两种。反映了 A/D 转换器实际输出与理想输出的接近程度。

绝对精度是指对应于一个数字量的实际模拟量输入值与理论模拟量输入值之差。我们知道,模拟量是连续的,而数字量是离散的,因此,对应于一个数字量,实际上的输入模拟量是一个范围。如理论上 5 V 的模拟量输入电压对应于数字量 800H,但实际上从 4.997 V 到 4.999 V 也对应该数字量,则绝对误差为(4.997＋4.999)/2－5＝－2 mV。

相对精度是指满量程转换范围内任一数字量输出所对应的实际模拟量的输入值与理论值之差,通常用绝对误差与满刻度值的百分数表示。A/D 转换器的位数越多,相对误差或绝对误差也就越小。图 6-124 给出 4 位 A/D 理想转换特性。

例如:转换精度±0.1％是指最大误差为 V_{FS} 的±0.1％,若满量程为 10 V 时,最大误差为 $V_e＝±10$ mV,这是以满量程电压 V_{FS} 的百分数表示的。

设 LSB 对应的模拟量(0.625 V)为 Δ,这时称 Δ 为数字量的最低有效位的当量。

引起误差范围扩大的原因主要是 ADC 各组成部件的制作误差,这部分的误差称为附加误差。

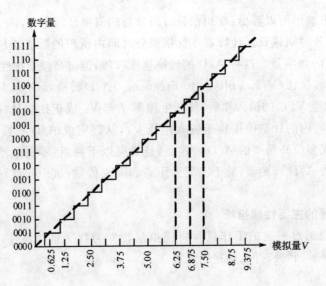

图 6-124　4 位 A/D 理想转换特性

可见，ADC 的转换精度包括量化误差和附加误差之和。其误差分析如图 6-125 所示。

（4）转换时间

转换时间是指完成一次 A/D 转换所需要的时间，转换时间是编程时必须考虑的参数。转换时间的倒数称为转换率，反映了 A/D 转换的速度。

当转换时间大于 10 ms 时，则该 ADC 为慢速转换器；当转换时间在 0.1～10 ms 时，该 ADC 为中速转换器；当转换时间在 1～100 μs 时，该 ADC 为高速转换器；当转换时间小于 1 μs 时，该 ADC 属超高速转换器。

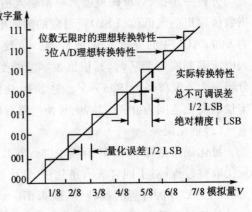

图 6-125　误差分析图

3. 模/数转换芯片

市场上各种 A/D 转换芯片种类繁多，片内结构基本包括不同位数的 D/A 转换器、比较器、逐次逼近寄存器、控制电路以及数据输出缓冲器。

部分常用的 A/D 转换器芯片性能参数见表 6-19。

表 6-19　　　　　　部分常用的 A/D 转换器芯片性能参数表

芯片型号	分辨率	转换时间	输入电压范围	电源	引脚数
ADC0809	8	100 μs	0～+5 V	+5 V	28
AD574A	12	25 μs	0～+10 V	+15 V 或±12 V，+5 V	28
AD679	14	10 μs	0～10 V，±5 V	+5 V 或±12 V	28
ADC1143	16	≤100 μs	+5 V，+10 V		
AD7570	10	120 μs	±25 V	+5 V 或+15 V	28
MC14433	3.5BCD 码	100 ms	±0.2 V，±2.5 V	±5 V	24
ICL7109	12	100 ms	−4～+4 V	±5 V	40

　　表中 ADC0809 是 8 位 CMOS 数据采集器,是单片型逐次逼近式 A/D 转换器。它既包含一个 8 位的逐次逼近 A/D 转换电路,还具有一个 8 路的模拟多路开关和联合寻址逻辑,可以接收 8 路模拟量输入,是一个简单的"数据采集系统"。

　　工业控制中常常要采集数据,在专用的控制计算机中配有专门的数据采集板或 I/O 接口卡,但在通用微机中没有专门的接口作为数据采集的通道。当使用微机采集数据时,可以将打印并行口改成采集数据输入口。这样不需要在微机中配备专门的扩展 I/O 卡,既方便又经济。采用 ADC0809,选用 8255A 可编程并行芯片作为 ADC0809 与打印接口连接的通道,来锁存 0809 的地址选择信号、地址锁存信号以及启动信号并作为 0809 输出数据的缓冲器。同时为了锁存打印机控制端口输出的 8255A 地址信号和控制信号,再采用 74LS373 地址锁存器锁存由打印机输出的 8255A 的地址信号和控制信号。

　　AD574A 是 12 位逐次逼近式 A/D 转换器,集成度高,价格低廉,应用广泛。内部有三态缓冲锁存器,形成多路方式与 8 位、12 位或 16 位总线相连。12 位数据可以一次读出,也可以分两次读出。

　　分辨率在 14 位及以上的芯片有 AD679 和 ADC1143 等。

　　AD674A/AD1674、AD678/AD1678 和 AD679/AD1679 等芯片内部自带采样保持器以直接与被转换的模拟信号相连,以适应高速采样的需要。

　　为适应数据处理和传输需要,某些芯片输出引脚被设计成既可做并行数据输出,也可做串行数据输出,如 AD7570、ADC80 和 ADC84/85 等芯片。

　　MC14433 和 ICL7109 是典型的双积分 A/D 转换器芯片,转换精度高、抗干扰性能好,具有自动校零、自动极性输出、自动量程控制信号输出和动态字位扫描 BCD 码输出功能。

　　下面以比较常用的 8 位 ADC0809 和 12 位 AD574A 为基本 A/D 转换器进行介绍。

6.12.5　8 位 ADC0809

ADC0809 是 CMOS 单片型逐次逼近式 8 位 A/D 转换器,是比较常用的一种 A/D 芯片。

1. ADC0809 的主要特性

(1)每片有 8 路 8 位的 A/D 转换器。

(2)具有 A/D 转换的启动和结束控制端。

(3)转换时间为 100 μs。

(4)转换量程为 0～+5 V。

(5)单个+5 V 电源供电。

(6)工作温度范围为−40℃～+85℃。

(7)低功耗,约 15 mV。

2. ADC0809 引脚功能

ADC0809 芯片有 28 条引脚线,采用双列直插式封装,其引脚图如图 6-126 所示。

(1)IN_0～IN_7:8 路模拟量输入端。

(2)A_0～A_2:3 位地址输入线,用于选通 8 路模拟输入中的一路,比如 $A_2A_1A_0=000$ 时,选通 IN_0;$A_2A_1A_0=001$ 时,选通 IN_1,依次类推。

(3)ALE:地址锁存允许信号(Address Latch Enable),输入,高电平有效。

(4)$\pm V_{REF}$:正负参考电压,一般将+V_{REF}接+5 V 电源,将−V_{REF}接地。

(5)START:脉冲式 A/D 转换启动信号,输入。在使用时,该信号通常与 ALE 信号连接在一起,以便在锁存通道地址的同时启动 A/D 转换。

(6)CLK:时钟信号输入端,允许最高输入频率为 1.28 MHz,此时其转换时间为 75 μs。若时钟频率下降,转换时间随之增加。如 CLK 选 750 kHz,则转换时间为 100 μs。若 CLK 选 500 kHz,则转换时间为 128 μs。

(7)$D_0 \sim D_7$:8 位数字量输出端。

(8)OE:数据允许端(Output Enable),当 OE=0 时,三态门输出高阻状态,当 OE=1 时,$D_0 \sim D_7$ 输出 A/D 转换数字量。

(9)EOC:A/D 转换结束信号(End of Converse)。该信号在 ADC0809 进行 A/D 转换期间保持低电平,直至 A/D 转换结束时,EOC 从低电平变高电平,故此信号可直接接 8259 的 IRQ 中断请求输入端,向 CPU 提出中断请求。

(10)V_{CC}:电源输入端,接+5 V。

3. ADC0809 的内部结构

ADC0809 是 CMOS 单片型逐次逼近式 A/D 转换器,其内部结构如图 6-127 所示。它是由 D/A 转换器、比较器、逐次逼近寄存器、定时和控制电路以及锁存与三态门构成的。其锁存器带有 OE(Output Enable)的外控三态门,故 $D_0 \sim D_7$ 数据输出线可直接与系统总线相连。最后,其通道地址锁存和译码器既保存通道地址($A_0 \sim A_7$),又译码选通了通道选择开关,实现 8 选 1 模拟量送 A/D 转换。其输入/输出均与 TTL 兼容。

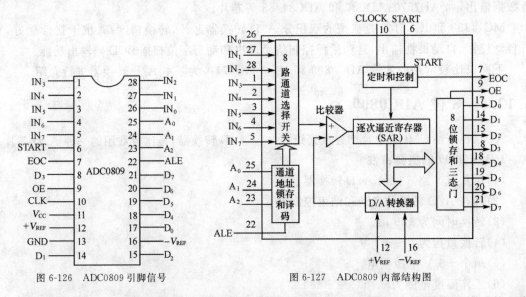

图 6-126　ADC0809 引脚信号　　　　图 6-127　ADC0809 内部结构图

ADC0809 作为一种输入设备与微机系统连接,先把 8 位数字量输出线直接连接系统的数据线 $DB_0 \sim DB_7$,以便把 A/D 转换后的数字量输入微机;3 位通道地址选择线($A_2 A_1 A_0$)分别接系统的地址总线($A_2 \sim A_0$),以便选通 8 路模拟量之一 ADC0809。

为了简化操作,将 START 与 ALE 信号短接,以便在锁存通道地址的同时启动 A/D 转换。

最后,因 A/D 转换需要一定的转换时间,为了提高 CPU 的效率,这里利用转换结束信号(EOC)向 8259 发中断请求。以中断方式将转换后的数字量送 CPU。当然,也可以利用 EOC 的电平变化作为 CPU 的程序查询信号,或 CPU 干脆延迟一定的时间间隔来等待 A/D 转换,这样的接口最简单,但 CPU 的效率低。典型的 ADC0809 系统连接如图 6-128 所示。

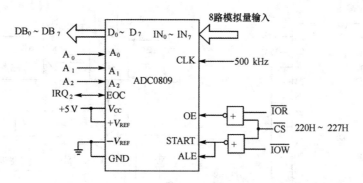

图 6-128　ADC0809 系统连接图

（1）设某被测试模拟量接至 ADC0809 的 IN_0 端，则可利用 $\overline{CS}$、$\overline{IOW}$ 信号（即写命令）来锁存通道地址，并启动 A/D 转换。具体指令如下：

```
MOV   DX,220H
OUT   DX,AL          ;锁存 CH₀ 地址并启动 A/D 转换
```

（2）利用 A/D 转换结束信号 EOC 在 A/D 转换结束时产生的上升沿来触发 8259 的 IRQ_2 端，向 CPU 发中断请求。

（3）在中断服务子程序中，利用 $\overline{CS}$、$\overline{IOR}$ 信号（即读命令）产生 OE 信号，读取 A/D 转换结果。具体指令如下：

```
MOV DX,220H
IN   AL,DX          ;把 A/D 转换结果读到 AL 中
```

6.12.6　12 位 AD574A

AD574A 是美国 AD 公司生产的 12 位逐次逼近式 A/D 转换器，集成度高，价格低廉，应用广泛。片内自备时钟基准源，变换时间快（25 μs），有三态缓冲锁存器，形成多路方式与 8 位、12 位或 16 位总线相连。12 位数据可以一次读出，也可以分两次读出。可直接采用双极性模拟信号输入，有着广泛的应用场合，供电电源为 ±15 V，逻辑电源为 15 V。

为保证转换精度，输入模拟信号要经过采样保持电路，才能进入 AD574A。

1. AD574A 的主要特征

AD574A 的主要特征如下：

（1）带有基准源和时钟的 12 位逐次逼近式 A/D 转换器。

（2）内部具有三态缓冲器，可直接与 8 位或 16 位 CPU 数据总线连接。

（3）转换时间为 25 μs。

（4）分辨率：12 位；精度：±1 LSB。

（5）在外部控制下可进行 12 位或 8 位转换。

（6）12 位数据输出分为 A、B、C 三段，分别对应高、中、低 4 位数据。

（7）功耗为 390 mW。

2. AD574A 的引脚信号和内部结构

AD574A 为 28 引脚双列直插式封装，其引脚信号和内部结构如图 6-129 所示。

AD574A 实际上由两片大规模集成电路组成：一片为高性能的 12 位 D/A 转换器 AD565A 和标准电压；一片则包括逐次逼近寄存器 SAR、转换逻辑控制电路、高分辨率比较器电路、总线接口、时钟等。

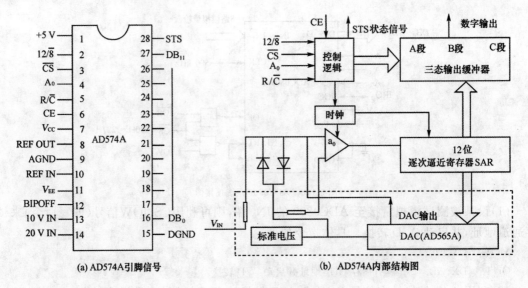

图 6-129 AD574A 引脚信号和内部结构图

主要引脚信号说明：

$12/\overline{8}$：输出数据的输出格式。高电平时，输出 12 位数据；低电平时，输出两个 8 位数据。

A_0：控制数据转换长度。启动转换时，若 A_0 为高电平，则转换长度为 8 位；若 A_0 为低电平，则转换长度为 12 位。

$\overline{CS}$：片选信号。

CE：芯片允许信号。只有当 CE 为高电平，$\overline{CS}$ 为低电平时，AD574A 才能正常工作，进行转换或将转换后的数据读出。

$R/\overline{C}$：读/启动转换信号。低电平时启动转换，高电平时，将转换后的数据读出。

3. AD574A 的工作过程

AD574A 有 5 个控制信号，它们的组合决定了 AD574A 的工作过程。这 5 个控制信号是 CE、$\overline{CS}$、$R/\overline{C}$、$12/\overline{8}$ 和 A_0。

组合信号关系见表 6-20。从表中可看出，AD574A 的工作过程分为进行转换和转换后将数据输出（读出）两个过程。

表 6-20 AD574A 控制信号组合关系表

CE	$\overline{CS}$	$R/\overline{C}$	$12/\overline{8}$	A_0	功能
1	0	0	×	0	进行 12 位转换
1	0	0	×	1	进行 8 位转换
1	0	1	接 1 脚	接 15 脚	输出 12 位并行数据
1	0	1	接 15 脚	0	允许高 8 位数据输出
1	0	1	接 15 脚	1	允许低 4 位和 4 个 0 输出

进行转换时，CE=1，$\overline{CS}$=0，$R/\overline{C}$=0。由 A_0 信号决定转换位数，A_0 为低电平，则进行 12 位转换，否则进行 8 位转换。

转换数据读操作时，CE=1，$\overline{CS}$=0，$R/\overline{C}$=1。$12/\overline{8}$（接 15 脚），则输出数据作为两个 8 位字输出，否则，作为一个 12 位字输出。

4. AD574A 的模拟输入

AD574A 可用于单极性模拟输入,也可用于双极性模拟输入。单极性模拟输入接线如图 6-130(a)所示,双极性模拟输入接线如图 6-130(b)所示。

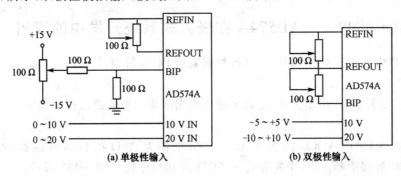

图 6-130　AD574A 的输入连接

5. AD574A 与总线的连接

AD574A 与 16 位和 8 位数据总线的连接分别如图 6-131(a)、图 6-131(b)所示。

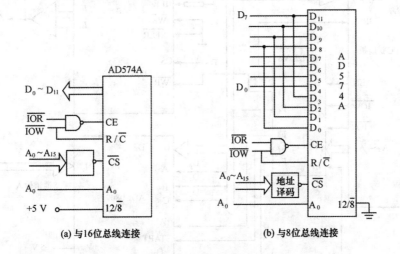

图 6-131　AD574A 与总线的接口

若 CPU 的数据总线是 16 位,则 AD574A 的 12 位 A/D 转换数据 $D_0 \sim D_{11}$ 被直接挂在数据总线的 $D_0 \sim D_{11}$ 位,执行输入指令后,送入 CPU 中。

若 CPU 的数据总线是 8 位,我们在图 6-131(b)中 AD574A 与 8 位总线连接可以看到:AD574A 的数据位 $D_4 \sim D_{11}$ 与数据总线的 $D_0 \sim D_7$ 相连,而 AD574A 的数据位 $D_0 \sim D_3$ 则与数据总线的 $D_4 \sim D_7$ 相连。12 位 AD574A 要分两次把数据输出到 CPU,先输出高 8 位,然后再进行低 4 位的输出。

程序段如下:

```
MOV    DX,PORTA    ;端口 A,采集高 8 位数据
IN     AL,DX
MOV    AH,AL
MOV    DX,PORTB    ;端口 B,采集低 4 位数据
IN     AL,DX       ;形成 12 位数据
```

6.13 应用案例——数/模和模/数转换在数据采集系统中的使用

6.13.1 ADC0809——AD574A 在嵌入式系统开发中的应用

例 6-18 以中断方式对 ADC0809 进行数据采集 PC 系统设计。

要求：

以 PC 为控制器,采用中断方式,进行 8 通道数据采集和单通道模拟量输出。

分析：

根据题目要求,采用 ADC0809 与 DAC0832 分别作为 A/D 和 D/A 转换器,利用系统的 IRQ_2 作为 ADC 外部中断。PC 中断方式 A/D,D/A 接口电路如图 6-132 所示。

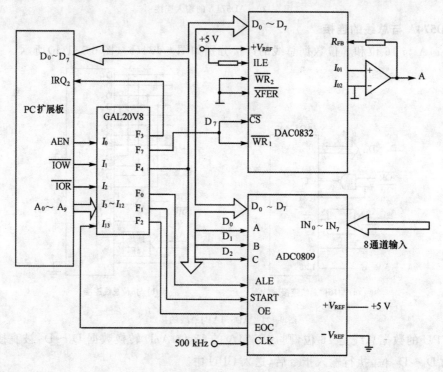

图 6-132 PC 中断方式 A/D,D/A 接口电路

硬件设计：

为了减少芯片数目,采用 GAL20V8 器件作为 I/O 端口地址译码器和中断申请控制器。其中 D_7 作为中断请求允许控制信号从 F_4 端进入 GAL20 V8,并且与从 I_{13} 端输入的 DAC0809 的转换结束信号 EOC 在 GAL20V8 内部经过相关逻辑运算后,从 F_3 端输出,再送到 PC 扩展板上 IRQ_2 端,向 CPU 提出中断请求。当 $D_7=0$ 时,IRQ_2 有效;当 $D_7=1$ 时,IRQ_2 无效。系统的 I/O 地址分配是：ADC0809 有两个端口地址,启动转换端口地址为 30CH,读数据端口地址为 30EH;DAC0832 的一个端口地址为 30FH,中断申请控制器端口地址为 30DH,它们由 GAL20V8 译码器提供。8 个通道的地址由数据线的低 3 位 $D_0 \sim D_2$ 编码产生,其端口地址为 30AH。

软件设计：

下面程序中只写了 A/D 转换的数据采集程序，并且将外部中断控制信号 D_7 已固定 $(D_7=0)$ 写在程序中。

程序清单：

```
STACK   SEGMENT PARA 'STACK'
    DW   200 DUP(?)
STACK ENDS
DATA    SEGMENT PARA PUBLIC 'DATA'
    INT0A_OFF   DW ?            ;保存原中断向量偏移量
    INT0A_SEG   DW ?            ;保存原中断向量段基址
    BUFR   DB   1024(?)          ;内存区
    N= $ −BUFR                  ;采样次数
    ADCS   EQU   30CH            ;ADC 启动转换端口
    ADCD   EQU   30EH            ;ADC 数据端口
    ADCL   EQU   30AH            ;锁存通道号(ALE)
    DAC   EQU   30FH            ;DAC 启动转换端口
    INTE   EQU   30DH            ;中断申请端口
DATA    ENDS
CODE    SEGMENT
  ASSUME   DS:DATA,CS:CODE,SS:STACK
  ADC   PROC   FAR
START:MOV   AX,DS               ;标准程序
      PUSH   AX
      MOV   AX,00
      PUSH   AX
INIT:MOV   AX,350AH            ;获取中断 0AH 向量
     INT   21H
     MOV   INT0A_OFF,BX        ;将返回向量 ES:BX 保存在双字变量中
     MOV   BX,ES
MOV INT0A_SEG,BX
     CLI                        ;关中断
     MOV   AX,250AH            ;修改中断 0AH 向量
     MOV   DX,SEG NEW_INT      ;DS:DX 指向新中断向量
     MOV   DS,DX
     LEA   DX,NEW_INT
     STI                        ;开中断
     INT   21H
     CLI                        ;关中断,进行初始化
     IN   AL,21H               ;打开 8259A 的 IRQ₂
     AND   AL,0FBH
     OUT   21H,AL              ;写入 OCW₁
     MOV   AL,00H              ;允许 EOC 申请中断(置 D₇=0)
     OUT   INTE,AL
     MOV   AL,00H              ;送通道号 0
     OUT   ADCL,AL
```

```
        MOV    CX,N                      ;采样次数送 CX
        MOV    DI,OFFSET BUFR            ;保存首地址
BEGIN：MOV    AX,00H                     ;启动 ADC 转换
        OUT    ADCS,AL
        STI                              ;开中断
        HLT                              ;等待中断
        CLI                              ;关中断
        DEC    CX                        ;次数减 1
        JNZ    BEGIN                     ;未完,继续
        MOV    AX,250AH                  ;已完,恢复原中断 0AH
        MOV    DX,INT0A_SEG              ;DS:DX 指向原中断向量
        MOV    DS,DX
        MOV    DX,INT0A_OFF
        INT    21H
        IN     AL,21H                    ;屏蔽 8259A 的 IRQ₂
        OR     AL,04H
        OUT    21H,AL                    ;写入 OCW₁
        MOV    AL,80H                    ;禁止 EOC 申请中断(置 D₇＝1)
        OUT    INTE,AL
        MOV    AX,4C00H                  ;返回 DOS
        INT    21H
        RET
        ADC    ENDP
NEW_INT    PROC FAR
        CLI                              ;关中断
        IN     AL,ADCD                   ;从 ADC0809 数据口读数
        NOP
        MOV    [DI],AL                   ;保存数据
        AND    AL,0F0H                   ;显示高位数据
        MOV    CL,04
        SHR    AL,CL
        CMP    AL,09H
        JA     HEX
        ADD    AL,30H
        JMP    NEXT
HEX：   ADD    AL,37H
NEXT：MOV    DL,AL
        MOV    AH,02H
        INT    21H
        MOV    AL,[DI]                   ;获取数据
        AND    AL,0FH                    ;显示低位数据
        CMP    AL,09H
        JA     HEX1
HEX1：ADD    AL,37H
```

```
NEXT 1:MOV    DL,AL
       MOV    AH,02H
       INT    21H
       MOV    DL,20H              ;显示空格
       MOV    AH,02H
       INT    21H
       INC    DI                 ;内存地址加 1
       MOV    AL,20H             ;中断结束
       OUT    20H,AL             ;写入 OCW₂
       STI                       ;开中断
       IRET
NEW_INT    ENDP
   CODE    ENDS
     END   START
```

6.13.2　12 位 AD574A 的应用

AD574A 是常用的模/数转换芯片,可与各种微处理器兼容,在计算机系统、通信系统、工业控制系统、智能化仪器仪表等领域应用广泛。例如对语音信号的处理,通过使用 AD574A,可将受话器传来的语音信号电压转换成数字信号,送给计算机执行各种编解码处理后,进行编辑、储存或播放。

AD574A 在接口设计时,需要注意以下问题:

与系统总线的连接。按照是 8 位微处理器还是 16 位微处理器,AD574A 的数据输出线与总线有不同的连接要求。具体参见图 6-132。

5 个控制信号的连接。这 5 个控制信号分别是 CE、$\overline{CS}$、R/$\overline{C}$、12/$\overline{8}$和 A₀ 信号。其中,12/$\overline{8}$信号引脚在数据转换时,电平可任意,在数据输出时,其电平高低决定了是一次输出还是两次输出。通常将该引脚接地,通过分时操作,完成两次输出。CE 与 $\overline{CS}$ 是 AD574A 的工作信号,通常利用地址译码器输出、CPU 的读/写控制命令等信号组合设计。

AD574A 具有一个状态信号 STS,可以用它来判断 A/D 转换是否结束。转换开始时,STS 为高电平,并在转换过程中保持高电平。转换完成后,STS 返回到低电平。STS 可以作为状态信息被 CPU 查询;也可以在它的下降沿向 CPU 发出中断请求,以通知 A/D 转换已完成,同时 CPU 可以读出转换结果。STS 不能直接与数据总线连接,要经过一个三态门电路,三态门电路的控制端信号用一根地址线来完成。

下面是利用 AD574A 完成一批并行数据采集的程序,通过对状态 STS 的检测判断转换过程。

```
PORTA    EQU    XXXH       ;端口 PORTA 地址定义值
PORTB    EQU    YYYH       ;端口 PORTB 地址定义值
PORTC    EQU    ZZZH       ;端口 PORTC 地址定义值,为三态门地址
         MOV    DX,PORTA   ;XXXH 为采集高 8 位数据口地址,且 A₀=0
         MOV    BX,PORTB   ;YYYH 为采集低 4 位数据口地址,且 A₀=1
         OUT    DX,AL      ;启动 A/D 转换
         MOV    DX,PORTC   ;端口 PORTC 地址送 DX
```

```
LP: IN    AL,DX        ;读 STS 状态
    TEST  AL,01H       ;测试 STS 状态位
    JNZ   LP           ;STS=1 等待
    MOV   DX,PORTA     ;STS=0 读高 8 位
    IN    AL,DX        ;端口 PORTA 地址送 DX
    MOV   AH,AL        ;通过 DX 读入端口 PORTA 的值
    MOV   DX,PORTB     ;读低 4 位
    IN    AL,DX
```

点评：数模/模数转换在计算机控制系统中是不可或缺的,只要计算机控制系统有模拟信号进行输入/输出,就离不开数模/模数转换。上述两个案例给出了两种精度类型的芯片在实际应用系统中的使用,并对信号之间的相互转换给出了汇编语言源程序,可以提高对数模/模数转换接口芯片的使用能力,具有一定的指导意义。

习题与综合练习

一、简答题

1. 解释下面术语:中断、中断源、软中断、硬中断、屏蔽、可屏蔽中断、不可屏蔽中断、中断处理程序、中断返回、中断优先级、中断嵌套。

2. 简述中断过程,并说明系统如何能保证程序被中断后,在完成中断处理之后还能正确返回被中断的程序处继续执行。

3. 画出全双工传输方式的表示简图。

4. 试写出异步串行通信方式的优点和缺点,试写出同步通信信息帧的一般格式。

5. 在串行通信中,何谓 0 插入和删除技术?

6. 在串行通信中,转义字符 DEL 有何作用? 什么是字符填充技术?

7. RS-232C 有哪些主要接口信号? 其发、收的逻辑电平是如何规定的?

8. RS-232C 与 TTL 之间进行什么转换? 为什么?

9. 串行通信接口芯片中的发送移位寄存器和接收移位寄存器有何作用?

10. 串行通信中发送中断、接收中断、线路状态中断、Modem 状态中断的中断源各是什么? 它们的置位和复位条件是什么?

11. 计时器在计算机中有哪些用途?

12. 为精确测定事件发生的时间,计时器应具备什么功能?

13. 计时器的自动重装入功能有什么用途?

14. 8253-5 有哪几种工作方式? GATE 信号在各种方式中的作用是什么?

15. 利用 8253-5 作为波特率发生器,当 CLK=1.193 MHz,波特因子为 16 时,要求产生 4800 Baud 的传输率,计算 8253-5 的定时常数。

16. 并行传输接口的特点是什么? 它有哪几类? 各有哪些用途?

17. 说明 8255A 有哪几种工作方式,各有何特点?

18. 并行接口 8255A 的 B 口为什么不能工作于方式 2? 当 A 口工作于双向方式时,B 口能否工作于方式 1?

19. DMAC 怎么分类? 各有哪些优点和缺点? 8237 是什么类型的 DMAC?

20. DMAC 的传输方式指的是什么? 它是怎么控制的?

21. DMAC 的工作类型有哪几种？一次存储器到存储器传输要几个总线周期？存储器到 I/O 传输要几个总线周期？

22. 8237 在 DMA 传输期间怎样与被控设备实现总线联络？联络线是什么？

23. DREQ 有几种生成方式？各有什么用途？

24. 8237 各通道之间的优先级是如何控制的？

25. 8237 的接口信号中地址 $A_0 \sim A_3$、读 IOR 和写 IOW 等信号为什么是双向的？

26. 8237 在系统中如何生成访问内存的有效地址？如何实现对 I/O 设备寻址？

27. 什么是 DMA 页面地址寄存器？它有何作用？8237 的传输结束有哪几种方式？如何通知 CPU？

28. 简述信息采集系统的概念，画出采样保持电路的原理图。

29. D/A 转换有哪几种实现方法？T 型网络电路有何优点？

30. A/D 转换器和 D/A 转换器的分辨率有何区别？

31. A/D 转换有哪几种实现方法？比较它们的转换速度、精度和价格差别？

32. 简述 A/D 转换中逐次逼近法的工作原理。若是一个 10 位的 A/D 转换器，采用逐次逼近法，实现 A/D 转换比较器最多比较几次？模拟通道的制造工艺应注意哪些问题？

二、选择题

1. 异步通信协议规定的字符格式中，数据位数是（　　）位。

A. 1～2　　　　　B. 5～8　　　　　C. 3～4　　　　　D. 8

2. 不属于异步通信协议规定的常用比特率的是（　　）。

A. 50 bit/s　　　　　　　　　B. 300 bit/s

C. 500 bit/s　　　　　　　　　D. 1200 bit/s

3. INS8251A 的传输速率选择范围是（　　）。

A. 50～9600 波特　　　　　　　B. 100～10000 波特

C. 20～20000 波特　　　　　　　D. 30～36000 波特

4. 8255A 中进行"数据总线←端口 C"操作时、A_1、A_0、RD、WR、CS 的情况是（　　）。

A. 00010　　　　B. 10010　　　　C. 11100　　　　C. 10100

5. 外设准备就绪时，它就通过接口向 DMAC 发出一个 DMA 请求（　　）。

A. DRQ　　　　B. MEMR　　　　C. IOW　　　　D. IOR

6. Intel 8237A-5 数据传输速率可达到（　　）。

A. 1 Mb/s　　　　　　　　　B. 1.5 Mb/s

C. 2 Mb/s　　　　　　　　　D. 4.6 Mb/s

7. 8237 工作方式的选择是通过对模式寄存器的第（　　）位进行设置而实现的。

A. 1、2　　　　B. 3、4　　　　C. 5、6　　　　D. 6、7

8. 当需要输入"写请求寄存器"命令时，A_3、A_2、A_1、A_0、$\overline{IOR}$、$\overline{IOW}$ 的情况为（　　）。

A. 100001　　　　B. 100010　　　　C. 100110　　　　D. 111110

三、填空题

1. 在串行通信中，按照数据流的方向可分为四种基本传输方式，分别是＿＿＿＿＿、＿＿＿＿＿、＿＿＿＿＿、＿＿＿＿＿。

2. 根据同步方式的不同，串行通信分为两种方式，分别是＿＿＿＿＿、＿＿＿＿＿。

3. 同步通信协议分为两种，分别是＿＿＿＿＿、＿＿＿＿＿。

4. 在串行通信系统中，两种常见的纠错方法是＿＿＿＿＿、＿＿＿＿＿。

5. Modem 有两种类型,分别是_____、_____。

6. 典型的可编程 UART 有_____、_____、_____。

7. 并行接口可以分为三大类,它们是_____、_____、_____。

8. 8255A 的端口有三种工作方式,分别是_____、_____、_____。

9. 一个完整的 DMA 过程应包括:_____、_____、_____、_____、_____五个阶段。

10. 根据 DMAC 对总线的控制方式不同,DMA 的数据传输可分为三种方式,分别是_____、_____、_____。

11. 8237 可处于两种工作周期,分别是_____和_____。

12. 8237 内部寄存器中,临时地址寄存器的长度是_____位,个数是_____;控制字寄存器的长度是_____位,个数是_____;模式寄存器的长度是_____位,个数是_____。

13. 由模拟信号到数字信号的转换过程称为_____转换;将数字信号转换成为模拟信号的过程称为_____转换。

14. 采样保持电路有两种运行模式,分别是_____、_____。

四、综合练习

1. 使用 8255A,把端口 C 第 2 位(PC_2)置"1"的控制字为 00000101(05H),如果 8255A 处于 8086 系统中,控制口的地址为 0026H,写出该控制字的程序。

2. 试写出 DMA 的一般传输形式,试画出 DMA 的工作流程,试画出 8237 级联示意图。

3. 设 DACK 有效为高,IREQ 有效为低,选用扩展写选择,优先选择方式为固定优先级,并且允许存储器到存储器,允许通道 0 地址保持,定时使用正常定时,在允许使用控制器控制的情况下,试写出初始化控制字寄存器的控制字。

4. 根据本章中键盘输入处理程序例,请简化程序,使其仅完成中断方式的字符串输入任务。给出设计的主要考虑及相应的程序段。

5. 利用 IBM PC 所使用的 ASCII 码表,编制一架小飞机图形,在屏幕上自左向右不断地飞行的程序。要控制飞机的速度,在屏幕上每飞过一次约为 5 秒钟。讨论:当要求小飞机在飞行过程中,能上下移动,程序又该如何编写。

6. 试实现具有中断方式的 PC 机间通信程序。发端以中断方式发送信息,收端以查询方式接收信息。如果接收端也使用中断方式工作,收端程序将做如何改变。

7. 定时器 8253-5 和中断控制器 8259A 与 ISA 总线的连接如图 6-133 所示,图中给出了计数通道 1 的输出波形和中断矢量寄存器的内容,看懂电路,回答下列问题。

(1) 写出该电路中 8253-5 和 8259A 的端口地址范围;各芯片有无地址重叠?若有,重叠几次?

(2) 8253-5 通道 1 工作于何种方式?写出计数通道 1 的计数初值(并列出计算式)和 CLK_1 的频率。

(3) 写出 8253-5 计数通道 1 的方式控制字和初始化程序段。

(4) 根据电路图分别写出 8253 通道 1、键盘、软驱对应的中断类型号。当 8253 产生中断时,由哪个部件在何时把中断类型号送到数据线上?计数器 1 的中断服务程序的入口地址应放在内存的哪几个单元?

(5) 若 8259A 工作于正常全嵌套和固定优先级方式(IRQ_0 最高,IRQ_7 最低),CPU 响应计数通道 1 中断的条件是什么?

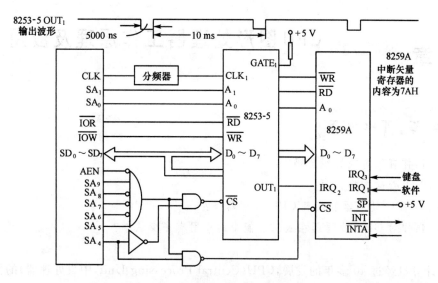

图 6-133 定时器 8253-5 和中断控制器 8259A 与 ISA 总线的连接电路图

(6)在题(5)的条件下,若 CPU 正在为计数通道 1 服务时,键盘与软驱都发出了中断请求,8259A 此时将如何处理? 8259A 在何时把哪些 ISR 位置"1"?

8. ADC0809 通过并行接口 8255A 与 PC 总线连接的接口电路如图 6-134 所示,请回答下列问题。

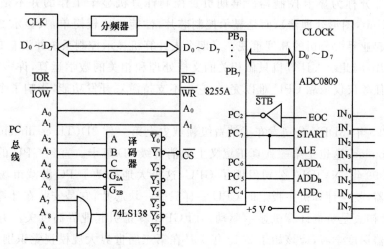

图 6-134 ADC0809 通过并行接口 8255A 与 PC 总线连接的接口电路图

(1)写出 8255A 的端口地址。

(2)8255A 的 B 口,C 口高 4 位和 C 口低 4 位各工作于何种方式? 写出 8255A 的控制字,此时 A 口能否工作于双向方式?

(3)若选择 ADC0809 的通道 IN_1 有模拟信号输入,此时的引脚 $PC_6 PC_5 PC_4 =$?

(4)如何控制 ADC0809 转换的开始?

(5)CPU 如何知道 ADC0809 转换结束? CPU 如何得到 ADC0809 转换好的数字信号?

(6)若不用如图的方式通知 CPU,还有哪种方式通知 CPU 得到 ADC 已转换好的数字信号? 试编写一程序段,完成模拟通道 IN_1 的转换与 A/D 数据输入(要求给程序加注释)。

他山之石，可以攻玉

任务11：你有玩游戏的经历吗？

任务12：无心插柳柳成荫！

任务13：GPU 处理器能代替 CPU 处理器吗？

任务14：你对 GPU 处理器在人工智能中的作用有多少认知？

个人计算机经过 40 多年的发展，CPU(Central Processing Unit，中央处理器)的性能和生产规模得到长足发展，它已经成为人们生活、学习和工作中的必备品。个人计算机 CPU 并不直接负责控制显示部分，而是将需要显示的部分通过计算机内存直接传送给显示控制卡(为叙述方便，以下将显示控制卡简称显卡)内存，由显卡控制器将需要显示的内容送显示器进行显示。负责显示的控制部分称为显示控制卡(一般安装在计算机机箱内的扩展槽内)，负责控制显卡工作的部分称为显卡控制器。早期负责控制计算机显卡工作的并不是 GPU(Graphic Processing Unit，图形处理器)，而是显示控制芯片，性能也比较简单，只显示 2D(二维平面)，所以没有引起业界大公司的高度重视。早期个人计算机显示控制系统并没有专门支持图像处理的专用芯片，因此个人计算机只做相关的文档处理和相关的数学运算，许多复杂图像处理、显示和计算任务仅仅依靠 CPU 难以完成，它也不支持游戏开发功能，影响了个人计算机的应用范围。

直到 1995 年，3DFX 公司发布了消费级领域史上第一款 3D(Three-dimensional，三维)图形加速卡 Voodoo，这也是第一款真正意义上的消费级 3D 显卡。直到 GPU 的出现才打破了这一现象，1999 年，NVIDIA 公司发明了 GPU，这极大地推动了 PC 游戏市场的发展。GPU是图形处理器，就像计算机主板上的 CPU 一样只是一块芯片，它是安装在计算机显示卡上的处理器，设计初衷是负责计算机显示驱动。而 GPU 真正引起业界高度关注并迅速应用于人工智能和机器深度学习，应该始于 2012 年 7 月在第三届世界大规模视觉识别挑战赛上，充分展示了 GPU 在神经网络计算上的巨大潜能。

当今半导体领域，只有一种芯片能以 3 倍于摩尔定律的速度发展，只有一种芯片能够在PC 领域挑战甚至超越同时期生产的 CPU 产品，只有一种芯片让图形业界的创作者和无数游戏玩家深深感觉到图像处理新技术的春天已经来临，这就是 GPU。GPU 计算定义了一种全新的超负荷定律。它始于高度专业化的并行处理器，通过系统设计、系统软件、算法以及优化应用程序的方式持续发展。计算行业正在从只使用 CPU 的"中央处理"向 CPU 与 GPU 并用的"协同处理"发展。当前研发和生产 GPU 处理器的引领者为 NVIDIA 公司(英伟达)。

从电子工程领域来讲，GPU 是一种专门设计，主要用于图形信号处理的单芯片处理器。在独立显卡中，一般位于 PCB 板的中心。GPU 就像 CPU 在主板上的作用一样，它也需要加上其他辅助作用的芯片，以及供电电路，散热系统，输入输出接口等部分才是显卡。

图 7-1 中银色部分就是 GPU 的正面,外观和 CPU 差不多。在 GPU 的周围是相应的外围支持电路,构成一个完整的计算机显示驱动卡。

图 7-1　NVIDIA GF110 核心的 GPU

1999 年,NVIDIA 发明了 GPU,这极大地推动了 PC 游戏市场的发展,重新定义了现代计算机图形技术,并彻底改变了并行计算。GPU 深度学习为现代人工智能(AI)这个新的计算时代带来了新动力——GPU 在能够感知和理解的计算机、机器人和自动驾驶汽车中发挥着大脑的作用。如今,NVIDIA 的"AI 计算公司"名头越来越为人所知。

2006 年,NVIDIA 公司所开发的 CUDA(Compute Unified Device Architecture,统一计算设备架构)编程模型,使得在应用程序中充分利用 CPU 和 GPU 各自的优点成为可能。一种强大的新型计算方法由此诞生。

正是在 2012 年 7 月第三届世界大规模视觉识别挑战赛上,即"ILSVRC"(ImageNet Large Scale Visual Recognition Challenge),多伦多大学 Geoffrey Hinton 带领的团队,命名为 Alexnet 神经网络系统获得冠军。充分展示了 GPU 在图像识别和神经网络计算上的巨大潜能,从此拉开了 GPU 在人工智能领域的应用序幕,并使神经网络技术取得迅速的发展,在人工智能(AI,Artificial Intelligence)和机器深度学习(Machine Deep Learning)等领域,未来应用前景非常广阔。

●本章学习目标

- 理解 GPU 的基本工作原理及体系结构。
- 理解和掌握 GPU 与 CPU 之间的性能差异。
- 能够对不同的应用领域选择合适的 GPU 产品,搭建不同的神经网络体系。

7.1　GPU 处理器发展历程

要了解 GPU,我们需要回顾一下它的发展历程,从中我们可以深刻体会到它从诞生到壮大的前因后果。

7.1.1　GPU 技术的萌芽发展阶段

1962 年麻省理工学院的伊凡·苏泽兰博士发表的论文以及他的画板程序奠定了计算机图形学的基础。在随后的近 20 年里,计算机图形学在不断发展,但是当时的计算机却没有配备专门的图形处理芯片,图形处理任务都是 CPU 来完成的。

　　1984 年,SGI 公司推出了面向专业领域的高端图形工作站,才有了专门的图形处理硬件,俗称图形加速器。它们开发的图形系统引入了许多经典的概念,比如顶点变换和纹理映射。在随后的 10 年里,SGI 又不断研发出了一系列性能更好的图形工作站。但是,由于价格非常昂贵,在消费级市场很难获得普及,用户非常小众化。而这段时期,在消费级领域,还没有专门的图形处理硬件推出,只有一些 2D(二维)加速卡。

　　1995 年,3DFX 公司发布了消费级领域史上第一款 3D(三维)图形加速卡 Voodoo,这也是第一款真正意义上的消费级 3D 显卡。随后的几年,AMD 公司和 ATI(2006 年被 AMD 公司收购)公司分别发布了自己的 TNT 系列与 Rage 系列显卡。它们已经从硬件上实现了 Z 缓存和双缓存功能,从而可以进行光栅化之类的操作,同时也实现了 DirectX 6 的特征集。CPU 终于从繁重的像素填充任务中解脱出来。当然,由于当时的技术不成熟,顶点变换还必须在 CPU 中完成,光栅化之后的像素操作也很有限。

7.1.2　GPU 技术的快速发展和普及应用

　　1999 年 8 月,NVIDIA 公司发布了一款代号为 NV10 的图形芯片 Geforce 256 显卡。Geforce 256 是图形芯片领域开天辟地的产品,因为它是第一款提出 GPU 概念的产品。Geforce 256 所采用的核心技术有"T&L"硬件(Transform and Lighting,多边形转换与光源处理)、立方环境材质贴图和顶点混合、纹理压缩和凹凸映射贴图、双重纹理四像素 256 位渲染引擎等。"T&L"硬件的出现,让显示芯片具备了以前只有高端工作站才有的顶点变换能力,同时期的 OpenGL 和 DirectX 7 都提供了硬件顶点变换的编程接口。GPU 的概念因此而出现。

　　2001 年微软公司发布 DirectX 8,在这一版本中包含了 Shader Model(优化渲染引擎模式)1.0 标准。遵循 Shader Model 的 GPU 可以具备顶点和像素的可编程性,从此微软开始引领图形硬件标准。同年,NVIDIA 发布了 Geforce3,ATI 发布了 Radeon 8500,这两种 GPU 都支持顶点编程,可以通过应用程序指定指令序列来处理顶点。不过遗憾的是,这一时期的 GPU 都不支持像素编程,只是提供了简单的配置功能。

　　2002 年底,微软发布了 DirectX 9.0b,Shader Model 更新到 2.0 版本,让 Shader 成为其标准配置。2003 年,发布的 OpenGL1.4 中也正式提供了对 GPU 的编程接口规范。从 2003 年开始,NVIDIA 和 ATI 发布的新产品都同时具备了可编程顶点处理和可编程像素处理器,具备了良好的可编程性。从此,开发人员可以根据自己的需要灵活地控制渲染过程,编程时无须再过度关注于 GPU 的其他硬件特性,重点关注可编程性即可。从此,GPU 又多了一项可编程的属性,也叫作可编程图形处理单元。

　　2006 年,包含于 DirectX 10 的 Shader Model 4.0 发布,这一版本的 Shader Model 采用了统一渲染架构,不再提供单独的可编程顶点处理器和可编程像素处理器,而是使用统一的流处理器。传统的架构中,两类处理器很难实现负载均衡,工作效率不高。在统一渲染架构下,流处理器可以执行不同的渲染指令,工作效率大幅提升,同时便于 GPU 开始由单纯的渲染转向通用计算领域。Shader Model 4.0 还扩充了几何编程这一概念,主要用于快速处理几何图元创造新的多边形。这一时期,比较有代表性的 GPU 有 NVIDIA 的 Geforce 9600 和 ATI 的 Radeon 3850。

　　2009 年 10 月 22 日,微软最新的 DirectX 11 伴随 Windows 7 发布。DirectX 11 相对于之前的版本没有较大提升,只是对 DirectX 10 进行了一种增强性的补充。其中包含的 Shader Model 5.0 将统一渲染架构进行了发扬光大,可编程性方面增加了对计算、Hull 和 Domain 方面的支持。目前支持 Shader Model 5.0 的代表性 GPU 有 NVIDIA 的 Geforce GTX 580 和
AMD 的 Radeon 6970。

到今天,GPU 已经逐渐发展到了性能过剩的时代,只有在极少数显卡杀手级的游戏的最
高画质下才能感觉到力不从心。其结果应该是游戏开发人员感觉最高兴的事,制约他们的不
再是硬件,而是他们的思想。而近几年 GPU 在自动识别、人工智能、神经网络、汽车自动驾驶
和机器深度学习等领域的广泛应用,为 GPU 的新用途开辟了新的途径。基于深度学习的人
脸识别已经在各安全检查系统大显神威,而图像识别系统也在大型网络电商得到大力推广和
应用。

7.1.3　NVIDIA 公司的 GPU 技术和产品简介

虽然 NVIDIA 公司的社会认知度不高,但在 GPU 领域的行业地位就如同 Intel 公司在
CPU 领域一样,处于技术领先水平。该公司成立于 1993 年,初创时期在行业内并不具有明显
的竞争优势,但以低调务实的态度,经过多年的辛勤耕耘,已经成为 GPU 领域的新盟主,引领
GPU 技术潮流的发展,为未来的人工智能和机器深度学习提供了硬件支持平台。GPU 的应
用领域会越来越广泛,为了能使读者能够较全面地了解 NVIDIA 公司及产品性能,作者按照
时间顺序对 NVIDIA 公司发生的大事记做简单介绍。

1993 年 1 月 NVIDIA 由 Jen-Hsun Huang,Chris Malachowsky 和 Curtis Priem 三人共同
创办。

1995 年 5 月 NVIDIA 发布 NV1,第一个主流多功能芯片:操纵杆、游戏端口、声效,显示
2D 和 3D。

1996 年 6 月 NVIDIA 将主要力量投入开发台式电脑专用的领先显示芯片。

1997 年 4 月 NVIDIA 发布第一个高性能,128-bit,Direct3D 的显示芯片:RIVA 128 芯片。

1998 年 2 月 NVIDIA 发布 RIVA 128ZX 芯片。

1998 年 3 月 NVIDIA 发布行业第一个多纹理 3D 显示芯片:RIVA TNT。

1998 年 11 月 NVIDIA 发布 NVIDIA Vanta 显示芯片,借此进入商用台式电脑市场。

1999 年 5 月 NVIDIA 发布拥有行业第一个 32-bit 画面结构的显示芯片:RIVA TNT2。

1999 年 8 月 NVIDIA 发布 GeForce 256,这是行业第一个显示图形处理单元(GPU)。

1999 年 8 月 NVIDIA 和 ALI 推出整合图形芯片技术。

1999 年 11 月 NVIDIA 发布全球最快的工作站 GPU:Quadro。

2000 年 3 月 NVIDIA 被 Microsoft 选为 X-Box 游戏机的指定图形处理单元。

2000 年 4 月 NVIDIA 发布全球第一个可在每一条渲染线着色的图形处理单元:GeForce2
GTS。

2000 年 6 月 NVIDIA 发布主流图形处理单元 GeForce2 MX。

2000 年 7 月 NVIDIA 发布全球最快的工作站图形处理单元:Quadro2 Pro。

2000 年 7 月 NVIDIA 发布高端专业工作站图形处理单元:Quadro2 MXR。

2000 年 8 月 NVIDIA 发布第一个十亿像素的图形处理单元(GPU):GeForce2 Ultra。

2000 年 9 月 NVIDIA 为微软的 X-Box 供应第二个主要处理器:媒体传送处理器(MCP)。

2000 年 11 月 NVIDIA 发布行业中第一个移动图形处理单元 GeForce2 Go。

2001 年 2 月 NVIDIA 发布行业中有史以来第一个可编程的图形处理单元(GPU):
GeForce3。

2001 年 2 月 NVIDIA 为 X-Box 大量供应图形处理单元(GPU)媒体传送处理器 MCP。

2001 年 2 月 NVIDIA GeForce3 获得全球领先电脑和板卡 OEM 厂商的选用。

2001 年 3 月 NVIDIA 扩充 GeForce2 MX 家族图形处理单元,发布 GeForce2 MX 200 和 400 GPUs。

2001 年 4 月 NVIDIA GeForce2 Go 使用在 Dell 的 Inspiron 8000 机型。

2001 年 5 月 NVIDIA 宣布成为全球工作站图形处理单元最大的供应商。

2001 年 5 月 NVIDIA 发布 Quadro DCC,这是全球领先的专业图形方案,被游戏开发商制订为开发新游戏的必选方案。

2001 年 5 月 NVIDIA 的 Quadro2 EX 被 Intel 和 Compaq 选用在专业高端工作站。

2001 年 6 月 NVIDIA 推出全球第一个台式电脑杜比数码实时解码器。

2001 年 6 月 NVIDIA 发布 nForce 平台,进军芯片组市场。

2001 年 6 月 NVIDIA's 的 nForce 平台被 Fujitsu-Siemens 使用。

2001 年 8 月 NVIDIA 推出全球第一个移动工作站图形处理单元:Quadro2 Go。

2001 年 8 月 NVIDIA 推出 Personal Cinema。

2001 年 8 月 NVIDIA 公布惠普的专业工作站将采用 Quadro2 Pro 图形方案。

2001 年 8 月 NVIDIA 发布新的能延长电池寿命的移动技术 PowerMizer。

2001 年 9 月 NVIDIA 发布 3D 图形处理单元的 Detonator XP 统一软件。

2001 年 9 月 NVIDIA 发布 GeForce Titanium 系列产品,再次扩大图形处理单元的领先地位。

2002 年 2 月 NVIDIA 推出行业中速度最快、功能最强、产品线最丰富的图形处理单元(GPU):GeForce4。

2002 年 2 月 NVIDIA 推出覆盖高中低端的 Quadro4 系列工作站产品。

2002 年 6 月 NVIDIA 推出 CG:C for Graphics。

2002 年 7 月 NVIDIA 发布数字媒体平台:nForce2。

2002 年 9 月 NVIDIA 发布业界第一个支持 AGP8X 规格的 GPU:NV18,NV28。

2002 年 10 月 NVIDIA 发布速度最快、功能最强的移动图形处理单元(GPU):GeForce4 460 Go。

2002 年 11 月 NVIDIA 发布业界有史以来速度最快、功能最强的图形处理单元(GPU) GeForce FX。同时,它拥有多项业界第一的领先技术,包括:第一个使用 0.13 微米制造工艺,拥有 1 GHz 速度 DDR2 显存,完美支持 DirectX 9,等等。

2004 年 4 月 NVIDIA 发布 GeForce 6 系列产品——公司历史上最大幅度的性能飞跃。

2004 年 4 月 NVIDIA 发布 Gelato——业界首款硬件加速的电影渲染器。

2004 年 7 月 NVIDIA 的 GeForce 6800 Ultra 和 GeForce 6800 GT 被誉为驱动《毁灭战士三》的最佳芯片。

2004 年 9 月 NVIDIA 发布全球首款 3D 无线媒体处理器——GeForce 3D 4500。

2006 年 11 月 NVIDIA 发布顶级 DX10 游戏显卡 8800GTX。

2008 年 6 月 18 日 NVIDIA 的新一代使用 GT200 的显卡 GTX260/GTX280 发布。

2010 年 3 月 27 日 NVIDIA 新一代使用 GF100 的显卡 GTX480/GTX470 发布。

2010 年 7 月 12 日 NVIDIA 新一代使用 GF104 的显卡 GTX460 发布。

2011 年 1 月 4 日宝马以及 Tesla 的车内信息系统采用 NVIDIA Tegra(英伟达 图睿)2 芯片。

2011 年 1 月 6 日 NVIDIA 公布"丹佛"计划,首次为 PC 开发 GPU。

2011 年 6 月 28 日 NVIDIA 推出号称史上最快的移动图形芯片—— NVIDIA 精视 (NVIDIA GeForce)GTX 580M。

2011 年 11 月 NVIDIA 发布首款四核移动芯片 Tegra 3,标志手机芯片进入四核时代,在 2012 年 CES 大会上,搭载该 CPU 的 LG Optimus 4X HD 成为首款四核手机,而 HTC One X 则成为首款正式上市的四核手机。

2012 年 3 月 22 日 NVIDIA 正式发布了第二代 DirectX 11 图形构架产品——代号 Kepler 的 GTX680,将 NVIDIA 显卡正式带入高性能低功耗时代。

2014 年 1 月 6 日 NVIDIA 发布了旗下新一代的移动处理器——Tegra K1,内置 192 个 Kepler 图形处理核心(GPU),有 32 位四核 A15 架构和 64 位双核两种 CPU 版本。

2016 年 4 月 5 日 NVIDIA 宣布推出新的 GPU 芯片 Tesla P100,芯片内置了 150 亿个晶体管,它可以用于深度学习,Tesla P100 是功能非常最大的 GPU 处理器。

2016 年 5 月 7 日 NVIDIA 正式发布了新一代旗舰显卡 Geforce GTX 1080,在发布会上官方表示采用(Pascal 架构)帕斯卡架构的 GTX 1080 要比 GTX 980Sli 甚至是 Titan X 还要快。

2017 年 5 月 9 日,在 GTC 2017 大会上,NVIDIA 正式发布了迄今为止最强大的 GPU——旗舰计算卡 Tesla V100。Tesla V100 是基于 Volta 架构的产品,内置了 5120 个 CUDA 单元,核心频率为 1455 MHz,搭载 16 GB HBM2 显存,单精度浮点性能 15 TFLOPS,双精度浮点 7.5 TFLOPS,显存带宽 900 GB/s。

NVIDIA 常见 GPU 一览表见表 7-1。

表 7-1　　　　　　　　　　　NVIDIA 常见 GPU 一览表

时间	GPU 型号	核心频率/MHz	显存频率/MHz	显存大小	显存位宽/位	显存带宽	接口类型	显存类型	配备显卡
1995.9	NV1	12	75	1 MB	32	300 MB/s	PCI	EDO	STG-2000X
1997.4	NV3	100	100	4 MB	128	1.6 GB/s	AGP 2X	SDR	Riva 128
1998.2	NV3	100	100	8 MB	128	1.6 GB/s	AGP 2X	SDR	Riva 128zx
1998.3	NV4	90	110	16 MB	128	1.76 GB/s	AGP 2X	SDR	Riva TNT
1999.3	NV5	150	183	32 MB	128	2.93 GB/s	AGP 4X	SDR	Riva TNT2 Ultra
1999.10	NV10 A3	120	143	32 MB	64	1.14 GB/s	AGP 4X	SDR	Geforce 256 SDR
2000.2	NV10 A3	120	150	32 MB	128	4.80 GB/s	AGP 4X	DDR	Geforce 256 DDR
2000.4	NV15 A15	200	166	32 MB	128	5.31 GB/s	AGP 4X	DDR	Geforce 2 GTS
2000.8	NV15 A4	250	230	64 MB	128	7.36 GB/s	AGP 4X	DDR	Geforce 2 Ultra
2001.10	NV20 A5	175	200	64 MB	128	6.40 GB/s	AGP 4X	DDR	Geforce 3 Ti200
2001.10	NV20 A5	240	250	64 MB	128	8.00 GB/s	AGP 4X	DDR	Geforce 3 Ti500
2002.2	NV17 A3	300	225	64/128 MB	128	7.20 GB/s	AGP 4X	DDR	Geforce 4 MX460
2002.2	NV25 A3	300	324	64/128 MB	128	10.36 GB/s	AGP 4X	DDR	Geforce 4 Ti 4600
2003.3	NV34 A2	250	200	128 MB	128	6.40 GB/s	AGP 8X	DDR	Geforce FX5200
2003.3	NV30	500	500	64/128 MB	128	16.0 GB/s	AGP 8X	GDDR2	Geforce FX5800
2003.10	NV38	475	475	256 MB	256	30.4 GB/s	AGP 8X	DDR	Geforce FX5950 Ultra

（续表）

时间	GPU 型号	核心频率/MHz	显存频率/MHz	显存大小	显存位宽/位	显存带宽	接口类型	显存类型	配备显卡
2003.10	NV35	450	425	256 MB	256	27.2 GB/s	AGP 8X	DDR	Geforce FX5900 Ultra
2004.2	NV35	475	475	256 MB	256	30.4 GB/s	PCI-E 1.0X16	DDR	Geforce PCX 5950
2004.4	NV40	400	550	256 MB	256	35.2 GB/s	AGP 8X	GDDR3	Geforce 6800 Ultra
2004.8	NV43	500	500	256 MB	128	16.0 GB/s	PCI-E 1.0X16	GDDR3	Geforce 6600GT
2004.11	NV43 A2	525	550	128 MB	128	17.6 GB/s	PCI-E X16	GDDR3	Geforce 6700XL
2005.10	NV44 A2	400	333	128 MB	128	10.66 GB/s	PCI-E X16	DDR2	Geforce 6500
2005.6	G70	430	500	256 MB	256	38.4 GB/s	PCI-E X16	GDDR3	Geforce 6500
2006.3	G72	350	333	128 MB	64	5.33 GB/s	PCI-E X16	DDR2	Geforce 7300 LE
2006.5	G73	350	325	128 MB	128	10.4 GB/s	PCI-E X16	DDR2	Geforce 7300 GT
2006.8	G71	550	700	512 MB	256	44.8 GB/s	PCI-E X16	GDDR3	Geforce 7950 GT
2006.11	G80	576	900	768 MB	384	86.4 GB/s	PCI-E X16	GDDR3	Geforce 8800 GTX
2007.4	G86	459	400	256 MB	64	6.4 GB/s	PCI-E X16	GDDR3	Geforce 8400 GS
2008.2	G94	650	900	512 MB	256	57.6 GB/s	PCI-E 2.0X16	GDDR3	Geforce 9600 GT
2008.3	G92	675	1100	512 MB	256	70.4 GB/s	PCI-E 2.0X16	GDDR3	Geforce 9600 GTX
2008.6	GT200	576	999	896 MB	448	111.9 GB/s	PCI-E 2.0X16	GDDR3	Geforce GTX 260
2009.11	GT215	550	850	1024 MB	128	54.4 GB/s	PCI-E 2.0X16	GDDR3	Geforce GT 240
2010.3	GT100	701	924	1536 MB	384	177 GB/s	PCI-E 2.0X16	GDDR5	Geforce GTX 480
2010.11	GT110	772	1002	1536 MB	384	192 GB/s	PCI-E 2.0X16	GDDR5	Geforce GTX 580
2011.4	GT119	810	900	1024 MB	64	14.4 GB/s	PCI-E 2.0X16	GDDR5	Geforce GT 520
2012.3	GK104	1006	1502	2028 MB	256	192.3 GB/s	PCI-E X16 3.0	GDDR5	Geforce GTX 680
2013.4	GK106	824	1000	1 GB	128	64.0 GB/s	PCI-E X16 3.0	GDDR5	Geforce GTX 645
2013.11	GK110B	875	1750	3 GB	384	336.0 GB/s	PCI-E X16 3.0	GDDR5	Geforce GTX 780 Ti
2014.2	GM107	1020	1350	2 GB	128	86.4 GB/s	PCI-E X16 3.0	GDDR5	Geforce GTX 750 Ti
2014.9	GM204	1050	1753	4 GB	256	224 GB/s	PCI-E X16 3.0	GDDR5	Geforce GTX 970
2015.6	GM200	1000	1753	6144 MB	384	337 GB/s	PCI-E X16 3.0	GDDR5	Geforce GTX 980 Ti
2016.3	GM206	1024	1653	2 GB	128	105.8 GB/s	PCI-E X16 3.0	GDDR5	Geforce GTX 950 LP
2017.3	GP100	1328	704	16 GB	4096	337 GB/s	PCI-E X16 3.0	HBM2	Tesla P100
2018.3	GV100	1455	870	32 GB	4096	200 GB/s	PCI-E X16 3.0	HBM2	Tesla V100

7.2　GPU 处理器的工作原理

　　GPU 是由 NVIDIA 公司开发的图形处理器，NVIDIA 公司在 1999 年发布 GeForce 256 图形处理芯片时首先提出 GPU 的概念。从此 NV 显卡的芯就用这个新名字 GPU 来称呼。GPU 是计算机显示卡的"心脏"，也就相当于 CPU 在电脑中的作用，它决定了该显卡的档次和大部分性能，同时也是与 2D 显示卡和 3D 显示卡的区别依据。2D 显示芯片在处理 3D 图像和特效时主要依赖 CPU 的处理能力,称为"软加速"。GPU 使显卡减少了对 CPU 的依赖,并进行部分原本 CPU 的工作,尤其是在 3D 图形处理时。GPU 所采用的核心技术有硬体 T&L(Transform and Lighting,多边形转换与光源处理)、立方环境材质贴图和顶点混合、纹理压缩和凹凸映射贴图、双重纹理四像素 256 位渲染引擎等,而硬体 T&L 技术可以说是 GPU 的标志。

GPU 的工作原理

图形芯片最初用作固定功能图形管线。随着时间的推移,这些图形芯片的可编程性日益增加,在此基础之上 NVIDIA 推出了第一款 GPU。1999~2000 年间,计算机科学家,与诸如医疗成像和电磁等领域的研究人员,开始使用 GPU 来运行通用计算应用程序。他们发现 GPU 具备的卓越浮点性能可为众多科学应用程序带来显著的性能提升。这一发现掀起了被称作 GPGPU 的应用浪潮。GPGPU(General Purpose Graphics Processing Units,通用图形处理器),是指使用 GPU 来进行 3D 图形以外的计算,常用于数据密集的科学与工程计算中。

早期的 GPGPU 使用起来并不方便,主要问题和难点是要求使用图形编程语言来对 GPU 进行编程,GPGPU 不支持诸如常用的 C、C++和 Fortran 等高级编程语言。需要使用专门的图形编程语言才可以,如 OpenGL 和 CG 等专用图形编程语言。开发人员需要使其科学应用程序看起来像图形应用程序,并将其关联到需要绘制三角形和多边形处理的问题才能解决问题。这是 GPGPU 的一大缺陷,这一方法限制了 GPU 的卓越性能在科学领域的充分发挥,其推广速度没有达到预期的效果。

NVIDIA 认识到了让更多科学群体使用这一卓越性能的重要性,决定投资修改 GPU,使其能够完全可编程以支持科学应用程序,同时还添加了对于诸如 C、C++和 Fortran 等高级语言的支持。此举最终推动诞生了面向 GPU 的 CUDA(Compute Unified Device Architecture,通用并行计算)架构。

CUDA,是显卡厂商 NVIDIA 推出的运算平台。CUDA 是一种由 NVIDIA 推出的通用并行计算架构,该架构使 GPU 能够解决复杂的计算问题。它包含了 CUDA 指令集架构(ISA,Instruction Set Architecture,微处理器的指令集架构)以及 GPU 内部的并行计算引擎。开发人员现在可以使用 C 语言来为 CUDA 架构编写程序,C 语言是应用最广泛的一种高级编程语言。所编写出的程序于是就可以在支持 CUDA 的处理器上以超高性能运行。CUDA 3.0 已经开始支持 C++和 FORTRAN。

7.2.1　GPU 擅长图像处理计算的特点

GPU 是由 NVIDIA 公司开发的图形处理器,它与普通的个人计算机 CPU 有何差异? 下面给出简单的比较。

1. GPU/CPU 架构比较

GPU 在处理能力和存储器带宽上相对于 CPU 有明显优势,在成本和功耗上也不需要付出太大代价。由于图形渲染的高度并行性,使得 GPU 可以通过增加并行处理单元和存储器控制单元的方式提高处理能力和存储器带宽。GPU 设计者将更多的晶体管用作执行单元,而不是像 CPU 那样用作复杂的控制单元和缓存并以此来提高少量执行单元的执行效率。CPU 与 GPU 中的逻辑架构之间的对比分析如图 7-2 所示。

从图 7-2 可以看出,其中浅灰色的是计算单元,深灰色的是存储单元,中灰色的是控制单元。GPU 的特点是有很多的 ALU(Arithmetic Logic Unit,算术逻辑单元)和很少的 Cache(高速缓存)。GPU 采用了数量众多的计算单元和超长的流水线,但只有非常简单的控制逻辑

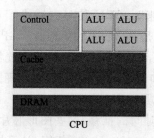
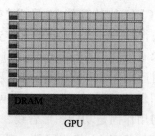

图 7-2　CPU 与 GPU 中的逻辑架构之间的对比分析

并省去了 Cache。而 CPU 不仅被 Cache 占据了大量空间,而且还有许多复杂的控制逻辑和诸多优化电路,相比之下 GPU 的计算能力只是 CPU 很小的一部分。

2. 强大的浮点计算能力

CPU 的整数计算、分支、逻辑判断和浮点运算分别由不同的运算单元执行,此外还有一个浮点加速器。因此,CPU 面对不同类型的计算任务会有不同的性能表现。而 GPU 是由同一个运算单元执行整数和浮点计算,因此,GPU 的整型计算能力与其浮点计算能力相似。

GPU 使显卡减少了对 CPU 的依赖,并分担了部分原本是由 CPU 所担当的工作,尤其是在进行 3D 图形处理时,功效更加明显。GPU 所采用的核心技术有硬件坐标转换与光源、立方环境材质贴图和顶点混合、纹理压缩和凹凸映射贴图、双重纹理四像素 256 位渲染引擎等。

3. GPU 具有更高的内存带宽(Memory Band width)

GPU 运算相对于 CPU 还有一项巨大的优势,那就是其内存子系统,也就是 GPU 上的显存。当前桌面级顶级产品 3 通道 DDR3-1333 的峰值是 32 GB/s,实测中由于诸多因素,带宽在 20 GB/s 上下浮动。AMDHD 8470,512 MB 使用了带宽超高的 GDDR5 显存,内存总线数据传输率为 3.6 T/s 或者说 107 GB/s 的总线带宽。存储器的超高带宽让巨大的浮点运算能力得以稳定吞吐,也为数据密集型任务的高效运行提供了保障。

还有,从 GTX200 和 HD4870 系列 GPU 开始,AMD 和 NVIDIA 两大厂商都开始提供对双精度运算的支持,这正是不少应用领域的科学计算都需要的。NVIDIA 公司最新的 Fermi 架构更是将全局 ECC(Error Checking and Correcting,纠错功能)、可读写缓存、分支预测等技术引入 GPU 的设计中,明确了将 GPU 作为通用计算核心的方向。

4. 延迟与带宽

GPU 具有高显存带宽和很强的处理能力,提供了很大的数据吞吐量,缓存不检查数据一致性,直接访问显存延时可达数百乃至上千时钟周期。CPU 通过大的缓存保证线程访问内存的低延迟,但内存带宽小,执行单元太少,数据吞吐量小,需要硬件机制保证缓存命中率和数据一致性。

5. 基于 NVIDIA GPU 的 CUDA 架构

在计算机图形解决方案领域,NVIDIA 早已占据领导地位,而现在它在人工智能领域也同样重要。在图形应用中,GPU 里专门设计的多个计算单元可以高速完成复杂的图形学计算,瞬间渲染出清晰逼真的图像。但是在 NVIDIA 看来,GPU 不仅能处理图形,还有潜力完成更多应用领域的数据处理,实现新的算法优化。可以说 NVIDIA 早在二十年前就已经为今天的人工智能浪潮埋下了伏笔。

NVIDIA 在做 CUDA 架构的时候就预测到超级计算机极大的潜力。"为了让 GPU 可以百分之百地编程,NVIDIA 就调整了 CUDA 架构,每一个处理器并行在一起,从几百个做到几千个,成为今天超级计算机的核心根本。全新架构能够让超级计算机运算更快,在很小的功耗上发挥最大的计算能力。"目前 GPU 在超级计算机行业有相当大的应用,我国的天河 1 号就是采用 NVIDIA 的 GPU 做大型数据处理。基于 NVIDIA 的 CUDA 架构示意图如图 7-3 所示。

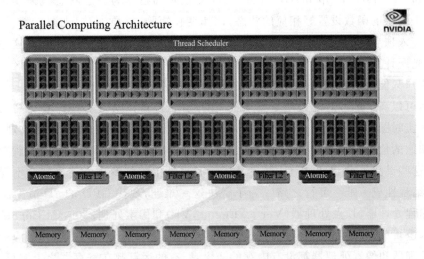

图 7-3　基于 NVIDIA 的 CUDA 架构示意图

GPU 大规模并行计算架构恰好符合深度学习的需要,通过几年的研发和积累,GPU 已经成为超级计算机的重要支撑,极大地提升了机器学习的运算能力。人工智能的并行算法在过去可能需要一两年的时间才能看到结果,在 GPU 的强大计算能力的支持下,深度学习的算法得以突破,可以在短时间内高效能地得到数据结果。

6. 适于 GPU 计算的场景

尽管 GPU 计算已经开始崭露头角,但 GPU 并不能完全替代 X86 解决方案。很多操作系统、软件以及部分代码现在还不能运行在 GPU 上,所谓的 GPU＋CPU 异构超级计算机也并不是完全基于 GPU 进行计算。一般而言,适合 GPU 运算的应用有如下特征:

- 运算密集
- 高度并行
- 控制简单
- 分多个阶段执行

GPU 计算的优势是大量内核的并行计算,瓶颈往往是 I/O 带宽,因此适用于计算密集型的计算任务。

7. GPU 与 DSP 区别

GPU 在几个主要方面有别于 DSP(Digital Signal Processing,数字信号处理)架构。其所有计算均使用浮点算法,而且目前还没有位或整数运算指令。此外,由于 GPU 专为图像处理设计,因此存储系统实际上是一个二维的分段存储空间,包括一个区段号(从中读取图像)和二维地址(图像中的 X、Y 坐标)。此外,没有任何间接写指令。输出写地址由光栅处理器确定,而且不能由程序改变。这对于自然分布在存储器之中的算法而言是极大的挑战。最后一点,不同碎片的处理过程间不允许通信。实际上,碎片处理器是一个 SIMD(Single Instruction Multiple Data,单指令多数据流)并行执行单元,在所有碎片中独立执行代码。

7.2.2 GPU 为可编程的图形处理器

传统 GPU 有一个特征就是只实现固定功能的渲染流水线,而不具备可编程能力。那些 3DAPI(例如 Direct3D 和 OpenGL)与图形硬件交互时都是作为一个状态机来实现的。用户通过 3DAPI 提供的函数设置好相应的状态,比如变换矩阵、材质参数、光源参数、纹理混合模式等,然后传入顶点流。图形硬件则利用内置的固定渲染流水线和渲染算法对这些顶点进行几何变换、光照计算、光栅化、纹理混合、雾化操作、最终将处理结果写入帧缓冲区。这种渲染体系限制用户只能使用图形硬件中固化的各种渲染算法。

这虽然可以满足那些对渲染质量要求不高的应用,但难以实现那些需要更高的灵活性和客户定义的实时图形应用。用户已经无法满足于基于顶点的近似和简单的多纹理混合,它们需要硬件加速的角色动画支持,需要使用定制的光照模型,需要非真实渲染(卡通渲染、素描渲染)。对于这些灵活需求,如果在 GPU 硬件中为其设计单独的专用电路显然是不现实的。因此,硬件可编程性成了唯一可行之路。为了解决这一难题,现代 GPU 的 3D 渲染流程中加入了两个可编程处理器,顶点处理器(Vertex Engine,VE)和像素处理器(Pixel Engine,PE)。它们都由算术逻辑单元和相应的寄存器组成。这两个可编程引擎分别可以取代相应的固定流水线。顶点处理器和像素处理器都没有内存的概念,所有的运算都在寄存器之上进行。

除了顶点处理器和像素处理器之外,还有两个着色器的概念被引入可编程图形处理器之中。顶点着色器(Vertex Shader,VS)就是运行于 VE 之上的程序,它的工作是进行几何变换和光照计算等操作。而运行于 PE 之上的像素着色器(Pixel Shader,PS)则主要进行纹理混合等操作。

可编程处理器和着色器为 GPU 提供了更加强大和灵活的 3D 渲染能力,也给 GPU 的研发提供了条件,在 3D 引擎的发展史上具有十分重要的意义。图形处理器的基本体系结构如图 7-4 所示。

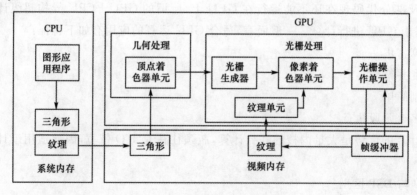

图 7-4 图形处理器的基本体系结构

1. GPU 计算的模式

GPU 计算的模式是 GPU+CPU,即在异构协同处理计算模型中将 CPU 与 GPU 结合起来加以利用。应用程序的串行部分在 CPU 上运行,而计算任务繁重的部分则由 GPU 来加速。这些通用计算常常与图形处理没有任何关系。由于现代图形处理器强大的并行处理能力和可编程流水线,指令流处理器可以处理非图形数据。特别在面对单指令多数据流(SIMD),且数据处理的运算量远大于数据调度和传输的需要时,通用图形处理器在性能上大大超越了传统的中央处理器应用程序。

GPU 是显示卡的"心脏",也就相当于 CPU 在计算机主板上的作用,它决定了该显卡的档次和大部分性能,同时也是 2D 显示卡和 3D 显示卡的区别依据。2D 显示芯片在处理 3D 图像和特效时主要依赖 CPU 的处理能力,称为"软加速"。3D 显示芯片是将三维图像和特效处理功能集中在显示芯片内,也即所谓的"硬件加速"功能。显示芯片通常是显示卡上最大的芯片(也是引脚最多的)。GPU 使显卡减少了对 CPU 的依赖,并承担部分原本 CPU 应该完成的工作,尤其是在 3D 图形处理时。GPU 所采用的核心技术有硬件 T&L(Transform and Lighting,多边形转换与光源处理)、立方环境材质贴图和顶点混合、纹理压缩和凹凸映射贴图、双重纹理四像素 256 位渲染引擎等,而硬件 T&L 技术可以说是 GPU 的标志。

GPU 能够从硬件上支持 T&L 的显示芯片,因为 T&L 是 3D 渲染中的一个重要部分,其作用是计算多边形的 3D 位置和处理动态光线效果,也可以称为"几何处理"。一个好的 T&L 单元,可以提供细致的 3D 物体和高级的光线特效;只不过在大多数 PC 中,T&L 的大部分运算是交由 CPU 处理的(也就是所谓的软件 T&L),由于 CPU 的任务繁多,除了 T&L 之外,还要做内存管理、输入响应等非 3D 图形处理工作,因此在实际运算的时候性能会大打折扣,常常出现显卡等待 CPU 数据的情况,其运算速度远跟不上今天复杂三维游戏的要求。即使 CPU 的工作频率超过 1 GHz 或更高,对它的帮助也不大,由于这是 PC 本身设计造成的问题,与 CPU 的速度无太大关系。

2. GPU 主要应用特点

当今,GPU 已经不再局限于 3D 图形处理了,GPU 通用计算技术发展已经引起业界不少的关注,应用领域和范围不断扩大。事实也证明 GPU 在浮点运算、并行计算等部分计算方面,它可以提供数十倍乃至于上百倍于 CPU 的性能,GPU 通用计算方面的标准目前有 OPEN CL、CUDA、ATI STREAM。其中,OPEN CL(全称 Open Computing Language,开放运算语言)是第一个面向异构系统通用目的并行编程的开放式、免费标准,也是一个统一的编程环境,便于软件开发人员为高性能计算服务器、桌面计算系统、手持设备编写高效轻便的代码,而且广泛适用于多核心处理器(CPU)、图形处理器(GPU)、Cell 类型架构以及数字信号处理器(DSP)等其他并行处理器,在游戏、娱乐、科研、医疗等各种领域都有广阔的发展前景,AMD-ATI、NVIDIA 现在的产品都支持 OPEN CL。

GPU 可用于深度学习。深度学习就是在大量同质的数据上产生想要的简单结果,深度学习逻辑上并不难,但是工作量大,需要 GPU 的吞吐量。通过人工智能深度学习认知脑血管和人脑功能将是未来的主要发展方向之一,应用前景广阔。

7.3　GPU 处理器的应用领域

到今天,人工智能研究已经有六十多年的时间。从最简单的文字对话,到电脑程序战胜人类国际象棋大师,人工智能在竖立了一个里程碑之后似乎就进入了平台期,再无标志性的成绩出现。然而最近两三年,计算机的智能水平突然得到了明显提升:识别图片和语音正确率超过人类,自动驾驶汽车开始上路,参加智力问答竞赛获得冠军,甚至曾经被认为无法战胜人类的围棋领域,人工智能也成绩斐然。这些成绩的背后,都离不开一种叫深度学习的算法,而运行这种算法的硬件平台,大多都在使用 NVIDIA 生产的 GPU。

这一两年机器的智能水平突然提升得益于三个因素。第一，大数据；第二，深度学习的算法；第三，强大的计算内容。这三个因素综合在一起，在人工智能的研究领域产生很大的突破，图形图像和语音的识别准确度都大幅度提升。

微课

GPU 的未来应用前景

1. GPU 助力机器深度学习

人工智能（AI,Artificial Intelligence）和机器深度学习（Machine Deep Learning）是目前研究和应用热点，AlphaGo 在人机大战中取得突破性胜利，彰显了人工智能和机器深度学习的巨大应用前景。神经网络技术作为重要技术支撑发挥着巨大的作用，特别是在 2012 年 7 月第三届世界大规模视觉识别挑战赛上，即"ILSVRC"（ImageNet Large Scale Visual Recognition Challenge），多伦多大学 Geoffrey Hinton 带领的团队，命名为 Alexnet 神经网络系统取得赛会第一名，从此拉开了 GPU 在人工智能领域的应用序幕。

ILSVRC 从 2010 年开始举办，并逐渐发展为国际计算机视觉领域受关注度最大、水平最高、竞争最激烈的竞赛。而 ILSVRC 之所以能够成为当今全球最为权威的计算机视觉大赛，和其数据规模空前、历年来吸引力众多工业巨头和知名高校参与并且不少参赛队伍提出的创新方法都直接推动了相关技术的应用有关。历年来，科技巨头如谷歌、微软、Facebook 等，以及来自世界知名高校研究单位，如牛津大学、加州大学伯克利分校、多伦多大学、东京大学、阿姆斯特丹大学、香港中文大学、北京大学、中国科学院自动化所等均多次参加该竞赛。竞赛主办方会在每年的国际顶级计算机视觉大会 ECCV（European Conference on Computer Vision）或 ICCV（IEEE International Conference on Computer Vision）举办专题论坛，交流分享参赛经验。特别是 2012 年多伦多大学 Geoffrey Hinton 带领的团队，首次在大规模数据集上使用深度神经网络模型将竞赛中图像分类任务的成绩大幅度提高，引起了学术界的空前关注。基于该竞赛数据训练的模型，被验证具有很好的泛化能力，可以大幅提升各项计算机视觉任务的性能。因此该竞赛一直得到学术界和工业界的积极参与和高度关注。

令人惊喜的是在 2017 年 7 月 17 日，有人工智能"世界杯"之称的 ImageNet 大规模视觉识别挑战赛（ILSVRC-2017）正式落幕，来自中国的 360 人工智能团队最终夺得了冠军，并在"物体定位"任务的两个场景竞赛中均获得第一，同时在所有任务和场景中均取得了全球前三的骄人战绩。ImageNet 大规模视觉识别挑战赛即"ILSVRC"（ImageNet Large Scale Visual Recognition Challenge），它是基于 ImageNet 图像数据库的国际计算机视觉识别竞赛，从而彰显了我国在该领域取得的优异成绩，别人能做到的事情，我们国人也能做到。

2. GPU 在算法精准度的提升

这一两年机器的智能水平突然提升得益于三个因素。第一，大数据；第二，深度学习的算法；第三，强大的计算内容。这三个因素综合在一起，在人工智能的研究领域产生很大的突破，图形图像和语音的识别准确度都大幅度提升。

GPU 强大的并行运算能力缓解了深度学习算法的训练瓶颈，从而释放了人工智能的全新潜力，也让 NVIDIA 顺利成为人工智能平台方案供应商。然而深度学习带来的飞跃是否会很快进入平台期，GPU 就是完美无缺的产品？事实上还存在需要解决问题。

人工智能由于算法的原因，永远达不到百分之百的精准度，因此永远都有提升的机会。通过不断的迭代提升精度和准确度，越往后难度越高，需要的计算量、数据量、算法模型和深度学习的层次更高，这些问题都会随着我们工作不断地积累和提升，逐步加以解决，这是一个良性循环的过程。

3. 结语

至少在现阶段,我们看到深度学习算法在人工智能应用领域还有很大潜力。在以往的研究中,一个特定的应用在面对海量数据时,可能需要几个月甚至几年的时间才能完成训练,这显然不能满足实际应用的要求。以 NVIDIA GPU 为代表的并行处理技术进入人工智能领域,则极大缓解了计算层面的瓶颈,让深度学习成为实用的算法。

人工智能无疑给了 NVIDIA 未来之路铺设了更多的可能性。不满足于只提供 GPU 作为人工智能训练和研究的平台,NVIDIA 还在终端产品解决方案发力,希望在产业上游占据更多话语权。2008 年推出的 Tegra 芯片,最初是为手机、平板电脑研究的 ARM 架构通用处理器,在迭代近 10 年之后,它已经成为人工智能时代 NVIDIA 的重要武器。在 Tegra 芯片中,GPU 和 CPU 集成在了一起,在新一代产品中还集成了专门用来做深度学习的功能模块。

Tegra 除了在传统的移动领域发力,已经将重心转移到智能驾驶、深度学习等领域。目前,全球共有 50 多家汽车制造商和供应商在使用或测试 NVIDIA 的 Drive PX 平台,其中包括宝马、戴姆勒和福特等大牌车厂,就连谷歌的自动驾驶汽车也一直都在使用 NVIDIA 的 Tegra 处理器。

人工智能在终端应用中需要融合传统的高性能串行计算和新兴的并行计算,近年来成为产业热点的异构计算平台似乎天生就符合这个需求。但异构计算也给开发者和研究者带来了新的挑战,如何搭建成熟的异构计算平台,如何快速实现异构计算应用都有很多挑战。NVIDIA 看到这个机会,推出了专门给深度学习或者人工智能定制的硬件。期待人工智能研究和应用会有新的热点产生。

参 考 文 献

[1] Volodymyr Mnih,Koray Kavukcuoglu,David Silver,et al. Human-level control through deep reinforcement learning[J]. Nature,518,2015,529-533.

[2] Bendor,D & Wilson,M A. Biasing the content of hippocampal replay during sleep. Nature Neurosci. 15,2012,1439-1444.

[3] A Beginner's Guide To Understanding Convolutional Neural Networks,https://blog. csdn. net/darkprince120/article/details/52807029.

[4] 雷印胜.微机原理及接口技术[M].4 版.大连:大连理工大学出版社,2014.

[5] 雷印胜,贾萍,胡晓鹏,等.汇编语言程序设计教程[M].北京:科学出版社,2011.

[6] 雷印胜,张晓瑷,胡晓鹏,等.微型计算机接口技术[M].北京:科学出版社,2011.

[7] 秦然.汇编语言程序设计实训与解题指南[M].2 版.大连:大连理工大学出版社,2009.

[8] 许兴存,曾琪琳.微型计算机接口技术[M].北京:电子工业出版社,2006.

[9] 杨季文等.80X86 汇编语言程序设计教程[M].北京:清华大学出版社,2000.

[10] 周明德.保护方式下的 80386 及其编程[M].北京:清华大学出版社,2000.

[11] WALTER A TRIEBEL.80X86/Pentium 处理器硬件、软件及接口教程[M],王克义,王钧,方晖,等译.北京:清华大学出版社,1998.

[12] 雷印胜,秦然,张婷婷,等.微机原理及接口技术[M].3 版.大连:大连理工大学出版社,2010.

[13] 雷印胜,秦然,孙同景,等.微型计算机硬件、软件及接口技术:接口技术篇[M].北京:科学出版社,2008.

[14] 王永山,杨宏五,杨婵娟.微型计算机原理与应用[M].西安:西安电子科技大学出版社,2005.

[15] 雷印胜,秦然,贾萍,等.汇编语言程序设计[M].2 版.大连:大连理工大学出版社,2008.

[16] 王玉良.微机原理与接口技术考研辅导[M].北京:北京邮电大学出版社,2001.